元基石

OPTICAL AND EUV LITHOGRAPHY: A MODELING PERSPECTIVE

Andreas Erdmann

[德] 安迪 · 爱德曼 著

高伟民 徐东波 诸波尔 译

光学光刻和极紫外光刻

上海科学技术出版社

图书在版编目（CIP）数据

光学光刻和极紫外光刻 / (德) 安迪·爱德曼
(Andreas Erdmann) 著 ; 高伟民, 徐东波, 诸波尔译
. -- 上海 : 上海科学技术出版社, 2023.1（2024.1 重印）
书名原文: Optical and EUV Lithography:A
Modeling Perspective
ISBN 978-7-5478-5720-5

Ⅰ. ①光… Ⅱ. ①安… ②高… ③徐… ④诸… Ⅲ.
①光学－光刻系统－研究②紫外线－光刻系统－研究
Ⅳ. ①TN305.7

中国版本图书馆CIP数据核字(2022)第113130号

光学光刻和极紫外光刻

[德] 安迪·爱德曼(Andreas Erdmann)　著

高伟民　徐东波　诸波尔　译

上海世纪出版(集团)有限公司
上 海 科 学 技 术 出 版 社　出版、发行
(上海市闵行区号景路 159 弄 A 座 9F－10F)
邮政编码 201101　www.sstp.cn
上海盛通时代印刷有限公司印刷
开本 700×1000　1/16　印张 21.25
字数 400 千字
2023 年 1 月第 1 版　2024 年 1 月第 2 次印刷
ISBN 978－7－5478－5720－5/TN·32
定价: 195.00 元

内容提要

本书是一本最新的光刻技术专著，内容涉及该领域的各个重要方面。在介绍光刻技术应用上，涵盖了全面又丰富的内容；在论述光刻技术的物理机制和数学模型时，采用了完整而不烦琐的方法，增加了可读性。本书在系统地阐述了光学光刻技术的基本内容后，还专门开辟章节，介绍了最先进的极紫外光刻技术的特点和难点，揭示了极紫外光刻的技术奥秘。本书具有全面、完整、翔实和新颖的特点，它凝聚了作者在光刻领域三十多年科研和教学的精华。

本书可供光刻技术、激光与物质相互作用、激光等离子体等专业的研究生和教师，以及从事芯片领域的专业技术人员、研发工程师和技术管理人员参考，也可作为光学、微电子和材料工程等专业本科生的参考教材。

作者序

很高兴看到我的 *Optical and EUV Lithography: A Modeling Perspective* 一书在 SPIE 出版英文版后不到 18 个月的时间就被翻译成中文出版了。我曾经于 2010—2012 年在中国科学院上海光学精密机械研究所(Shanghai Institute of Optics and Fine Mechanics, SIOM)、2014—2015 年在北京理工大学讲授该书相关主题的讲座,我非常享受那段时间与受过良好教育、聪颖好学且充满好奇心的年轻中国学生互动和讨论。但是,我也注意到了“语言障碍”的问题,它延缓了很多学生跟上这个多学科交叉的科技领域快速发展的步伐。我希望这本书的中文译本能够帮助年轻的科学家和工程师更顺利地克服这道“语言障碍”,加速他们聪明才智的发挥,尽快将他们的专业技能付诸应用。当然,这本书不能代替英语文献的学习,要想紧跟光学和 EUV 光刻技术的最新发展,阅读英文文献是必须的。将本书的中文译本与英文原版同时阅读,可以帮助学生提高语言技能,从而打开通往现代半导体光刻技术的英文技术文献的大门。

我非常高兴光刻领域的专家和好朋友帮助翻译了这本书。高伟民博士是光刻技术方面的资深专家,他目前是阿斯麦公司(ASML)中国区的技术总监。十几年来,我与高伟民博士在计算光刻的各个方面一直保持着有趣的交流与讨论。徐东波博士是在 SIOM 听我讲课的第一批学生之一,他在位于德国埃朗根的弗劳恩霍夫研究所(Fraunhofer IISB)计算光刻与光学研究小组工作了几年,并于 2016 年获得博士学位,他目前是比利时微电子研发中心(Interuniversity Microelectronics Centre, IMEC)研究员。虽然我还没有机会见到诸波尔博士,但我很高兴地知道他也是光刻技术的专业人士,目前是 ASML 中国区的高级工程师。非常感谢这个翻译团队!你们在光刻领域的深厚技术背景和良好的个人沟通技巧使我对高质量的技术翻译充满信心。

我一直认为提供教育是最有价值的职业之一,希望这本书的中文版能够帮助对其感兴趣的学生、工程师和管理人员入门,并拓宽他们在光学和 EUV 光刻及其他领域的视野。这将有助于中国和世界的科技创新与繁荣。

安迪·爱德曼
德国,埃朗根
2022 年 7 月

译者序

光刻工艺是由光刻机完成的，它是半导体芯片制程的最关键环节。“光刻技术”则是一个更宽泛的概念，它是实现光刻工艺所需要的各种技术的总称。我个人倾向于把光刻技术分为两大方面：一方面是光刻机的技术，主要包括光源、光学系统、精密工件台、对准和测量系统等硬件技术；另一方面则包括成像和分辨率增强、掩模、光刻胶、计算光刻、检测，以及成形工艺等各种技术。这些技术都是不可或缺的，它们相互配合、共同作用，组成一个复杂的多学科融合的生态系统，为先进芯片的制造提供了版图成形(patterning)解决方案。

安迪·爱德曼(Andreas Erdmann)教授撰写的《光学光刻和极紫外光刻》是一本全面介绍光刻技术的专著。该书涵盖了上述光刻技术生态里的各个重要方面，内容全面且丰富，概述完整但不烦琐；它平衡了理论的深度和内容的广度，有基础理论的推演，也有应用实例的分析；同时还介绍了光刻技术的最新发展。在论述光刻技术的共性内容后，该书也较为详细地介绍了最先进的极紫外光刻技术的特点和难点，揭示了极紫外光刻的技术奥秘。

安迪·爱德曼教授是全球著名的光刻技术专家，在光刻成像技术、计算光刻仿真模型、极紫外光刻优化和光刻胶工艺建模等诸多方面都有许多开创性的成果。他领导的德国弗劳恩霍夫研究所(Fraunhofer IISB)计算光刻与光学研究小组一直活跃在光刻技术研发的前沿。20 年前我刚开始踏入光刻领域时，就用到他开发的光刻仿真模型。17 年前我在德国第一次参加了他开设的光刻技术研讨会，从那以后我们一直保持着联络和友谊。爱德曼教授不仅培养了多名中国博士生，还曾专门来中国举办光刻仿真技术高级培训班。他长期在德国埃朗根大学讲授光学和光刻技术专业课。本书凝聚了他 30 多年光刻技术领域科研和教学之精华,对于从事芯片领域,特别是光刻技术的专业技术人员,这是一本手册性的参考书。最后,有机会能翻译爱德曼教授的这本书是我的荣幸。

高伟民

2022 年 8 月

前言

先进的光刻技术是世界上最精密的光学系统与精心设计、高度优化的光化学材料及工艺的结合，它用于生产支撑现代信息社会的微米和纳米尺度的芯片。这种应用光学、化学和材料科学的独特结合，为科学家和工程师探索科学与技术提供了一个理想的“用武之地”。多年来，光刻技术的发展几乎完全依赖尺寸缩放的驱动，并专注于分辨率的提高，以支持“摩尔定律”的延续，即不断提高集成电路的晶体管密度。尽管这种缩放还没有达到其最终极限，但在半导体芯片上集成更多更小且均匀性好、没有缺陷的图形，无疑使相关技术变得越来越困难且成本越来越昂贵。未来的光刻技术要满足新的应用，势必具有不同的要求，例如器件三维（3D）形状的控制、新型（功能）材料的集成、非平面电路图案的实现、应用导向型目标图案的灵活设计等。过去五十多年来，在半导体光刻技术开发方面所积累的知识和经验，为开发新型微纳米技术的应用提供了重要帮助。

本书的材料部分来自我多年来在德国埃朗根大学（Friedrich-Alexander-University Erlangen-Nuremberg，弗里德里希-亚历山大-埃朗根-纽伦堡大学；简称埃朗根大学）教授光刻（技术、物理效应和建模方法）的课程内容，还有部分来自我为其他公司进行光刻技术专业培训和为学术会议提供专门课程的内容。本书旨在帮助具有物理学、光学、计算工程、数学、化学、材料科学、纳米技术和其他专业领域背景的学生涉足令人着迷的光刻技术领域，以及帮助高级工程师和管理人员拓展知识、拓宽视野。

本书的目的不是要为光刻技术的所有方面提供一个完整的描述，而是侧重于解释光刻成像和成形技术的基本原理。书中通过简单易懂的示例来演示这些基本原理，并讨论某些技术方法和技术选项的利弊，还引用详尽的参考文献以引导读者对感兴趣的特殊内容做进一步阅读。为了限制本书的篇幅和撰写所需的时间,有几个重要的光刻技术内容在本书里未能涵盖或仅有少量涉及。例如,量测和工艺控制对于量产光刻工艺越来越重要;先进的深紫外(DUV)和极紫外(EUV)投影光刻需要高质量的掩模,并能对其进行灵活地制造、检验、调整和修复;现代半导体制造需要电路设计者和光刻工艺专家之间的密切互动,以提供一个对光刻“友好”的设计;另外还有许多非光学平版刻印技术。这些方面的内容在其他几本书或评论文章中有所介绍。

关于半导体光刻的优秀书籍已经有几本,为什么还需要另一本关于这个主题的书?最重要的原因是光刻技术是最具活力的技术领域之一,它的发展是不同背景下新思想和新技术的融合,是多学科高度结合的结果。纳米图案的精密制造和准确表征需要深入理解所涉及的物理和化学效应。本书试图从建模驱动的角度来帮助理解这些效应,但不依赖于复杂的数学表述。本书的内容反映了我在应用光学、衍射光学、严格建模,以及优化光与微纳结构相互作用等方面的特殊兴趣和对相关背景的了解。因此,与其他光刻书籍相比,本书对掩模和晶圆形貌效应及相关的光散射效应有较深入的讨论。最后,本书旨在弥补高度专业性的半导体制造工程师,与致力于开发光刻技术及其应用的科学家、工程师之间的知识差异。

光学(投影)光刻技术是将掩模版图投影成像在感光材料(光刻胶)上,然后通过光刻工艺处理将光学图像转换为三维图案的过程。本书的第1章介绍空间成像和光刻胶工艺,解释了对成像质量、光刻胶轮廓和光刻工艺变化进行定量评估的典型指标,对这些指标的分析有助于理解本书后面所涉及的关于成像和工艺改进的影响。

第2章描述了通过投影物镜的开口(数值孔径)透射并聚焦到光刻胶上衍射光的叠加成像,以及投影系统的分辨率极限由阿贝-瑞利(Abbe-Rayleigh)方程决定。第3章阐述了光刻胶化学和工艺的基本原理。接下来的第4、5章概述了分辨率增强技术,这些技术可以帮助现有波长和数值孔径的光学系统实现更小特征尺寸的成形。常见的光学分辨率增强技术包括离轴照明(OAI)、光学邻近效应校正(OPC)、相移掩模(PSM)和光源掩模协同优化(SMO)等。此外,多重成形技术和定向自组装技术(DSA)则采用特殊的材料和工艺来实现更小的特征尺寸。波长为13.5 nm的极紫外(EUV)光刻能将光学投影光刻扩展到软X射线的光谱范围,对于波长如此小的光,没有任何材料可以透射。第6章解释了EUV光刻必须采用反射光学器件和掩模,以及新型的光源和光刻胶材料的原因。第7章概述了其他类型的光学光刻方法,包括三维(3D)光刻技术。

本书的其余章节致力于论述先进光学光刻和 EUV 光刻中的重要物理和化学效应。第 8 章讨论了波像差、偏振效应和随机散射光对光刻胶内部光强分布的影响。掩模和晶圆形貌效应是由掩模和晶圆上微小形貌的散射光引起的，这部分内容将在第 9 章中进行介绍。本书的最后一章专门讨论了随机效应。随机效应不仅直接影响光刻胶轮廓的平整度，即纳米级图形边缘粗糙度（LER），而且也直接影响如图形微桥和接触孔未完全打开等致命缺陷的发生率。

本书章节的顺序遵循我在埃朗根大学的课程顺序，其设计旨在为光学和化学的理论及应用提供一个有趣组合，并对各种技术选项进行了阐述。第 1~5 章描述了光学和光刻胶化学的一般背景知识，应按顺序阅读，第 6~10 章的阅读顺序可以根据读者的特殊兴趣进行调整。第 7 章概述了其他可选（光学）光刻方法，这些方法对纳米电子学以外的各种微纳制造应用更有意义，而仅对（先进）半导体制造的光刻技术感兴趣的人可以跳过此章。

与许多同事、项目合作伙伴的合作研究，以及和他们富有成效的讨论，为本书提供了宝贵的材料来源。我非常感谢专家们对本书个别部分所提的建议，特别致谢：来自 ASML 的 Antony Yen、来自 Synopsys 的 Hans-Jürgen Stock、来自 Mentor Graphics 的 John Sturtevant、来自哥廷根大学的 Marcus Müller、来自 Zeiss SMT 的 Michael Mundt、来自 Enx Labs 的 Uzodinma Okoroanyanwu 和来自 CEA-Leti 的 Raluca Tiron。

非常感谢弗劳恩霍夫协会集成系统和元器件技术研究所计算光刻和光学组（Fraunhofer IISB）的所有前任和现任成员和学生，特别是 Peter Evanschitzky、Zelalem Belete、Hazem Mesilhy、Sean D'Silva、Abdalaziz Awad、Tim Fühner、Alexandre Vial、Balint Meliorisz、Bernd Tollkühn、Christian Motzek、Daniela Matiut、David Reibold、Dongbo Xu、Feng Shao、Guiseppe Citarella、Przemislaw Michalak、Shijie Liu、Temitope Onanuga、Thomas Graf、Thomas Schnattinger、Viviana Agudelo Moreno 和 Zhabis Rahimi。所有这些人都为我们研究所开发的光刻仿真软件 Dr. LiTHO 做出了贡献，本书中的大部分图由该仿真软件生成。来自弗劳恩霍夫光刻组的成员和我在埃朗根大学光刻讲座的学生，对本书的改进提供了许多有益的意见和帮助。特别感谢 SPIE Press 的 Dara Burrows 和 Tim Lamkins，他们提供了许多有用的技巧和编辑帮助。

安迪 · 爱德曼
德国，埃朗根

缩略语及中英文对照

1D	一维	
2D	二维	
3D	三维	
	3D interference lithography	3D 干涉光刻
	3D lithography	3D 光刻
	3D mask effects	3D 掩模效应
	3D microprinting	3D 微刻印
	5 - bar test	5 线测试

A

AFM	atomic force microscopy	原子力显微镜
AIMS™	Aerial Image Measurement System (Zeiss)	空间像测量系统(蔡司)
AltPSM	alternating PSM	交替型相移掩模
AMOL	absorbance modulation optical lithography	吸光度调制光刻
AttPSM	attenuated PSM	衰减型相移掩模

B

BARC	bottom antireflective coating	底部抗反射涂层
BEUV	beyond EUV lithography	超 EUV 光刻

C

CAR	chemically amplified resist	化学放大型光刻胶
CARL	chemically amplified resist lines	化学放大型光刻胶线
CD	critical dimension	特征尺寸,线宽
CDU	CD uniformity	尺寸均匀度
CEL	contrast enhancement layer	对比度增强层
CMP	chemical mechanical polishing	化学机械抛光
CPL	chromeless phase shift lithography	无铬相移光刻

CPU	central processing unit	中央处理器
CQuad	cross-polarized quadrupole with poles along x and y	交叉四极照明,极点沿 x 和 y 方向
CRAO	chief ray angle at the object	物面主光线角度
CVD	chemical vapor deposition	化学气相沉积

D

DDT	domain-decomposition technique	域分解技术
DESIRE	diffusion enhanced silylated resist development	扩散增强抗氧化剂显影
DMD	digital mirror display	数字微反射镜
DNQ	diazonaphthoquinone	重氮萘醌
DOE	diffractive optical element	衍射光学元件
DoF	depth of focus	焦深
DoP	degree of polarization	偏振度
DPP	discharge-produced plasma	放电等离子体
DSA	directed self-assembly	定向自组装
DTD	dual-tone development	双色调显影
DUV	deep-ultraviolet	深紫外

E

EL	exposure latitude	曝光宽容度
EMF	electromagnetic field	电磁场
EPE	edge placement error	边缘放置误差
EUV	extreme ultraviolet	极紫外

F

FDTD	finite-difference time-domain method	时域有限差分法
FEM	finite element method	有限元方法
FIT	finite integral technique	有限积分技术
FLEX	focus latitude enhancement exposure	焦距宽容度增强曝光
FMM	Fourier modal method	傅里叶模态方法
FWHM	full width at half maximum	半高全宽

H

HEBS	high-energy-beam-sensitive(glass)	高能光束敏感(玻璃态)
HMDS	hexamethyldisilazane	六甲基二硅氮烷
HSQ	hydrogen silsesquioxane (photoresist)	氢硅倍半氧烷光刻胶

I

IDEAL	innovative double exposure by advanced lithography	先进光刻的新型双重曝光技术
ILT	inverse lithography technology	反演光刻技术
ISTP	intermediate state two-photon (materials)	中间态双光子(材料)

L

LCD	liquid crystal display	液晶显示

LCLE	litho-cure-litho-etch	光刻-硬化-光刻-刻蚀
LDWL	laser direct write lithography	激光直写光刻
LDWP	laser direct write material processing	激光直写材料工艺
LED	light-emitting diode	发光二极管
LELE	litho-etch-litho-etch	光刻-刻蚀-光刻-刻蚀
LER	line edge roughness	线边缘粗糙度
LFLE	litho-freeze-litho-etch	光刻-固化-光刻-刻蚀
LLE	litho-litho-etch	光刻-光刻-刻蚀
LPP	laser-produced plasma source	激光等离子体光源
LW	line width	线宽
LWR	line width roughness	线宽粗糙度

M

MEEF	mask error enhancement factor	掩模误差增强因子
MEMS	micro-electro-mechanical system	微机电系统
Mo/Si	molybdenum silicon multilayer for EUV mask blanks	用于 EUV 掩模基板的钼硅多层膜
MoSi	molybdenum silicon alloy for DUV mask absorbers	用于 DUV 掩模吸收体的钼硅合金

N

NA	numerical aperture	数值孔径
NILS	normalized image log slope	归一化图像对数斜率
NOK	not OK metric for stochastic printing failures	随机成形缺陷的“不正常”指标
NTD	negative-tone development	负显影或负调显影

O

OAI	off-axis illumination	离轴照明
OMOG	opaque MoSi on glass	玻璃基板上不透明钼硅掩模
OOB	out-of-band (radiation)	带外(辐射)
OPC	optical proximity correction	光学邻近效应校正
OPD	optical path difference	光程差
OPE	optical proximity effect	光学邻近效应
ORMOCER	organically modified ceramic microresist	有机改性陶瓷微光刻胶

P

PAB	post-apply bake	预烘焙
PAC	photoactive component	光活性成分
PAG	photoacid generator	光酸产生剂
PEB	post-exposure bake	曝光后烘焙
PMMA	polymethylmethacrylate	聚甲基丙烯酸甲酯
PS-*b*-PMMA	polystyrene-block-poly(methyl methacrylate)	聚苯乙烯-嵌段-聚(甲基丙烯酸甲酯)
PSD	power spectral density	功率谱密度
PSM	phase shift mask	相移掩模
PSTD	pseudo-spectral time-domain	伪谱时域

PTD	positive-tone development	正显影或正调显影
PV	process variation	工艺变化

R

RCEL	reversible contrast enhancement layer	可逆对比度增强层
RCWA	rigorous coupled wave analysis	严格耦合波分析
RMS	root mean square (error)	均方根(误差)

S

SADP	self-aligned double patterning	自对准双重成形工艺
SDDP	spacer-defined double patterning	侧墙限定双重成形工艺
SEM	scanning electron microscopy	扫描电子显微镜
SLA	stereolithography apparatus	立体光刻仪器
SMO	source mask optimization	光源掩模协同优化
SOCS	sum of coherent systems	相干系统总和
SPP	surface plasmon polaritons	表面等离子体激元
SRAF	sub resolution assist features	亚分辨率辅助图形
STED	stimulated emission depletion	受激发射损耗

T

TaBN	tantalum boron nitride	钽-硼-硝酸盐
TARC	top antireflective coating	顶部抗反射涂层
TCC	transmission cross coefficients	传输交叉系数或交叉传输系数
TE	transverse electric	横向电场
THR	threshold	阈值
THRS	threshold-to-size	尺寸阈值
TIS	total integrated scatter	总积分散射
TM	transverse magnetic	横向磁场
TPA	two-photon absorption	双光子吸收
TPP	two-photon polymerization	双光子聚合
TSI	top-surface imaging	顶面成像

U

UV	ultraviolet	紫外线

V

VTRM	variable-threshold resist model	可变阈值光刻胶模型

常用符号

A_{Dill}	光刻胶可漂白吸收系数
B_{Dill}	光刻胶不可漂白吸收系数
C_{Dill}	光刻胶灵敏度
D	曝光剂量
I	光强
P	光瞳函数
T	温度
Z_i	泽尼克系数
$[A]$	光酸浓度
$[M]$	溶解抑制剂或脱保护位点的浓度
$[Q]$	淬灭剂浓度
α	吸收系数
ϵ	(相对)介电常数
ϵ_0	真空介电常数
η	衍射效率
γ	光刻胶对比度
κ_{1-5}	动力学反应系数
λ	波长
$\Im$	傅里叶变换
μ_0	真空磁导率
∇	Nabla 算子(向量微分算子)
ϕ	(光的)相位
ρ	扩散长度
σ	空间相干因子
σ_{LER}	线边缘粗糙度
τ	传播振幅
θ	衍射角(张角)
$\tilde{D}$	扩散系数
$\tilde{k}$	波矢量值
$\vec{E}$	电场矢量
$\vec{H}$	磁场矢量
$\vec{k}$	波矢量
$\tilde{T}$	传播强度
c	真空光速
d	(光刻胶)厚度
$f_{x/y}$	空间频率
h	普朗克常数
k	消光系数
$k_{1,2}$	第一和第二阿贝-瑞利准则中的工艺因子
n	折射率
p	间距或周期
t	时间
$x/y/z$	空间坐标

目 录

第 3 章　光刻胶

第 4 章　光学分辨率增强技术

第 8 章　光刻投影系统：高级技术内容

第 9 章　光刻中的掩模和晶圆形貌效应

第1章　光刻工艺概述

本章旨在强调光刻技术对纳米电子学和其他新兴纳米技术持续微型化的重要性。光刻技术被广泛用于制造尺寸越来越小的半导体芯片和其他电子设备，其特点是具有较高的精度和生产率。本章将简要概述半导体制造中光刻技术的发展史，介绍光学投影光刻系统的基本组件和光刻工艺流程中的基本步骤，也将对用于评估投影成像和所产生的光刻胶轮廓的标准方法进行说明。本章最后将介绍表征光刻工艺的最重要方法。

1.1　微型化：从微电子到纳米技术

1947年，贝尔实验室的约翰·巴丁（John Bardeen）、沃尔特·布拉顿（Walter Brattain）和威廉·肖克利（William Shockley）开发了第一个半导体放大器，即点接触晶体管。他们用弹簧在锗晶体上固定两个金材料的接触点，该设备的总尺寸约为13 mm。十一年后的1957年，德克萨斯仪器公司的Jack Kilby将硅基晶体管、电阻器和电容器组合成第一个总尺寸为11 mm的集成电路。又过了十多年，由Federico Fedin、Ted Hoff和Stan Mazor领导的团队将2 300个晶体管组合到第一个尺寸为4 mm的英特尔Intel 4004微处理器中。从那时起，半导体集成电路上的晶体管数量急剧增加。图1-1左图总结了这种发展趋势，注意图1-1的两图中纵坐标都是对数刻度。在此之前的1965年，戈登·摩尔（Gordon Moore）在其富有远见的文章[1]中已经预测到这一趋势。从今天的角度来看，摩尔的预测被解读为集成电路上的晶体管数量每18个月翻一番。

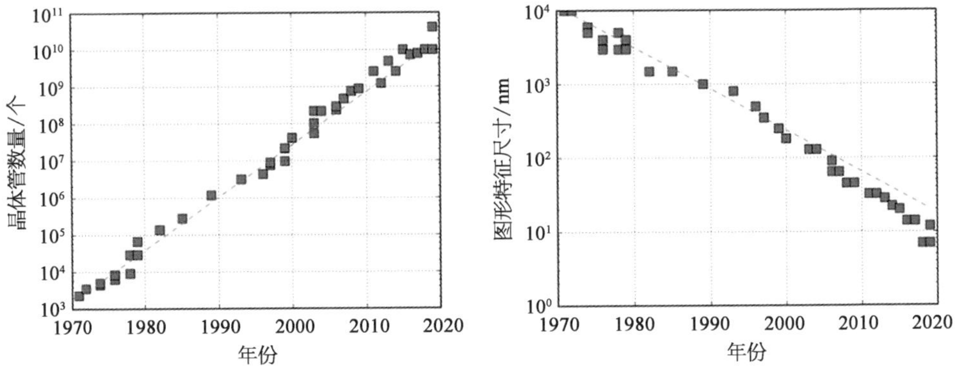

图 1-1 半导体集成电路上的晶体管数量(左)和相应的最小图形特征尺寸(右)的发展历史

所用数据来自 http://en.wikipedia.org/wiki/Transistor_count

每个集成电路晶体管数量的增加并不是通过更大的芯片面积来实现的,而是通过稳步减小半导体芯片上最小图形的特征尺寸。使用某种技术实现最小图形特征尺寸的成形,这个尺寸就定义为该技术的分辨率。2.3.1 节将更详细地讨论分辨率及其对某些特征参数的依赖性。

图 1-1 右图给出了最小图形特征尺寸的发展历史。第一个光学投影技术是在 20 世纪 70 年代中期引入的,被用于制造最小图形特征尺寸在 2~3 μm 数量级的产品。这些特征尺寸大约是当时使用的光源波长 436 nm 的 5 倍。2018 年,光学投影光刻被用于约 20 nm 宽特征尺寸图形成形,而使用光源波长为 193 nm,特征尺寸约是使用波长的 1/10。这样的光学投影技术和光刻胶工艺的巨大进步是建立在对基础物理和化学深入了解的基础上。2019 年,第一批半导体芯片采用极紫外(EUV)光刻技术制造,这项新技术有望将微型化趋势延续到几纳米范围。

1959 年 12 月 29 日,理查德·费曼(Richard Feynman)在加州理工学院(Caltech)举行的美国物理学会年会上发表了富有远见的演讲。他说:“我想谈谈驾驭微小尺度物质的问题。每当我提到这一点,人们就会告诉我小型化今天已取得了多大的进展。他们告诉我关于小手指甲大小的电机。他们还告诉我,市场上有一种技术,可以在头上戴的别针上写下祷告文。但这没什么。这是我们打算讨论的方向上最初始、最趔趄的一步。未来会有一个小得惊人的微观世界。到 2000 年,当他们回顾我们这个时代时,会问为什么直到 1960 年才有人开始认真地朝着这个方向前进”[2]。

如今,微纳技术已在人们生活的许多领域中无处不在。基于不同类型的微型发光器件的平板显示器已经取代了老式的阴极射线管显示器。微型的电、磁、光和电化学传感器阵列已经被应用于如食物筛选、医疗健康等方面，还有汽车、智能手机和许多其他设备中。微纳技术还可用于制造具有自然界不存在的特性的新材料，即所谓超材料。基于纳米技术的薄膜太阳能电池可以提供一条更有效地收集太阳能的途径。然而这份清单还远不止这些，上述示例只为了突出微米和纳米尺寸的组件对现代技术的重要性。

如何以一种快速、廉价、可靠且环保的方式制造这些微小的组件？这里有两种基本方法。一种是自下而上的纳米制造方法，它是受生物学启发，从基本原子或分子开始构建功能性纳米结构；对适当的分子和原子进行识别和操纵，使其排列形成具有所需的某些特性和功能的纳米结构。这种自下而上的技术和工艺方法，其本质是在物质表面上生长分子大小的结构[3]。然而，对于制造复杂的特征版图，这种工艺极难控制。

对于大多数功能性微米和纳米器件，如半导体芯片，都是通过另一种自上而下的纳米加工制造方法来实现的。在这种方法中，设计的版图通过光刻和其他工艺转换为采用适当材料构建的结构；通过适当的版图设计、工艺材料选择，以及随后的成形工艺步骤，将特征图形转移到所需材料的结构上。通常，这样的转移过程涉及一个或多个光刻步骤，即将版图转移到感光材料——光刻胶上。光刻胶上的图形被用作其他后续工艺步骤的模板，例如蚀刻、沉积和掺杂等。

1.2　光刻技术的发展史

“lithography”这个词的希腊语翻译是“写在石头上”（来自希腊语 λιθοδ——lithos“石头”和“γραφειν”——graphein“写”）。该技术由阿洛伊斯・塞内费尔德（Alois Senefelder）于 1796 年发明，是一种将文本或艺术品打印到纸张或其他合适材料上的低成本方法。在《大英百科全书》中可以找到对这种技术很好的描述：“一种利用油脂和水不相溶特性的平版印刷工艺”。在平版印刷工艺中，将油墨涂在平面印刷面上经过油脂处理的图像上，该平面上的非印刷（空白）区域保留水分，所以排斥涂抹的油墨，最后有油墨的图案表面印刷到纸上。塞内费尔德在他的著作中[4]详细描述了这个工艺流程，包括对不同材料和加工技术的各种探索。

使用光刻方法制造（微）电子电路始于 20 世纪 50 年代[5]。John Bruning[6]

和 Pease 和 Chou[7] 的文章对半导体集成电路制造的光刻方法和装置的发展进行了有趣的历史回顾。1960—1975 年,半导体集成电路是通过光掩模对准器制造的,这类光刻装置的原理是通过阴影复制来操作,将光刻胶涂在半导体晶圆上,放置到掩模下面并紧邻掩模,掩模上包含要复制成形的图案。掩模通常由均质透明的石英衬底和带图案的不透明薄膜(例如铬)组成。当用汞灯照射时,入射光在晶圆上投下掩模的阴影,距离为 20~100 μm。这种技术的光学分辨率被限制在 3~5 μm。分辨率越小则需要掩模和晶圆之间的距离越小,甚至两者之间紧密接触,即所谓硬接触。而如此小的距离会给掩模带来污染风险,因此在生产制造中不能使用低于 20 μm 的接近间隙或硬接触的方法。图 1-2 为 20 世纪 60 年代的平板图案复制机,是用于制造第一个半导体电路的典型的光刻装置。本书的 7.1 节将提供有关掩模接近成形技术的更详细信息,这种技术至今仍是被用作对尺寸结构较大的图案进行光刻的一种经济高效的方式。

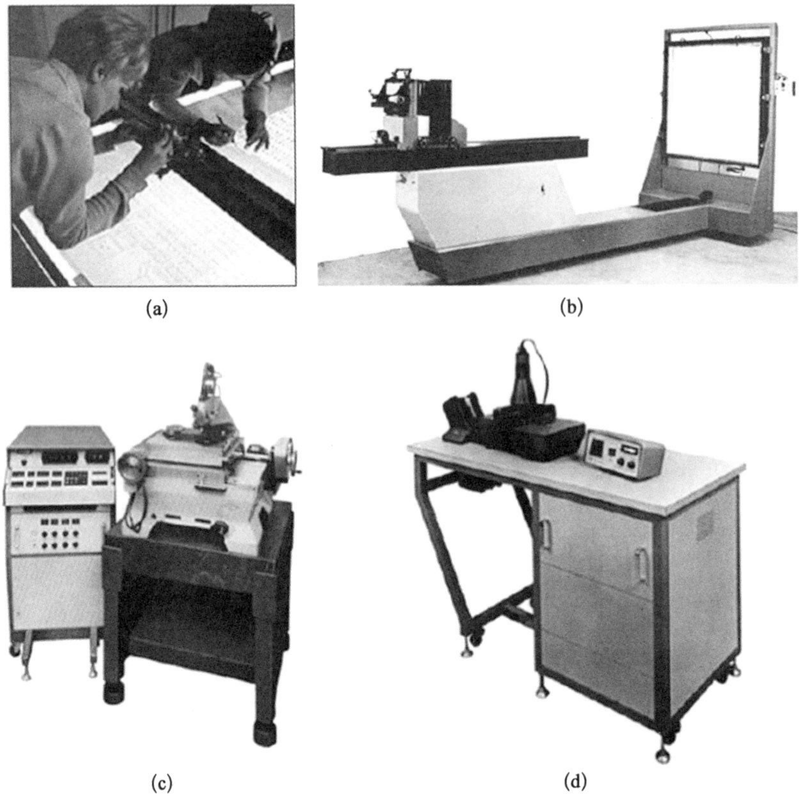

图 1-2　20 世纪 60 年代的平板图案复制机[6]

(a) 在 Rubylith® master 机型上进行人工检查和维修;(b) 10~50×缩减型复制相机[6],用于制造掩模(感光乳剂板);(c) 光刻掩模的制造进一步减少了 10×;(d) 用光刻胶曝光的接触式光刻机可见光和紫外光谱范围内光刻投影技术的发展始于 20 世纪 70 年代初。这些投影工具使用反射镜或透镜系统将掩模上的图形 1∶1 成形复制到光刻胶上。后来,1∶1 的投影系统被缩减型投影系统所取代,后者这样的系统可以实现掩模图形的缩小,从而极大地简化了掩模制造的难度。因此,引入缩减型光刻系统的初期被视为掩模制造商的黄金时期。第一个光学缩减型光刻系统是由蔡司引入的,并使用了 10×的缩减倍率。现代光刻系统的缩减倍率通常是 4×。

现代投影式光刻机的像场已经扩展至 26 mm×33 mm,但与直径为 200～300 mm 的晶圆尺寸相比仍然很小。老式的投影光刻采用步进曝光方式,通过对每一个区域的静态曝光来完成整个晶圆的曝光,曝光期间掩模和晶圆是相对固定的。现代的投影光刻采用扫描曝光方式,通过精密动态地控制掩模和晶圆工件台,实现曝光过程中掩模和晶圆完美的同步运动。完整的 300 mm 晶圆的扫描曝光可在几秒钟内完成,且生产率可达每小时近 300 片晶圆。

图 1－3 为高性能缩减型扫描光刻机,是两款先进的扫描投影光刻机。左图是尼康 NSR－S635E 扫描光刻机,其工作波长为 193 nm,数值孔径(NA)为 1.35;右图 ASML 展示了 ASML 的 EUV 扫描光刻机 NXE:3400B,其工作波长为 13.5 nm, NA 为 0.33。这些设备的解析能力将在本书的后面部分中进行讨论。

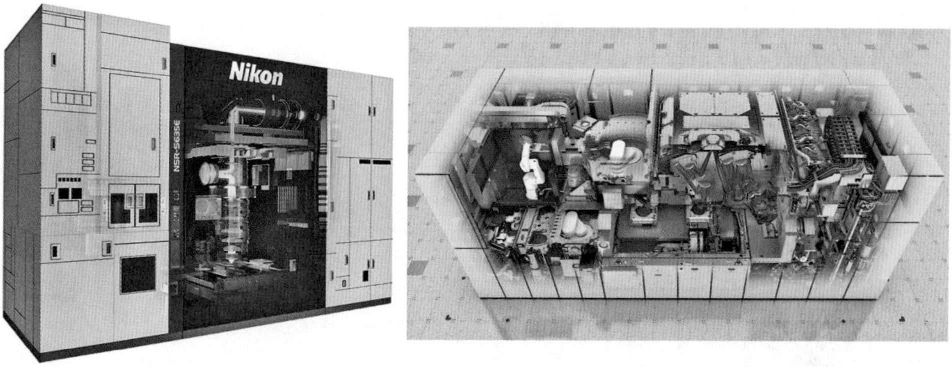

图 1－3　高性能缩减型扫描光刻机

左图:尼康 NSR－S635E NA＝1.35 浸没式扫描光刻机(由 Donis Flagello/Nikon 提供),工作波长 193 nm;右图:ASML 的 NXE:3400B 极紫外光刻机(ASML 提供),工作波长 13.5 nm

1.3　投影光刻机的空间成像

扫描式投影光刻机是一种半导体制造工具,可将模板(掩模)的高质量图像投影并成形到半导体晶圆上的感光材料(光刻胶)中。术语“扫描式”是指在曝光期间掩模和晶圆连续相向的扫描运动。与步进式光刻机相比,这种扫描曝光极大地提高了吞吐量和产率,因为前者必须先将掩模和晶圆的相对位置固定并进行多次静态地曝光,然后将曝光区域拼接在一起才能完成较大区域的曝光。8.4 节将简要讨论扫描运动对成像、相关效应和建模方法的影响。

光刻掩模上包含了有关需要成形的设计目标的信息。该信息被通过编码转移到透明石英板(掩模坯料)顶部的吸收层图案中,在吸收层内形成透光率或相位空间变化的效果。吸收层上部还装有一层薄膜保护膜,保护膜与吸收层的间隔约 6 mm。

图 1-4 所示为 ASML 的高数值孔径浸没式扫描光刻机,其工作波长为 193 nm。准分子激光源放置在扫描光刻机外部,图 1-4 中并未显示。右侧和顶部的聚光器或照明系统将准分子激光输出的光转换为均匀光照射掩模。投影透镜对掩模成像并投射到晶圆上部。图 1-4 右图所示为系统的简化视图,来自光源的光被转换为照亮掩模的平面波,掩模衍射入射光。投影物镜收集部分衍射光,并将其成像到晶圆上光刻胶的像平面,这样掩模上的图形就以一定的精确度转移到感光的光刻胶内。光刻工程师通常使用两个不同的术语来表示所获得成像的强度分布:光刻胶内部平面中的二维(2D)强度分布称为空间像,而光刻胶内部的三维(3D)强度分布称为立体像。下面讨论空间像的几个重要特性。立体像的重点是光学图像与 3D 光刻胶轮廓形成之间的关联。

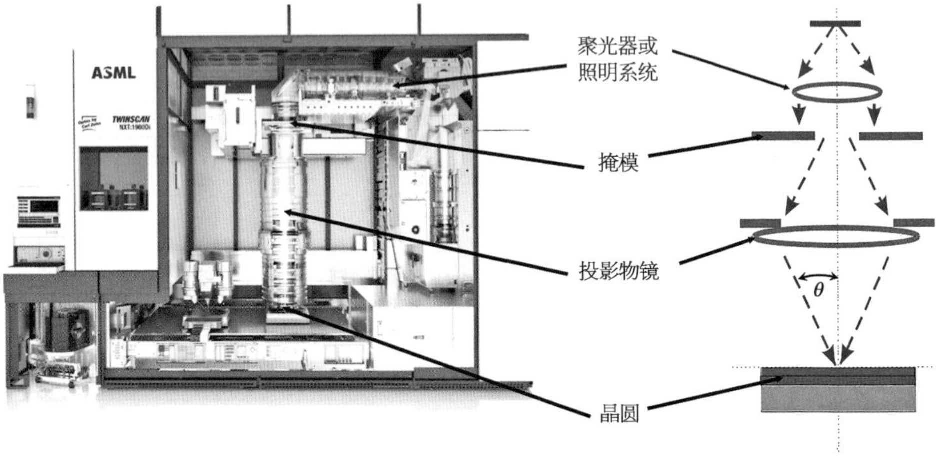

图 1-4　DUV 扫描式投影光刻机

左图:ASML 高数值孔径浸没式扫描光刻机 TWINSCAN 1980Di(ASML 提供)的详细视图,工作波长为 193 nm;右图:投影系统光路示意空间像的质量取决于扫描光刻机的光学参数。聚光镜或照明系统最重要的参数是所选的波长 λ、空间相干性(参见 2.2.2 节)和光的偏振。投影系统的主要参数是缩放倍率,通常为 4×,以及数值孔径(NA)。NA 取决于像侧张角 θ 以及投影系统最后一个透镜和光刻胶之间材料的折射率,即所谓浸没折射率 n_{imm}:

$$\mathrm{NA} = n_{\mathrm{imm}} \sin\theta \tag{1-1}$$

获得的空间像随离焦量的变化而变化,离焦量是指投影物镜的理想像平面与实际观察面之间的距离。

图 1-5 演示了不同 NA 的投影系统对同一掩模图形的空间像。掩模图形中字母“I”的宽度为 90 nm,使用较低的 NA = 0.3 的系统对这个掩模进行成像,字母区域呈现灰度几乎均匀的光强,从这张模糊的空间像无法识别出原图的任何细节。NA 为 0.5 时,图像的主要特征变得可见,大致可以识别单个字母,但仍然难判断最后一个符号是“B”还是“8”。随着 NA 的增加,越来越多原始掩模图形的细节出现在空间像中。观察到这种现象的定性解释很简单,即具有更高数值孔径的投影物镜会收集更多来自掩模的衍射光,更多的衍射光在像平面上就会产生越来越清晰且对比度更高的强度分布。2.2.1 节将通过衍射级来量化这种收集更多衍射光的效果,其基本原理就是投影物镜的数值孔径收集的衍射级数越多,图像就越清晰。

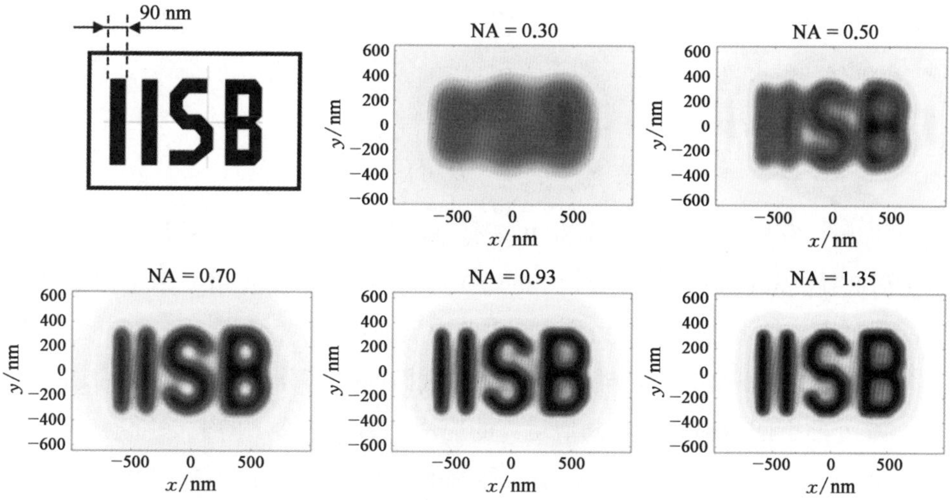

图 1-5　不同数值孔径对同一掩模图形(左上)的成像

首字母缩写词“IISB”代表弗劳恩霍夫协会集成系统和元器件技术研究所(Institutfür Integrierte Systeme und Bauelementetechnologie, Fraunhofer)的德语名称,IISB 研究和开发了光刻仿真软件 Dr. LiTHO;Dr. LiTHO 用于本书中的大部分光刻仿真;掩模图形中字母“I”的宽度为 90 nm,成像计算使用的是 193 nm 的波长针对光刻成像和图形转移的量化评价[8]，目前已经开发了多种方法，将在本节的其余部分和 1.5 节中介绍。

要想预测在光刻胶工艺（见 1.4 节）后晶圆上成形的特征图形形状，最简单的方法是应用某个阈值。图 1-6 左图所示图形轮廓是对图 1-5 中 NA 为 0.7 的空间像应用这种阈值操作的结果，黑色和白色区域分别表示低于和高于 0.35 阈值的强度，对应有或没有光刻胶的区域。

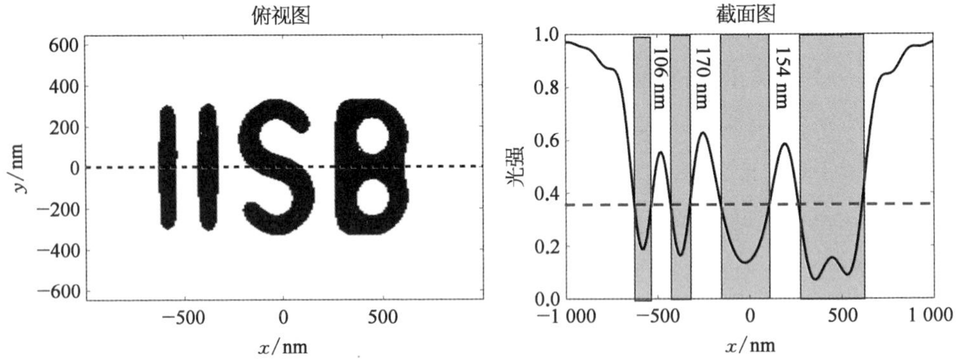

图 1-6 将简单阈值应用于图 1-5 中 NA 为 0.7 的强度分布

左图：阈值为 0.35 时的特征图形轮廓；右图：$y=0$ 处的空间像横截面和强度阈值为 0.35 时的结果［图顶部的数字表示所提取的图形特征尺寸，也是相应明亮区域的特征尺寸（CD）］

阈值的变化可以用于仿真曝光过量或曝光不足。最直接的关系就是假设曝光剂量 D 和阈值（THR）之间存在反比关系：$D \approx 1/\mathrm{THR}$。考虑到剂量测量偏移，David Fuard 等人[9]提出了如下关系：

$$\mathrm{THR} = \frac{a}{D+b} \tag{1-2}$$

式中，a 和 b 为典型的工艺参数，取决于光刻胶和工艺条件。这种简单的阈值模型在研究掩模和成像系统参数对光刻性能的影响上非常有用。用于更具预测性的光刻工艺仿真的阈值模型将在 3.3 节中展开讨论。

空间像的横截面是指沿着像平面某一截面的强度分布。图 1-6 右图展示了 $y=0$ 处的空间像横截面和阈值运算的应用。如横截面图的上部所示，阈值图像的轮廓可用于提取特征图形大小或称特征尺寸（CD）。阈值的变化会直接导致提取的 CD 值发生变化。生成与某个目标尺寸相同的 CD 值所对应的阈值，称为目标尺寸阈值（THRS）。

为了介绍下一个图像质量的度量参数，这里考虑具有无限长、间距规则的线阵列，即所谓线空图形。这些线空图形的特征是其周期或间距，以及图形特征尺寸或占空比。密集线空图形的占空比为 1 : 1，而占空比约为 7 : 1 或更大的特征图形被称为孤立图形，占空比介于两者之间的被称为半密集图形。

图 1－7 左图中图像的对比度 c_{img}，它可以恰当地评估密集线空图形的图像质量，其定义为

$$c_{img} = \frac{I_{max} - I_{min}}{I_{max} + I_{min}} \tag{1-3}$$

式中，I_{min}、I_{max} 分别为图像的最小和最大光强。对比度的定义也可以应用于其他指标，例如光刻胶内化学物质的浓度（化学对比度）。若无另外说明，本书中对比度是指图像的光强对比度。

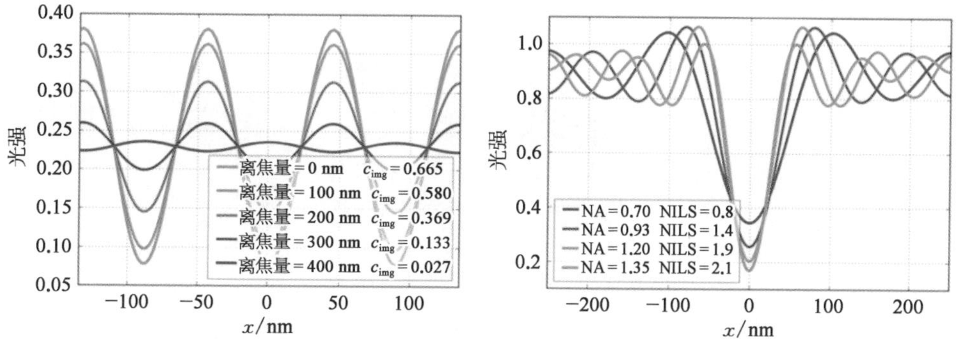

图 1－7　空间像横截面和典型评估指标

左图：周期（节距）为 90 nm、宽度为 45 nm 的线条在不同离焦位置的对比度，NA = 1.2；
右图：45 nm 孤立线在不同 NA 条件下的空间像和归一化图像对数斜率（NILS），离焦量为 0 nm

参数"归一化图像对数斜率（NILS）"常用于衡量成像的局部对比度，对半密集和孤立图形尤其有用。NILS 与间距、特征尺寸的大小无关，表征了目标特征尺寸边缘的强度分布的陡峭程度。大的 NILS 或大的陡度，会降低特征尺寸对强度波动的敏感性。空间像 NILS 的计算公式为

$$\text{NILS} = w\frac{\mathrm{d}[\ln I(x)]}{\mathrm{d}x} \tag{1-4}$$

式中，$I(x)$ 为横光强截面分布，x 为横截面的空间坐标。强度对数的空间导数根据目标图形的宽度 w 进行了归一化。3.1.4 将介绍一个现象学的光刻胶模型，该模型则会解释 NILS 对光刻工艺的重要性，并用光刻胶的相应指标对其进行补充。

1.4 光刻胶工艺

图 1－8 所示为一个典型的光刻工艺流程。在该示例中，晶圆上有一层薄的氧化层(SiO_2)，光刻工艺将在这个晶圆上成形一条光刻胶线条。该过程从晶圆的化学或机械表面除污开始，在表面清洁准备步骤结束后，接着在晶圆上涂敷黏合促进剂，例如六甲基二硅氮烷(HMDS)，其目的是提高随后旋涂在晶圆上光刻胶的附着力。光刻胶层的典型厚度在 50 nm～1 μm 之间，可以通过旋转速度和光刻胶溶液的黏稠度来调节。第一个烘焙步骤，即所谓预烘焙，目的是减少旋涂光刻胶中的溶剂，提高光刻胶与晶圆表面之间的附着力。

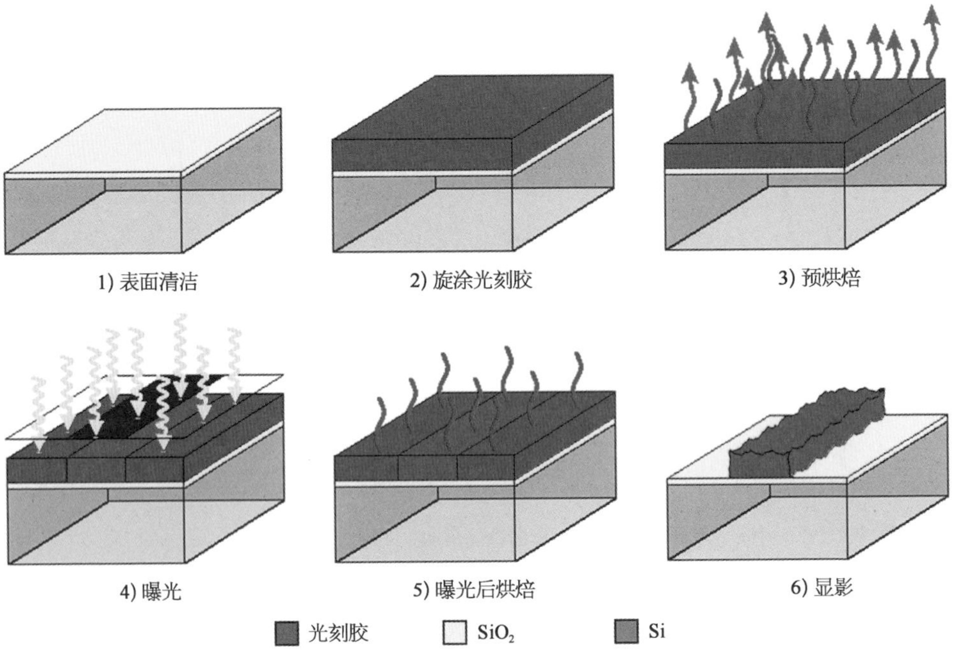

图 1－8 硅晶圆表面光刻胶线条成形的光刻工艺流程[10]

从左上到右下：表面清洁、旋涂、预烘焙、曝光、曝光后烘焙(PEB)、显影。版权所有 Elsevier(2015)

曝光的过程就是在扫描式投影光刻机中将图形成的像转移到光刻胶上。掩模上版图的明暗决定了光刻胶哪些区域被曝光，哪些区域不被曝光。曝光区域中的光刻胶材料会发生化学反应。典型的曝光机制将在 3.1.1 节中讨论。在许多情况下，曝光后的光刻胶要经过第二次烘焙，即所谓曝光后烘焙(PEB)。PEB

的功能和必要性取决于光刻胶的类型和其他工艺要求，某些光刻胶需要 PEB 来触发重要的化学反应。此外，PEB 经常用于完成溶剂的去除和扩散过程的启动，使所得的光刻胶轮廓变得平滑。

最后，将曝光的和局部化学反应的光刻胶浸润在显影剂溶液（显影剂）中。显影步骤的结果取决于光刻胶的感光特性。对于正型光刻胶，曝光和化学反应的光刻胶部分在显影过程中被去除，负型光刻胶则相反，即未曝光的部分被显影剂去除。最后，所得到的光刻胶图形被用作下一步工艺处理（例如刻蚀或掺杂）的掩模。

在光刻胶上成形的图案通常用扫描电子显微镜（SEM）或其他技术进行测量，可以进行俯视测量以确定图形的二维尺寸，也可以通过切割晶圆测量光刻胶图形的立体截面图，从而获得光刻胶图案形状的更多信息。当然，破坏后的晶圆无法再使用。非破坏性 SEM 技术也存在，例如双束聚焦离子束（focused ion beam, FIB）SEM[11] 和倾斜 SEM[12]。尽管这些类测量技术的吞吐量有限，但它们可以为工艺开发提供非常有价值的信息。基于电子束的测量技术可能导致光刻胶收缩[13]，与之相比，基于光学散射原理的测量技术[14,15] 提供了一种无损、间接的光刻胶轮廓测量方法。

图 1－9 显示了三个对线宽为 45 nm、间距为 120 nm 的暗线在不同离焦位置的光刻胶轮廓仿真的截面图，其轮廓的宽度和形状各不相同。为了反映仿真的光刻胶轮廓的重要细节，这里应用的方法是提取局部区域（或称带）的特征。图 1－9 中可以看到，有两条带分别位于光刻胶顶部和底部（参见图 1－9 中的灰色

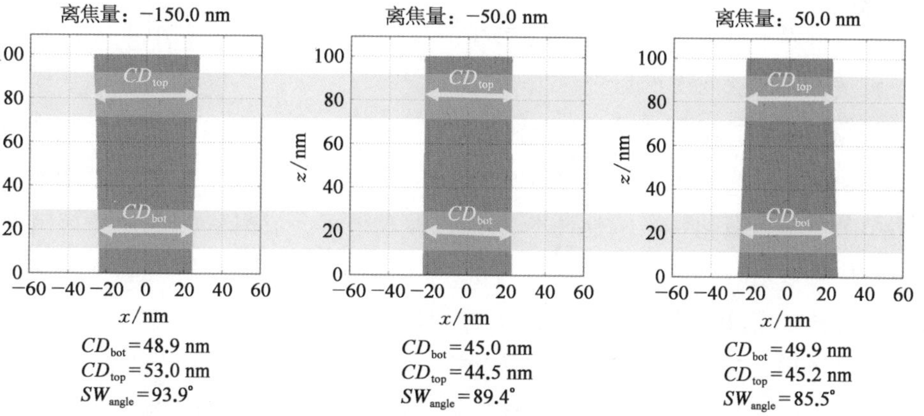

图 1－9 三个不同离焦位置处光刻胶仿真轮廓的截面图及提取的图形特征尺寸（CD_{top}、CD_{bot}）和侧壁倾角 SW_{angle}

图中显示的光刻胶截面图是对线宽为 45 nm、间距为 120 nm 暗线的仿真结果

带)。这些带的典型宽度约为光刻胶厚度的10%~20%,通过测量这些带内特征图形的平均宽度,就可以得到顶部和底部特征尺寸:CD_{top}、CD_{bot}。此外,从这些数据中还可以提取左、右和平均侧壁倾角 SW_{angle}。通常,光刻胶轮廓底部特征尺寸是后续工艺步骤(例如蚀刻或掺杂)最重要的特征参数,因此,在评估光刻工艺时通常会考虑 $CD = CD_{bot}$。

除了图形的CD,图形放置误差或位置误差也很重要。特征图形的位置不仅对在单次光刻步骤中保持所有成形的特征图形之间的正确距离很重要,而且对不同光刻步骤中成形的特征图形之间保证正确定位也很重要。套刻精度指的是不同光刻步骤中成形的光刻图案之间的位置精度,它也是光刻设备和工艺最重要的性能参数之一。

1.5 光刻工艺特性

实际的光刻工艺会受到工艺条件和曝光设备参数等许多变化的影响。例如,焦点位置,或在曝光过程中离焦的不稳定;掩模和晶圆相对物平面和像平面的位置可能略有变化;掩模和晶圆平整度不够;成像系统的光学像差和光刻胶的厚度变化也会造成对焦距的变化;激光输出能量的小波动、光学元件透射的不均匀性、散射光以及系统某些部分的微小瑕疵造成的背向反射等,都会导致曝光剂量的变化。另外,掩模的制造也会存在一定的误差。

本章接下来的部分将介绍用于表征光刻工艺的重要的度量指标,同时也解释它们对以上所讨论的各种效应的敏感度。这些指标都可以用来描述空间像的质量或光刻胶轮廓的形貌。

CD 均匀性(CDU):光刻条件的所有变化都会导致特征图形的尺寸和位置的偏差。扫描光刻机和工艺对这些偏差的影响经常用 CDU 和整体套刻误差这两个参数进行量化。影响这两个参数的因素很多,例如掩模、成像系统或晶圆平整度等。

工艺变化(PV)带:下面将研究成形图案的横向形状或轮廓,并将其与目标图形进行比较。图1-10显示了不同阈值和不同离焦位置处仿真空间像的轮廓。原始掩模图形如图1-10左图所示,并在其他图中用虚线表示;中图和右图中的实线表示在各种阈值和离焦条件下提取的轮廓形状,这类图称为 PV 带[16]。PV 带既可以从仿真空间像中提取,也可以从仿真或实测的光刻胶的轮廓中提取。

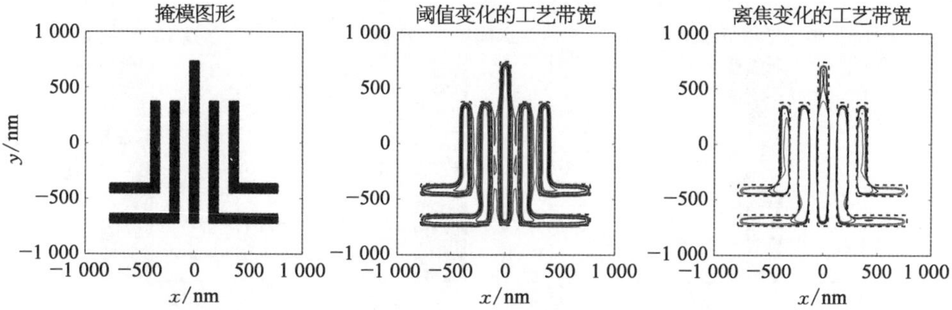

图 1－10　工艺变化带宽、仿真曝光剂量、阈值和离焦变化对空间像轮廓的影响

原始掩模图形（左）；阈值为 0.12、0.19、0.26、0.33 和 0.40、离焦量 = 0 nm 处的空间像轮廓（中）；离焦量 = 0 nm、50 nm、70 nm 和 90 nm、阈值 = 0.26 时的空间像轮廓（右）。线宽 = 90 nm（晶圆端尺寸）；成像条件：λ = 193 nm，NA = 1.2，交叉四极照明（CQuad）（有关照明选项的说明参见 4.1 节）

图 1－10 中可以看到，仿真空间像的轮廓与掩模的原始图案并不一致。由于投影光学系统的衍射限制，线端图形和孤立线图形受到光学邻近效应的影响较为严重，因此这种差异尤为明显。4.2 节中将针对这些差异及其抵消的方法进行详细讨论。利用图中各种阈值和离焦条件下提取的轮廓形状，找出与原始掩模图案的最小差异的条件，即为工艺的最佳条件。不同阈值和离焦值的图形轮廓变化表明工艺对这些参数的敏感性。可以观察发现，与密集的线空图形（即线线相邻的图形）相比，线端图形和孤立的线图形对工艺条件的变化更为敏感。

图 1－11 展示了如何使用 PV 带宽来研究掩模缺陷及其对光刻工艺的影响。这种掩模缺陷可能来自掩模制造过程中的瑕疵。此图 1－11 中的示例是孤立暗线附近的暗缺陷。无缺陷的情况显示在左侧，PV 带平行于该线。线宽随阈值或曝光剂量呈均匀变化。在 0.45 的阈值处，提取的线宽尺寸正好对应掩模图形的目标线宽。20 nm 缺陷会导致缺陷区域图像轮廓的轻微弯曲。对于较大的缺陷，这种弯曲变得相当明显。缺陷造成的图形轮廓弯曲的幅度取决于阈值。这表明，该种类型的缺陷在较大的阈值，即较小的曝光剂量下具有更严重的影响。

边缘放置误差（EPE）：EPE 通常由在给定焦点和曝光剂量或阈值下的图形轮廓形状来确定。该术语是由 Nick Cobb 引入的，指的是成像的线形或其他图形的边缘，与电路设计的目标图形边缘的误差[17]。平均 EPE 在数学上的定义为一段指定长度的线边缘和目标边缘右侧面积 A_r 和左侧面积 A_l 之差除以所指定的长度（LOI）[18]，即

$$\mathrm{EPE_{LOI}} = \frac{A_r - A_l}{\mathrm{LOI}} \tag{1-5}$$

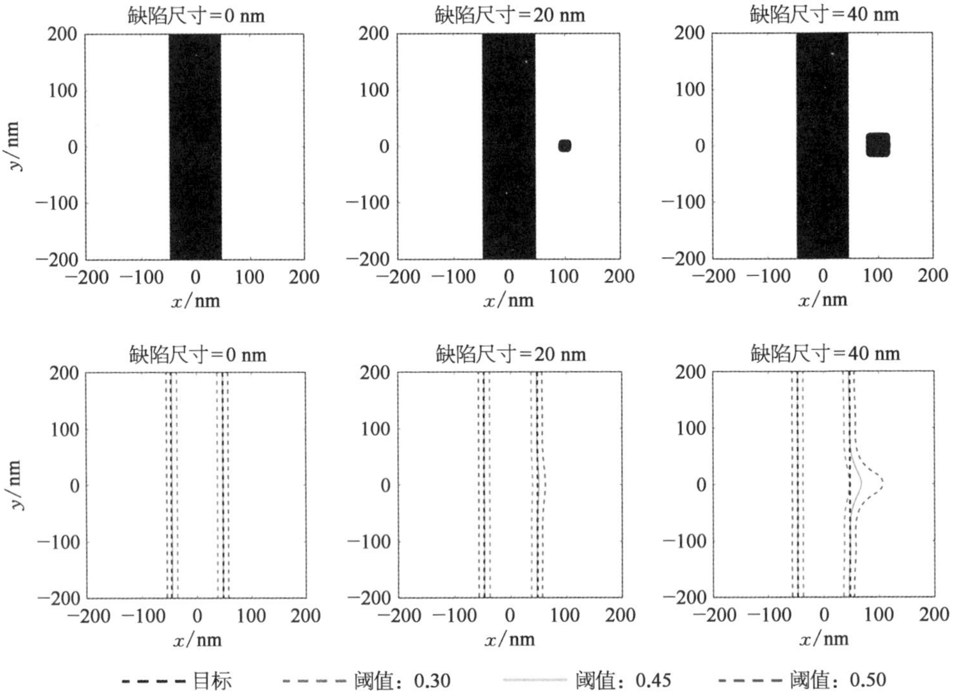

图 1-11　90 nm 孤立暗线附近暗缺陷的工艺变化带宽

上排：无缺陷（左）掩模图形和具有不同尺寸缺陷（中、右）的掩模图形；
下排：相应的阈值或曝光剂量变化的 PV 带。成像条件：$\lambda = 193$ nm, NA = 1.2，交叉四极照明（CQuad）

为了尽量减小 EPE，特征尺寸应尽可能地接近正确的尺寸（目标尺寸）且在正确的位置成形。光学邻近效应校正（OPC）通过物理模型和预定规则来修改掩模图形以达到最小化 EPE 的目的（参见 4.2 节）。PV 带的形状和 EPE 的量，可以通过空间像与仿真的或测量的光刻胶图案的差别来确定。

工艺变化带宽和边缘放置误差提供了晶圆特定区域中成形图案的保真度的全貌，接下来将研究特定图形的成形。为了简化讨论，将对线空图形进行分析，假设这些线是具有周期性的，其特征区别在于其间距（周期）、线宽、空宽比或占空比，还有线的方向。一般而言，所研究的对象是无限长并具有单一周期（间距）的最小周期单元里的成像性能。类似的分析方法也可以应用于其他类型的特征图形，例如通过相同的方法对二维图形（如接触孔阵列或线端图形）进行分析，这时需要指定数条切割线去标注对象以提取其特征尺寸。

光刻胶分布变化与曝光剂量和离焦量的关系：图 1-12 显示了仿真的光刻胶三维分布随两个最重要的工艺变量（曝光剂量和离焦）的变化。在本书中，定义晶圆（和光刻胶）向投影物镜靠近为负离焦。光刻胶轮廓的宽度随着曝光剂

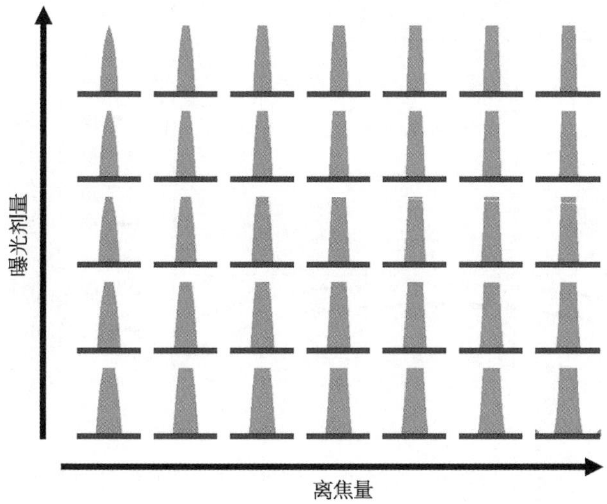

图 1-12　仿真所得间距为 250 nm、线宽 90 nm 线空图形的光刻胶轮廓分布图
图中的曝光剂量范围是 20~26 mJ/cm^2，离焦范围是-120~0 nm；
成像条件为：λ = 193 nm，NA = 1.2，二极照明，光刻胶厚度为 150 nm

量增加而减小，即所谓正型光刻胶的特性。在离焦范围的中心，光刻胶的轮廓对所有曝光剂量值都显示几乎垂直的侧壁。

然而，光刻胶的轮廓随着向左和向右的离焦位置而发生变化，在较小或负离焦位置，光刻胶离投影物镜更近，光刻胶底部的图形轮廓比较清晰，而光刻胶顶部的图像失焦，轮廓变得越来越模糊。因此，原本应该是黑暗的区域也会看到一些光，这使光刻胶因受到一定的曝光而被损失，尤其是在曝光剂量较大的时候。而在正离焦位置，观察到的效果正好相反，光刻胶底部因失焦而造成图像模糊，从而导致在高曝光剂量时出现底部内切，使得光刻胶轮廓存在塌陷的风险。

Bossung 曲线： 从计算出的光刻胶轮廓中提取底部线宽数据，绘制它们与离焦量的关系，其典型的图形如图 1-13 所示。图 1-13 中的不同曲线代表在不同曝光剂量时的线宽与离焦的关系，这种类型的图称为 Bossung 曲线[19]。平坦的 Bossung 曲线表明该工艺对离焦的敏感性较低。曝光剂量方向上各个曲线之间的间距代表工艺对曝光剂量的敏感度。图 1-13 中的阴影区域代表目标尺寸为 90 nm、容差为±10%的范围。在此阴影区域内生成线宽的所有曝光剂量和离焦位置都是可以接受的。

工艺窗口： CD 与曝光剂量和离焦量的相关性也可以以另一种方式绘制。如图 1-14 左图所示三条曲线分别对应三个曝光剂量：CD 等于目标 CD 的

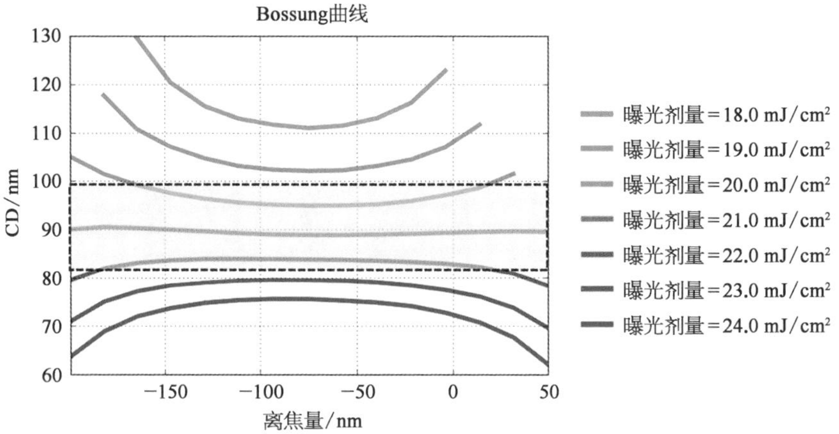

图 1-13 仿真所得间距为 250 nm、线宽为 90 nm 的线型图形光刻胶底部 CD 分别与曝光剂量和离焦量的关系
成像条件：λ = 193 nm，NA = 1.2，二极照明，光刻胶厚度 150 nm

90%（上曲线）、正好等于目标 CD（即目标剂量、中曲线）和等于目标 CD 的 110%（下曲线）所需的剂量值。上下曲线之间的所有曝光剂量和离焦组合产生的 CD 精度是在±10%之内。可以在该区域内安放一个像窗口的椭圆或矩形，被称为工艺窗口，如图 1-14 中阴影区域所示。工艺窗口的高度和宽度分别代表工艺的曝光剂量和离焦的容许范围。这个离焦容许范围就是可用的焦深（DoF），2.3.1 节将对其进行详细讨论。曝光剂量的范围或宽容度与 DoF 不是相互独立的。在许多应用中，DoF 是针对指定 5%或 10%的剂量范围而确定的。有时也会绘制 DoF 与曝光剂量宽容度的关系图，反之亦然。

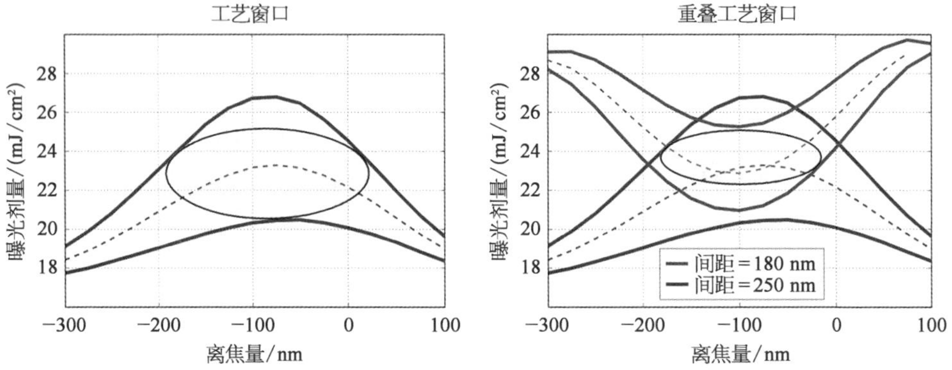

图 1-14 仿真所得 90 nm 线条光刻图形的工艺窗口
左图：间距为 180 nm 的线条的工艺窗口，右图：间距为 180 nm 和 250 nm 线条的重叠工艺窗口；
成像条件：λ = 193 nm，NA = 1.2，二极照明，光刻胶厚度 150 nm

实际的图案布局包含多种图形尺寸和间距，它们都在相同的剂量和离焦条件下进行曝光。为了实现这一点，各个特征图形的工艺窗口必须重叠，如图 1－14 右图所示。与左图中的阴影区域相比，针对两个特征图形的共同（重叠）工艺窗口的区域明显减少。

评估新的光刻工艺和工艺技术，主要是根据能否实现指定的工艺窗口。用于量产就需要满足一定的工艺窗口。工艺窗口越大，表明工艺越稳健。在上述示例中，Bossung 曲线和工艺窗口是根据目标尺寸或 CD 数据生成的。通常，工艺窗口还可包括其他目标，例如边缘位置、特征位置、光刻胶侧壁角度和线边缘粗糙度（LER）等。

工艺线性度： 如图 1－15 所示线性曲线表征了工艺的可扩展性。图中的密集线（dense）和孤立线（iso）的底部线宽是根据特征图形的大小仿真得到的，图中的虚线表示一个完美的线性过程。对于 150 nm 以上较大的特征尺寸，密集线和孤立线都非常接近理想的线性曲线，即晶圆上的特征尺寸和目标尺寸完全一致。然而，在 90 nm 和 150 nm 特征尺寸之间，曲线的斜率则略有不同，密集线和孤立线也表现出略微不同的 CD，但两条曲线都呈线性关系。在特征尺寸低于 90 nm 时，曲线变得越来越非线性。密集线的最小 CD 约为 75 nm，因此在掩模设计时必须考虑这种特征尺寸的非线性转移（参见 4.2 节）。

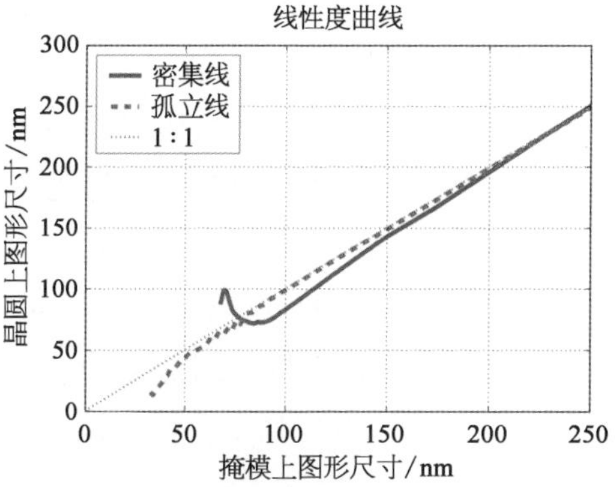

图 1－15　密集和孤立线图形的仿真光刻胶底部 CD 与设计目标 CD 的关系

成像条件：λ = 193 nm、NA = 1.35、环形照明、光刻胶厚度 150 nm

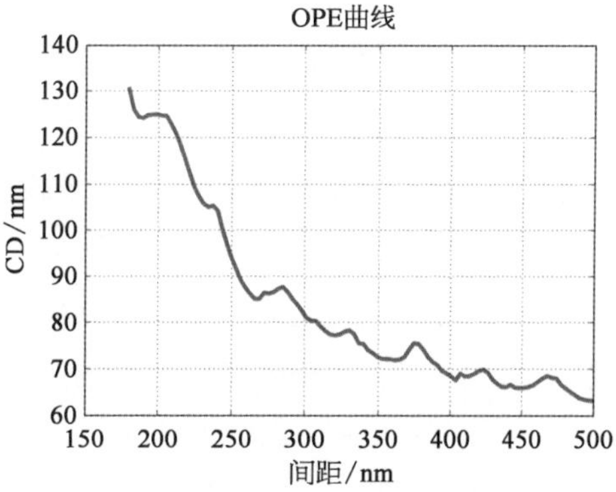

图 1－16　设计尺寸为 90 nm 的线条在不同间距时的仿真光刻胶底部 CD

选择的曝光剂量是以将间距为 250 nm 的半密线成形为目标尺寸 90 nm 时的为准；成像条件：λ = 193 nm、NA = 1.35、二极照明、光刻胶厚度 150 nm

光学邻近效应（OPE）曲线： 图 1－16 显示了设计尺寸为 90 nm 的线分别在不同间距时仿真的光刻胶底部 CD。选择的曝光剂量是以将间距为 250 nm 的半密集线成形为目标尺寸 90 nm 为准。从图中可以观察发现，不同间距（即相邻的图形距离不等)成形的线宽尺寸明显不同,这种对相邻特征图形的依赖性即所谓 OPE。因此,此类曲线通常被称为 OPE 曲线。OPE 曲线的形状因掩模类型、照明形状和工艺条件而异。

掩模误差增强因子(MEEF):非线性和邻近效应也会对掩模的制造公差产生影响[20]。MEEF 是衡量工艺对掩模制造不准确性的敏感度指标:

$$\mathrm{MEEF} = M\frac{\Delta \mathrm{CD}_{\mathrm{wafer}}}{\Delta \mathrm{CD}_{\mathrm{mask}}} \tag{1-6}$$

式中,$\Delta \mathrm{CD}_{\mathrm{wafer}}$为晶圆 CD 在掩模 CD(掩模端尺寸)变化 $\Delta \mathrm{CD}_{\mathrm{mask}}$时的变化量,系数 M 为投影物镜的缩小倍率。在接近分辨率极限时的关键特征图形的 MEEF 甚至可以超过 5。

1.6 小结

光学投影光刻是半导体制造中标准的特征图形成形方法。光学成像系统由照明系统和投影物镜系统组成,物镜将掩模上的图形成像到硅晶圆上的光刻胶内。投影光刻成像系统最重要的参数是照明系统的波长 λ、投影物镜的数值孔径 NA 和离焦量。所得到的空间像的最重要特征包括对比度、归一化图像对数斜率(NILS)和使用简单阈值模型获得的特征尺寸(CD)值。

典型的光刻工艺过程包括晶圆表面清洗、光刻胶旋涂、曝光、烘焙和显影。显影后的光刻胶轮廓用扫描电子显微镜和截面扫描电子显微镜测量,所得光刻胶轮廓的线宽或特征尺寸(CD)随曝光剂量、离焦量和其他工艺参数而变化。

表征光刻工艺性能与工艺参数的典型变化有几种标准的技术,包括 Bossung 曲线(线宽与曝光剂量和离焦量的关系)和工艺窗口(曝光剂量和离焦量的组合范围,指定目标在此范围内满足特定精度的要求)。其他重要的工艺性能标准包括 CD 均匀性(CDU)、套刻精度(overlay)、边缘放置误差(EPE)、线性度(linearity)、光学邻近效应的特性曲线(OPE 曲线)和掩模误差增强因子(MEEF)。

参考文献*

[1] G. E. Moore, "Cramming more components onto integrated circuits," *Electronics Magazine*

* 注:原英文版参考文献各条目著录格式不符合 GB/T 7714—2015 要求或有缺项,但为方便有需要的读者,本书仍按英文版保留此内容,以下各章同此。

38, 4, 1965.
[2] R. P. Feynman, "There's plenty of room at the bottom," *Caltech Engineering and Science* **23**, 22, 1960.
[3] K. Ariga and H. S. Nalwa, Eds., *Bottom-up Nanofabrication*, American Scientific Publishers, Valencia, California, 2009.
[4] A. Senefelder, *The Invention of Lithography* [Translated from the original German by J. W. Muller], Fuchs & Lang Manufacturing Co., New York, 1911.
[5] J. W. Lathrop, "The Diamond Ordnance Fuze Laboratory's photolitho-graphic approach to microcircuits," *IEEE Annals of the History of Computing* **35**(1), 48 – 55, 2013.
[6] J. H. Bruning, "Optical lithography ... 40 years and holding," *Proc. SPIE* **6520**, 652004, 2007.
[7] F. Pease and S. Y. Chou, "Lithography and other patterning techniques for future electronics," *Proc. IEEE* **96**, 248, 2008.
[8] D. G. Flagello and D. G. Smith, "Calculation and uses of the lithographic aerial image," *Adv. Opt. Technol.* **1**, 237 – 248, 2012.
[9] D. Fuard, M. Besacier, and P. Schiavone, "Assessment of different simplified resist models," *Proc. SPIE* **4691**, 1266 – 1277, 2002.
[10] A. Erdmann, T. Fühner, P. Evanschitzky, V. Agudelo, C. Freund, P. Michalak, and D. Xu, "Optical and EUV projection lithography: A computational view," *Microelectron. Eng.* **132**, 21 – 34, 2015.
[11] J. S. Clarke, M. B. Schmidt, and N. G. Orji, "Photoresist cross-sectioning with negligible damage using a dual-beam FIB-SEM: A high throughput method for profile imaging," *J. Vac. Sci. Technol. B* **25**(6), 2526 – 2530, 2007.
[12] C. Valade, J. Hazart, S. Berard-Bergery, E. Sungauer, M. Besacier, and C. Gourgon, "Tilted beam scanning electron microscopy, 3-D metrology for microelectronics industry," *J. Micro/Nanolithogr. MEMS MOEMS* **18**(3), 1 – 13, 2019.
[13] B. Bunday, A. Cordes, C. Hartig, J. Allgair, A. Vaid, E. Solecky, and N. Rana, "Time-dependent electron-beam-induced photoresist shrinkage effects," *J. Micro/Nanolithogr. MEMS MOEMS* **11**(2), 23007, 2012.
[14] J. Bischoff, J. W. Baumgart, H. Truckenbrodt, and J. J. Bauer, "Photoresist metrology based on light scattering," *Proc. SPIE* **2725**, 678, 1996.
[15] A. Vaid, M. Sendelbach, D. Moore, T. A. Brunner, N. Felix, P. Rawat, C. Bozdog, H. K. H. Kim, and M. Sendler, "Simultaneous measurement of optical properties and geometry of resist using multiple scatterometry targets," *J. Micro/Nanolithogr. MEMS MOEMS* **9**(4), 41306, 2010.
[16] J. A. Torres and C. N. Berglund, "Integrated circuit DFM framework for deep sub-wavelength processes," *Proc. SPIE* **5756**, 39 – 50, 2005.
[17] N. B. Cobb, *Fast Optical and Process Proximity Correction Algorithms for Integrated Circuit Manufacturing*. PhD thesis, University of California at Berkeley, 1998.
[18] A. H. Gabor, A. C. Brendler, T. A. Brunner, X. Chen, J. A. Culp, and H. J. Levinson, "Edge placement error fundamentals and impact of EUV: Will traditional design-rule calculations work in the era of EUV?" *J. Micro/Nanolithogr. MEMS MOEMS* **17**(4), 41008, 2018.
[19] J. W. Bossung, "Projection printing characterization," *Proc. SPIE* **0100**, 80 – 85, 1977.
[20] A. K. K. Wong, R. A. Ferguson, L. W. Liebmann, S. M. Mansfield, A. F. Molless, and M. O. Neisser, "Lithographic effects of mask critical dimension error," *Proc. SPIE* **3334**, 106 – 116, 1998.

第 2 章　投影光刻的成像原理

本章先简要概述现代深紫外（DUV）投影扫描式光刻机（以下简称光刻机）的关键性能参数和特性。然后，基于 1.3 节中图 1－4 对光刻机成像理论解释的背景，推导出光学投影光刻分辨率极限的阿贝-瑞利准则，并利用该准则讨论半导体光刻技术的发展趋势。关于在实际应用中投影光刻的一些光学效应则将在第 8 章进行详细讨论。

2.1　投影光刻机

投影光刻机是世界上最先进的光学仪器之一，其成像的基本原理已经在 1.3 节中介绍过。所有投影光刻机都包括这几个部分：① 高数值孔径投影系统和灵活的照明系统（也称聚光镜），以实现高分辨率成像；② 精密而快速的掩模和晶圆工件台，这是高吞吐量扫描曝光的保证；③ 实时现场量测系统，用来保证掩模和晶圆在曝光期间的精密控制。光刻机典型的技术指标包括工作波长（如 193 nm）、数值孔径范围（如 0.85～1.35）、单次曝光分辨率（如≤38 nm）、最大像场尺寸（如 26 mm×33 mm）、单机套刻精度（如≤1.4 nm），以及晶圆产量（如每小时≥275 片晶圆）。所列的性能数据来自 ASML TWINSCAN NTX：2000i 系统。

如图 1－4 所示，聚光镜（照明系统）和投影系统都由许多单独的透镜组成。这些复杂的镜头系统是使用特殊的光线追迹软件设计的[1]。优化设计的规范包括一定范围的数值孔径、缩放倍率（通常为 4×）和像场大小。优化的其他约束条件包括系统的尺寸和重量、温度和气压等环境条件、激光光源的带宽、玻璃均匀性，以及加工和组装公差等。

理论上，可以使用光线追迹来描述此类系统的成像过程，但在实际中这是很难实现的。其主要有两个原因：一是镜头的实际设计属于镜头供应商的保密信息，投影光刻机的用户无权访问这些数据；二是通过光线追迹计算理想的成像过程非常耗时。因此，光学系统的特征通常用照明、掩模和投影镜头的传递函数来表达，这些传递函数可以使用不同的方法获得。对于一般情况，理想条件下的传递函数就够用了，例如假设无限薄掩模的基尔霍夫(Kirchhoff)方法或理想的衍射极限成像(见 2.2 节)。传递函数也可以从更多的物理建模方法中获得，例如用光线追迹的严格电磁场理论来计算掩模图形在光学系统的成像。此外，还有一些可以通过实验确定传递函数的方法。例如，通过对掩模的散射光的专门测量；通过对镜头组透射光的干涉测量；或通过对特殊测试对象进行成像测量的实验方法来获取传递函数等。在 2.2 节中，这些传递函数将用于描述光学投影光刻中的成像特性。

2.2　成像理论

成像理论的探讨通常开始于对某些最重要因素的抽象和简化的假设。2.2.1 节介绍的内容就是先假设入射波为单一平面波，用傅里叶光学描述它在相干投影系统中的成像。有关详细内容，请参阅本章后参考文献[2]。随后，再将该理论推广到部分相干成像系统。这种成像的描述是基于所谓的阿贝(Abbe)方法。本节末尾，也将简要概述图像计算的其他方法。

2.2.1　傅里叶光学描述

图 2-1 显示了一个相干光学投影系统。沿系统光轴 z 方向传播的单一平面波照射掩模，掩模将光衍射到许多不同的方向，部分衍射光被投影物镜的入瞳捕获，经过透

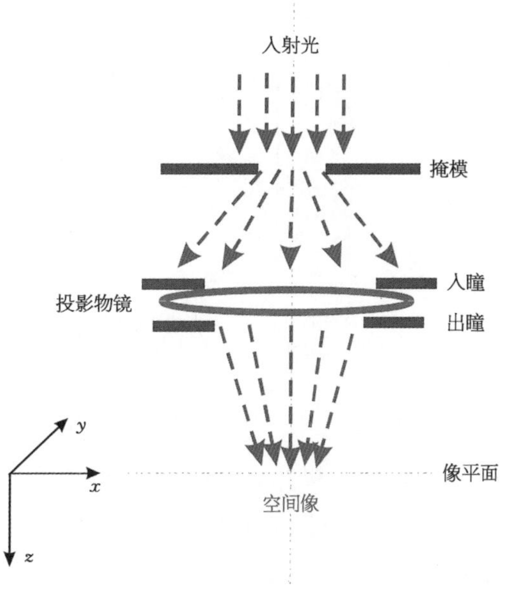

图 2-1　相干投影成像示意图

镜后衍射光的方向发生改变，最后只有一部分光通过出瞳到达像平面，并形成空间像。假设所使用的掩模为无限薄，它的特征可以用仅与横向坐标 x 和 y 相关的传输函数 $\tau(x,y)$ 来描述，并假设光在该系统中光是近轴传播，具有标量特征。这是描述图像形成的第一种简单方法，并且不考虑偏振效应。

首先，计算物平面 x、y 中掩模的光衍射（图 2-2），目的是获得光在观察平面 x'、y' 中距物平面距离为 z 处的分布。在物体和观察平面之间的均匀区域中传播的光必须满足标量亥姆霍兹（Helmholtz）方程：

$$(\nabla^2+\vec{k}^2)U=0 \tag{2-1}$$

式中，矢量波 $\vec{k}$ 值是 $\tilde{k}=\dfrac{2\pi}{\lambda}$。观察平面中 x'、y' 位置处的光的复振幅 U 由下式给出：

$$U(x',y')=\frac{1}{j\lambda}\iint_{\Sigma}U(x,y)\frac{\exp j\vec{k}\,\vec{r}_{01}}{r_{01}}\cos\theta \mathrm{d}x\mathrm{d}y \tag{2-2}$$

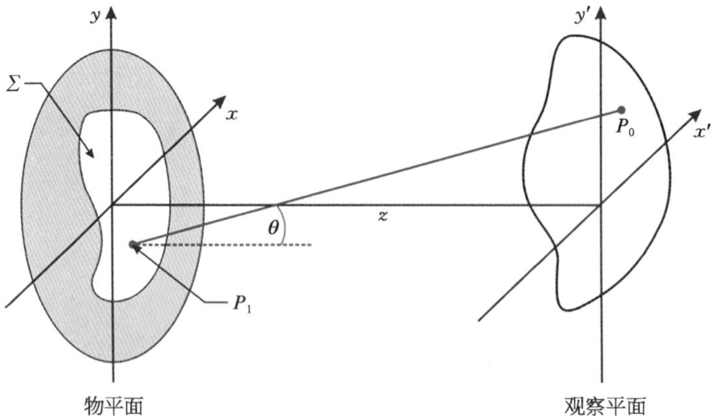

图 2-2　衍射问题

来自左侧的入射光被物平面 x、y 中的孔径衍射；衍射光在观察平面 x'、y' 中与物平面距离为 z 处被检测到；观察平面中点 P_0 处的强度由来自孔径 Σ 内所有 P_1 点的光叠加得到

对物平面上整个孔径 Σ 进行积分。长度为 r_{01} 的向量 $\vec{r}_{01}$ 连接观测平面和物平面中的点 P_0 和 P_1，该向量与 z 轴之间的角度 θ，如图 2-2 所示。方程（2-2）可以用惠更斯-菲涅耳原理解释。物平面中孔径 Σ 内的每个点都发射球面波，通过所有球面波的相干叠加得到观测平面某一点的复振幅 U。根据 Kirchhoff 边界条件，复振幅 U 由式（2-3）可得

$$U(x, y) = \begin{cases} \tilde{U}(x, y), & \text{孔径 } \Sigma \text{ 之内} \\ 0, & \text{其他} \end{cases} \tag{2-3}$$

式中，$\tilde{U}(x, y)$ 表示入射场，它假设物平面上没有孔径时照明端（光源）的入射平面波。接下来，使用点 P_0 和 P_1 之间距离 r_{01} 的二项式展开：

$$r_{01} \approx z\left[1 + \frac{1}{2}\left(\frac{x' - x}{z}\right)^2 + \frac{1}{2}\left(\frac{y' - y}{z}\right)^2\right]$$

该式在物体和观察平面之间距离 z 足够大时有效：

$$z >> z\frac{4\pi}{\lambda}[(x' - x)^2 + (y' - y)^2]$$

将此展开式应用于方程(2-2)则是菲涅耳衍射积分：

$$U(x', y') = \frac{\exp jkz}{j\lambda z}\iint_{\Sigma} U(x, y)\exp\left\{j\frac{\tilde{k}}{2z}[(x' - x)^2 + (y' - y)^2]\right\}\mathrm{d}x\mathrm{d}y \tag{2-4}$$

对于更大的距离 $z >> \tilde{k}(x^2 + y^2)/2$ 这个表达式可以进一步简化为弗劳恩霍夫（Fraunhofer）衍射积分：

$$U(x', y') = \frac{\exp(j\tilde{k}z)\exp j\frac{\tilde{k}}{2z}[(x')^2 + (y')^2]}{j\lambda z} \times \iint_{\Sigma} U(x, y)\exp\left[-j\frac{2\pi}{\lambda z}(x'x + y'y)\right]\mathrm{d}x\mathrm{d}y \tag{2-5}$$

这个表达式可以重写为傅里叶变换：

$$U(x', y') = \frac{\exp(j\tilde{k}z)\exp j\frac{\tilde{k}}{2z}[(x')^2 + (y')^2]}{j\lambda z}\mathfrak{F}[U(x, y)]_{f_x = x'/\lambda z,\, f_y = y'/\lambda z} \tag{2-6}$$

式(2-6)右侧的第一项与复振幅 $U(x, y)$ 无关，它代表一个纯相位因子，取决于物平面和观察平面之间的距离。在计算理想像平面中的强度分布时，可以忽略该相位因子。假设掩模在物平面内以透射函数 $\tau(x, y)$ 照射，掩模远场中的衍射光由下式可得

$$s(f_x, f_y) = \mathfrak{F}[\tau(x, y)] \tag{2-7}$$

式中,复值函数 $s(f_x, f_y)$ 代表掩模衍射光谱。

线空图形和小间距接触孔阵列的衍射谱仅包含几个离散衍射级(参见 2.3.1 节)。光衍射的效率称为衍射效率,即衍射光在某个衍射级或方向上的强度与入射光的强度之比。

图 2-3 显示了成像建模的第一步。衍射光在掩模远场(即投影物镜入瞳)处由空间频率坐标 f_x、f_y 给出,它们与衍射角 θ_x、θ_y 的关系分别是:$f_x = x/\lambda z = \sin\theta_x/\lambda$, $f_y = y/\lambda z = \sin\theta_y/\lambda$。

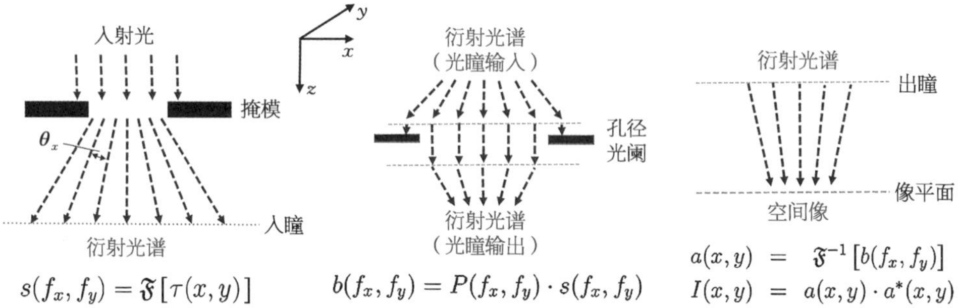

图 2-3 相干成像计算的基本步骤

左图:掩模的衍射光谱 $s(f_x, f_y)$ 是通过掩模传输函数 $\tau(x,y)$ 的傅里叶变换计算得出;
中图:光通过投影物镜的传输函数由复数光瞳函数的乘积 $P(f_x, f_y) \cdot s(f_x, f_y)$ 来描述;
右图:物镜出瞳输出而最终成像的衍射光强为 $I(x, y)$。

计算空间像的下一步是计算投影物镜对各级衍射光的透射,投影物镜的光学特性由光瞳函数 $P(f_x, f_y)$ 表征。数值孔径之外的透射为零,数值孔径之内的光瞳函数值取决于投影物镜的离焦、波像差、切趾和缩放倍率,如果有光瞳滤波器,也可能会导致 $P(f_x, f_y)$ 的额外扰动:

$$P(f_x, f_y) = \begin{cases} 0, & \sqrt{\sin^2\theta_x + \sin^2\theta_y} > \text{NA} \\ \text{离焦、像差、切趾等的函数,其他情况} \end{cases} \tag{2-8}$$

如果一个投影物镜在其数值孔径范围中所有衍射级都不发生改变,即 NA 内部的 $P(f_x, f_y) = 1$,那么这就是该系统的衍射极限,它代表了光瞳内所有衍射级都被收集,并完美地传递到像平面。

出射光瞳处的衍射光谱 $b(f_x, f_y)$ 由下式获得

$$b(f_x, f_y) = P(f_x, f_y) \cdot s(f_x, f_y) \tag{2-9}$$

出射光瞳发出的各级衍射最后聚焦在像平面上。这可以被认为是光从掩模近场到投影物镜入瞳处的远场传播的逆问题,并通过傅里叶逆变换来描述。图像中的复数光场振幅 $a(f_x, f_y)$ 由下式获得

$$a(x, y) = \mathfrak{F}^{-1}[b(f_x, f_y)] \tag{2-10}$$

空间像的强度分布由下式给出:

$$I(x, y) = a(x, y) \cdot a^*(x, y) \tag{2-11}$$

上述相干系统中计算图像的算法如图 2－4 所示。掩模透射的傅里叶变换给出了投影物镜入瞳处的掩模衍射光谱,图 2－4 中仅显示了该衍射光谱的强度,事实上光谱的相位对成像也极为重要。投影物镜出光口(即出瞳)处的衍射光谱是通过光瞳函数和掩模衍射光谱相乘获得的。在图 2－4 所示示例中,数值孔径 NA = 0.75 之外的所有衍射级都被阻挡,因而对成像没有贡献。最后,通过傅里叶逆变换形成了空间像。投影物镜的数值孔径收集的衍射级数越多,图像就越清晰(参见 1.3 节中图 1－5 的讨论)。

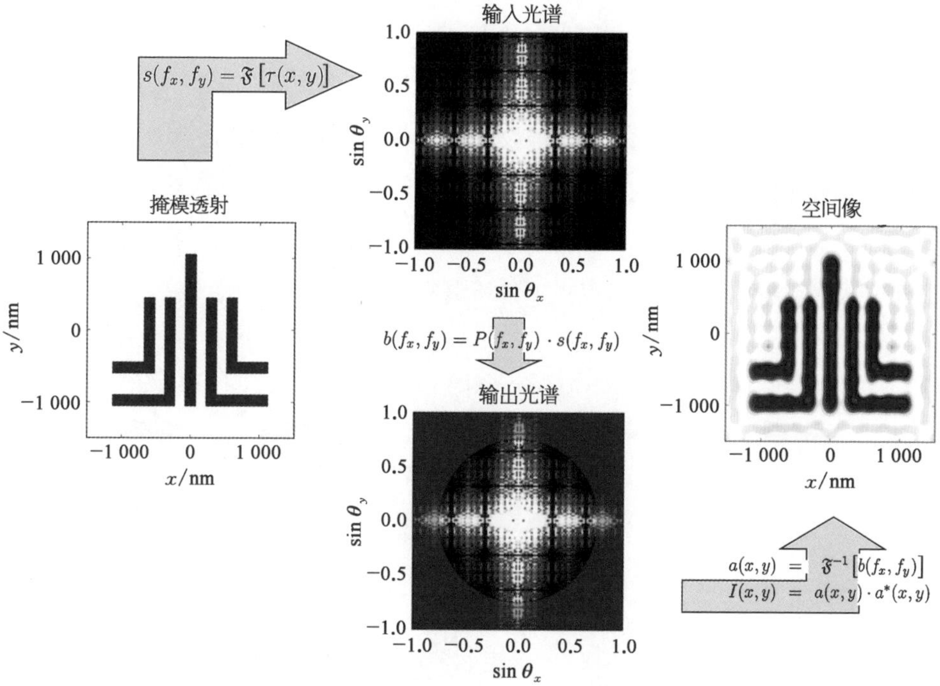

图 2－4　相干系统空间像的计算流程[3],版权为 Elsevier 所有(2020)

图 2-5 提供了另一种投影成像视图。点光源发出球面波，投影物镜捕捉到这个球面波的一部分，理想投影系统如图 2-5 右侧的实线半圆所示，将发散的球面波的一部分转换成会聚的球面波，其中心在像点。真实系统的波像差会导致像空间(虚线)的波前变形。实线会聚波的扇形角受限于投影物镜的数值孔径，虚线波前与会聚波的理想球面偏差定义了系统的波像差(见 8.1 节)。

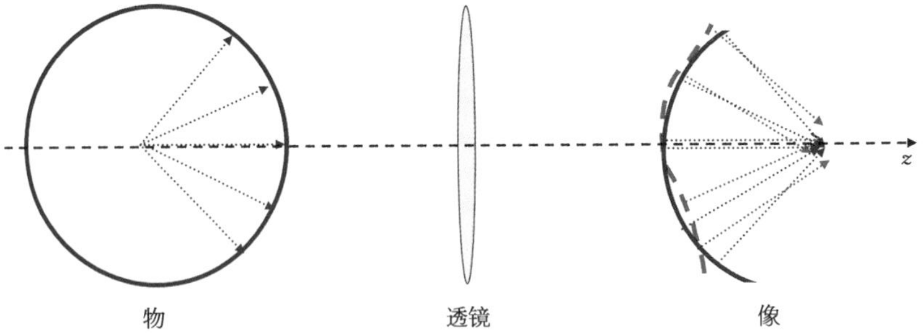

图 2-5 投影成像的另一种视图

2.2.2 倾斜照明与部分相干成像

到目前为止，掩模一直被假设是由沿系统光轴方向的单一平面波照射，该光轴沿图 2-3 中的 z 轴。图 2-6 展示了倾斜照明对衍射光谱的影响，衍射光的方向随着照射方向而变化。接下来，假设倾斜照明相对光轴的角度为 θ_x^{inc}、θ_y^{inc}，倾斜照明的衍射光谱可以通过垂直入射光衍射光谱 $s(f_x, f_y)$ 的频移而获得。这个空间频域的频移量由 $f_x^{\text{inc}} = \sin\theta_x^{\text{inc}}/\lambda$ 和 $f_y^{\text{inc}} = \sin\theta_y^{\text{inc}}/\lambda$ 给出。在 9.2.2 节中对高级掩模建模方法的讨论中，将会重新审视这种所谓霍普金斯(Hopkins)方法。

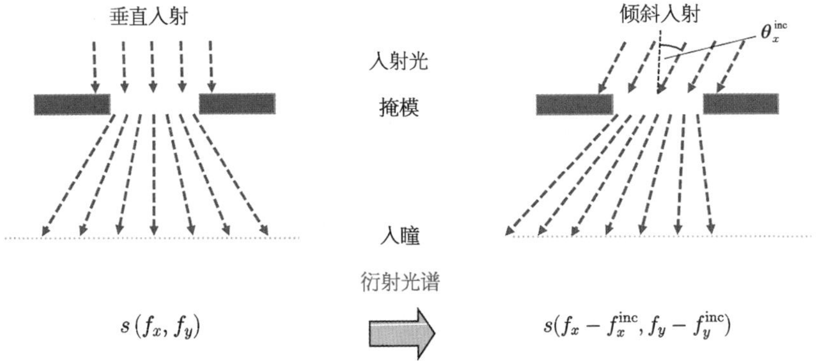

图 2-6 入射角为 θ_x^{inc} 的倾斜照明对掩模衍射光谱 $s(f_x, f_y)$ 的影响

图 2-7 显示了出瞳处的衍射光谱以及相对光轴倾斜不同方向的几个倾斜(离轴)照明的相应空间像。照明方向对能否通过投影物镜数值孔径的衍射级次的选择有极大影响,进而影响最终成像。如图 2-7 左图所示,照明沿 y 轴倾斜,正负 x 方向上第一个衍射级被数值孔径阻挡,造成平行于 y 的线形图案未能清晰成像。y 方向上的几个衍射级通过了光瞳,所以该图下部平行于 x 的线形图案显示了良好的分辨率。图 2-7 右图的情形正好相反,照明方向旋转了 90°,沿 x 方向的高阶衍射级通过了光瞳,因而对平行于 y 方向的线形图案提供了良好的解决方案,然而代价是 y 方向上的第一衍射级和平行于 x 方向上的线形图案分辨率的降低。图 2-7 中图的照明呈对角线倾斜,它提供了 x 和 y 方向分辨率之间的平衡。然而,这种照明的不对称也导致了图像的不对称。通常采用对称照明可以避免此类成像的不对称性。

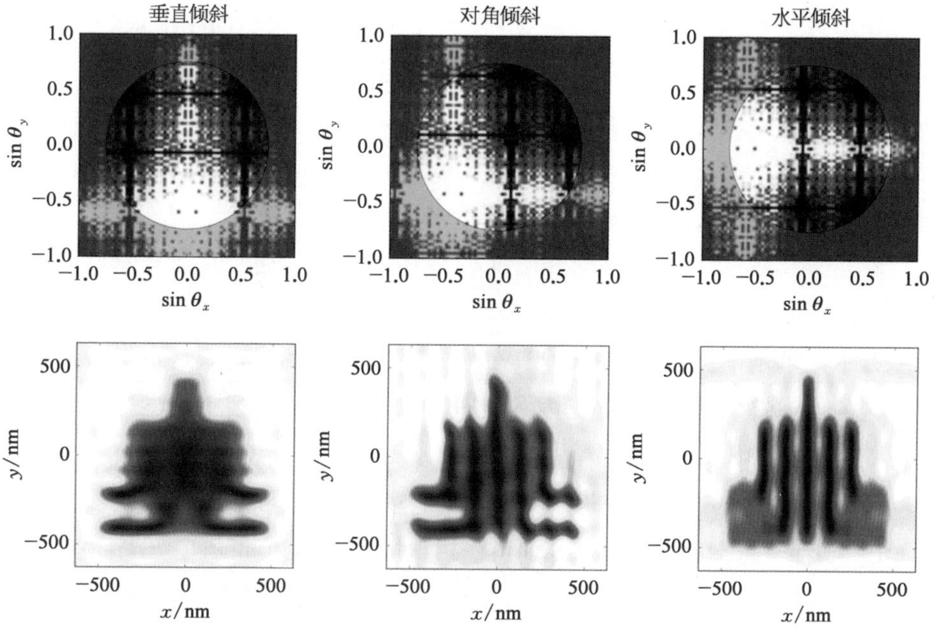

图 2-7　不同方向离轴照明出瞳处的衍射光谱(上)和相应的空间像(下)

除了比例不同,掩模图形与图 2-4 相同

以上观察到的图像对掩模照明方向的敏感性理论已被用于分辨率增强技术中,例如离轴照明和光源掩模协同优化。

为了实现良好的掩模照明均匀性和大范围像场的亮度均匀性,几乎所有光刻投影系统都采用科勒(Köhler)照明[4,5]。如图 2-8 所示,聚光镜将光源投射到投影物镜的入瞳。在这种特殊的光路设置中,光源中的一个点经聚光镜转换

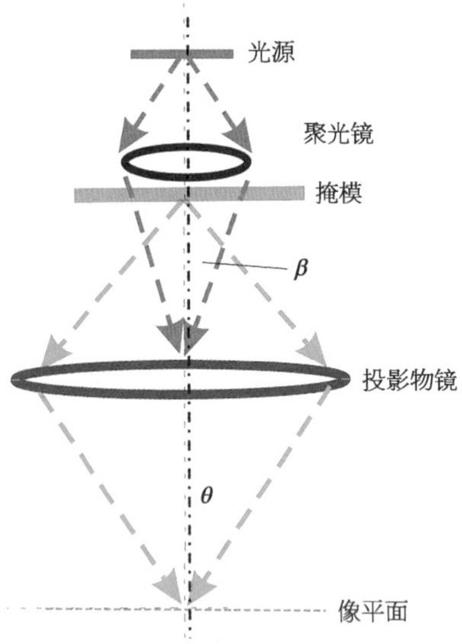

图 2-8 光刻投影系统中的科勒(Köhler)照明

成平面波照射掩模。

光源上不同点发出的光,其相位没有固定相位关系的、来自光源上不同点(即不同照明方向)的光叠加后产生空间非相干光。空间非相干性随着照明的角度范围扩大而增加。

图 2-8 中的角度 β 定义了聚光镜的数值孔径。聚光镜和投影物镜的数值孔径之比定义了系统的部分相干因子 σ:

$$\sigma = \frac{\sin\beta}{\sin\theta} \tag{2-12}$$

式中,$\sigma = 0$ 代表一个空间相干系统,它表示掩模的照明是单一平面波;$\sigma > 0$ 表示掩模的照明来自多个方向。不同入射方向的光,即来自光源上不同点的光,没有固定的相位关系。系统的空间不相干性随着光源点之间的最大距离及其相应的照明方向范围的扩大而增加。

通常,光源的相干性由空间和时间两种相干性来描述。时间相干性表示来自单个源点的光在不同时间的相位关系,它与光源的波长范围有关。本书中的大多数示例都是单色光的成像,即具有完美时间相干性的光。这也是理解本书所讨论的成像效果的合理方法,因为先进 DUV 和 EUV 光刻中光学邻近效应校正中的高精度成像计算要求光源波长范围或照明带宽非常小。

接下来,将上述成像理论推广到部分(空间)相干成像。图 2-9 展示了(空间)相干和部分相干成像之间的区别。在相干情况下,掩模仅由单一平面波照射。在大多数情况下,该波的传播方向与光轴一致。光在通过具有特定周期或间距 p 的掩模图形时发生衍射,产生离散的衍射级,这些衍射级在特定位置进入投影系统。在部分相干情况下,掩模被几个不同入射角的平面波照射。投影物镜光瞳内衍射级的位置随照明方向而变化(有关其产生效果的讨论请参见图 2-10)。

部分相干系统中的成像可以通过阿贝(Abbe)方法来表述。光源由离散点表示,它们分别以角度 θ_x^{inc}、θ_y^{inc} 和相应的空间频率 $f_x^{\mathrm{inc}} = \sin\theta_x^{\mathrm{inc}}/\lambda$、$f_y^{\mathrm{inc}} = \sin\theta_y^{\mathrm{inc}}/\lambda$ 照射掩模,成像位置标量场的复振幅由下式表示:

$$a(x, y, f_x^{\mathrm{inc}}, f_y^{\mathrm{inc}}) = \mathfrak{F}^{-1}\{P(f_x - f_x^{\mathrm{inc}}, f_y - f_y^{\mathrm{inc}})\mathfrak{F}[\tau(x, y)]\} \tag{2-13}$$

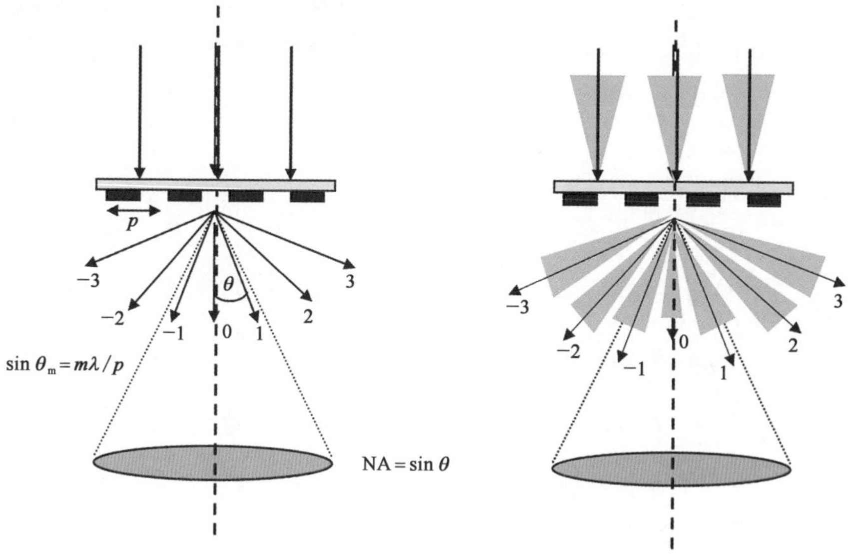

图 2-9　相干(左)和部分相干(右)成像

箭头和锥体表示照明方向及掩模上周期为 p 的线空图形 m 阶(θ_m)衍射光的方向；
重绘自劳伦斯伯克利国家实验室 X 射线光学中心 2005 年的讲座材料

上式中利用了相应的卷积运算平移不变性。这样可以在光瞳函数上实施位移，而不是对衍射光谱实施频移。在数学上，两者的结果是相同的。

来自光源不同点的光没有固定的相位关系。因此，对所有离散光源点成像的非相干叠加即可得到整个光源的成像结果：

$$I(x, y) = \iint_{\text{source}} a(x, y, f_x^{\text{inc}}, f_y^{\text{inc}}) \cdot a(x, y, f_x^{\text{inc}}, f_y^{\text{inc}})^* \mathrm{d}f_x^{\text{inc}} \mathrm{d}f_y^{\text{inc}} \quad (2-14)$$

图 2-10 显示了不同的部分相干因子 σ 所计算出的空间像。完全相干光($\sigma=0$)的像有明显的旁瓣显现，即主要特征图形附近的局部最小值和最大值。

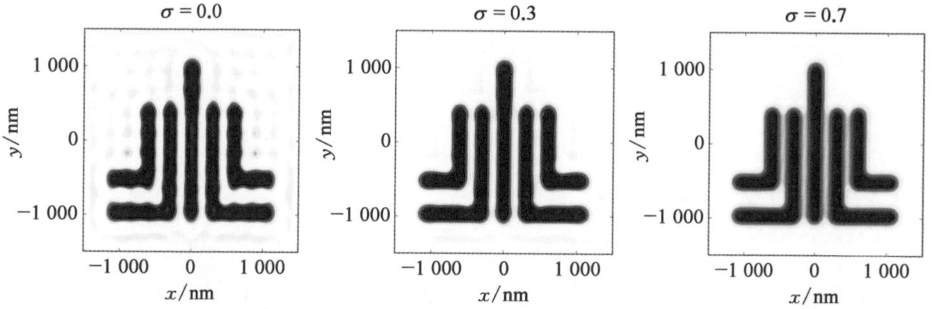

图 2-10　部分相干因子 σ 对空间像影响的仿真结果，掩模图形如图 2-4 所示

使用部分相干光($\sigma>0$)旁瓣就明显减少。早期的光刻投影系统使用介于0.3~0.7的部分相干因子,近期的光刻机则采用了更复杂的照明几何结构,这将在4.1节和4.5节中进行介绍。

2.2.3 其他成像仿真方法

另一种计算空间像的方法是从霍普金斯(Hopkins)成像方程[6]中推导出来:

$$I(x, y)= \iiiint \tau(\xi_1, \xi_2) J_0(\xi_1, \xi_2, \eta_1, \eta_2) \tau^*(\eta_1, \eta_2) \times K(x, y, \xi_1, \xi_2) K^*(x, y, \eta_1, \eta_2) \mathrm{d}\xi_1 \mathrm{d}\xi_2 \mathrm{d}\eta_1 \mathrm{d}\eta_2 \quad (2-15)$$

式中,函数 $\tau(\cdots)$ 表示复数掩模透射函数;$K(\cdots)$ 是相干点扩展函数,它是通过投影物镜瞳函数的傅里叶变换获得的;$J_0(\cdots)$ 代表由照明光源决定的互强度函数(mutual intensity function)。透射率交叉系数(transmission cross coefficients, TCCs)取决于投影系统光瞳和光源设置,可以通过预先计算出来的TCCs进行卷积来实现该式中四重积分的数值计算。

与前面介绍的用于部分相干成像的Abbe方法不同,TCC的应用被称为Hopkins方法,这两种方法的积分顺序不同。Abbe方法首先对掩模和投影光瞳进行积分,而在Hopkins方法中,则首先对光源和投影光瞳进行积分[7]。Abbe方法对改变照明光源和投影系统参数的成像计算有优势,并且经常用于光学系统表征和光源优化。Hopkins方法适用于固定的光源和投影系统参数的不同掩模版图的成像计算,例如光学邻近效应校正(参见4.2节)。

为了有效地使用Hopkins方法计算空间成像,开发了专用分解技术,例如相干系统总和(SOCS)的分解技术[8-10]。Abbe方法也提出了类似的奇异值分解技术[11]。使用这些分解技术的成像计算比传统Abbe方法快很多。但是,也必须对计算精度做一定的妥协。这些方法所能达到的精度取决于分解中的核数目。此外,如果光学系统的参数有任何改变,就必须重新计算这些核函数。

2.3 阿贝-瑞利准则及其影响

对于给定的数值孔径和波长,从物体投影到像平面的最小特征尺寸是多少?这个问题的答案取决于几个因素,例如物体或掩模的形状以及它的照明方式。此外,也需要某些标准来确定对象是否在图像中被识别或在空间中被解析。本节首先讨论一些简单的掩模特征图形的成像,并以此建立简单的规则来描述光学投影体系的分辨率极限。结果表明,投影光刻和特征尺寸缩放的历史演变受这些规则支配。

2.3.1　分辨率极限和焦深

第一个阿贝-瑞利准则是最小可分辨特征尺寸: 首先,考虑使用空间相干的投影系统对一维周期性线空阵列进行成像。如图 2-11 左图所示,用沿光轴传播的单一平面波照射掩模上的周期性线空图形。周期性物体对光的衍射产生在不同方向传播的离散衍射级:

$$\sin\theta_m = m \cdot \frac{\lambda}{p} \tag{2-16}$$

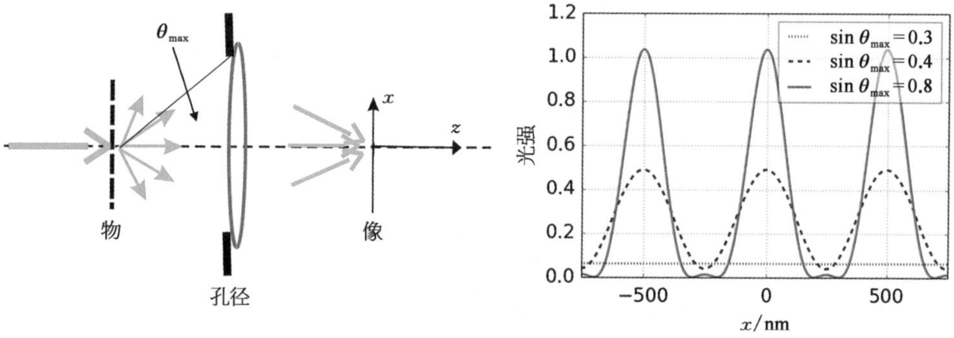

图 2-11　相干照明的线形光栅成像

左图: 基本光路设置;右图: 使用 193 nm 波长的光和不同张角 θ_{max} 计算的线空(周期 500 nm,空宽 125 nm)图像

这里整数 m 代表衍射光的阶次,衍射光以相对于光轴的张角 θ_m 传播。p 是线空图形的周期或称间距。根据衍射方程(2-16),仅存在衍射角 θ_m 为实数的有限数量的衍射级 m,这些衍射角就是通过掩模的光的传播方向。$|m\lambda/p| > 1$ 的衍射阶次的衍射角 θ_m 为复数,其对应于不传播到远场,并且对投影系统中的成像没有贡献的倏逝阶。图中显示的光路是沿 z 轴,那么正负衍射级以该轴对称分布。

遵循 2.2 节中的 Abbe 成像方法,成像是由通过投影物镜数值孔径的所有衍射级的光干涉产生的。图 2-11 右图显示了参与成像的不同衍射级数的空间像横截面。如果成像仅由零级衍射（$\theta_{max} < 0.39$）产生，则其光强为恒定强度，该强度的大小由掩模的平均透射率决定。在这种情况下，掩模上的周期性图案的信息没有通过投影系统传输过来，因此，该图案认为是未被空间分辨或解析。

当系统的孔径角或开口角 $\theta_m \geqslant \lambda/p$ 时，至少有三个衍射级参与投影物镜右侧的成像。该图像是由三个平面波（第 0 阶和第±1 阶）的干涉产生的，并且包含有关掩模图案的周期或间距的信息。因此，该图像认为是被空间分辨的。进一步增加张角以捕获第二级衍射（$\theta_{max} > 0.77$），可以显著地改善特征图形边缘附近所得图像光强变化的陡度或斜率。

通常，至少需要两个衍射级才能创建包含周期信息的光栅图像。所以，对于给定的波长和数值孔径，捕获第一级衍射就是定义该投影系统可成像的最小周期：

$$p_{min} = \frac{\lambda}{\sin\theta_{max}} = \frac{\lambda}{NA} \qquad (2-17)$$

接下来，考虑对点状透明物体（小孔）的空间相干照明的成像。相应的光路如图 2-12 左图所示。成像的对象是在不透明的板中的一个小孔。与所用光的波长相比，假定该孔的尺寸较小，入射平面波被物平面中的小孔衍射，产生一个球面波，均匀地照亮投影物镜的入口孔径。圆形物体（例如投影物镜头的孔径）的光衍射由艾里斑描述：

$$I(x, y) = \left[\frac{2J_1(a\sqrt{x^2+y^2})}{a\sqrt{x^2+y^2}}\right]^2 \qquad (2-18)$$

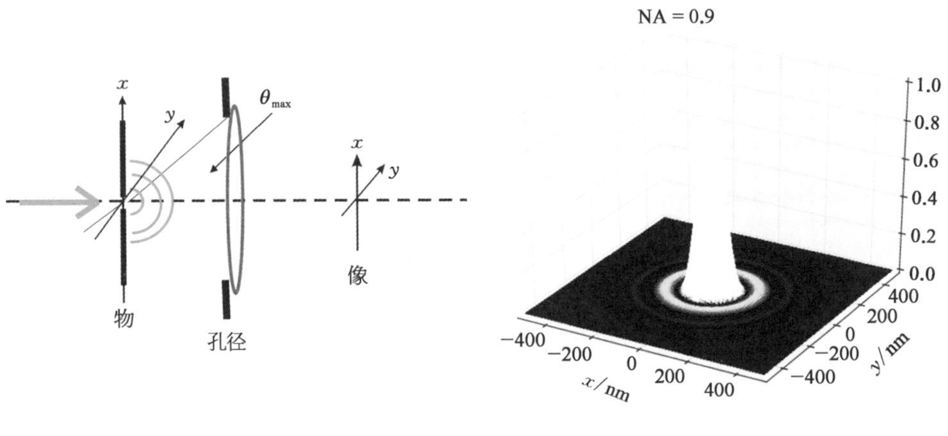

图 2-12 小型孤立点状物体的相干照明成像

左图：基本光路设置；右图：数值孔径 NA = $\sin\theta_{max}$ = 0.9 在 193 nm 波长下仿真的空间像

式中,$J_1(\cdots)$是一阶贝塞尔函数;参数 a 由投影物镜的最大张角 θ_{max} 和波长 λ 决定:$a = 2\pi \cdot \sin\theta_{max}/\lambda$。波长为 193 nm 且数值孔径为 0.9,所得的强度分布绘制如图 2-12 右图所示。该分布的主要特征是在中心峰值强度的周围有一些环形旁瓣,专门选择了颜色标度以突出环形旁瓣,中心峰的宽度和旁瓣的距离都由波长和数值孔径决定。

图 2-13 展示了距离不等的两个小孔的成像。在图 2-13 右图中小孔距离是 160 nm,对应的两个像点峰值明显分开,这些点被认为是可分辨的或者是空间解析的。然而,在图 2-13 左图中小孔距离是 100 nm,对应的两个强度峰合并为一个,说明成像系统的空间分辨率不足以区分这两个孔。介于两者之间的距离,情况就不甚明朗,例如,图 2-13 中图展示的是 130 nm 的距离,可以看到两个峰值之间有一个小的局部最小值。系统的分辨率取决于图像检测系统识别该局部最小值并明确区分两个相邻点峰值的能力。

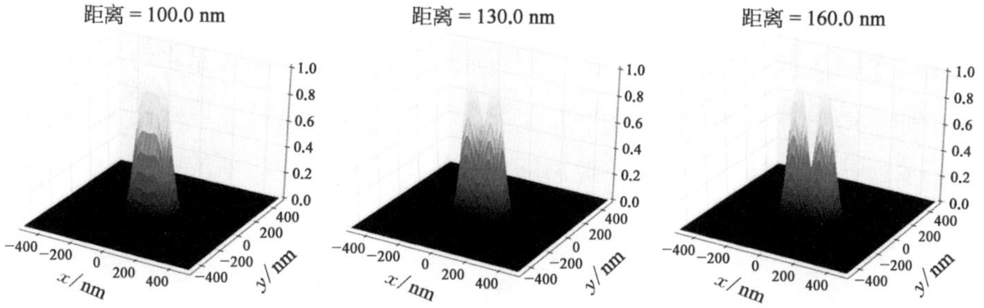

图 2-13　不同距离的两个物点相干照明成像

$\mathrm{NA} = \sin\theta_{max} = 0.93, \lambda = 193$ nm

为了提供分辨率的定量标准,如果第一个点物体的艾里斑中心出现在第二个点物体的艾里斑的第一个最小值处,Rayleigh[12] 认为这两个相邻的点是可分辨的。对方程(2-18)中一阶贝塞尔函数进行极值分析,可以得到两个物点之间的最小空间可分辨距离 d_{min} 为

$$d_{min} = 0.61\frac{\lambda}{\sin\theta_{max}} = 0.61\frac{\lambda}{\mathrm{NA}} \tag{2-19}$$

除了公式里的系数因子外,这与针对一维周期性图形的分辨率能力得出的方程(2-17)几乎相同。对于其他类型的物体和照明条件,也可以获得类似的表达式。Ernst Abbe 采用这样的方法,第一个提出了光学显微镜的成像和分辨率能力的理论[13]。在光刻技术中,使用以下的公式来指定最小可分辨特征尺寸 x_{min}:

$$x_{min} = k_1\frac{\lambda}{\mathrm{NA}} \tag{2-20}$$

式中,参数 k_1 为工艺因子,该因子取决于要成像的特征、照明形状、光刻胶、加工条件和其他细节。该方程被称为光学投影光刻的阿贝-瑞利分辨率准则。

通过投影物镜孔径距离最大的两个边缘的平面波,可以得到线空图形工艺因子 k_1 的理论极限。这两个平面波产生的干涉图形的强度变化由下式决定:

$$I \propto \cos\left(\sin\theta_{\max}\frac{4\pi}{\lambda}x\right) = \cos\left(\mathrm{NA}\frac{4\pi}{\lambda}x\right) \tag{2-21}$$

周期的一半,即所谓的半间距,等于 0.25 λ/NA。因此,k_1 = 0.25 被认为是密集线空图形空间成像的理论极限。

孤立特征图形的成像没有理论上的限制。例如,通过选择合适的阈值,在图 1-7 右图里可以得到任意小的孤立线宽度。理论上通过选择极端阈值可能导致任意小的亮(和暗)点。然而,这些极端的阈值水平在大多数情况下是不切实际的。在这种情况下,阈值或曝光剂量的微小变化,很容易导致特征尺寸大小的变化,甚至是不可接受的变化。

第二个阿贝-瑞利准则是焦深: 到目前为止,本书考虑的都是在投影物镜的理想像平面上的成像。通常,观察平面与该理想像平面的偏差会导致图像模糊。只有在图 2-14 所示焦深(DoF)区域内的观察平面才能得到清晰的图像。

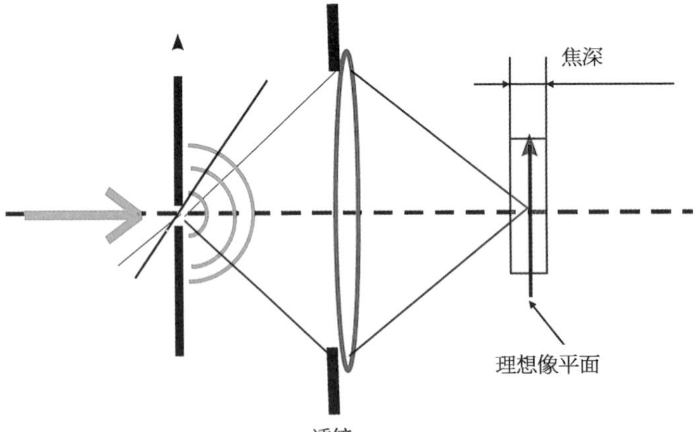

图 2-14 光学投影系统的焦深(DoF)

为了估计焦深区域的宽度,需要考虑从投影物镜的出射孔径的中心和边缘发出的两个波之间的光程差(OPD)。根据图 2-15,对于理想像平面和实际观测平面之间的给定偏差 δ,这两个波之间的 OPD 由下式给出:

$$\mathrm{OPD} = \delta \cdot (1 - \cos\theta) \approx \frac{1}{2}\delta \cdot \sin^2\theta$$

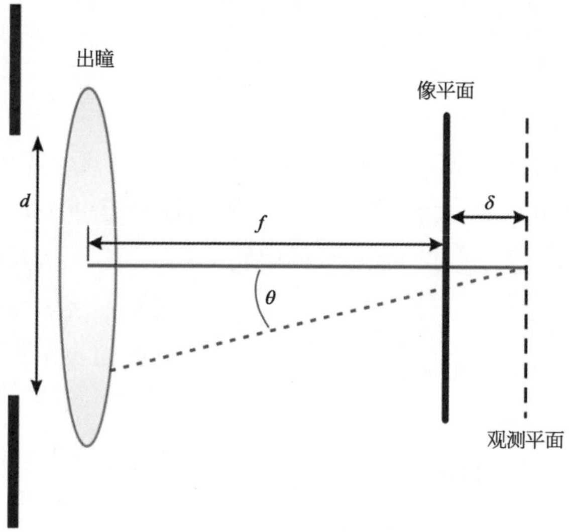

图 2-15　焦深(DoF)的数学偏差

这里假设张角 θ 很小并靠近光轴，最大 OPD 不应超过波长 λ 的四分之一。因此有：

$$\frac{1}{2}\delta \cdot \sin^2\theta \leqslant \lambda/4$$

使用数值孔径重新表述该公式，并引入第二个技术因子 $k_2 \leqslant 1$，定义 DoF = 2δ 就可以得到以下表达式：

$$\mathrm{DoF} = k_2 \frac{\lambda}{\mathrm{NA}^2} \tag{2-22}$$

DoF 通常是针对系统成像的最小特征图形而指定的。对于尺寸较大的特征图形，其衍射光谱位于投影光瞳的中心周围。图形特征尺寸越大，产生的光程差异和离焦效应就越不显著。焦深的更实用定义是直接从工艺窗口中获得。例如，图 1-14 中椭圆的宽度表示密集和半密集图形的不同焦深。通常，焦深主要受到半密集或孤立特征图形的限制，这些特征图形会在投影光瞳内产生更多衍射级和相应的相移。最近，也有把 DoF 指定为离焦范围，观察在此范围内提取的归一化图像对数斜率(NILS)值是否超过某个 NILS 的目标值[14]。

公式(2-22)的推导使用了近轴方法，所以，该方程不适用于高数值孔径系统。更为通用的 DoF 标准由 Brunner 等人[15]给出：

$$\mathrm{DoF} = k_2 \frac{\lambda}{2\left(1-\sqrt{1-\mathrm{NA}^2}\right)} \tag{2-23}$$

2.3.2 影响

方程(2－20)展示了第一个阿贝-瑞利准则中波长、数值孔径和最小可分辨特征尺寸 x_{min}之间的基本关系,它也解释了光刻技术历史和未来发展的重要趋势。2003 年,Alfred Wong 在一张有趣的图表中总结了这些趋势(图 2－16)。实现图形特征尺寸的缩放有三个方面的贡献：更小的波长、更大的数值孔径和更小的 k_1 因子。在 2003 年曾经预测波长为 13.5 nm 的 EUV 光刻会在 2011 年首次用于大规模生产。尽管有这些预测,但实际上一直到 2018 年,193 nm 波长的 DUV 光刻仍然持续用于成形半导体芯片上最小和最关键的图形。在 21 世纪初,浸没式光刻被引入并把数值孔径推到了 1.35。自 2007 年推出这些高数值孔径的 ArF 浸没式光刻机,此后的十多年来,无论是波长还是最大数值孔径都没有发生变化。分辨率增强主要来源于包括光源掩模协同优化和双重成形等技术,将 k_1因子推至比预期的更小。第 4 章和第 5 章讨论了这些技术以及其他光学和材料驱动的分辨率增强技术。EUV 光刻从 2019 年开始用于大规模制造,在第 6 章中将进行介绍。

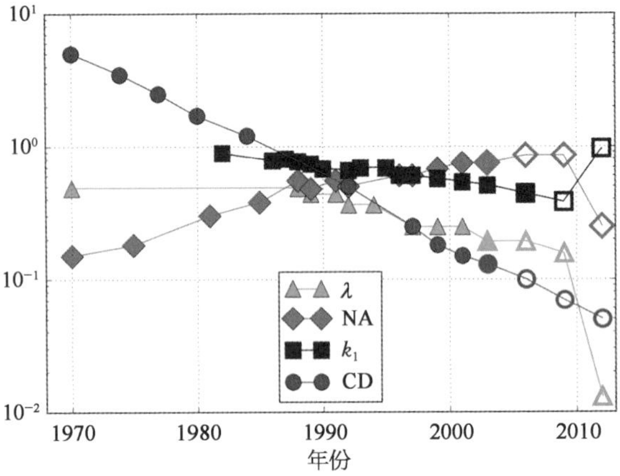

图 2－16 光刻技术中波长 λ、数值孔径 NA 和工艺因子 k_1 的发展历史

实心符号为 1970—2003 年之间的实际“测量”值,空心符号为 2003 年以后的预测趋势;改编自本章后的参考文献[16],数据由 Alfred Wong[17] 提供

下面将详细讨论了波长、NA 和 k_1因子对光刻图形缩放的贡献。

1）缩短波长

早期的光刻系统使用汞蒸气灯的紫外光谱线：436 nm 的 g 线、405 nm 的 h 线和 365 nm 的 i 线。DUV 光谱范围内光刻技术的发展有两项重要的创新。准分子激光器被引入作为光刻的新光源。由于重氮萘醌(DNQ)型光刻胶(参见 3.1.2 节)在 300 nm 以上波长的透光率太低,因此,必须引入新的、所谓的化学放大型光刻胶(CAR)。第一个 DUV 光刻系统使用波长为 248 nm 的 KrF 准分子激光器。21 世纪初,引入了波长为 193 nm 的 ArF 系统。这些系统今天仍在半导体制造中使用。直到 2004 年左右，才有计划引入基于 F_2 的准分子激光系统，其波长为 157 nm。尽管对 157 nm 光刻进行了广泛地研究，但这项技术没有被用于大规模制造，这主要是未能解决该波长光学透镜的材料问题。

Kinoshita[18] 等是首批发表有关 EUV 光刻研究成果的人，此后 Hawryluk 和 Seppala[19] 在 20 世纪 80 年代后期也进行了大量的关于软 X 射线投影光刻的研究，对波长为 13.5 nm 的 EUV 光刻系统的密集开发始于 20 世纪 90 年代中期。从那时起，EUV 光刻被认为是 DUV 光刻的继承者。2010 年和 2011 年，第一批 EUV 投影系统交付给晶圆厂。但随后又用了数年时间，才开发出了亮度和寿命都符合量产要求的 EUV 光源、敏感度足够的光刻胶以及 EUV 掩模的基础设施等。直到 2019 年，第一批用 EUV 光刻制造的芯片在智能手机上得到应用。有关 EUV 光刻的详细信息将在第 6 章中描述。

2）增加数值孔径（NA）

要想将光刻掩模上的细小特征图形无像差地成像到大像场（$10\times10\ \mathrm{mm}^2$ 或更大）上，投影系统的设计和制造难度非常大，而增加 NA 会使设计和制造变得更加复杂。必须引入更多的透镜，以确保在指定的像场上获得良好的成像质量。20 世纪 70 年代后期用于大规模制造的第一台步进式光刻机在 436 nm（汞灯 g 线）波长下工作，数值孔径为 0.28。这些步进式的投影系统由大约 10 个单独的透镜组成。从那时起，投影系统中的 NA 和透镜数量就不断增加。在 21 世纪初，引入了由 40 多个单独透镜组成的 NA = 0.85 高数值孔径光刻系统。高数值孔径光学系统的透镜涉及大入射角，所以对透镜表面要求极高，必须开发非常先进的抛光和涂层技术来减少这些表面的散射和背向反射。

系统最大张角正弦值的实际极限约为 0.93。在投影物镜系统的最后一个透镜和光刻胶之间使用浸没液可以获得更大的 NA（图 2－17）。浸没液体要求具有极低的吸收率，其性能应与投影系统的最后一个透镜和光刻胶在化学上相匹配。为了实现光线从投影透镜到光刻胶的良好耦合，最后一个透镜、浸没液体和光刻胶的折射率必须足够高。实际可以达到的张角的正弦最大值，是由这三种材料的最小折射率值决定的。

超净纯水在 193 nm 波长处的折射率为 1.44，它不吸收该波长的光，也不会影响光刻胶的性能。这使得水成为最先进 DUV 光刻系统理想的浸没液体。水还具有极佳的光学特性以实现浸没式光刻，实现了高达 1.35 的数值孔径，从工程角度而言这是一个难得的幸运。曾有过几次开发更高折射率浸没液体的尝试，然而一直都没有发现具有足够低的吸收率同时又有良好化学相容性的液体。此外，投影

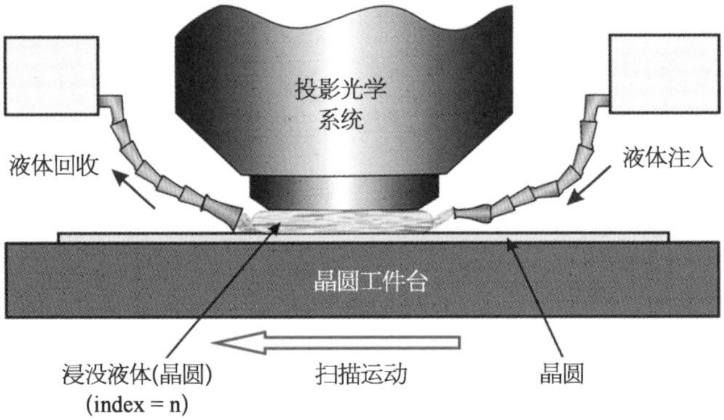

图 2-17 浸没式光刻系统示意[20]

系统最后一个透镜所需的特殊高折射率材料也无法及时交付。因此，NA > 1.35 的超高数值孔径浸没式光刻系统已经不再作为未来光刻的技术选项。

3）降低工艺因子 k_1

进一步降低最小可分辨图形特征尺寸的另一个选项是降低工艺因子 k_1。在整个 20 世纪 90 年代，人们普遍认为制造业需要的 $k_1 > 0.7$。图 2-18 显示了一个图形的仿真空间像实例。对于 $k_1 > 0.6$，成像几乎复制了原图形。在 k_1

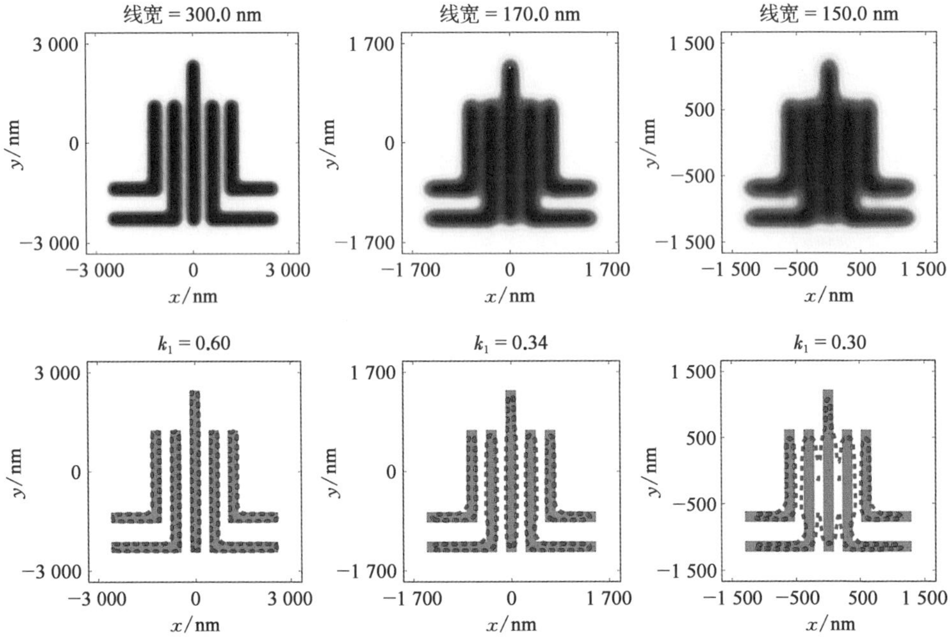

图 2-18 光刻微缩中光学邻近效应的示例

上排：空间像；下排：掩模/目标图形（灰色）和仿真图形的轮廓（虚线）。线宽和 k_1 因子从左到右是：300 nm/0.60、170 nm/0.34、150 nm/0.3；其他成像参数：λ = 248 nm，NA = 0.5

值变小时，成像越来越模糊。图像的(局部)对比度大大降低。成像的局部光强度会受到相邻特征图形的影响，且由此产生的光学邻近效应对最终的成像质量有很大的影响。因此，实际成像的图形和预期的图形之间的偏差越来越大，特别是对于线端和拐角等特征图形。此外，孤立特征图形和密集特征图形的成像很不一样。对此，已开发了多种方法用于抵消这种对比度损失和与目标图形形状的偏差。第 4 章将讨论几种用于实现低 k_1 光刻的光学分辨率增强技术。特殊的光刻胶材料和工艺也被有效地开发，以支持 $k_1 < 0.25$ 的双重成形光刻技术的应用。

2.4　小结

光刻投影系统是最先进的光学系统之一，其主要特征为工作波长和可实现的数值孔径(NA)。现代 DUV 投影光刻机采用 4 倍缩放率和约 $33 \times 26\ mm^2$ 的像场尺寸，每小时可曝光 200 多片晶圆。

光刻投影系统用傅里叶光学描述为：掩模透射的傅里叶变换在投影透镜的入瞳处产生衍射光谱，衍射光谱乘以投影系统的光瞳函数，该函数取决于数值孔径、离焦和波像差，最终的成像结果是通过对该衍射光谱的谱函数进行傅里叶逆变换获得的。

光刻投影系统采用部分相干的 Köhler 照明，以及来自不同照明方向的彼此不相干的平面波。

成像系统的主要特性是由阿贝-瑞利准则定义的最小可分辨特征尺寸和焦深(DoF)。

对于所选波长相当或略小的典型图形特征尺寸成像，会导致几个重要的效应，例如对比度损失、拐角和线端的圆化等。图形成像结果受周边图形的影响很强烈，因此，在先进光刻技术里必须考虑到这些图形传输的非线性和邻近效应。

参考文献

[1] G. H. Spencer and M. Murty, "General ray-tracing procedure," *J. Opt. Soc. Am.* **52**, 672 - 678, 1962.
[2] J. W. Goodman, *Introduction to Fourier Optics*, Roberts & Company Publishers, Greenwood Village, Colorado, 2005.

[3] A. Erdmann, T. Fühner, P. Evanschitzky, V. Agudelo, C. Freund, P. Michalak, and D. Xu, "Optical and EUV projection lithography: A computational view," *Microelectron. Eng.* **132**, 21–34, 2015.

[4] A. Köhler, "Ein neues Beleuchtungsverfahren für mikrophotographische Zwecke," *Zeitschrift für wissenschaftliche Mikroskopie und für Mikros-kopische Technik* **10**, 433–440, 1893.

[5] D. G. Smith, "Illumination in microlithography," *Proc. SPIE* **9293**, 92931G, 2014.

[6] H. H. Hopkins, "On the diffraction theory of optical images," *Proceedings of the Royal Society of London. Series A, Mathematical and Physical Sciences* **217**, 408–432, 1953.

[7] D. G. Flagello and D. G. Smith, "Calculation and uses of the lithographic aerial image," *Adv. Opt. Technol.* **1**, 237–248, 2012.

[8] Y. C. Pati, A. A. Ghazanfarian, and R. F. Pease, "Exploiting structure in fast aerial image computation for integrated circuit patterns," *IEEE Trans. Semicond. Manuf.* **10**, 62, 1997.

[9] N. B. Cobb, *Fast Optical and Process Proximity Correction Algorithms for Integrated Circuit Manufacturing*. PhD thesis, University of California at Berkeley, 1998.

[10] K. Yamazoe, "Computation theory of part coherent imaging by stacked pupil shift matrix," *J. Opt. Soc. Am. A* **25**, 3111, 2008.

[11] C. C. P. Chen, A. Gurhanli, T.-Y. Chiang, J.-J. Hong, and L. S. Melvin, "Abbe singular-value decomposition: Compact Abbe's kernel generation for microlithography aerial image simulation using singular-value decomposition method," *J. Vac. Sci. Technol. B* **26**(6), 2322–2330, 2008.

[12] L. Rayleigh, "On the resolving power of telescopes," *Philisophical Magazine* **10**, 116–119, 1880.

[13] E. Abbe, "Beiträge zur Theorie des Mikroskops und der mikroskopischen Wahrnehmung," *Archiv für Mikroskopische Anatomie* **9**, 413–468, 1873.

[14] E. van Setten, J. McNamara, J. van Schoot, G. Bottiglieri, K. Troost, T. Fliervoet, S. Hsu, J. Zimmermann, J.-T. Neumann, M. Roesch, and P. Graeupner, "High-NA EUV lithography: The next step in EUV imaging," *Proc. SPIE* **10809**, 2018.

[15] T. A. Brunner, N. Seong, W. D. Hinsberg, J. A. Hoffnagle, F. A. Houle, and M. I. Sanchez, "High numerical aperture lithographic imagery at Brewster's angle," *J. Micro/Nanolithogr. MEMS MOEMS* **1**(3), 188, 2002.

[16] A. K.-K. Wong, "Microlithography: Trends, challenges, solutions, and their impact on design," *IEEE Micro* **23**(2), 12–21, 2003.

[17] A. K.-K. Wong, *Resolution Enhancement Techniques in Optical Lithography*, SPIE Press, Bellingham, Washington, 2001.

[18] H. Kinoshita, R. Kaneko, K. Takei, N. Takeuchi, and S. Ishihara, "Study on x-ray reduction projection lithography (in Japanese)," in *Autumn Meeting of the Japan Society of Applied Physics*, 1986.

[19] A. M. Hawryluk and L. G. Seppala, "Soft x-ray projection lithography using an x-ray reduction camera," *J. Vac. Sci. Technol. B* **6**, 2162, 1988.

[20] S. Owa and H. Nagasaka, "Advantage and feasibility of immersion lithography," *J. Micro/Nanolithogr. MEMS MOEMS* **3**(1), 97–103, 2004.

第 3 章　光刻胶

第 2 章介绍了空间像成像的基本原理。更先进的光学成像技术将在第 8 章和第 9 章中讨论,其中包括波像差、高数值孔径系统中的光偏振效应和光在实际掩模和晶圆上的三维形貌散射等内容。然而,光刻成形的最终目标是将这些图像或光强分布转变为不同材料组成的微米或纳米结构,或转移到被空间调制的材料特性中。这是通过曝光改变光刻胶的溶解度与特殊加工技术相结合来实现的。光刻胶的非线性特征能够将图像的低对比度和相对平滑的光强分布转换为具有近乎垂直边缘的二元轮廓。

光刻胶图案形成的基本工艺流程已在 1.4 节中进行了介绍。本章概述了典型光刻胶材料及其在各种加工步骤中的改性。这包括对最重要的光刻胶类型的物理建模方法的描述,这些描述将通过概述光刻胶紧凑模型在计算光刻中的应用来补充。本章最后部分将比较负型和正型光刻胶及工艺的各个方面。

为了能够将(光学创建的)图像良好地转换为图案化表面轮廓,光刻胶必须满足以下几个要求。① 光刻胶需要有足够的分辨率,该分辨率或可实现的特征尺寸,可能会受到分子扩散、材料不均匀性、机械稳定性或其他影响的潜在限制。② 为了支持半导体制造的高产量,光刻胶须满足曝光时间短和高灵敏度的要求,并且其在曝光波长下必须足够透明,否则,光刻胶的底部不会被曝光。③ 光刻胶内部应吸收一定量的光以触发化学反应,从而在最终显影步骤中形成光刻胶轮廓。④ 好的光刻胶还需要具有高对比度,即所得光刻胶轮廓对小的曝光剂量或焦点变化不敏感。⑤ 为减少与光刻胶相关的邻近效应及其对光刻掩模的光学邻近效应校正的影响,要求光刻胶在图案转移中拥有合理的线性度,见 4.2 节。

由于工艺和材料兼容性的需求，也对光刻胶提出了额外要求。为了在晶圆上沉积均匀的薄光刻胶层，光刻胶材料应需与适当的溶剂混合，以产生具有适当黏度的溶液。此外，沉积的光刻胶层与半导体晶圆上衬底之间需要具有良好的黏附性。为了避免在烘焙过程中光刻胶的回流（特殊工艺除外）或其他不利影响，光刻胶还需要具有足够的耐热性。另外，光刻胶应该足够稳定以防止化学物质从衬底或环境中扩散。从光刻胶中释放出的化学物质会带来投影系统光学组件的污染风险，因此必须加以避免。对光刻胶的其他要求来源于光刻胶在曝光之后工艺流程中的具体应用。在许多情况下，光刻胶在干法刻蚀工艺中被用作掩模，将光刻胶图案转移到下层材料。因此，光刻胶需要具有足够的抗蚀刻性。光刻胶亦称抗蚀剂，这个词便源自其抵抗蚀刻的能力。此外，为进一步满足图案化后光刻胶在注入、剥离或回流等工艺过程中的具体应用，光刻胶还需具备更多特定的化学和物理特性。

光刻胶的这些要求只能通过对光刻胶材料的巧妙化学设计结合优化的加工技术来满足。所有现代光刻胶都是多组分的化合物，在光刻胶中使用各种成分，如成膜树脂、溶剂、敏化剂、光引发剂和添加剂，如猝灭剂碱基、表面活性剂、稳定剂和相关化学品，以满足多种要求。不同的光初始化、热或催化驱动的反应被用来实现光刻胶溶解度所需的空间调制。本章的第一部分概述了各种类型的光刻胶及其基本化学成分和反应路径，介绍了一个简单的现象学模型，用来表征曝光系统和光刻胶对所得表面轮廓的影响。第二部分则更加详细地讨论了所涉及的工艺流程和相关的半经验建模方法。其余部分概述了用于光学邻近效应校正（OPC）和针对负型光刻胶材料和工艺的紧凑光刻胶模型。

3.1 光刻胶概述、常规反应原理和现象学描述

3.1.1 光刻胶的分类

不同的光刻胶在色调、厚度、光学特性、化学成分以及响应入射光的反应机制等方面都各不相同。正型光刻胶在曝光区域变得更易溶解，负型光刻胶在曝光区域的溶解度降低。在化学显影过程中，具有较高溶解度的光刻胶部分被洗掉，产生的光刻胶轮廓被用作其他工艺步骤中（例如蚀刻或掺杂）的模板。

图3-1给出了正型和负型光刻胶工艺流程的比较示意图。在这两种情况下，

工艺流程都是从旋涂光刻胶和第一次烘焙步骤开始的，通常称为预烘(PAB)。曝光和曝光后烘焙(PEB)改变了曝光区域光刻胶的溶解度。根据色调，化学显影会洗掉光刻胶的曝光(正型)或未曝光(负型)部分。剩余的光刻胶被用作选择性地刻蚀光刻胶下面的薄膜材料或其他工艺技术的掩模，如注入、沉积等。最后剥离光刻胶。正型和负型光刻胶工艺产生的图案层相对于彼此是反转的。

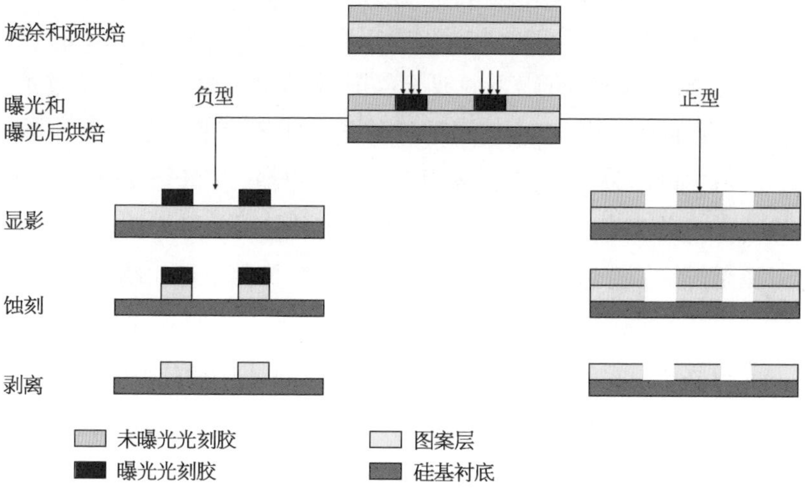

图 3－1　正(右)和负(左)型光刻胶光刻工艺示意

光刻胶在合适的显影液中的溶解度可以通过不同的机制来改变[1]，如下所述：

(1) 极性变化：大多数现代光刻胶系统都包含一个充当极性开关的功能组。重氮萘醌(DNQ)光刻胶，通常用于 350～450 nm 的光谱范围，通过光诱导将碱不溶性分子转化为碱溶性分子[2]。最先进的正型化学放大光刻胶采用酸催化的脱保护反应，亲脂(吸脂或拒水)聚合物基团转化为亲水(吸水)基团[3]。关于这两类重要光刻胶的更多细节将在接下来的 3.1.2 节和 3.1.3 节中讨论。

(2) 聚合与解聚：分子间的光致反应可以创建或破坏大的聚合物链，大多数系统使用光诱发剂来激活特定功能基团的聚合。为了控制聚合反应的扩散，在一些已使用的材料中加入了淬灭剂分子。单体的聚合和解聚会影响材料的平均分子量和溶解度，自由基聚合光刻胶经常被用于激光直写光刻[4](另见 7.2.2 节)。负型聚合基材料的一个典型例子是 SU－8 光刻胶[5]。SU－8 光刻胶在紫外光谱范围内高透明度，有利于其厚膜工艺的使用，特别是在微机电系统

(MEMS)、微光学和微流体中。然而,许多基于聚合的负型光刻胶工艺都存在胶膜溶胀问题。解聚工艺也用于早期的化学放大型光刻胶[6]。

(3) 交联:辐射产生的活性物质可以触发线性聚合物链之间键的形成。这些交联会改变分子大小分布并影响聚合物材料的平均分子量,创建的聚合物网络被称为凝胶。凝胶化过程需要一定的最小曝光剂量,这是由凝胶点决定的。光致凝胶化降低了曝光材料的溶解度。氢倍半硅氧烷(HSQ)就是此类光刻胶的一个示例[7]。与许多基于聚合的负性光刻胶相比,此类光刻胶不会发生胶膜溶胀。

(4) 主链断裂:250 nm 以下的波长范围,粒子或光子的能量超过了光刻胶中常见 C – C 键的结合能[1],这使得能够使用主干断裂和二次加工来增加光刻胶在曝光区域中的溶解度。例如,聚甲基丙烯酸甲酯(PMMA)提供了出色的分辨率[8]。然而,较差的抗蚀刻性和敏感性限制了这种材料的可用性。其他基于主链断裂的正型光刻胶示例包括:聚丁烯砜(PBS)、砜-酚醛清漆系统(SNS)和聚氯丙烯酸酯-α-甲基苯乙烯(ZEP)。这些材料通常用于电子束(e – beam)光刻。

(5) 光致异构:光激发可用于触发异构体之间的结构变化,即分子中每种元素的原子数相同,但这些原子的排列不同。最近对偶氮聚合物的研究已经证明了纳米成形技术的几种新可能性,特别是在光子应用方面[4,9]。偶氮聚合物的结构变化对入射光的偏振很敏感,这可能为偏振敏感光刻胶的实现提供有趣的选择。

(6) 光掺杂:该技术采用由硫属化物玻璃膜(例如 As2S3、GexSe1 – x)和其顶部的含金属薄膜(例如,Ag、AgCl 等)组成的两层系统。金属膜的局部曝光会使金属光致迁移到硫属化物玻璃中,金属的掺入增加了硫属化物玻璃在碱性溶液中的溶解度。这种现象可用于非常精确的正性图案转移[10]。金属从未曝光区域到曝光区域的横向扩散和光漂白可以提供进一步的边缘锐化和对比度增强[11,12]。不幸的是,光掺杂具有来自金属离子和原子的高污染风险。此外,一些硫属化物光刻胶是剧毒物质。

光刻胶可以被化学放大(或不放大)。化学放大型光刻胶(CAR)是这样一种光刻胶,其初始曝光会产生一种催化剂,该催化剂作用于周围的分子以介导一系列反应或引发改变光刻胶溶解度的链式反应(定义改编自本章后参考文献[1])。这种化学放大增加了光刻胶对入射光的敏感性。所有用于曝光波长为 248 nm 和 193 nm 的标准光刻胶都是化学放大型光刻胶(请参见 10.4 节中有关开发具有降低线边缘粗糙度和其他指标的新型光刻胶材料的评论)。

对光刻胶化学特性的完整概述和特定光刻胶的详细讨论超出了本书的范

围,对光刻胶化学细节感兴趣的读者可参考有关该主题的具体文献[1,2,6,13]。

3.1.2　基于重氮萘醌的光刻胶

大多数用于 350~450 nm 波长范围光刻的正型光刻胶都是酚醛清漆树脂和重氮萘醌(DNQ)的混合物,可以在本章后的参考文献[2,13]中找到对这些材料的详细描述。化学结构和主要反应路径如图 3-2 所示。酚醛清漆聚合物的环提供了良好的抗蚀刻性,纯酚醛清漆在水性碱显影剂中具有中等溶解度。DNQ 作为溶解抑制剂,可将材料的溶解速率降低两个数量级。富含 DNQ 的酚醛清漆聚合物的曝光引发了 DNQ 的化学反应,这种所谓的 Wolff 重排将 DNQ 感光剂转化为光解产物,消耗水并释放氮气。光解产物增加了光刻胶材料的溶解度,其溶解速率变得比纯酚醛清漆材料快得多。因此,基于 DNQ 的光刻胶的曝光区域在水性碱显影剂中将被洗掉。

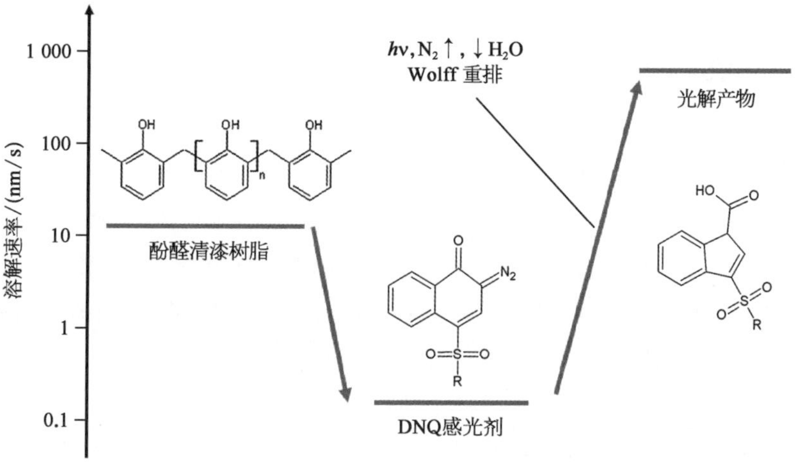

图 3-2　DNQ 基光刻胶的化学成分、主要反应路径和溶解度[1,14]

DNQ 基光刻胶在光刻加工过程中的化学状态主要用 DNQ 分子的浓度来表征,这些 DNQ 分子提供了光刻胶的光活性成分(PAC)并充当溶解抑制剂。图 3-3 显示了在光刻加工过程中根据 PAC/抑制剂浓度给出的光刻胶化学状态。在旋涂后的初始状态下,PAC/抑制剂均匀分布在光刻胶内部,光照射会分解光刻胶中心曝光区域的 PAC/抑制剂。一般而言,PAC/抑制剂的光诱导致使其化学转化为 PAC 的分解物,从而降低了光刻胶对光的整体吸收,这种漂白效应支持了相对较厚的光刻胶层的图案化。曝光后烘焙(PEB)的选择不会改变光刻胶内 PAC/抑制剂分子的总数。然而，PEB 过程中 PAC 分子的扩散会对获得的光刻胶轮廓的形状产生重要影响，见 3.2.3 节。在最后的显影过程中，光刻胶中 PAC/抑制剂浓度较小的部分将被去除。

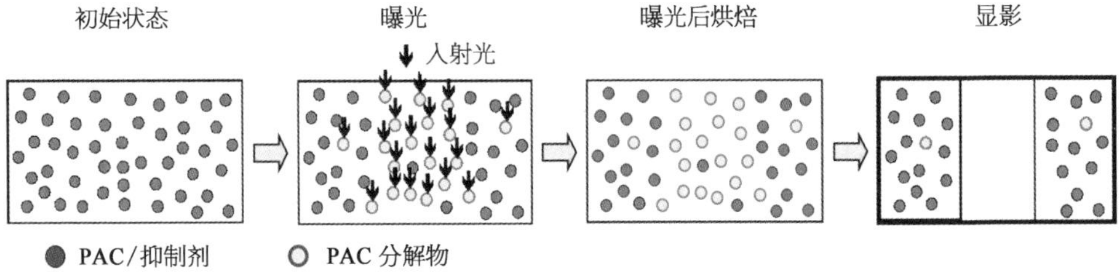

图 3-3 DNQ 型光刻胶工艺示意

基于 DNQ 的光刻胶对波长低于 300 nm 光的强吸收阻碍了光刻胶底部的充分曝光。此外，对于采用 248 nm 和 193 nm 波长的量产投影光刻来说，这些材料的灵敏度太低。

3.1.3 先进的正型化学放大光刻胶

深紫外(DUV)光谱范围内波长在 300 nm 以下的光刻工艺采用化学放大型光刻胶(CAR)。在曝光波长 248 nm 下的典型 CAR 由基于聚羟基苯乙烯(PHOST)的聚合物和稀疏分布的光酸产生剂(PAG)组成，例如鎓盐。PAG 经曝光会产生光酸。单个光酸分子可以催化许多脱保护反应，从而改变周围聚合物的溶解度，这种酸催化脱保护反应的一个例子如图 3-4 所示。

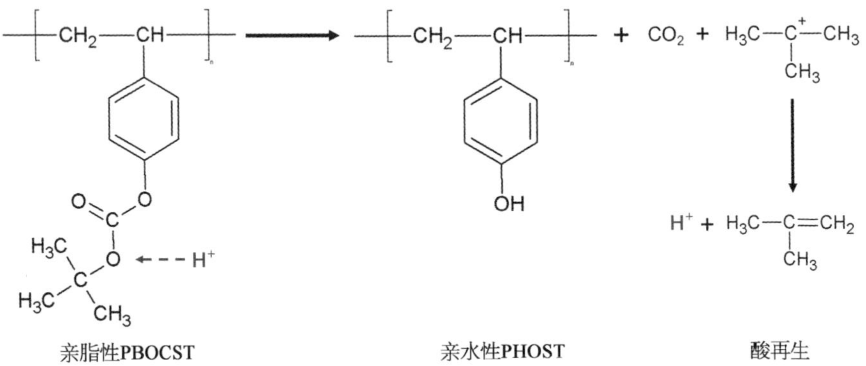

图 3-4 化学放大型光刻胶(CAR)中酸催化脱保护反应的示例[1]

H^+为光酸，PBOCST 为聚丁氧基羰基氧基苯乙烯，PHOST 为聚羟基苯乙烯

PHOST 等芳香族聚合物在 193 nm 波长下不够透明。因此,其他类型的化学放大型光刻胶被用于 ArF(即 193 nm)光刻,例如(聚)丙烯酸酯[15]和酯保护的脂环族聚合物体系[16,17]。

图 3-5 描绘了光刻工艺过程中正型光刻胶(CAR)的化学状态。在曝光前的初始状态下,光刻胶含有均匀的高浓度受保护位点,这使得光刻胶材料不溶于显影剂。此外,PAG 稀疏地分布在光刻胶中。入射光子撞击 PAG 会产生光酸,因而曝光会增加明亮区域的光酸浓度。但受保护位点的浓度不会受入射光的直接影响,相反,产生的光酸会触发催化反应,使光酸附近的受保护位点脱保护。大多数 CAR 是高活化能光刻胶,这些材料中的催化脱保护反应仅在曝光后烘焙过程中发生。然而,也有一些低活化能的光刻胶材料,如缩酮光刻胶体系(KRS)[18]。对于低活化能材料,曝光后烘焙过程无须额外的热能供应即可发生脱保护反应。在最后的显影过程中,光刻胶中受保护位点浓度较低的区域将被洗掉。

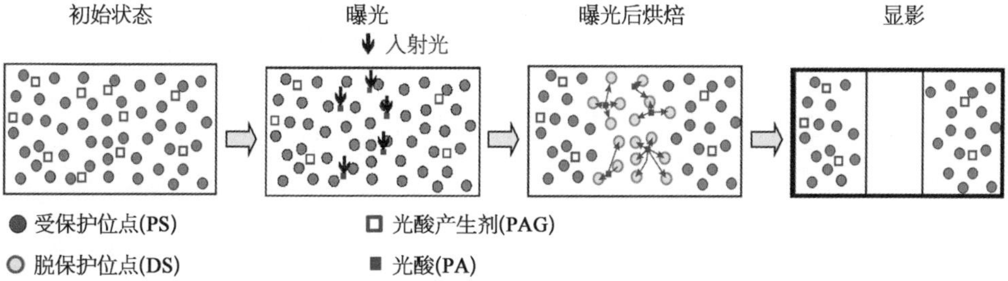

图 3-5　正型化学放大光刻胶工艺示意

脱保护反应中的化学放大使材料和工艺对酸浓度的微小变化非常敏感。只需要很小的曝光剂量就可以产生一些酸分子,从而改变光刻胶的溶解度。由此产生的高光敏性增加了光刻投影系统每小时可实现的晶圆吞吐量。另一方面,少量碱分子对光刻胶材料的意外污染,以及由此产生的中和或酸淬灭反应会对工艺结果产生巨大影响。因此,大多数 CAR 对环境中的碱污染非常敏感。改善光刻胶对环境污染的稳健性的一种可能方法是通过适当的退火处理以减少自由体积(光刻胶基质中的空隙)。例如,IBM 开发的环境稳定化学放大型光刻胶(ESCAP)[19]。

为了使受保护位点脱保护,光酸必须在光刻胶内移动一定的距离。光酸的高迁移率能够使许多受保护位点脱保护,使光刻胶灵敏度增高。然而,高迁移率意味着扩散,扩散会降低对比度,造成分辨率受限。尽管对于典型的特征尺寸来说，制造过程采用 CAR 不是问题，但灵敏度和分辨率之间的折中是先进光刻技术中基本的材料问题之一，关于对其进一步的讨论请参见第 10 章。

3.1.4 现象学模型

光刻胶光刻响应的最直接表征是其特征对比度曲线，此类曲线的数据是通过一系列均匀曝光（所谓的泛曝光）获得的。晶圆上旋涂具有指定厚度 d_0 的光刻胶，然后进行包括化学显影在内的标准光刻工艺。对于每个曝光剂量 D，测量剩余光刻胶的厚度 d，图 3-6 为正型光刻胶对比度曲线的两个代表性示例。图中绘制了剩余相对光刻胶厚度 d/d_0 与曝光剂量 D 的对数关系。完全去除光刻胶（$d/d_0 = 0$）的最小剂量值 D_0 被称为光刻胶清除剂量。光刻胶对比度曲线显示在低于清除剂量的一定范围内，对比度曲线几乎是线性的。考虑到对数曝光剂量标度，这可以写为

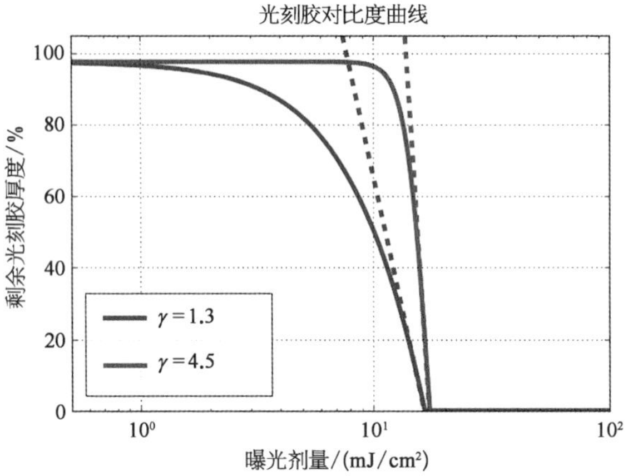

图 3-6 低对比度（$\gamma = 1.3$）和高对比度（$\gamma = 4.5$）光刻胶的特征对比度曲线，虚线表示在低于清除剂量的特定剂量范围内对比度曲线的线性斜率

$$\frac{d}{d_0} = \gamma \ln\left(\frac{D}{D_0}\right) \tag{3-1}$$

式中，光刻胶对比度 γ 表征了接近清除剂量特征对比度曲线的陡度。对于远小于清除剂量的曝光剂量值，两种光刻胶的相对厚度接近 100%，即光刻胶基本不受曝光和进一步工艺步骤的影响。图 3-6 所示对比曲线的不同之处在于其陡度和相应的 γ 值。本章后参考文献[20]的 7.2 节讨论了光刻胶对比度的一些其他定义方式及其优缺点。

光刻胶被以空间变化的剂量曝光：

$$D(x, y) = t_{\exp} I(x, y) \tag{3-2}$$

式中，$t_{\exp}$ 为曝光时间，$I(x, y)$ 表示从投影系统获得的空间像。曝光时间是以目标图形名义边缘的局部剂量 $D(x, y)$ 接近清除剂量进行选择的。因此，名义图

形边缘光刻胶厚度 d 的灵敏度由特征对比度曲线的线性部分表征。光刻工艺的最终目标是在目标图形的边缘创建具有快速变化的光刻胶厚度的光致光刻胶图案。光刻胶厚度在名义图形边缘 x_0 的灵敏度可以写为

$$\left.\frac{\partial d}{\partial x}\right|_{x_0}=\left.\frac{\partial d}{\partial D}\frac{\partial D}{\partial x}\right|_{x_0}=-\left.d_0\gamma\frac{1}{D}\frac{\mathrm{d}D}{\mathrm{d}x}\right|_{x_0}\tag{3-3}$$

这里式(3－1)将厚度灵敏度分为两部分：第一项 $d_0\gamma$ 为光刻胶的贡献，剩余项取决于曝光；第二项可以进一步改写为

$$\left.\frac{1}{D}\frac{\partial D}{\partial x}\right|_{x_0}=\left.\frac{\partial \ln D}{\partial x}\right|_{x_0}=\left.t_{\mathrm{exp}}\frac{\partial \ln I}{\partial x}\right|_{x_0}\tag{3-4}$$

使用等式(1－4)中归一化图像对数斜率(NILS)的定义，可通过以下表达式获得宽度为 w 的图形的名义边缘 x_0 处光刻胶厚度变化的表达式：

$$\left.\frac{\partial d}{\partial x}\right|_{x_0}=-\left.d_0\gamma\frac{\mathrm{NILS}}{w}\right|_{x_0}\tag{3-5}$$

为了在目标图形的边缘处实现所需的光刻胶厚度的快速变化，需要具有高 NILS 的空间像和具有高对比度 γ 的光刻胶。

假设光刻胶对比度 γ 在整个曝光剂量范围内是恒定的，Mack[21,22] 导出了一个集总参数模型，该模型将空图形的空间像强度 $I(x)$ 与所需的曝光剂量 D(CD) 相关联，以获得特定的目标 CD：

$$\frac{D(\mathrm{CD})}{D_0}=\left[1+\frac{1}{\gamma d_{\mathrm{eff}}}\int_0^{\mathrm{CD}/2}\left(\frac{I(x)^{-\gamma}}{I(0)}\right)\mathrm{d}x\right]^{\frac{1}{\gamma}}\tag{3-6}$$

式中，D_0 为裸曝光下光刻胶的清除剂量，即采用完全透明的掩模。该模型仅涉及采用对比度 γ 和有效厚度 d_{eff} 这两个参数来描述光刻胶。方程(3－6)中的积分是从具有最高强度 $I(0)$ 的空间像中心到 $x=\mathrm{CD}/2$ 处的名义图形边缘。该集总参数模型(lumped parameter model)可根据不同焦点位置的空间像横截面来计算完整的 Bossung 曲线或焦点曝光矩阵。此模型的扩展版本也可预测了所得光刻胶轮廓的侧壁角度。

恒定光刻胶对比度 γ 的假设对用于半导体制造的最新光刻胶是无效的。这些材料仅在小范围的曝光剂量值内表现出高对比度，并且表现得更像阈值材料。尽管如此，集总参数模型可以为低对比度光刻胶和较大特征尺寸的工艺性能提供合理的预测。值得注意的是，集总参数模型的有效性不限于投影光刻。它还可以用于接近式光刻或激光直写几何图形的建模，如第 7 章所述。

3.2 光刻胶工艺步骤和建模方法

本节将先简要讨论所选定的各种工艺流程的技术方面。然后介绍曝光、曝光后烘焙(PEB)和显影的物理/化学模型,并将其应用于重要效应的研究。其他工艺步骤的建模方法还不太成熟,且很少应用于标准光刻建模。

3.2.1 技术方面

光刻工艺的第一步总是晶圆的彻底清洁。清洁过程包括机械和化学方法,以去除颗粒、污染物和其他缺陷源。接下来,晶圆表面用六甲基二硅氮烷(HMDS)进行预处理,以促进光刻胶与晶圆上氧化物的黏附。之后,必须在晶圆上涂覆光刻胶,这通常是通过旋涂完成的,即在晶圆上旋涂一定量的光刻胶。旋转运动可以保证将光刻胶均匀地分布在晶圆表面上。光刻胶的厚度由轨道机(涂胶机)的旋转速度和光刻胶在其溶剂中的黏度控制。

光刻工艺包括的几个烘焙步骤可以在热板上或在对流烤箱中进行,对较厚光刻胶的特殊烘焙处理有时是在微波炉中进行的。光刻胶的烘焙可用于不同的目的。预烘焙(PAB)是在旋涂之后和曝光之前完成的,通常在90~100℃之间的温度下进行,以去除用于旋涂的光刻胶溶剂。曝光后烘焙(PEB)的目的有:对于大多数化学放大型光刻胶,PEB用于启动所需的脱保护反应;此外,PEB过程中化学物质的热诱发扩散,改善了CD均匀性并控制了显影后侧壁的斜率。需要注意的是,烘焙步骤中的热处理会改变光刻胶材料的其他物理特性,例如消光系数、折射率、扩散长度和机械特性。随着时间的推移,先进的工艺需要非常精确的温度控制,冷却板经常用于支持这种温度控制。

曝光/烘焙的光刻胶和适当的液体显影剂(如碱水溶液)之间的化学反应推动了化学显影过程。在晶圆表面上浸入显影液有两种不同的方法:一是旋覆浸没显影(puddle development),将显影液滴到晶圆/光刻胶表面,然后控制晶圆旋转速度,这类似于光刻胶材料的旋涂;二是将显影液喷洒在旋转的晶圆表面。正型光刻胶曝光部分的光刻胶材料的去除在几秒钟内完成。经过30~60 s的显影时间,显影剂与光刻胶之间的反应几乎完全停止。为确保在预定的显影时间后显影不再继续,晶圆需用超净水清洗并干燥。

在先进的光刻工艺中,光刻胶处理是在晶圆轨道机中自动进行的。此类晶圆轨道机包括用于未加工和已加工晶圆的装载台、晶圆到步进/扫描式光刻机的传送台,以及用于晶圆预处理、旋涂、显影和冲洗、去除边缘床、烘焙和冷却板等多个工艺台。

3.2.2　曝光

光刻胶曝光是将光刻投影系统中的光强分布转变为光敏光刻胶材料化学改性的过程,入射光到光刻胶材料的能量转移机制取决于入射光子的能量。对光子能量与价带或外壳电子激发能级相匹配的光的吸收,会引发光化学反应,相应的直接敏化机制在大多数深紫外和光学光刻胶曝光中占主导地位。John Sturtevant 等人[23]讨论了称为 APEX - E DUV 另一种光敏机制,即光刻胶中通过光诱导电子将聚合物转变为光酸产生剂(PAG)。基于更高能量光子(例如在极紫外光谱范围内)或粒子(例如电子或离子)的曝光则会导致不同的放射化学敏化机制。

Dill 模型[24]描述了光学曝光下光刻胶的化学改性,该模型由两个方程组成:

$$\alpha = A_{\mathrm{Dill}} \cdot [\mathrm{PAC}] + B_{\mathrm{Dill}} \tag{3-7}$$

$$\frac{\partial[\mathrm{PAC}]}{\partial t} = -C_{\mathrm{Dill}} \cdot I \cdot [\mathrm{PAC}] \tag{3-8}$$

式(3-7)源自 Lambert-Beer 定律,该方程将光的吸收与光传播所在材料的化学成分联系起来。含有光活性成分(PAC),或具有相对浓度的光活性成分[PAC]的光刻胶的吸收系数 α 由可漂白部分和不可漂白部分组成。将未曝光状态下的 PAC 浓度归一化为 1。因此,($A_{\mathrm{Dill}} + B_{\mathrm{Dill}}$) 是未曝光或未漂白光刻胶的吸收系数。在完全曝光状态下,PAC 的浓度趋于零,并且光刻胶的吸收由 B_{Dill} 给出。式(3-8)给出了 PAC 的一阶动力学与入射光强度 I 的关系。光敏度 C_{Dill}是光刻胶的另一个基本材料参数。

根据光刻胶的类型,PAC 可以是 DNQ 感光剂、光酸产生剂(PAG)或光刻胶的另一种感光化学成分。先进的 CAR 还可能含有一定量的光漂白淬灭剂[25,26],与波长相关材料的 Dill 参数有时由光刻胶材料供应商提供。Cliff Henderson 的博士论文全面概述了材料 Dill 参数和其他典型的光刻胶参数的测量技术[27]。Dill 模型和相应的三个材料参数（A_{Dill}、B_{Dill}和 C_{Dill}）对大多数先进光刻胶体系的光学响应提供了一个很好的描述。厚光刻胶材料增加了入射光和光刻胶之间的相互作用长度，可能需要额外考虑曝光过程中的光致折射率变化[28,29]。特殊的光学材料和技术，如双光子吸收光刻[30]需要考虑高阶动力学项。

通常，Dill 方程中的光强和 PAC 分布取决于位置（x, y, z）和时间 t。因此，方程（3－7）和方程（3－8）是耦合的。PAC 的浓度改变产生不同的空间相关吸收 $\alpha(x, y, z, t)$，其次是光强分布 $I(x, y, z, t)$ 的改变。结合 Dill 方程所需的迭代求解与立体图像的重新计算可能非常耗时。所谓的缩放散焦模型[31]是将横向（x, y）和轴向（z）方向的强度和 PAC 变化解耦，这使得能够以合理的精度对中小 NA（≤0.7）投影系统的漂白光刻胶曝光进行有效建模。193 nm 和 248 nm 波长下高 NA 光刻中使用的大多数化学放大型光刻胶没有任何显著的漂白效应，在这种情况下，系数 A_{Dill}接近于零，方程（3－8）可以直接积分：

$$[PAC] = \exp(-I \cdot t_{exposure} \cdot C_{Dill}) = \exp(-D \cdot C_{Dill}) \qquad (3-9)$$

式中，$t_{exposure}$、D 分别为曝光时间及其剂量。

光与光刻胶的耦合取决于光刻胶膜层的组成。光在光刻胶顶部和底部的折射和反射会影响光刻胶内部的光强分布，见 8.3.3 节。图 3－7 是在不同光刻胶厚度下，计算所得曝光后 PAC 的浓度，以及显影后相应的光刻胶轮廓。在曝光波长下，硅基衬底的高折射率和消光值会导致高反射和明显的驻波干涉图样。该驻波图样会与明亮区域的像相叠加，由此产生的强度图形被转换为图 3－7 上

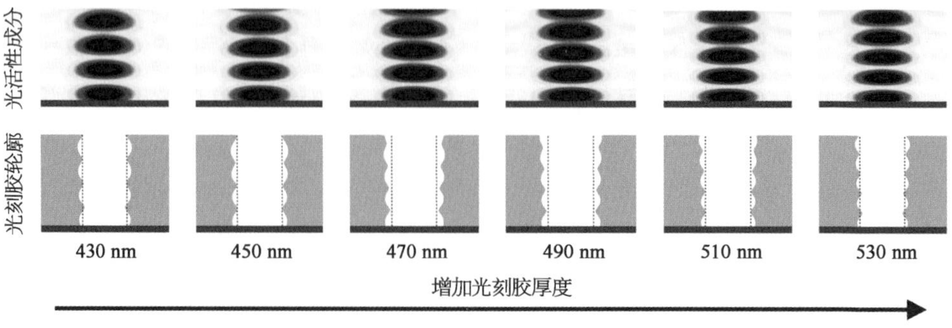

图 3－7　对于厚度介于 430 nm（左）~530 nm（右）的光刻胶，计算所得的相应光敏成分浓度（上排）和显影后相应的光刻胶轮廓（下排）

这些图为 350 nm 宽、平行 y 轴的孤立空图形的 xz 横截面数据；其他工艺参数 λ = 365 nm，曝光剂量 = 218 mJ/cm^2，NA = 0.7，圆形照明 σ = 0.7，光刻胶折射率 n = 1.7，Dill 参数 A_{Dill} = 0.68 cm^{-1}，B_{Dill} = 0.07 cm^{-1}，C_{Dill} = 0.012 cm^2/mJ；衬底 Si：n=6.53，消光系数 k=2.61；所有其他设置和光刻胶参数的选择都为突出讨论的效果

一行图中的 PAC 浓度，暗色区域表示 PAC 浓度降低的区域。驻波图样中暗色节点的数量随着光刻胶厚度的增加而增加。

图 3－7 下一行图对应的是光刻胶轮廓，表明了光刻胶内部干涉现象的两个严重后果。驻波图形的强度分布被转换为垂直周期性的侧壁波纹。此外，耦合到光刻胶中的能量随光刻胶厚度而周期性地变化。对于厚度介于 430～530 nm 的光刻胶（图 3－7），来自光刻胶表面的反射光和来自光刻胶与晶圆界面的反射光会产生相长干涉，这种相长干涉增加了来自光刻胶膜层反射光的总量。这种反射光的增加降低了光刻胶内部的光强度，从而导致光刻胶的开口变窄。相反，对于厚度介于两者之间的光刻胶，来自光刻胶表面和来自光刻胶与晶圆界面的反射光发生相消干涉，这会导致光刻胶内部反射光减少，从而使光刻胶内部的光强度增加。因此，光刻胶轮廓中的开口会稍微变宽。光刻胶厚度对光刻图形尺寸的显著影响也可以在图 3－8 中相应的 CD 摆动曲线中看到［见无底部抗反射涂层（BARC）的曲线］。

CD 随着光刻胶厚度的显著变化，以及观察到的光刻胶轮廓的侧壁波纹都会对工艺的稳定性产生负面影响，其影响程度取决于光刻胶内部向上和向下传播的光之间的干涉图样的幅值。Tim Brunner[32] 用摆动比 S 表征了相应的驻波图形，并推导出以下解析表达式：

$$S = 4\sqrt{R_{\mathrm{top}}R_{\mathrm{bot}}}\exp(-\alpha d) \tag{3-10}$$

式中，$R_{\mathrm{top/bot}}$ 为光刻胶顶部和底部界面处的光反射率，α 为吸收系数，d 为光刻胶厚度。根据 Brunner 公式（3－10），可以使用以下策略来减少驻波效应及其对工艺稳定性的影响：

（1）降低 R_{bot}：在衬底和光刻胶之间的界面处引入底部抗反射涂层（BARC）以降低底部反射率。这种方法可以最有效地抑制 CD 的摆动效应。图 3－8 的相应曲

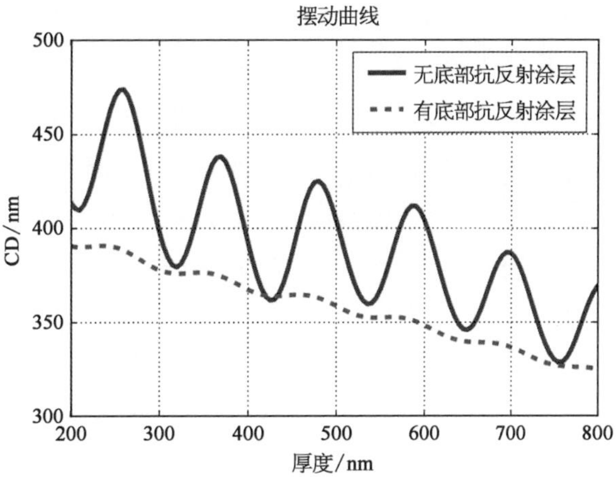

图 3－8　分别在有无底部抗反射涂层条件下光刻胶厚度对孤立空特征尺寸或 CD 的影响

BARC 参数：n = 1.84、k = 0.37、厚度 = 165 nm；所有其他参数如图 3－7 所示

线(带有 BARC)表示当使用 150 nm 厚的 BARC,CD 的变化显著减少。然而,BARC 的应用增加了工艺的复杂性,工艺设计过程中必须考虑 BARC 的蚀刻性能及其与光刻胶和衬底的兼容性。另外,至少需要两个额外的工艺步骤来沉积和移除 BARC。

(2) 降低 R_{top}:在光刻胶上方引入顶部抗反射涂层(TARC)以降低顶部反射率。虽然 TARC 的效率低于 BARC,但 TARC 更容易实施,并且不需要额外的工艺步骤来去除。

(3) 增加 α:具有较高吸收率的染色光刻胶为抑制摆动效应提供了另一种相对有效的方法。这种方法虽然很容易实现,但是对工艺的灵敏度、曝光剂量和焦深都会产生负面影响。

传统上,底部和顶部抗反射涂层仅针对垂直入射光进行了优化,这对于高 NA 光刻来说是不够的。高 NA 光刻中,平面波以较大范围的入射角照射光刻胶。BARC 层厚度以及不平整晶圆上光刻胶的厚度变化,对所需的反射率控制造成了额外的限制。因此,在高反射衬底(例如铜、多晶硅、硅化钨和铝硅)上为实现小于 2%的反射率,双层底部抗反射涂层被提出[33]。不平整晶圆的 BARC 性能建模无法使用标准薄膜方法完成,它需要对晶圆面应用严格的电磁场仿真[34]。

3.2.3 曝光后烘焙

曝光后烘焙(PEB)过程中,传递到光刻胶内部的热能会引起光刻胶内部化学物质的扩散。此外,光刻胶材料的热活化可以驱动某些影响聚合物溶解度的动力学反应。光刻胶的扩散和动力学的具体特性取决于光刻胶的类型和特殊成分。本节讨论 DNQ 型和化学放大型光刻胶 PEB 的两种建模方法。

3.2.3.1 重氮萘醌(DNQ)光刻胶的建模

光活性成分(DNQ 分子)在浓度[PAC]下的热驱动扩散由 Fickian 扩散方程描述:

$$\frac{\partial[\mathrm{PAC}]}{\partial t}=\tilde{D}\Delta[\mathrm{PAC}] \tag{3-11}$$

式中,符号 Δ 代表拉普拉斯算子。扩散系数 $\tilde{D}$ 与 PAC 浓度无关,其取决于残留溶剂的浓度、预烘焙条件和 PEB 温度 T_{PEB}。在一定的温度范围内,扩散系数由 Arrhenius 型相关性描述:

$$\tilde{D} = A_R \exp\left(\frac{-E_a}{R\,T_{\text{PEB}}}\right) \tag{3-12}$$

式中，A_R是指前因子；R 是通用气体常数。扩散系数 $\tilde{D}$ 也可以用扩散长度 ρ 和扩散时间 t_{PEB} 表示：

$$\tilde{D} = \frac{\rho^2}{2 \cdot t_{\text{PEB}}} \tag{3-13}$$

图 3－9 为不同扩散长度下计算得到的 PAC 浓度和光刻胶轮廓。左边的图片展示了在没有扩散情况下的结果，这对应于未 PEB 的 PAC 浓度和分布。当使用 BARC 层时，PAC 浓度的驻波图样不如图 3－7 中的那样明显。然而，剩余的 PAC 浓度的垂直调制在显影后转换为光刻胶垂直侧壁上的波纹。当扩散长度为 25 nm（第二列）时，PAC 浓度和光刻胶轮廓的垂直侧壁调制几乎消失。当进一步将扩散长度增加到 50 nm（第三列）和 100 nm（右列）时，PAC 浓度的化学对比度会降低，并且光刻胶轮廓的形状也会发生改变，尤其是在光刻胶层的上部。根据这些结果可以看出，少量的扩散有助于改善显影后光刻胶轮廓的侧壁；大的扩散长度会降低 PAC 浓度的化学对比度，进而降低了工艺的稳定性。扩散对耦合到光刻胶中的平均光强量没有影响，也不会影响 CD 的波动，如图 3－8 所示。

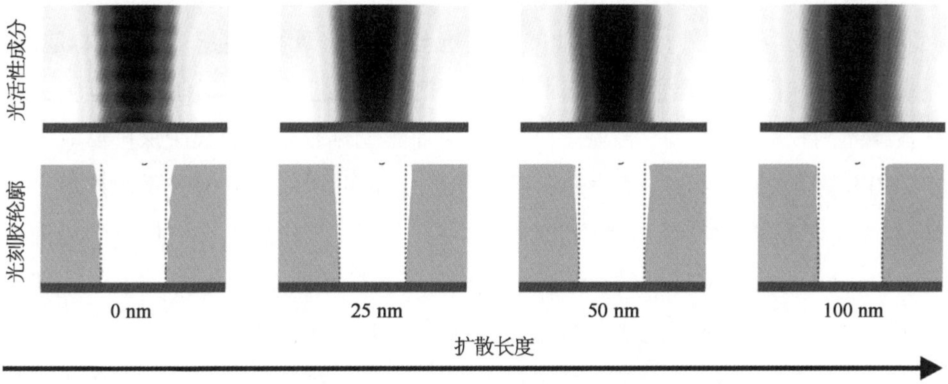

图 3－9　不同扩散长度（从左到右分别为 0 nm、25 nm、50 nm 和 100 nm）下，计算得到的光活性组分的浓度（上行）和显影后对应的光刻胶轮廓图（下行）

图中显示了平行于 y 轴的 350 nm 宽孤立空图形的 xz 横断面数据。光刻胶厚度为 590 nm，BARC 厚度为 150 nm；所有其他参数如图 3－7、图 3－8 所示

3.2.3.2　化学放大型光刻胶（CAR）的建模

与主要以单一化学物质的浓度为特征的 DNQ 型光刻胶相比，化学放大型光

刻胶(CAR)的成像机制涉及多类型的化学物质和相应的反应路径,其最重要的化学物质和反应如图 3-10 所示。如 3.1.3 节所述,CAR 的光敏物质是光酸产生剂(PAG),当它被光子击中时,会释放酸 A。该酸充当化学反应的催化剂,使受保护位点的 M 脱保护。此外,化学放大型光刻胶含有一定量的淬灭剂碱 Q,能减少可用于脱保护反应的酸分子的数量。

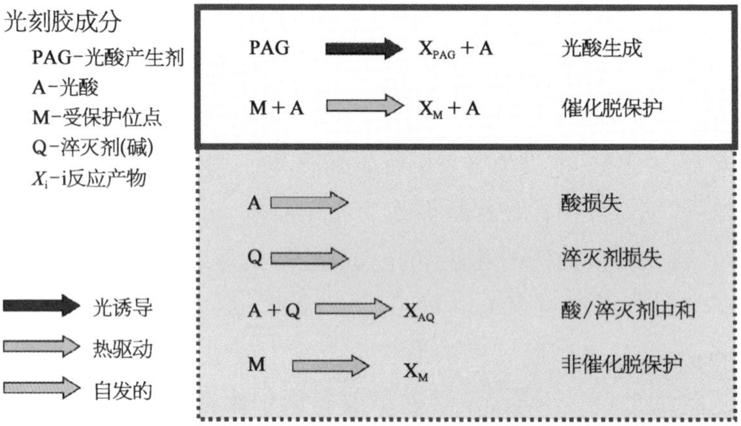

图 3-10 化学放大型光刻胶的一般反应图示

右上框中的光诱导产生的光酸和酸催化脱保护对于 CAR 的正常功能是必不可少的,其他的反应也会发生,光刻胶的性能还受到(热驱动)扩散的酸和淬灭剂的影响

在曝光过程中,光诱导产生光酸。CAR 的基本成像机制涉及额外的热驱动或自发脱保护反应。此外,一些其他的反应也会影响光刻胶性能。最重要的是,相互靠近的酸和淬灭剂分子会相互中和。酸和淬灭剂也可能在其他副反应中丢失或被从光刻胶中排出。此外,在 PEB 过程中加热光刻胶也会引起脱保护反应。

PEB 过程中发生的所述动力学反应伴随少量的酸和淬灭剂分子的扩散。通常,这些分子的扩散特性由光刻胶的化学状态决定,尤其是受保护位点的局部浓度。对于酸 A 和淬灭剂 Q 的扩散特性,非 Fickian 扩散项系数 $\tilde{D}_{(A,Q)}([M])$ 考虑到了这一点。例如,Zuniga 等人已经对这种非线性扩散机制进行了研究[35]。酸的扩散会产生两个重要的后果。酸需要有一定的流动性,才能使酸移动到几个受保护的位点并催化脱保护反应。但随着酸的流动性或扩散性的增加,单一的光生酸将脱保护更多的位点,并对光刻胶的溶解度产生更大的影响。因此,较大的扩散率会增加光刻胶材料的灵敏度。然而,化学物质的扩散也降低了化学对比度和工艺宽容度。适当平衡这些影响对于高级光刻胶的设计很重要。

基于上述考虑,CAR 的 PEB 过程中动力学和扩散耦合的通用模型为

$$\frac{\partial[M]}{\partial t} = -\kappa_1[M]^p[A]^q - \kappa_2[M] \tag{3-14}$$

$$\frac{\partial[A]}{\partial t} = -\kappa_3[A]^r - \kappa_4[A][Q] + \nabla(\tilde{D}_A([M])\nabla[A]) \tag{3-15}$$

$$\frac{\partial[Q]}{\partial t} = -\kappa_5[Q]^s - \kappa_4[A][Q] + \nabla(\tilde{D}_Q([M])\nabla[Q]) \tag{3-16}$$

式(3-14)描述了受保护位点的酸催化和自发脱保护以及相对浓度$[M]$。系数κ_1和κ_2是脱保护反应的反应常数。p和q通常是接近于1的反应级数。式(3-15)和式(3-16)表示的是由于酸/淬灭剂相互中和和自发损耗而产生的平衡。此外,这些方程还包括非线性扩散项,κ_3到κ_5和r、s分别为相应的反应常数和级数。这种所谓的元模型首先由 Henke 和 Torkler[36]提出,本章后的参考文献[37]中描述了其在光刻建模中的应用。

Petersen 等人[38]、Zuniga 等人[39]和 Fukuda 等人[40]发表的其他几个 PEB 模型可以作为这个元模型的特例。元模型还可以通过其他成分(多种 PAG、残留溶剂等)或反应路径(例如,可光分解淬灭剂碱[25])来补充。对于给定的起始和边界条件,元模型的一般形式的求解需要应用数值方法,如有限差分或其他方法。尽管元模型为 CAR 中曝光后烘焙过程的建模提供了一种非常灵活的方法,但确定所需的模型的参数非常具有挑战性。在大多数情况下,这些参数无法通过直接测量获得。因此,CAR 的建模经常使用元模型的特殊形式,例如,假设反应级数为1。建模过程中有时也忽略酸、淬灭剂和受保护位点的自发损失机制。扩散通常被假定为 Fickian[恒定$D_{(A,Q)}$]或线性。用实验数据来校准模型的其他参数。

图 3-11 展示了元模型的一个典型应用。该应用改变了光刻胶中淬灭剂碱的浓度,并研究了其对光刻工艺窗口的影响。仿真结果证实,淬火剂的加载量

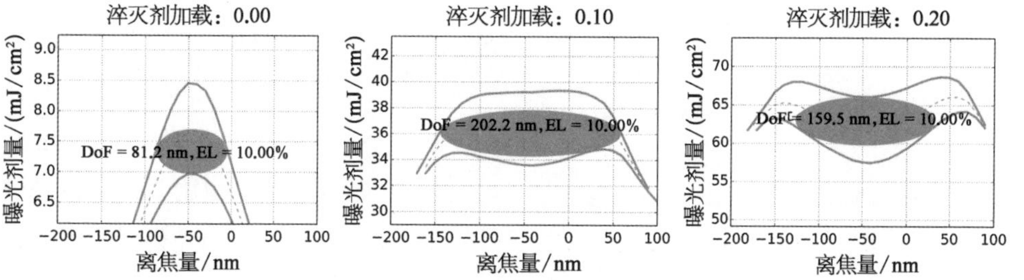

图 3-11　淬灭剂浓度(淬灭剂加载)对工艺窗口形状的影响

图中所示为 60 nm 线宽(目标尺寸)、周期为 250 nm 图形的仿真数据,
采用 ArF 浸没式光刻机,NA 为 1.35,二极照明,化学放大型光刻胶厚度为 100 nm

对获得的工艺窗口的曲率或形状有很大的影响。此外,淬火剂的加载量会影响工艺窗口的剂量水平,较大的淬灭剂浓度需要较高的曝光剂量。调整淬灭剂碱的浓度,可以减少给定图形类型 CD 随焦点的变化。材料参数的综合研究被用来补充新型光刻胶材料的实验研究。

3.2.4 化学显影

光刻胶的去除速度或速率由脱保护位点的局部密度[M]决定,各类现象学发展模型提供了[M]和显影速率 r 之间的定量关系。Chris Mack 通过考虑显影剂从本体溶液到光刻胶表面的变化、显影剂与光刻胶的反应以及反应产物会扩散回光刻胶之间的平衡,推导出了这样的一个模型[41]。结果,Mack 获得了以下速率模型:

$$r = r_{\max} \frac{(a+1)\cdot(1-[M])^N}{a+(1-[M])^N} + r_{\min} \tag{3-17}$$

$$a = \frac{N+1}{N-1}\cdot(1-M_{\mathrm{th}})^N \tag{3-18}$$

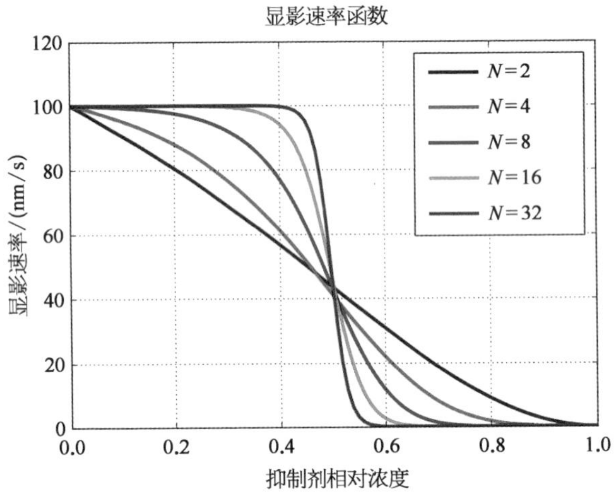

图 3-12 不同陡度参数 N 下 Mack 模型预测的显影速率曲线
其他速率参数 $r_{\min}=0.1$ nm/s, $r_{\max}=100$ nm/s, $M_{\mathrm{th}}=0.5$

式中,$r_{\min}$、$r_{\max}$ 分别为在完全保护和脱保护下光刻胶的显影速率;M_{th} 为显影过程开始时抑制剂或受保护位点的阈值浓度;参数 N 表征显影速率曲线的斜率或陡度,如图 3-12 所示。

Robertson 等人讨论了 Mack 模型的几种扩展模型,以及在不同光刻胶情况下这些扩展模型的表现[42]。这些模型已成功应用于许多最先进的化学放大型光刻胶的建模。

选定的化学放大型光刻胶可以用 Manfred Weiss 等人的有效酸模型进行建模[43]。该模型将酸损失机制和酸驱动的脱保护反应的细节汇总为有效酸及其对显影速率的影响:

$$r = r_{\min} + \frac{1}{2} r_{\max} \tanh\left[\frac{r_s}{r_{\max}}(a_{\text{eff}} - a_0)\right] + \frac{1}{2}\sqrt{\rho_1^2 + r_{\max}\tanh\frac{r_s}{r_{\max}}(a_{\text{eff}} - a_0)} \tag{3-19}$$

式中，有效酸浓度 a_{eff}是从 Dill 模型和随后的酸扩散中获得的。除了最小和最大显影速率 $r_{\min}$和 $r_{\max}$之外，该模型还包括纯拟合参数，例如阈值酸浓度 a_0、速率曲线的斜率 r_s和速率曲线在酸阈值附近的曲率ρ_1。方程(3-19)尽管最初是为化学放大型光刻胶建模而开发的，但其中的 Weiss 速率模型也成功地与其他模型相结合应用于 DNQ 型光刻胶。

另一个有趣的 DNQ 型光刻胶显影模型是由 Reiser 及其同事使用渗流理论推导出来的，该模型描述了显影剂与酚醛树脂聚合物的疏水和亲水组分的相互作用[44,45]。显影剂不会均匀地扩散到光刻胶聚合物中，而是通过亲水性位点之间的一系列跳跃或过渡而前进，这导致了亲水位点簇的形成。显影剂渗流到光刻胶体积中的状态和由此产生的光刻胶溶解速率 r 可以用渗流参数 ρ 表示：

$$r = c(p - p_0)^2 \tag{3-20}$$

式中，p_0表示渗流阈值，c 为缩放参数。渗流理论不仅提供了一个简单的速率方程，而且结果与一些光刻胶的实验数据非常吻合。Motzek 和 Partel[46]成功地将该模型应用于掩模对准光刻中几种 DNQ 型光刻胶的建模。

临界电离模型为光刻胶显影过程中发生的物理现象和化学现象提供了一种更详细的描述[47,48]。该模型假设，只有在光刻胶表面上聚合物链的脱保护位点数量超过某一阈值时，光刻胶才会变得可溶。与其他显影模型或多或少地使用某些分子的浓度和溶解速率之间的经验关系不同，临界电离模型能够在分子水平上仿真显影过程。Flanagin 等人详细讨论了将该模型应用到连续体和分子建模的实施细节[49]。另外，临界电离模型已被成功地应用于光刻胶的随机建模(参见第 10 章)。

在某些实验(特别对较厚的光刻胶的实验)中，表明显影速率 r 相对于光刻胶厚度有着显著变化。通常，显影速率在接近光刻胶表面处下降。得克萨斯大学奥斯汀分校 Sean Burns 等人报道了对酚醛树脂光刻胶的这种所谓的表面抑制作用的详细研究[50]。厚光刻胶膜中的材料不均匀性和超薄光刻胶中的表面主导效应为光刻胶的非线性溶解速率有着额外的贡献。

对于给定的显影速率 $r(x, y, z)$，光刻胶的化学显影可以通过显影剂/光刻胶界面的传播来建模，这个问题可以用一个特征方程来表示。Sethian 提出的快速行进方法[51]可以作为显影建模算法的有效实现。

图 3-13 显示了光刻胶轮廓随时间的变化评估。上行中的仿真结果是在没有 BARC 和扩散为零的情况下完成的。PAC 浓度表现出明显的驻波图样分布,如图 3-7 所示。随着显影的进行,显影所需大部分时间都花在驻波图样的暗节点上,这些暗节点具有较高的 PAC/抑制剂浓度和较低的显影速率。即使过了 90 s,显影剂也没有到达光刻胶的底部。这种具有明显驻波图样的特殊情况的选择仅用于演示目的。BARC 和较大的扩散长度的应用减弱了驻波图样,使得显影剂的渗透速度要快得多,通常不到一秒或几秒就能到达光刻胶的底部,这种情况显示在图 3-13 的下行。在实践中,选择 30~90 s 之间的显影时间,以实现良好的工艺稳定性。

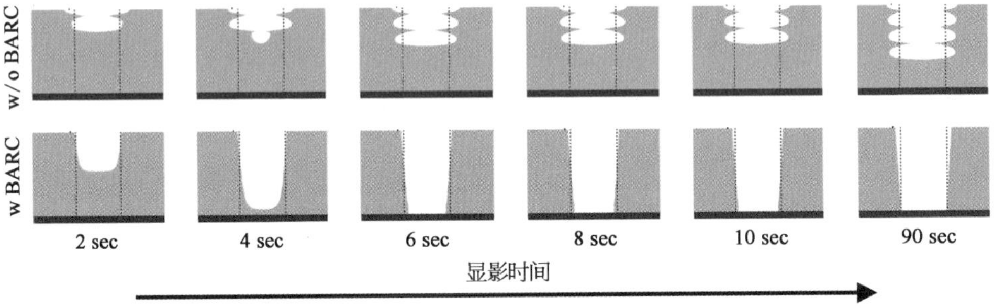

图 3-13 仿真光刻胶轮廓随时间的显影过程

上行:不含 BARC 的光刻胶膜层,PAC 扩散长度 = 5 nm;下行:含 BARC 的光刻胶膜层,PAC 扩散长度 = 20 nm。所有其他参数如图 3-7 和图 3-8 所示

陡度参数 N 对所得光刻胶轮廓形状的影响如图 3-14 所示。曝光剂量针对图中的陡度参数进行调整,为产生大致相同的底部 CD。对于较小 N,可以观察到显著倾斜的光刻胶轮廓。随着 N 的增大,光刻胶的表现更像一个阈值检测器,并产生垂直的侧壁。大多数光刻应用需要通过较大的 N 以获得垂直的侧

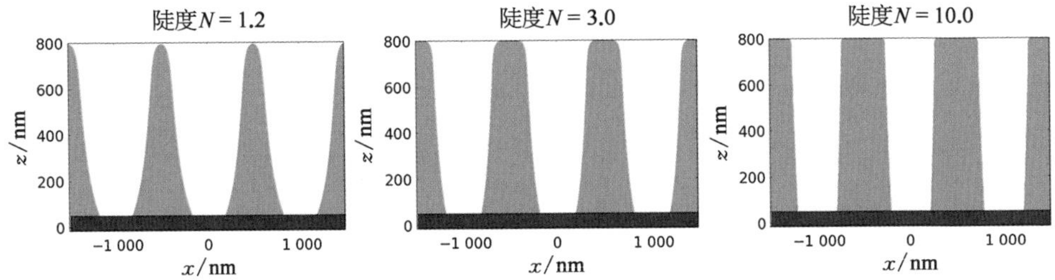

图 3-14 仿真 Mack 模型陡度参数 N 对所得光刻胶轮廓形状的影响

在 1.5 μm 厚的 DNQ 光刻胶中,曝光采用周期为 1 μm 的正弦型光强分布

壁。N 值较小的光刻胶是灰度或灰调光刻的首选,被用于生成连续表面轮廓,参见 7.4.1 节。

3.3 建模方法和紧凑光刻胶模型概述

在前几节中讨论的建模方法是通过对光刻胶中物理和化学现象的半经验考虑推导出来的。主要是将 CAR(和 DNQ 型光刻胶)中的基本反应机制和效应映射到一个理想化的光刻胶模型和相应的数学方程中。同时,将此类模型应用于不同的场景,提供了有价值的定性和定量洞察,以便了解脱保护动力学、扩散效应以及淬灭剂加载对预期光刻性能的影响。建模结果补充了实验数据和开发新光刻胶材料和工艺所需的专业知识。

然而,以上所描述的模型并未反映光刻胶分子组成及其与显影剂相互作用的所有细节。动力学反应常数和扩散系数等模型参数难以以所需的精度进行测量,并且这些参数取决于工艺条件。另外,光刻胶顶部和底部界面处的影响越来越重要,数学公式中恰当边界条件的引入增加了额外的模型参数和计算复杂性。校准具有大量未知参数的光刻胶模型需要大量的实验数据集,特别需要谨慎的是所获得的独特的光刻胶模型参数,也可以适用于成像条件和工艺条件有所改变的反应过程[52-54]。

此外,对低于 100 nm 的特征尺寸,将光刻胶假设为光酸、淬灭剂和受保护位点浓度平滑的连续材料是过于理想的。为了解决这个问题,得克萨斯大学奥斯汀分校的 Grant Willson 的学生引入了中尺度光刻胶模型[49,55]。这些模型通过可直接测量的量来描述光刻胶,例如聚合物分子量和分散度、PAG 加载量、残余溶剂浓度和聚合物自由体积等。所得的建模结果不仅提供了有关预期(平均)特征尺寸的信息,还提供了(线边缘)粗糙度的信息。随机效应的各种起因、它们的尺度以及由此产生的后果等内容将在第 10 章讨论。

本节其余部分将概述几种紧凑型光刻胶模型(compact resist model),这些模型包含重要的光刻胶效应,被应用于光学邻近效应校正(OPC,参见 1.3 节)和探索光刻掩模和光学新概念的软件中。这些紧凑的模型非常简单,只需几个参数就可以描述光刻胶,并且无须大量数值工作即可进行快速仿真。然而,紧凑型光刻胶模型对于所考虑的应用应足够准确。

最简单的光刻胶建模方法已在 1.3 节中进行了介绍。阈值模型通过单个强

度阈值参数 I_{THR} 来描述光刻胶。正型光刻胶在图像强度 I 大于指定阈值的位置被洗掉,而在其他位置不溶解。这种表现可以通过将 Heaviside 函数应用于归一化后的光刻胶高度 h 来描述:

$$h(I) = \begin{cases} 0, & I \geqslant I_{THR} \\ 1, & I < I_{THR} \end{cases} \tag{3-21}$$

强度阈值 I_{THR} 的具体值取决于光刻胶、工艺条件和图像强度归一化的细节。典型强度阈值 I_{THR} 值介于 0.2~0.4。

Heaviside 函数在强度阈值 I_{THR} 处的急剧跳跃给 OPC 和其他计算光刻应用中的许多优化方法带来了数值问题。因此,Heaviside 函数通常被带有参数 a 的 sigmoid 函数 S 代替,该参数决定了完全被冲走和完全未溶解的光刻胶之间过渡的锐度或陡度[56-58]:

$$S(I) = \frac{1}{1 + \exp[-a(I - I_{THR})]} \tag{3-22}$$

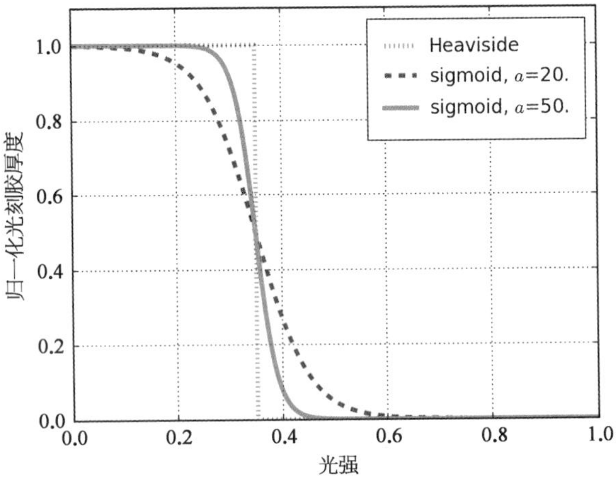

图 3-15 使用 Heaviside 函数和两个具有不同陡度参数 a、相同的强度阈值 I_{THR}=0.35 的 sigmoid 函数的强度阈值模型图

光刻胶厚度根据曝光/加工前的高度进行了归一化

图 3-15 比较了 Heaviside 函数和两个具有不同陡度参数 a 的 sigmoid 函数。Heaviside 函数可以被认为是一个具有无限锐度 $a \to \infty$ 的 sigmoid 函数。请注意 sigmoid 函数与图 3-12 中的显影速率函数相似。

阈值模型为真实光刻胶工艺提供了较差的近似值。为了预测正确的 CD,阈值不仅要对特定的工艺,还要对特定的掩模图形和周期进行调整。模型误差会随着光刻胶厚度的增加和图像对比度的降低而增加。Brunner 和 Ferguson[59] 为阈值模型引入了一个校正项,它取决于光刻胶厚度、光刻胶对比度和图像对数斜率,应用此近似模型仿真显影过程,他们获得了与 Mack 集总参数模型相似的预测结果(参见 3.1.4 节)。

可变阈值光刻胶模型(VTRM)提供了一种实用的方法来解决恒定阈值模型

的不足之处。这些模型基于特定阈值是其他图像参数的函数的假设，例如，光强分布的最大值及其斜率[60]。在 Nick Cobb 的第一个提议之后，人们又提出了几种其他形式的可变阈值模型[61,62]。通常，VTRM 提供了一个与适当的图像和工艺参数相关的响应面模型，模型系数是通过拟合适当的实验数据获得的。

其他紧凑型光刻胶模型将各种数学运算应用于空间像或立体图像，目的是使其仿真结果更接近光刻胶（性能）。这些数学运算应以物理方式来仿真典型的光刻胶效应，同时需要改进数值计算效率来减少计算时间。在最简单的模型形式中，可以将扩散应用到空间像中以仿真由于光刻胶中某些物质的扩散而导致的对比度损失[63]。更高级的模型可以用来仿真光刻胶中的耦合扩散/动力学效应和中和效应[40,64-66]。

图 3-16 展示了由 Donis Flagello 等人提出的 RoadRunner 模型将立体图像转换为光刻胶轮廓的过程[67]。在示例中，模型应用于简单的线空图形。

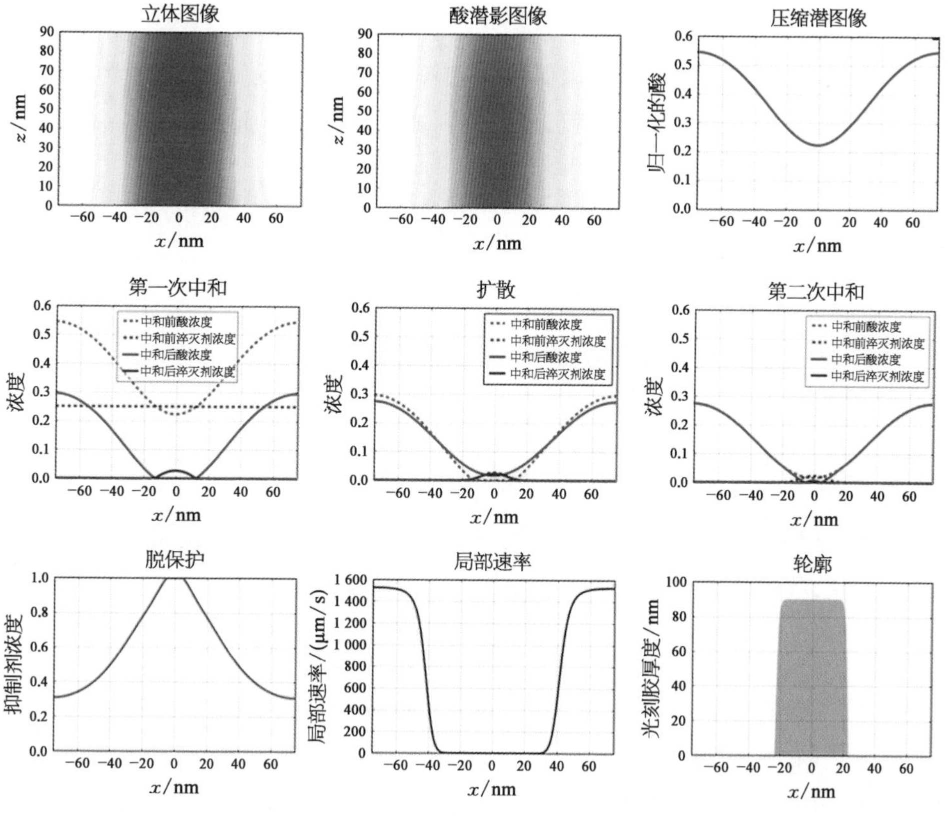

图 3-16 RoadRunner 模型将立体图像转换为光刻胶轮廓

掩模：透射率为 6%的衰减型 PSM，在 AttPSM（基尔霍夫掩模模型）上的线空图形，线宽 45 nm，周期 150 nm；光刻机：193 nm 浸没式光刻机，NA = 1.35，y 方向偏振二极照明；光刻胶：90 nm 厚的 CAR

建模顺序从立体图像开始，即光刻胶内部的光强分布，包括以下步骤：

（1）光刻胶内部的酸潜影图像是根据不可漂白光刻胶的 Dill 方程计算获得的：$A(x,z) = 1 - \exp[-C_{\text{Dill}}DI(x,z)]$，式中 C_{Dill} 为光刻胶的光敏度、D 为曝光剂量、$I(x, z)$ 为立体图像。

（2）接下来，酸潜影图像在光刻胶的高度 z 上取平均值：$A(x,z) \rightarrow \tilde{A}(x,z)$。在这一步中，可以引入高斯或线性加权函数来突出酸在压缩潜（酸）影上某些垂直位置的作用，压缩后的潜影仅取决于横向光刻胶坐标 x，这减少了后续步骤中的数值工作。随后两个序列的酸淬灭剂中和步骤是从 Fukuda[40] 的模型改编而来的，中间有酸和淬灭剂的扩散。

（3）在第一个中和步骤中，压缩的潜影（酸）$\tilde{A}$ 与均匀的淬灭剂加载 Q_0 反应：

$$\tilde{A}'(x) = \max[\tilde{A}(x) - Q_0, 0]$$

$$\tilde{Q}'(x) = \max[Q_0 - \tilde{A}(x), 0]$$

上面等式中的最大值运算确保酸 $\tilde{A}$ 和淬灭剂 $\tilde{Q}$（引发）的浓度不为负值。

（4）酸和淬灭剂的扩散过程，可以分别被建模为与高斯核 $\tilde{K}_A$、$\tilde{K}_Q$ 的卷积，这取决于酸和淬灭剂的（有效）扩散长度：

$$\tilde{A}''(x) = \tilde{A}'(x) * \tilde{K}_A(x)$$

$$\tilde{Q}''(x) = \tilde{Q}'(x) * \tilde{K}_Q(x)$$

（5）第二步是对扩散后的酸和淬灭剂浓度进行中和：

$$\tilde{A}'''(x) = \max[\tilde{A}''(x) - Q_0, 0]$$

$$\tilde{Q}'''(x) = \max[Q_0 - \tilde{A}''(x), 0]$$

（6）在酸催化脱保护步骤后，所得酸浓度用于计算脱保护位点/抑制剂的有效浓度 $\tilde{M}$，放大系数为 κ_A，曝光后烘焙时间为 t_{PEB}：

$$\tilde{M}(x) = 1 - \exp[-\kappa_A t_{\text{PEB}} \tilde{A}'''(x)]$$

（7）接下来，将方程(3-17)中的 Mack 显影速率模型应用于 $\tilde{M}(x, y)$，便可得到所示的局部速率。

（8）在给定显影时间下，剩余光刻胶厚度的计算假设了显影仅沿垂直方向 z，并按照上一步中计算得到的显影速率为恒定值进行。

将 RoadRunner 模型扩展到 3D 图形（例如接触孔阵列或有限长度的线）非

常简单,该模型易于实现且计算时间短。正确校准的 DUV 和 EUV 工艺模型可以预测不同周期、焦点和剂量值的实测 CD 值,精度约为 1 nm。然而,RoadRunner 模型对 3D 光刻胶轮廓形状、侧壁角度等的预测不佳。鉴于该模型的计算过程采用沿 z 轴的平均算法,并忽略了与 z 相关的横向显影,这并不奇怪。

考虑到 3D 光刻胶效果越来越重要,最新的 3D 紧凑型光刻胶模型是基于光刻胶内部几个垂直平面的计算图像。这些模型包括与 z 相关的扩散效应和单独考虑光刻胶顶部和底部的边界效应[68,69]。

3.4 负型与正型光刻胶材料和工艺

多年来,正型光刻胶一直主导着大规模半导体的制造。负型光刻胶通常被认为对比度较低,并且存在不希望发生的膨胀现象。有趣的是,早期生产中最初使用的化学放大型光刻胶系统是基于 t - BOC 聚合物和负性显影。然而,新材料的研发活动主要集中在正型光刻胶上。如今,随着光刻方法的各个方面都在不断优化,工艺色调的影响以及负性材料和工艺也被重新考虑。本节讨论选择最合适的光刻胶色调的几个方面内容,并演示了几种反转色调的工艺方法。

为了从光学方面探索工艺色调的选择,图 3 - 17 比较了两个相反色调掩模的成像。上一行的图表展示了在标准暗场掩模上的接触孔阵列的成像。衍射极限投影系统将掩模上的透明方块转换为由一系列明亮的衍射极限点组成的图像。对于正性光刻胶,这些亮点在光刻胶中转化为圆孔。额外的蚀刻和沉积工艺步骤将光刻胶孔转变为不同器件层之间的电连接,所得孔的直径的光刻工艺窗口显示在图的右侧。它是通过简单的强度阈值模型获得的,不包含光刻胶的具体信息。

图 3 - 17 的下行展示了如果使用明场掩模会发生的情况。掩模上的暗方块被转换成图像中的一系列暗点。图 3 - 17 中列所示图像的视觉比较表明,暗点比亮点表现出更高的图像对比度。右列所示基于阈值的工艺窗口证实了这种视觉印象。尽管暗场和明场掩模上的方块具有相同的尺寸并且在相同条件下成像,但明场掩模的暗点表现出比暗场掩模的亮点大得多的工艺窗口。然而,这需要负型光刻胶或工艺将黑点转移到具有圆孔的光刻胶中,并最终转移到不同器件层之间的电连接中。

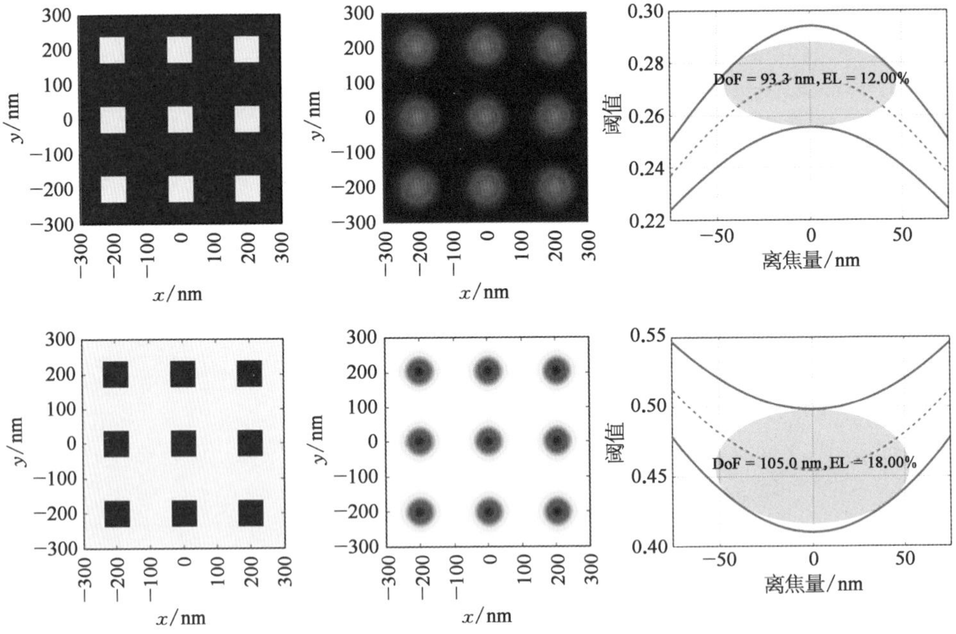

图 3-17　暗场掩模(上行)和明场掩模(下行)正方形阵列的成像性能比较

左列：掩模图形，75 nm 正方形，周期为 200 nm，6%衰减型 PSM；中列：NA = 1.35，λ = 193 nm，环形照明 $\sigma_{in/out}$ = 0.4/0.8 的图像；右列：通过简单强度阈值模型获得的工艺窗口

一般分析表明，明场掩模比暗场掩模可提供更好的图像对比度。因此，最好用正色调工艺成形柱子(和孤立/半密线)，并用负色调工艺成形孔洞(和孤立/半密沟槽)。色调偏好的最终来源是归一化图像对数斜率(NILS)的不对称性，在图像的较暗部分较高，这是多年前已经观察到的普遍现象[70,71]。这种暗、亮小图形的不同表现可归因于光学成像系统的部分相干性。对于完全不相干的光，反色调掩模的两个图像加起来会形成恒定的均匀强度。

除了这些与图像对比度和工艺窗口相关的观察结果之外，色调对于其他成像方面的影响很少。明场掩模仅吸收一小部分入射光，因此可以更有效地利用光。然而，明场掩模对颗粒缺陷比较敏感。图形在暗场和明场的光学邻近效应方面也不同。

工艺色调的其他重要方面主要由光刻胶效应来决定的，光刻胶内部的光吸收减少了光刻胶底部的曝光剂量。在正型光刻胶中产生的光刻胶图形往往在底部较宽，而负型光刻胶往往表现出底部内切轮廓。负型光刻胶在不平整晶圆上的曝光对光刻胶底部曝光不良的区域不太敏感。光刻胶曝光区域中的光诱导反应会导致光刻胶厚度的损失和收缩效应。例如，发生这种情况是由于从

CAR 的聚合物中去除了酸不稳定的“保护”基团[72]。在正色调工艺中，光刻胶的曝光区域在显影步骤中被去除，体积收缩对剩余光刻胶轮廓的影响很小。但是对于负色调工艺，曝光区域不会被移除，这使得它们对各种收缩相关的影响非常敏感—相关建模方法的简要讨论，请参见本节末尾。

最后，正型和负型材料和工艺对晶圆的某些缺陷机制的敏感性不同。例如，负型光刻胶可能会出现微桥连，即在光刻胶线之间的空中留下细小的未显影光刻胶材料串[71]。

负型光刻胶常用于激光直写（参见 7.2.2 节）。多年来，半导体晶圆光刻中负型光刻胶的选择与其正型光刻胶相比是有限的。图 3－18 展示了如何将正型 CAR 的原理应用于负色调工艺的示例[73]。光刻胶包含光碱产生剂（PBG）和热酸产生剂，这种光刻胶的曝光会产生碱基分子。在曝光后烘焙（PEB）期间，通过热活化产生均匀分布的酸。酸分子在亮区被热生成的碱/淬灭剂分子中和，而在没有碱分子的暗区留下酸分子。这些剩余的酸分子使光刻胶脱保护，并使其可溶。在显影之后，去除没有碱基分子的光刻胶原始暗区。然而，此方案受到酸和碱扩散控制不足的影响。

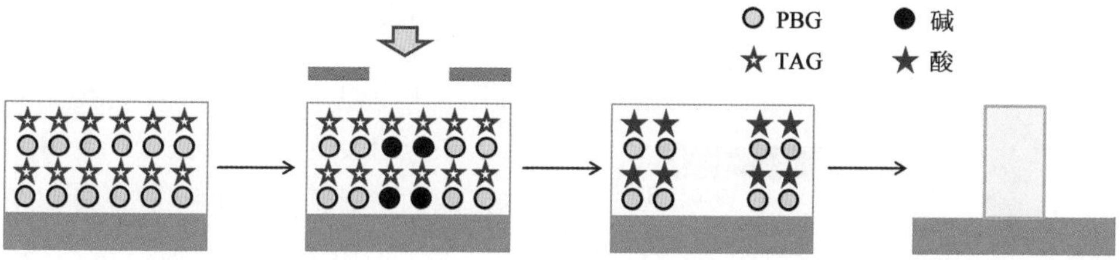

图 3－18 光碱产生剂（PBG）和热酸产生剂（TAG）的组合用于负型化学放大光刻胶的实现[73]

如今，负色调系统被广泛用于最具挑战性的接触孔层的图案成形。负型显影（NTD）使用带有保护基团的传统正型光刻胶材料，该保护基团可通过酸催化反应裂解，有机溶剂作为负型显影剂[74]。图 3－19 提供了 NTD 工艺与采用水基正型显影的标准正型显影（PTD）工艺的示意图比较，注意 PTD 和 NTD 工艺的侧壁倾斜度不同。

NTD 工艺重要性的日益增加引发了对其专用建模方法的发展，以能够精确地描述所有相关影响。单纯基于显影工艺中色调反转的简化建模方法[75]无法描述实验中观察到的光刻胶轮廓形状，NTD 工艺的预测建模需要考虑机械收缩效应及其对 OPC 的影响。这些影响来源于光刻胶曝光区域的体积损失，以及初始收缩的应变/应力释放后所导致的额外光刻胶形变[76]。

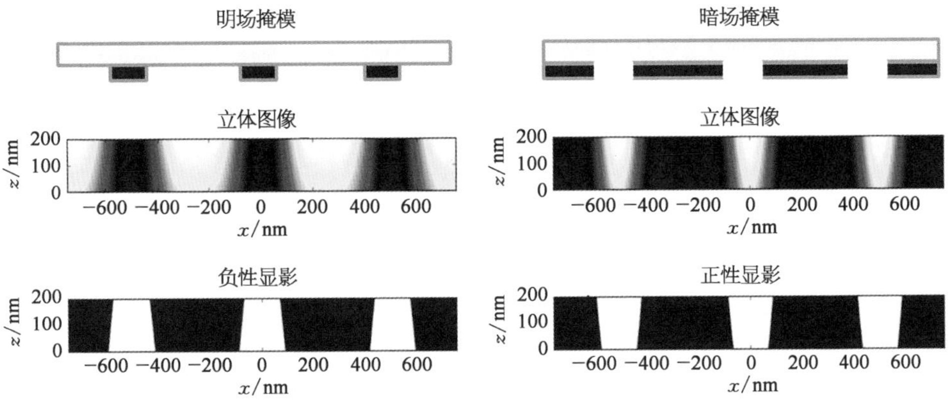

图 3-19 用于创建半密集沟槽的标准正性显影(PTD,右列)和负性显影(NTD,左列)工艺的比较示意图

掩模图形(上行)、立体图像(中行)和光刻胶轮廓(下行)

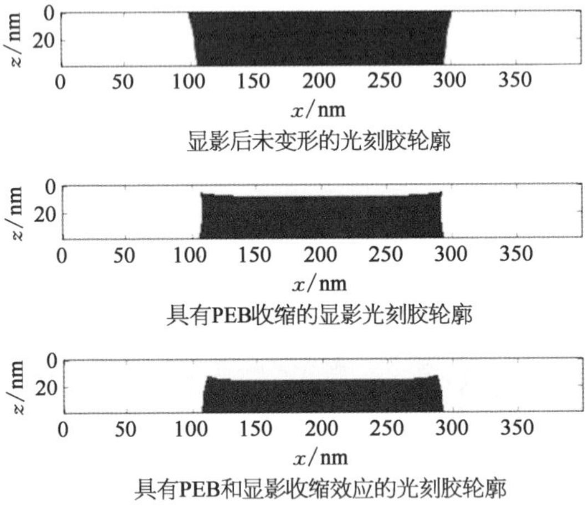

图 3-20 仿真收缩效应对光刻胶轮廓形状的影响[79]

没有收缩效应的仿真(上);考虑 PEB 过程中脱保护引起的收缩效应(中);以及额外考虑光刻胶显影的收缩效应(下)

各种连续介质力学模型和有限元仿真被用于探索相关现象及其对工艺性能的影响[72,76-80]。图 3-20 展示了收缩效应对光刻胶轮廓的影响。图顶部的轮廓是在没有收缩效应情况下进行的仿真,呈现出一个与图 3-19 左列的 NTD 轮廓类似的典型底部内切。图 3-20 中间的光刻胶轮廓包括 PEB 过程中脱保护引起的收缩效应的仿真。图底部的轮廓图额外考虑了应变引起的显影速率修正,导致侧壁角度与图顶部的轮廓相比发生反转。

仔细平衡光刻胶底部的强度损失(由于吸收),顶部和底部的不同光刻胶形变(由于光刻胶在底部的固定),有助于调整光刻胶的侧壁以达到所需的值。由于不同数量的材料和不同的几何配置,所描述的收缩效应高度依赖于图形形状和周边环境。可见,收缩邻近效应比光学邻近效应更为复杂[76]。

3.5 小结

光刻胶用于将空间像或其他光强分布转移到晶圆顶部的图案涂层中,这是通过不同的机制实现的，包括聚合、极性变化和材料的其他结构变化。大多数用于 DUV 和 EUV 光刻的光刻胶是化学放大型光刻胶（CAR）。CAR 包括光酸产生剂（PAG）、淬灭剂和其他具有决定显影方式的受保护位点的分子。酸催化脱保护、酸淬灭剂中和和物质扩散等动力学反应对 CAR 的工艺性能有重要影响。波长大于 300 nm 的光刻通常采用重氮萘醌（DNQ）型光刻胶，其中的光活性成分对光刻胶的显影方式有着直接影响。

描述光刻胶性能的最简单方法是通过其特性曲线，即剩余光刻胶厚度与曝光剂量（以对数刻度表示）之间的关系。通常光刻工艺是在该曲线以斜率 γ 为特征的线性部分发生。光刻胶对比度 γ 和归一化图像对数斜率（NILS）的组合作为工艺粗略评估的初始参数。

典型的光刻工艺流程包括晶圆表面清洁、旋涂光刻胶、预烘焙、曝光、曝光后烘焙（PEB）和显影。Dill 模型描述了光与光刻胶的相互作用。曝光结果还受到光刻胶下方材料反射的影响，这种反射会导致驻波、侧壁波纹和获得的特征尺寸（或 CD）随光刻胶厚度的周期性变化。这种反射的干涉影响可以通过底部抗反射涂层来减弱。PEB 过程中化学物质的扩散也减小了驻波效应。光刻胶的显影过程由依赖于材料的显影速率曲线表征，例如 Mack 显影速率模型。

光刻胶的色调有正负之分。对于正型光刻胶，曝光区域被去除；而对于负型光刻胶，曝光区域通过化学显影被惰性化。由于所选光波的空间相干性，小的暗点比亮点更容易生成。对于线和柱（即台面）图案成形，首选正色调光刻胶或工艺。沟槽和接触孔最好由负性光刻胶或工艺产生。负型光刻胶和负性显影（NTD）正变得越来越流行。

参考文献

[1] U. Okoroanyanwu, *Chemistry and Lithography*, SPIE Press, Bellingham, Washington, 2011.

[2] R. Dammel, *Diazonaphthoquinone-based Resists*, SPIE Press, Bellingham, Washington, 1993.

[3] H. Ito, "Chemical amplification resists for microlithography," *Adv. Polym. Sci.* **172**, 37 – 245, 2005.

[4] Z. Sekkat and S. Kawata, "Laser nanofabrication in photoresists and azopolymers," *Laser & Photonics Reviews* **8**(1), 1 – 26, 2014.

[5] J. Liu, B. Cai, J. Zhu, X. Z. G. Ding, and C. Y. D. Chen, "Process research of high aspect ratio microstructure using SU-8 resist," *Microsyst. Technol.* **10**, 265 – 268, 2004.

[6] C. G. Willson, R. R. Dammel, and A. Reiser, "Photoresist materials: A historical perspective," *Proc. SPIE* **3051**, 28, 1997.

[7] I.-B. Baek, J.-H. Yang, W.-J. Cho, C.-G. Ahn, K. Im, and S. Lee, "Electron beam lithography patterning of sub-10-nm line using hydrogen silsesquioxane for nanoscale device applications," *J. Vac. Sci. Technol. B* **23**, 3120, 2005.
[8] I. Zailer, J. E. F. Frost, V. Chabasseur-Molyneux, C. J. B. Ford, and M. Pepper, "Crosslinked PMMA as a high-resolution negative resist for electron beam lithography and applications for physics of low-dimensional structures," *Semicond. Sci. Technol.* **11**, 1235, 1996.
[9] A. Priimagi and A. Shevchenko, "Azopolymer-based micro- and nanopatterning for photonic applications," *J. Polym. Sci. B Polym. Phys.* **52**(3), 163 - 182, 2014.
[10] H. Nagai, A. Yoshikawa, Y. Toyoshima, O. Ochi, and Y. Mizushima, "New application of Se-Ge glasses to silicon microfabrication technology," *Appl. Phys. Lett.* **28**, 145, 1976.
[11] Y. Utsugi, A. Yoshikawa, and T. Kitayama, "An inorganic resist technology and its applications to LSI fabrication processes," *Microelectron. Eng.* **2**, 281 - 298, 1984.
[12] W. Leung, A. R. Neureuther, and W. G. Oldham, "Inorganic resist phenomena and their applications to projection lithography," *IEEE Trans. Electron Devices* **33**, 173 - 181, 1986.
[13] A. Reiser, *Photoactive Polymers: The Science and Technology of Resists*, John Wiley & Sons, New York, 1989.
[14] H. Steppan, G. Buhr, and H. Vollmann, "The resist technique: A chemical contribution to electronics," *Angewandte Chemie International Edition in English* **21**(7), 455 - 469, 1982.
[15] R. R. Kunz, R. D. Allen, W. D. Hinsberg, and G. M. Wallraff, "Acid-catalyzed single-layer resists for ArF lithography," *Proc. SPIE* **1925**, 167, 1993.
[16] U. Okoroanyanwu, T. Shimokawa, J. Byers, and C. G. Willson, "Alicyclic polymers for 193 nm resist applications: Synthesis and characterization," *Chem. Mater.* **10**, 3319 - 3327, 1998.
[17] U. Okoroanyanwu, J. Byers, T. Shimokawa, and C. G. Willson, "Alicyclic polymers for 193 nm resist applications: Lithographic evaluation," *Chem. Mater.* **10**, 3328 - 3333, 1998.
[18] R. Medeiros, A. Aviram, C. R. Guarnieri, W.-S. Huang, R. Kwong, C. K. Magg, A. P. Mahorowala, W. M. Moreau, K. E. Petrillo, and M. Angelopoulos, "Recent progress in electron-beam resists for advanced mask-making," *IBM J. Res. Dev.* **45**, 639, 2001.
[19] H. Ito, G. Breyta, D. Hofer, R. Sooriyakumaran, K. Petrillo, and D. Seeger, "Environmentally stable chemical amplification positive resist: Principle, chemistry, contamination resistance, and lithographic feasibility," *J. Photopolym. Sci. Technol.* **7**, 433 - 448, 1994.
[20] C. A. Mack, *Fundamental Principles of Optical Lithography*, John Wiley & Sons, New York, 2007.
[21] C. A. Mack, A. Stephanakis, and R. Hershel, "Lumped parameter model of the photolithographic process," in *Kodak Microelectronics Seminar*, *Interface*, 228 - 238, 1986.
[22] C. A. Mack, "Enhanced lumped parameter model for photolithography," *Proc. SPIE* **2197**, 501, 1994.
[23] J. L. Sturtevant, W. Conley, and S. E. Webber, "Photosensitization in dyed and undyed APEX-E DUV resist," *Proc. SPIE* **2724**, 273 - 286, 1996.
[24] F. H. Dill, W. P. Hornberger, P. S. Hauge, and J. M. Shaw, "Characterization of positive photoresist," *IEEE Trans. Electron Devices* **22**, 445, 1975.
[25] T. Kozawa, "Optimum concentration ratio of photodecomposable quencher to acid generator in chemically amplified extreme ultraviolet resists," *Jpn. J. Appl. Phys.* **54**(12), 126501, 2015.
[26] S. G. Hansen, "Photoresist and stochastic modeling," *J. Micro/Nanolithogr. MEMS MOEMS* **17**(1), 013506, 2018.
[27] C. L. Henderson, *Advances in Photoresist Characterization and Lithography Simulation*. PhD thesis, University of Texas at Austin, 1998.

[28] A. Erdmann, C. L. Henderson, and C. G. Willson, "The impact of exposure induced refractive index changes of photoresists on the photolithographic process," *J. Appl. Phys.* **89**, 8163, 2001.

[29] S. Liu, J. Du, X. Duan, B. Luo, X. Tang, Y. Guo, Z. Cui, C. Du, and J. Yao, "Enhanced Dill exposure model for thick photoresist lithography," *Microelectron. Eng.* **78 - 79**, 490 - 495, 2005.

[30] S. Wong, M. Deubel, F. Perrez-Willard, S. John, G. A. Ozin, M. Wegener, and G. von Freymann, "Direct laser writing of three-dimensional photonic crystals with a complete photonic bandgap in chalcogenide glasses," *Adv. Mater.* **18**, 265 - 269, 2006.

[31] D. A. Bernard, "Simulation of focus effects in photolithography," *IEEE Trans. Semicond. Manuf.* **1**, 85, 1988.

[32] T. A. Brunner, "Optimization of optical properties of resist processes," *Proc. SPIE* **1466**, 297, 1991.

[33] H. L. Chen, F. H. Ko, T. Y. Huang, W. C. Chao, and T. C. Chu, "Novel bilayer bottom antireflective coating structure for high-performance ArF lithography applications," *J. Micro/Nanolithogr. MEMS MOEMS* **1**(1), 58, 2002.

[34] A. Erdmann, P. Evanschitzky, and P. De Bisschop, "Mask and wafer topography effects in immersion lithography," *Proc. SPIE* **5754**, 383, 2005.

[35] M. Zuniga, N. Rau, and A. Neureuther, "Application of general reaction/diffusion resist model to emerging materials with extension to non-actinic exposure," *Proc. SPIE* **3049**, 256 - 268, 1997.

[36] W. Henke and M. Torkler, "Modeling of edge roughness in ion projection lithography," *J. Vac. Sci. Technol. B* **17**, 3112, 1999.

[37] A. Erdmann, W. Henke, S. Robertson, E. Richter, B. Tollkühn, and W. Hoppe, "Comparison of simulation approaches for chemically amplified resists," *Proc. SPIE* **4404**, 99 - 110, 2001.

[38] J. S. Petersen, C. A. Mack, J. W. Thackeray, R. Sina, T. H. Fedynyshyn, J. M. Mori, J. D. Byers, and D. A. Miller, "Characterization and modeling of positive acting chemically amplified resist," *Proc. SPIE* **2438**, 153 - 166, 1995.

[39] M. Zuniga, G. Walraff, and A. R. Neureuther, "Reaction diffusion kinetics in deep-UV positive resist systems," *Proc. SPIE* **2438**, 113 - 124, 1995.

[40] H. Fukuda, K. Hattori, and T. Hagiwara, "Impact of acid/quencher behavior on lithography performance," *Proc. SPIE* **2346**, 319 - 330, 2001.

[41] C. A. Mack, "New kinetic model for resist dissolution," *J. Electrochem. Soc.* **139**, L35, 1992.

[42] S. A. Robertson, C. A. Mack, and M. J. Maslow, "Toward a universal resist dissolution model for lithography simulation," *Proc. SPIE* **4404**, 111, 2001.

[43] M. Weiss, H. Binder, and R. Schwalm, "Modeling and simulation of chemically amplified DUV resist using the effective acid concept," *Microelectron. Eng.* **27**(1), 405 - 408, 1995.

[44] T. F. Yeh, H. Y. Shih, and A. Reiser, "Percolation view of novolak dissolution and dissolution inhibition," *Macromolecules* **25**, 5345 - 5352, 1992.

[45] A. Reiser, Z. Yan, Y.-K. Han, and M. S. Kim, "Novolak-diazonaphtho-quinone resists: The central role of phenolic strings," *J. Vac. Sci. Technol. B* **18**, 1288, 2000.

[46] K. Motzek and S. Partel, "Modeling photoresist development and optimizing resist profiles for mask aligner lithography," in *9th Fraunhofer IISB Lithography Simulation Workshop*, 2011.

[47] P. C. Tsiartas, L. W. Flanagin, C. L. Henderson, W. D. Hinsberg, I. C. Sanchez, R. T. Bonnecaze, and C. G. Willson, "The mechanism of phenolic polymer dissolution: A new perspective," *Macromolecules* **30**, 4656 - 4664, 1997.

[48] S. D. Burns, G. M. Schmid, P. C. Tsiartas, and C. G. Willson, "Advancements to the critical ionization dissolution model," *J. Vac. Sci. Technol. B* **20**, 537, 2002.

[49] L. W. Flanagin, V. K. Singh, and C. G. Willson, "Molecular model of phenolic polymer dissolution in photolithography," *J. Polym. Sci. B Polym. Phys.* **37**, 2103 - 2113, 1999.
[50] S. D. Burns, A. B. Gardiner, V. J. Krukonis, P. M. Wetmore, J. Lutkenhaus, G. M. Schmid, L. W. Flanagin, and C. G. Willson, "Understanding nonlinear dissolution rates in photoresists," *Proc. SPIE* **4345**, 37, 2001.
[51] J. A. Sethian, "Fast marching level set methods for three-dimensional photolithography development," *Proc. SPIE* **2726**, 262, 1996.
[52] T.-B. Chiou, Y.-H. Min, S.-E. Tseng, A. C. Chen, C.-H. Park, J.-S. Choi, D. Yim, and S. Hansen, "How to obtain accurate resist simulations in very low-k1 era?" *Proc. SPIE* **6154**, 61542V, 2006.
[53] U. Klostermann, T. Mülders, D. Ponomarenco, T. Schmoeller, J. van de Kerkhove, and P. De Bisschop, "Calibration of physical resist models: Methods, usability, and predictive power," *J. Micro/Nanolithogr. MEMS MOEMS* **8**(3), 33005, 2009.
[54] P. De Bisschop, T. Muelders, U. Klostermann, T. Schmöller, J. J. Biafore, S. A. Robertson, and M. Smith, "Impact of mask 3D effects on resist model calibration," *J. Micro/Nanolithogr. MEMS MOEMS* **8**(3), 30501, 2009.
[55] G. M. Schmid, M. D. Smith, C. A. Mack, V. K. Singh, S. D. Burns, and C. G. Willson, "Understanding molecular-level effects during post-exposure processing," *Proc. SPIE* **4345**, 1037 - 1047, 2001.
[56] A. Poonawala and P. Milanfar, "Mask design for optical microlithography: An inverse imaging problem," *IEEE Trans. Image Process.* **16**, 774, 2007.
[57] X. Ma and Y. Li, "Resolution enhancement optimization methods in optical lithography with improved manufacturability," *J. Micro/Nanolithogr. MEMS MOEMS* **10**(2), 23009, 2011.
[58] W. Lv, S. Liu, Q. Xia, X. Wu, Y. Shen, and E. Y. Lam, "Level-set-based inverse lithography for mask synthesis using the conjugate gradient and an optimal time step," *J. Vac. Sci. Technol. B* **31**, 041605, 2013.
[59] T. A. Brunner and R. A. Ferguson, "Approximate models for resist processing effects," *Proc. SPIE* **2726**, 198, 1996.
[60] N. B. Cobb, A. Zakhor, and E. A. Miloslavsky, "Mathematical and CAD framework for proximity correction," *Proc. SPIE* **2726**, 208, 1996.
[61] J. Randall, H. Gangala, and A. Tritchkov, "Lithography simulation with aerial image—variable threshold resist model," *Microelectron. Eng.* **46**(1), 59 - 63, 1999.
[62] Y. Granik, N. B. Cobb, and T. Do, "Universal process modeling with VTRE for OPC," *Proc. SPIE* **4691**, 377 - 394, 2002.
[63] D. Fuard, M. Besacier, and P. Schiavone, "Validity of the diffused aerial image model: An assessment based on multiple test cases," *Proc. SPIE* **5040**, 1536, 2003.
[64] D. Van Steenwinckel and J. H. Lammers, "Enhanced processing: Sub-50 nm features with 0.8 μm DOF using a binary reticle," *Proc. SPIE* **5039**, 225 - 239, 2003.
[65] B. Tollkühn, A. Erdmann, A. Semmler, and C. Nölscher, "Simplified resist models for efficient simulation of contact holes and line ends," *Microelectron. Eng.* **78 - 79**, 509, 2005.
[66] Y. Granik, D. Medvedev, and N. Cobb, "Toward standard process models for OPC," *Proc. SPIE* **6520**, 652043, 2007.
[67] D. Flagello, R. Matsui, K. Yano, and T. Matsuyama, "The development of a fast physical photoresist model for OPE and SMO applications from an optical engineering perspective," *Proc. SPIE* **8326**, 83260R, 2012.
[68] Y. Fan, C.-E. R. Wu, Q. Ren, H. Song, and T. Schmoeller, "Improving 3D resist profile compact modeling by exploiting 3D resist physical mechanisms," *Proc. SPIE* **9052**, 90520X, 2014.
[69] C. Zuniga, Y. Deng, and Y. Granik, "Resist profile modeling with compact resist model," *Proc. SPIE* **9426**, 94261R, 2015.

[70] C. A. Mack and J. E. Connors, "Fundamental differences between positive- and negative-tone imaging," *Proc. SPIE* **1674**, 328, 1992.

[71] T. A. Brunner and C. A. Fonseca, "Optimum tone for various feature types: Positive versus negative," *Proc. SPIE* **4345**, 30, 2001.

[72] C. Fang, M. D. Smith, S. Robertson, J. J. Biafore, and A. V. Pret, "A physics-based model for negative tone development materials," *J. Photopolym. Sci. Technol.* **27**(1), 53-59, 2014.

[73] E. Richter, K. Elian, S. Hien, E. Kuehn, M. Sebald, and M. Shirai, "Negative-tone resist for phase-shifting mask technology: A progress report," *Proc. SPIE* **3999**, 91, 2000.

[74] D. De Simone, E. Tenaglia, P. Piazza, A. Vaccaro, M. Bollin, G. Capetti, P. Piacentini, and P. Canestrari, "Potential applications of negative tone development in advanced lithography," *Microelectron. Eng.* **88**(8), 1917-1922, 2011.

[75] W. Gao, U. Klostermann, T. Mülders, T. Schmoeller, W. Demmerle, P. De Bisschop, and J. Bekaert, "Application of an inverse Mack model for negative tone development simulation," *Proc. SPIE* **7973**, 79732W, 2011.

[76] P. Liu, L. Zheng, M. Ma, Q. Zhao, Y. Fan, Q. Zhang, M. Feng, X. Guo, T. Wallow, K. Gronlund, R. Goossens, G. Zhang, and Y. Lu, "A physical resist shrinkage model for full-chip lithography simulations," *Proc. SPIE* **9779**, 97790Y, 2016.

[77] X. Zhang, S. Debnath, and D. Güney, "Hyperbolic metamaterial feasible for fabrication with direct laser writing processes," *J. Opt. Soc. Am. B* **32**(6), 1013-1021, 2015.

[78] T. Mülders, H.-J. Stock, B. Küchler, U. Klostermann, W. Gao, and W. Demmerle, "Modeling of NTD resist shrinkage," *Proc. SPIE* **10146**, 101460M, 2017.

[79] S. D'Silva, T. Mülders, H.-J. Stock, and A. Erdmann, "Analysis of resist deformation and shrinkage during lithographic processing," in *Fraunhofer Lithography Simulation Workshop*, 2018.

[80] Y. Granik, "Analytical solutions for the deformation of a photoresist film," *Proc. SPIE* **10961**, 109610D, 2019.

第 4 章　光学分辨率增强技术

本章将介绍在固定波长和数值孔径的系统中提升和优化成像质量的方法。光学分辨率增强技术已经被广泛应用于光刻系统的各个部分。第 3 章中的几个例子已表明，成像质量会受到照明光源的空间相干性或几何形状的强烈影响。本章的第一部分将解释离轴照明是如何提高成像分辨率和成像质量的。接下来的两部分将重点描述与掩模相关的分辨率增强技术：光学邻近效应校正（OPC）通过修改掩模图形的几何形状，来补偿由投影透镜的衍射限制和掩模上相邻特征之间的相互作用引起的成像质量下降问题；相移掩模（PSM）利用光透过掩模不同区域产生的不同相位作为一个额外的自由度，从而获得更好的成像质量。最后，将讨论投影物镜中光瞳滤波器的优缺点。

本章的最后两部分，将介绍两个非常重要的分辨率增强技术。光源掩模协同优化（SMO）应用多种方法来确定最合适的光源和掩模几何形状，以得到目标图形。多重曝光技术通过不同光源、掩模和焦点设置的组合，来获得基于固定光源、掩模和焦点设置的单次曝光无法得到的成像结果。

4.1　离轴照明

图 4－1 所示为离轴照明（OAI）实现分辨率增强的基本原理。入射平面波被周期性掩模图形衍射并产生几个离散的衍射级次光（图中只显示了 0th 阶和 $\pm 1^{st}$ 阶衍射光）。入射光沿光轴（细虚线）照射掩模会产生绕光轴对称分布的衍射光。对于给定的小周期图形，只有 0th 阶衍射光能通过投影物镜的孔径光阑，

最终在像面上形成均匀的光强分布，而没有任何关于掩模图形的信息，这种情况可以通过倾斜照明方向来改变。衍射光的方向倾斜遵循照明方向的倾斜角度，通过适当的离轴照明（虚线）使 0th 阶和 -1st 阶两个衍射级能够通过孔径光阑并传播到投影物镜的像面，最终在像面上形成与掩模图形同周期的干涉图案。

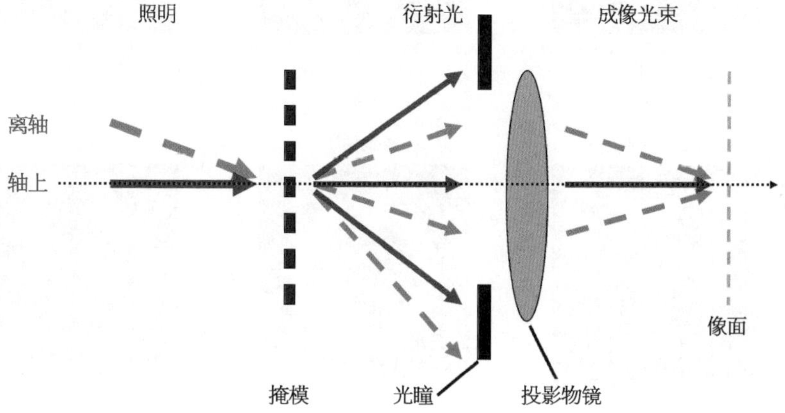

图 4－1　基于离轴照明的周期性线空图形光学分辨率增强基本原理

照明方向所需倾斜的量和方向取决于掩模图形的周期性和方向。旋转线空图形的方向，所需照明形态也要做相应的旋转。所需照明方向的这种周期和方向相关性，使得基于离轴照明的分辨率增强技术和目标图形特征有非常明显的关联性。

在实际应用中，照明形态不是只倾斜一个单一的角度，而是从多个方向照亮掩模。来自足够宽入射角范围的照明形态提供了一定的空间非相干性，并减少了成像过程中的旁瓣和其他不需要的干扰现象。轴对称照明形态主要用于避免远心误差（与焦点位置相关的放置误差）。图 4－2 所示为几种现代投影光刻机中的标准照明形态。图 4－2(a)、(b) 的两个圆形（或称传统）照明代表了过去照明系统中所谓的“相干”和“非相干”设置。此处用“相干”和“非相干”其实并不完全正确，因为它们仅表示以前光刻投影系统的一些实际限制。实际上，这两个照明系统均是部分相干的。图 4－2(c)、(d) 的二极照明最适合竖直（平行于 y 轴）或水平（平行于 x 轴）方向的线空图形成像。正交四极（CrossQuad）照明为同时包含水平和竖直方向线空图形的掩模提供了最佳照明选项。图 4－2(e)、(f) 的环形照明是轴对称的，不会引入任何方向依赖性。相比于正交四极照明，四极照明旋转了 45°，为周期性方形接触孔正交阵列图形提供了最佳照明选项。图 4－2(g)、(h) 的“牛眼”照明形态是对周期性和孤立特征图形组合的平衡。

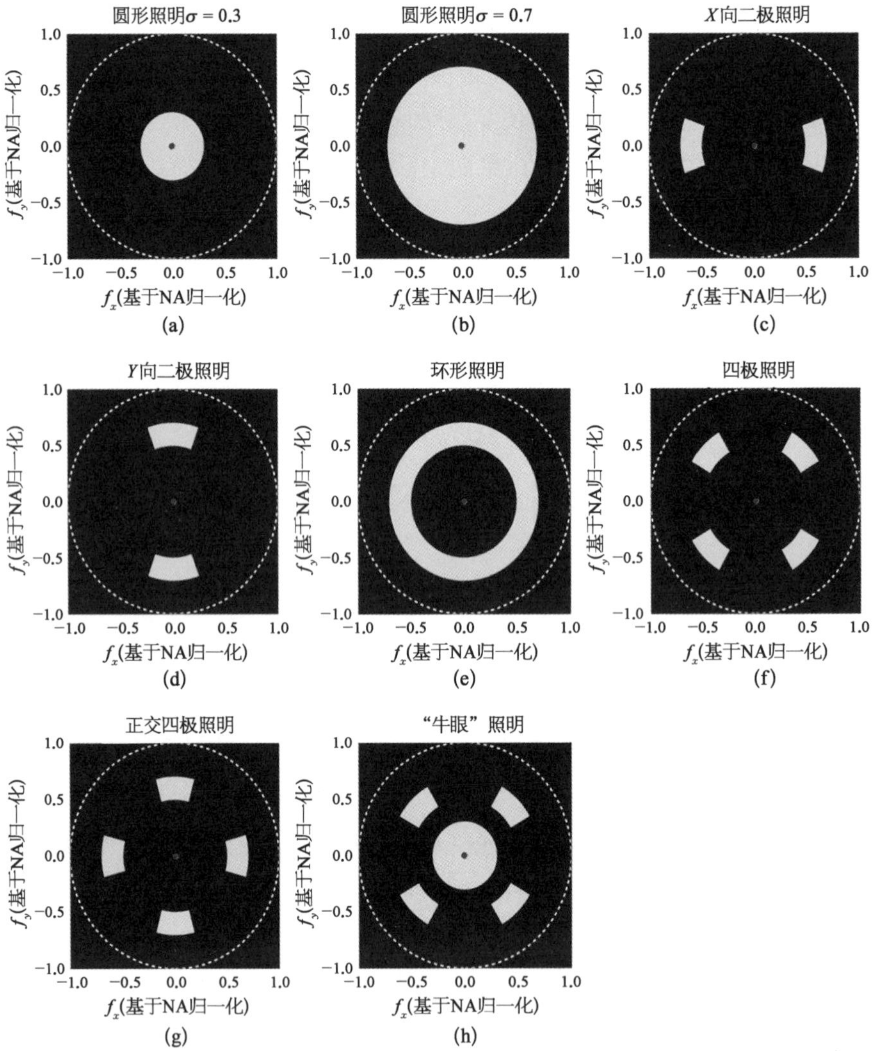

图 4-2 几种典型的投影光刻机标准照明形态[1]

浅色区域表示掩模被照射的方向，这些方向是相对于光轴（每个框中心的小圆圈）表示的，并基于投影物镜的 NA（虚线圆圈）进行了缩放

4.1.1 线空图形的最佳离轴照明形态

对于特定的掩模图形，最佳照明形态是如何的？图 4-3 演示了二极照明形态对周期为 p 的线空图形的成像。对于给定入射角 θ_{in} 的入射光，m^{th} 阶衍射光的衍射角 θ_{out}^{m} 可由衍射方程得到：

$$\sin \theta_{out}^{m} = \sin \theta_{in} + \frac{m\lambda}{p} \tag{4-1}$$

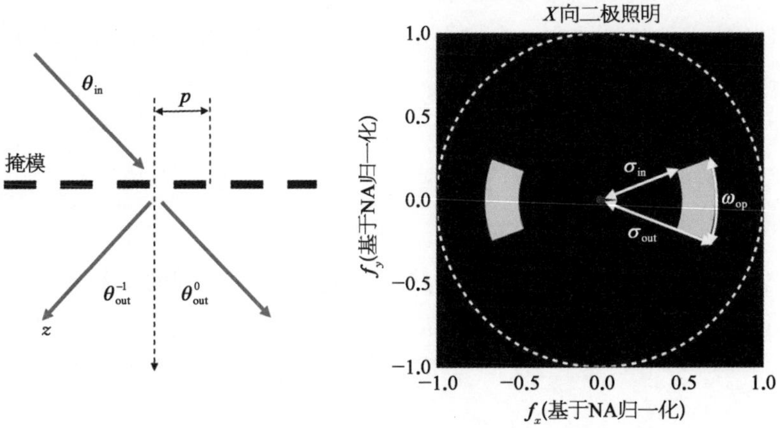

图 4－3　二极照明，用于周期为 p 的线空图形的成像

利特罗装置（Littrow mounting）侧视图（左）和二极照明形态的俯视图（右）

对于一个确定数值孔径（NA）的系统，其可分辨的最小图形周期可以根据 0th 阶和 -1st 阶衍射光恰好对称通过投影物镜孔径光阑的方式来获得：$\sin\theta_{out}^{-1} = -\sin\theta_{out}^{0}$ 这种情况即为利特罗装置（Littrow mounting），如图 4－3 左侧所示。利特罗装置和光栅方程（4－1）的组合决定了所需的入射角：

$$\sin\theta_{in} = \frac{\lambda}{2p} \tag{4-2}$$

在投影光刻中，照明方向被归一化为投影物镜的数值孔径［见方程（2－12）］。因此，最佳照明方向遵循以下表达式：

$$\sigma_{opt}^{dipole} = \frac{\sin\theta_{in}}{NA} = \frac{\lambda}{2pNA} \tag{4-3}$$

真正的照明系统采用一定范围的入射角。图 4－3 右图所示为典型的二极照明形态。单个极点的特征分别被内外 sigma 值 σ_{in}、σ_{out}，张角 ω_{op} 以及相对于坐标系 x 轴的方向角（图中未显示）所表征。这种极点的定义也被应用于多极极点，如四极照明、正交四极照明等。对于一个给定的特征周期 p，最佳照明形态的内外 sigma 值可由下式获得：

$$\sigma_{out/in}^{dipole} = \sigma_{opt} \pm \sigma_{width}/2 = \frac{\lambda}{2pNA} \pm \sigma_{width}/2 \tag{4-4}$$

式中，σ_{width} 为极点的宽度，典型的张角 ω_{op} 在 20°～90°之间变化，极点的方向角遵循线空图形的方向,极点宽度的选择是为了在数值孔径上提供合理平滑的光强分布,以及避免透镜热效应。典型的光源填充率(数值孔径上被照亮的面积和总面积之间的比值)约为20%或更大。

4.1.2 接触孔阵列的离轴照明

将方程(4-1)进行推广,x 和 y 方向上间距/周期分别为 p_x 和 p_y 的正交接触孔阵列图形衍射级的方向可以表示为

$$\left.\begin{aligned}\sin\theta_{x,\text{ out}}^{m} &= \sin\theta_{x,\text{ in}} + \frac{m\lambda}{p_x}\\ \sin\theta_{y,\text{ out}}^{n} &= \sin\theta_{y,\text{ in}} + \frac{n\lambda}{p_y}\end{aligned}\right\}\tag{4-5}$$

衍射光沿正交方向 $\sin\theta_{x,\text{ out}}^{m}$、$\sin\theta_{y,\text{ out}}^{n}$ 传播,其中 m、n 为整数。通过单次曝光得到接触孔阵列图形至少需要三个干涉平面波。图4-4所示为当接触孔图形成像接近分辨率极限时可能需要的移动方案。对于垂直入射光(左),只有(0,0)阶衍射光能进入投影物镜数值孔径(NA)并参与成像,在成像面上得到均匀的强度分布。当入射光沿 x 方向平移(中),相当于增加了一级衍射光进入投影物镜,生成的图像类似于 y 方向平行的线空图形,将其与 y 方向偏移照明得到的图像进行非相干叠加,即可获得接触孔图形。图右侧所示的对角线移动使四个衍射级:(-1, -1)、(-1, 0)、(0, -1)和(0, 0)进入投影物镜,通过这四级衍射光的干涉,可以在单次曝光中获得所需的接触孔阵列图形。使用图4-2中所示四极照明可以实现这种对角线移动的情况。

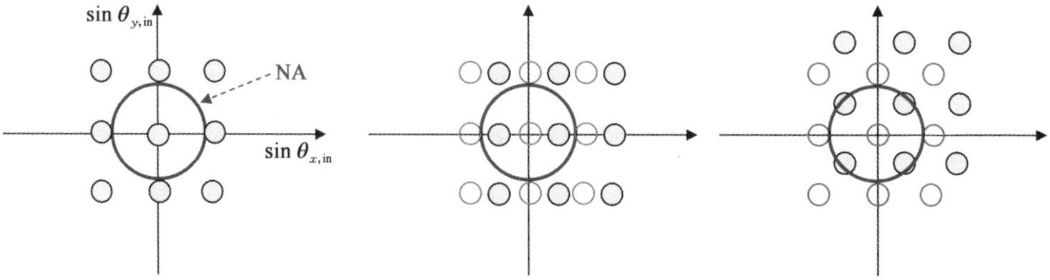

图4-4 在分辨率极限情况下移动密集接触孔阵列图形衍射光谱的方案

未偏移的和偏移衍射级的方向分别由空心圆和实心圆表示;数值孔径由左图(垂直入射/照明)中的圆圈表示;根据照明方向,倾斜照明会在沿 x 方向(中)或对角线方向(右)上移动衍射光谱

类似于方程(4－3),用于对 x 和 y 方向上周期为 p 的规则接触孔图形进行成像的正交四极照明 $\sigma_{\text{opt}}^{\text{CQuad}}$ 和四极照明(Quasar)照明 $\sigma_{\text{opt}}^{\text{Quasar}}$ 的最佳极点位置可以根据下式来获得:

$$\left.\begin{aligned}\sigma_{\text{opt}}^{\text{CQuad}} &= \frac{\lambda}{2p\text{NA}}\\ \sigma_{\text{opt}}^{\text{Quasar}} &= \frac{\lambda}{\sqrt{2}p\text{NA}}\end{aligned}\right\}\tag{4-6}$$

图 4－5 和图 4－6 展示了分别在圆形(传统)、环形和四极照明形态下获得的空间像和光刻工艺窗口。环形和传统照明形态都包括几个照明方向,在投影物镜内部产生了少于四级的衍射光。与针对特定周期图形优化的四极照明形态相比,环形照明/传统照明形态降低了成像对比度/NILS 和聚焦深度。

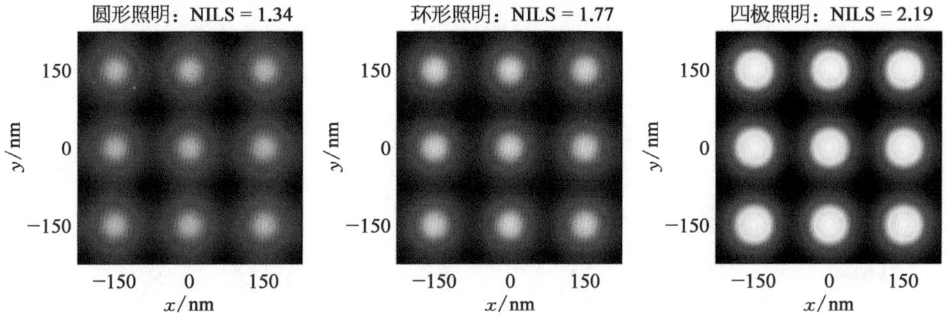

图 4－5　基于不同的照明形态,周期为 $p_x = p_y = 150$ nm 的 75 nm×75 nm 接触孔阵列图形的空间像

左图：圆形照明 $\sigma = 0.5$;中图：环形照明 $\sigma_{\text{in/out}} = 0.66/0.86$;右图：四极照明 $\sigma_{\text{in/out}} = 0.66/0.86$, $\omega_{\text{op}} = 20°$(极点与 x/y 轴倾斜 45°);其他成像设置：$\lambda = 193$ nm, NA = 1.2

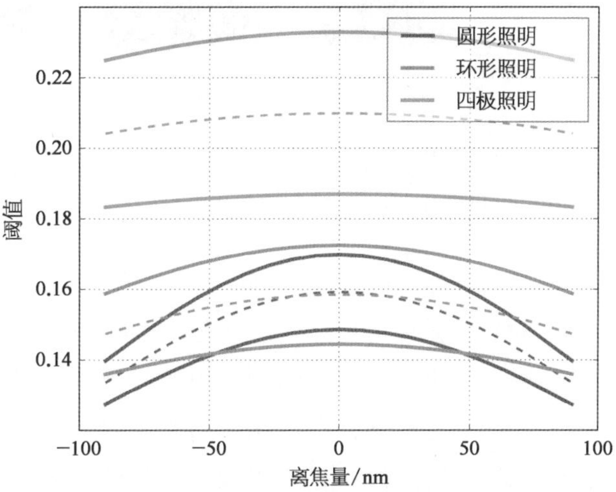

图 4－6　75 nm×75 nm 接触孔阵列图形在不同照明形态下的工艺窗口,所有参数均与图 4－5 一致

对特定目标图形衍射级位置和可能的移动方案的研究，有助于解析优化照明形态。Yulu Chen 等[2]将这种衍射级分析方法应用于金属层中的线端到线端图形(tip-to-tip)，来确定最佳照明形态。通常，这样经解析优化的光源是由不同圆的重叠区域来定义的。

4.1.3 从传统/参数化的照明形态到自由照明形态

前面的例子已经证明了离轴照明形态对于单一图形密集阵列成像的优势。最合适的照明光源几何形状取决于所考虑的图形，越复杂的图形则需要的照明形态越复杂。如图 4－7 所示，传统的圆形照明难以分辨掩模版图上的肘部位置；经优化的 x 方向二极照明为 y 方向的竖直线条提供了非常好的对比度，但仍然无法解析肘部位置的水平线条；添加第二个 y 方向的二极照明有助于解析 x 方向的水平线条，但与单向的二极照明情况相比，上述方法会降低竖直线条的对比度；而右侧的像素化自由形状照明光源可获得最优的成像质量。

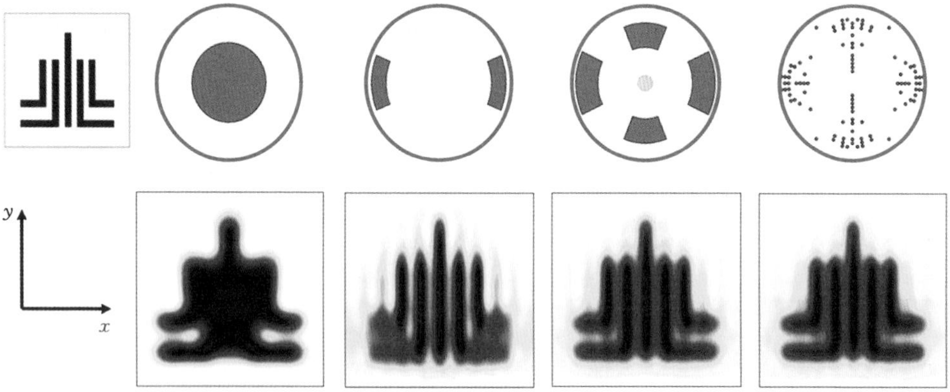

图 4－7　照明形态对图中左上角示例图形成像的影响

所考虑的照明形态显示在上行中，从左到右：传统的圆形照明光源($\sigma=0.5$)，基于周期为 90 nm、宽度为 45 nm 的竖直线空图形优化的二极照明，用于竖直和水平线空图形的正交二极照明的组合，以及经优化的自由照明；相应的基于 $\lambda=193$ nm 和 NA = 1.35 的成像结果显示在下行

对于给定的掩模版图，照明光入射到掩模的方向决定了哪些衍射级次参与成像。对照明光源的特征化方向或离散网格上单个光源点的成像质量指标(如 NILS、DoF 等)进行计算，有助于量化照明光源区域对成像质量的贡献。在早期的刊物中[3,4]，这个概念已经用于光刻成像光源优化。照明方向阵列的仿真光刻指标，即所谓光源图，也用于探索和优化先进的 EUV 成像系统的成像特性。

几种优化掩模和光源的计算方法将在 4.5 节中讨论。

如图 4-2 所示简单照明形态可以通过可缩放轴棱镜系统或适当的衍射光学元件(DOE)得到。DOE 为生成自由照明光源提供了更多的自由度,例如,针对更复杂的掩模版图优化的照明形态。然而,衍射光学元件的制造非常耗时,并且,若因特殊需求需要微调照明形态时,它缺乏一定的灵活性。最先进的光刻机均配备了微反射镜阵列,可即时提供所需的自由照明光源形状[7,8]。

通过离轴照明实现分辨率增强的主要缺点是其强烈的特征依赖性。对于密集的规则阵列图形,通过优化照明形态可以使成像质量获得最大程度的提升。但如果为了提升分辨率而使用激进的离轴照明,则会导致额外的设计限制[9]。光源掩模协同优化技术的应用(参见 4.5 节)支持朝更复杂的照明形态发展的趋势。但必须严格评估照明形态和由制造引入的照明形态微小误差对掩模上所有相关特征图形的影响。而结合光刻模型进行真实照明形态的准确仿真预测对研究其相关影响是非常有用的[10]。

典型光刻照明系统的极端离轴角或外 σ 值受到系统数值孔径的限制。当外 $\sigma=1$ 时,掩模的零阶衍射光位于投影物镜数值孔径的边界处;故 $\sigma\leqslant 1.0$ 的照明形态表示亮场照明,其中零阶衍射光通过投影物镜光瞳并参与成像;$\sigma>1.0$ 的照明形态表示暗场照明,零阶衍射光无法通过投影物镜光瞳,在这种情况下,大且均匀明亮区域的图像将变得完全灰暗。Crouse 等人证明了几个关于接触孔图形暗场成像时的有趣效应,包括非常低的掩模误差增强因子和邻近效应等[11]。

4.2　光学邻近效应校正

在第 2 章中,图 2-18 的缩放示例演示了低 k_1 成像中的一些光学邻近效应。在这种成像方式中,可以明显地看到成像质量的下降。线端变得比预期更短,拐角变得圆润,并且可以观察到特征图形分别在密集和孤立环境下线宽(CD)的显著差异。光刻胶和蚀刻效应会在包括特征图形在内的图形转移过程中引入额外的依赖性。

光学邻近效应校正(OPC)是通过修改掩模版图来补偿上述光学邻近效应。为了使空间像或光刻胶像更接近目标图形,必须更改掩模版图的设计。图 4-8 所示为经过 OPC 的掩模和由此引起的成像质量提升的示例。简单的掩模版图修正可以根据经验丰富的光刻工程师建立的规则,即基于规则的 OPC。基于模型的 OPC 则使用(简化的)仿真模型来确定所需的修正量。反演光刻技术采用先进的优化技术来确定能曝光出目标图形的最合适的掩模版图。在更深入地研究 OPC 的各种方法之前,让我们来更详细地讨论下面两种特殊的邻近效应。

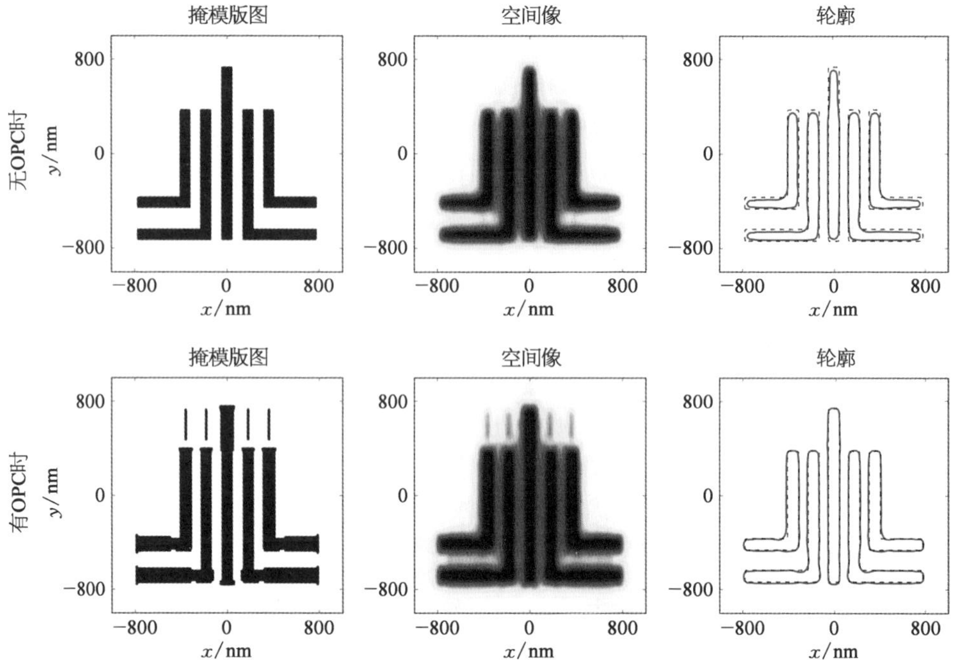

图 4-8 基于示例版图的掩模光学邻近效应校正(OPC)

上行:掩模版图(左)、空间像(中),以及仿真轮廓(右,实线)和设计目标(右,虚线)的对比(基于无 OPC 的成像);下行:经过 OPC 的对应数据图。线宽(无 OPC 时)为 90 nm;成像条件:$\lambda = 193$ nm,NA = 1.35,正交四极照明($\sigma_{in/out} = 0.7/0.9$,$\omega_{op} = 40°$)

4.2.1 孤立-密集线宽偏差补偿

在 1.5 节对线性度和周期相关性(OPE 曲线)进行研究时,已经观察到密集和孤立特征图形成像之间的差异。为了补偿这些差异,最显而易见的方法是调整掩模上孤立图形的大小或偏移量,由此引起的在空间像光强分布横截面和工艺窗口方面的影响可以参考图 4-9。在不加偏移量的情况下(左),孤立线条的线宽比密集线条小得多,这可以通过大量的光从线条的局部环境散射到线条所在的名义暗区来解释。与被其他线条包围的密集线条相比,孤立线条接收了更多从相邻明亮区域散射的光。此时孤立线条和密集线条的工艺窗口没有重叠。在图 4-9 的特殊情况下,掩模上的孤立线条必须加宽 30 nm,才能在晶圆上获得与密集线条相同的线宽。孤立线条的偏移有助于孤立线条和密集线条工艺窗口的重叠。然而，偏移并没有明显改善孤立线条工艺窗口的曲率，孤立线条的焦点灵敏度比密集线条更高。

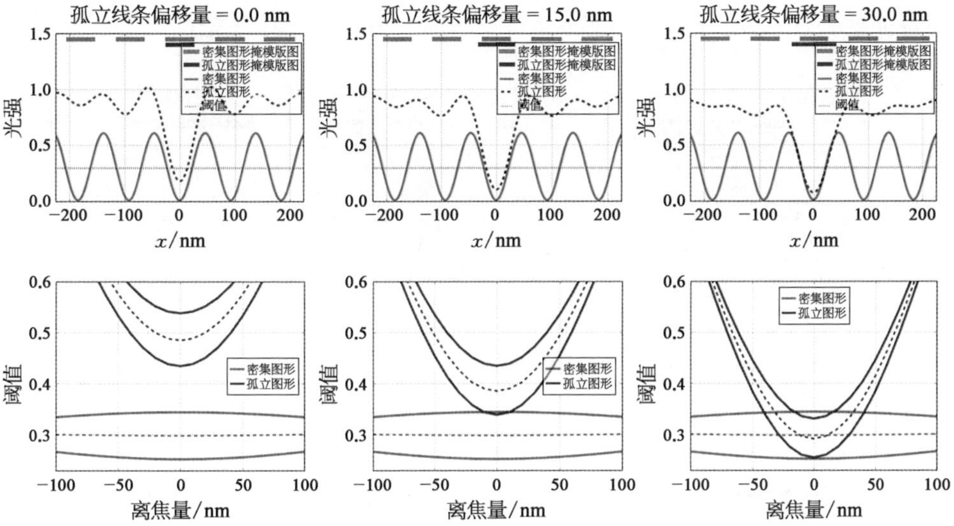

图 4-9　基于孤立线条尺寸偏移的 45 nm 线空图形孤立-密集线宽偏差补偿

上行：在孤立线条偏移量为 0 nm、15 nm 和 30 nm 时的密集线条和孤立线条图像横截面，偏移量是指掩模上线宽的增加量（晶圆坐标系）；下行：相应的工艺窗口，成像条件：$\lambda = 193$ nm、NA = 1.35、二极照明（$\sigma_{in/out} = 0.7/0.9$，$\omega_{op} = 40°$）

对于选定的二极照明形态，密集线条仅由 0th 阶和 1st 阶衍射光互相干涉产生。这些衍射光在距光轴相似距离处通过投影物镜，并经历基本相同的相移。此外，图像平均强度大小接近于尺寸阈值。与最佳焦点位置的偏差会影响强度分布的最大值和最小值，但不会影响尺寸阈值附近的图像强度，这也解释了密集线条大焦深的原因。

孤立线条图形是由很多级衍射光的干涉产生的。这些衍射光分别在距光轴不同距离处通过投影物镜光瞳，相位变化差异较大。离焦情况下孤立特征图形区域光（或暗）的扩散会在尺寸阈值附近产生比较大的强度变化。因此，尺寸接近分辨率极限的孤立特征图形具有较差的焦深。

为了抵消如此高的焦点灵敏度，孤立特征图形必须被做得与密集特征图形“更相似”。图 4-10 演示了辅助特征图形（线）用于补偿孤立-密集特征的线宽偏差。这些辅助特征图形既要足够小，不会在尺寸阈值位置被成形在晶圆上；又要足够大，足以修改孤立特征图形所在的局部环境。辅助线或辅助特征图形使孤立特征图形的衍射光谱与密集特征图形的衍射光谱更相似。如图 4－10 所示，辅助特征图形与主体特征图形的偏移相结合。辅助特征尺寸越大，对焦点稳定性和减缓工艺窗口的曲率越有帮助，但是，越宽的辅助特征图形也越容易在尺寸阈值附近被成形在晶圆上。在图 4－10 中，宽度为 15 nm（中间列）的辅助特征是最佳的，它不会被成形在晶圆上，但显著提升了孤立特征图形的焦深。

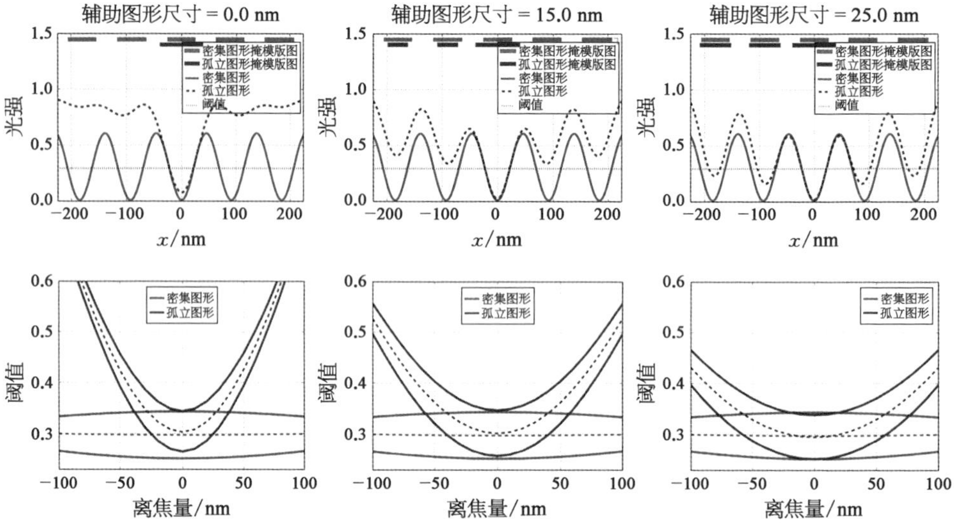

图 4－10 基于辅助特征图形的 45 nm 线空图形孤立-密集线宽偏差补偿

上行：在辅助特征图形宽度为 0 nm、15 nm 和 30 nm 时的密集线条和孤立线条图像横截面，辅助特征图形宽度对应于晶圆坐标；下行：相应的工艺窗口；其他成像条件与图 4－9 保持一致

辅助特征图形也适用于半密集型特征图形，放置在两个半密集线条之间的辅助特征图形数量取决于这两个半密集线条之间的可用间隔。辅助特征图形的大小和位置相对于特征图形周期的关系需要几个进一步的考虑因素（详见本章后的参考文献[12－14]）。

4.2.2 线端缩短补偿

图 4－11 显示了仿真空间像和线端的轮廓。光学系统的衍射限制导致了线端变圆，此外，线端位置的晶圆区域会看到来自三个方向的衍射光：左侧、右侧和顶部的明亮区域。与设计目标相比，该区域增加的光量会导致线条缩短，这可以在图 4－11 右图的仿真轮廓中观察到。为了抵消这些影响，在线条的末端使用了一个额外的暗场区域，即所谓的衬线或锤头，其仿真结果显示在图 4－11

的下行。仿真轮廓线端延伸至其设计目标，并且圆角问题也得到了显著改善。除此之外，靠近线端的亚分辨率辅助特征图形的应用可以显著提升线端图形的离焦成像表现。

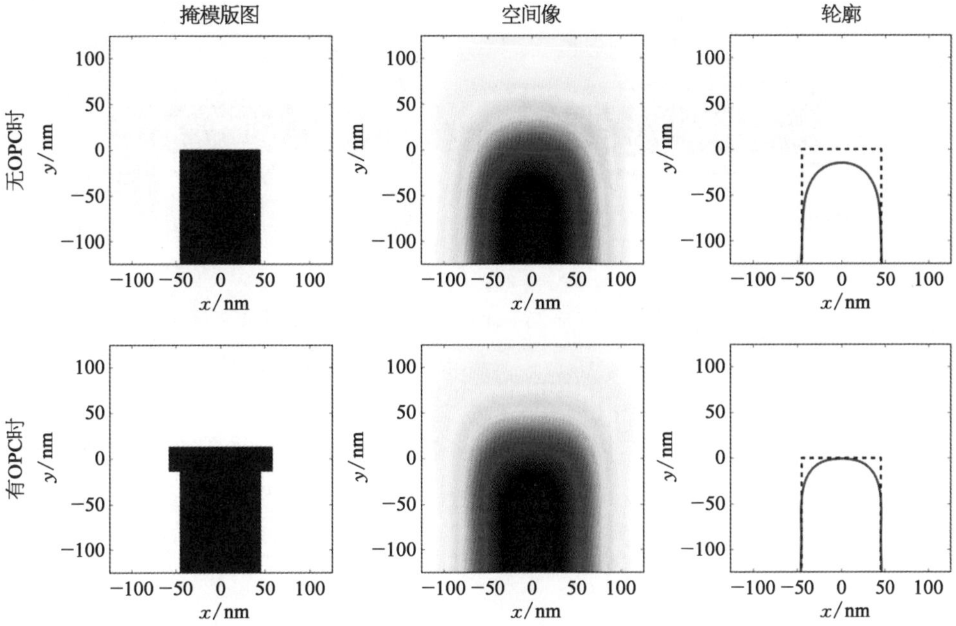

图 4－11　线端图形的简单 OPC

掩模版图(左)、空间像(中)，以及仿真轮廓(右，实线)和设计目标(右，虚线)的对比，上/下行分别表示无/有衬线的线端情况；仿真设置：宽度为 90 nm 的孤立线条，$\lambda = 193$ nm，正交四极照明，NA＝1.35

4.2.3　从基于规则到基于模型的 OPC 和反演光刻技术

通过观察偏移、辅助图形、衬线和其他掩模校正方法对光刻成像的影响，可以建立用作掩模版图校正的规则。一个简单的例子如图 4－12 所示，如果将左上角的目标图形或设计目标作为掩模版图，则会获得与目标图形有着显著偏差的光刻胶轮廓(右上)。与目标图形相比，光刻胶轮廓的末端缩短了。此外，图形拐角处的轮廓形状发生了强烈的变形。采用几种基于规则的校正方法，获得新的经光学邻近效应校正后的掩模版图(OPC 掩模版图，左下)。校正后掩模版图的光刻胶轮廓更接近于目标图形(右下)。

将少数规则应用于给定目标图形比较简单，然而，随着工艺因子 k_1 的不断降低，光刻工艺会引起更严重的邻近效应。与特征尺寸相比，不同特征图形之

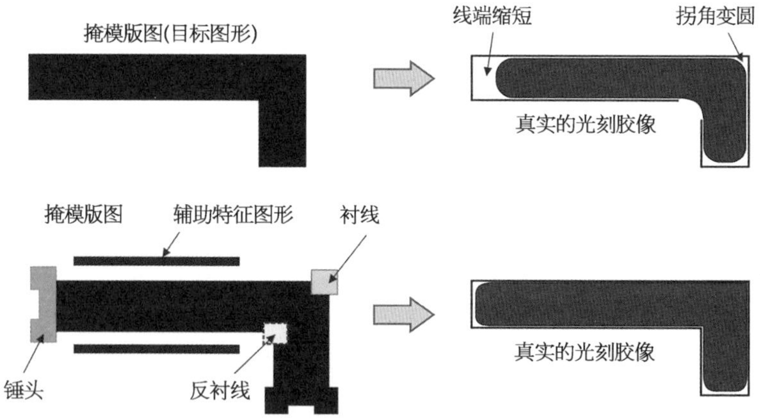

图 4-12 一个简单的基于规则的 OPC 示例[15]

左上：目标图形和原始掩模版图；右上：原始掩模的结果形貌（阴影区域）与目标图形（轮廓）的对比；左下：将基于规则的校正方法应用于掩模版图（经 OPC 的掩模）；右下：当前掩模的结果形貌（阴影区域）与目标图形（轮廓）的对比

间的相互作用距离会增加。因此，越来越多的相互作用场景需要被考虑进来，并且需要日益复杂的掩模校正方法来补偿邻近效应。如此一来，OPC 规则的数量呈指数级增长。对于先进半导体制程而言，完全基于规则的 OPC 变得越来越难，且不切实际。

基于模型的 OPC 采用高效（紧凑）的光刻成像模型和光刻胶反应模型来预测掩模版图的必要修正。其基本思想、概念和方法是由 Rieger 和 Stirniman[16]，以及 Nick Cobb[17]共同提出并开发的。该方法的基本思想如图 4-13 所示。首先，将原始掩模版图的边缘分成几部分，这个过程称为碎片化；然后，调整各个部分的位置，最大限度地减少每次调整掩模后获得的成像轮廓与目标图形之间的差异。在每次迭代中，都会执行一次仿真。Cobb 使用 SOCS 成像算法来实现

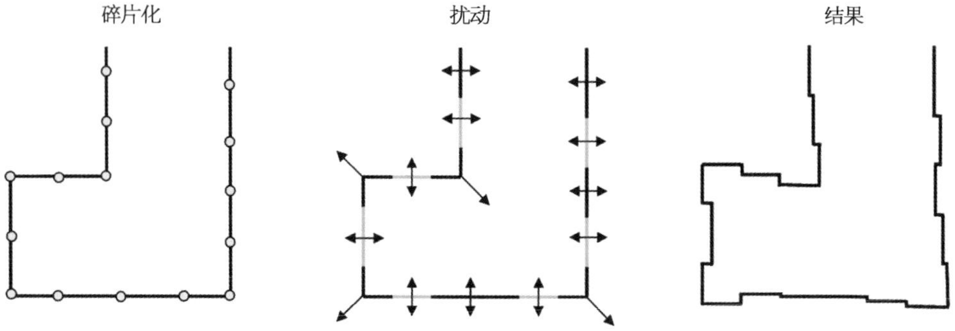

图 4-13 基于模型的 OPC 的一般流程[18]：碎片化（左）、原始掩模版图的扰动（中）和优化后的最终结果（右）

空间像的高效计算(参见 2.2.3 节)。Rieger 和 Stirniman 使用经验化的行为模型,这些模型基于适当内核(区域样本)的卷积。数值化的有效卷积运算的应用以及图像计算对特征边缘或边缘位置误差的限制,使得基于模型的 OPC 能够应用于掩模上的大块区域,甚至整个芯片的版图。

第一个基于模型的 OPC 得到的掩模几何形状是通过已知解的扰动获得的。在许多情况下,以这种方式获得的掩模几何形状往往不是最佳的解决方案,例如,图 4-13 所示原始的基于模型的 OPC 永远不会找到亚分辨率辅助图形,而这些辅助图形已被证明可用于增加孤立/半密集特征图形的焦深。因此,各种用于添加辅助图形的基于规则和模型的策略已经被设计出来,这些策略包括受物理效应启发的干涉映射技术[19]、在数字网格上专门的“有效”矩阵的计算[20]以及机器学习的应用[21]。

一般而言,当为一个具有已知特征的系统设计输入图形(或掩模),以使输出结果尽可能接近目标图形时,可以将 OPC 视为一个图像合成问题[22]。最先进的 OPC 算法是从逆向问题的抽象数学公式开始的(图 4-14)[23]。为此,图像形成过程在数学上可以被表示为

$$I(x,\ y) = \Theta\{m(x,\ y)\} \tag{4-7}$$

式中,$\Theta\{\cdots\}$ 为将掩模传输函数 $m(x,\ y)$ 映射到输出强度函数 $I(x,\ y)$ 的前馈模型。一般来说,Θ 是不可逆的。该优化问题的解是确定一个最合适的掩模版图 $\widehat{m}(x,\ y)$,其生成的图像强度分布接近于目标图形强度分布 $\tilde{Z}(x,\ y)$:

$$\widehat{m}(x,\ y) = \arg\min_{m(x,\ y)} \tilde{d}\left[\tilde{Z}(x,\ y), \Theta\{m(x,\ y)\}\right] \tag{4-8}$$

式中,$\tilde{d}[\cdots]$ 为一个合适的用于量化图像和目标之间相似性的距离度量。有关光源掩模协同优化(SMO)和反演光刻技术(ILT)的评价函数的进一步讨论,请参见 4.5 节。出于实际有效性考虑,得到的掩模版图 $\widehat{m}(x,\ y)$ 应该可以通过合

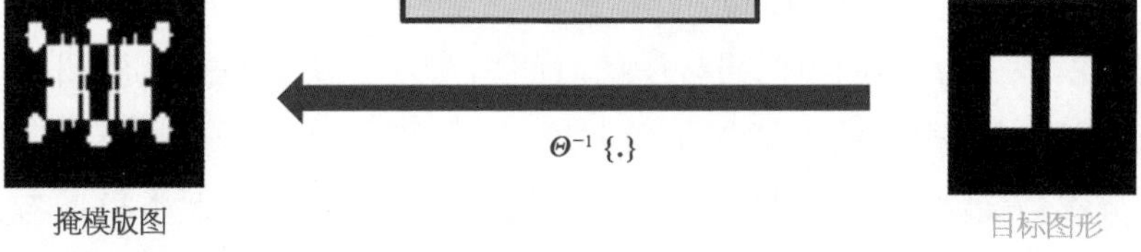

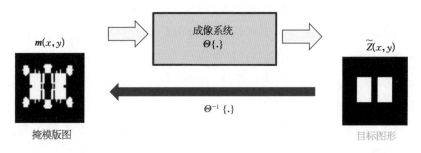

图 4-14　反演光刻技术(ILT)的总体方案

进一步的讨论请参见 4.5 节和本章后的参考文献[28]

理的方式被制造出来。

解决上述优化问题的早期尝试包括采用像素翻转、模拟退火和交替投影技术等[22,24-26]。为了获得可制造的掩模,在掩模版图优化中采用了不同的正则化方案。Granik 给出了用于解决反演光刻掩模问题的最新方法的全面概述和分类[27]。最先进的反演光刻技术(ILT)应用高效的成像(和光刻胶)模型,并结合各种先进的优化技术来确定基于目标设计图形的最佳掩模版图。掩模版图和照明形态的优化采用了类似的技术,这些技术经常在 SMO 中被结合使用。4.5 节将对此类技术进行概述,并讨论其各个重要方面,还将列出相关文献和所选示例的参考资料。

尽管 ILT 提供了(理论上)最佳解决方案,但它很少被应用于整个掩模版图。在实际应用中,ILT 经常用于优化热点(hotspots)区域的掩模版图,这些是整个掩模版图中非常容易出现图形错误的位置。此外,ILT 也被用于生成辅助图形的放置规则[29,30]。

4.2.4 OPC 模型和工艺流程

目前,基于模型的 OPC 已成为先进半导体制造的标准程序。图 4-15 表明现代 OPC 模型包含了考虑光学、光刻胶和工艺效应所有类型的方法。先进的光学模型不仅涵盖了高数值孔径成像系统中的偏振效应,而且还涵盖了杂散光(来自粗糙表面的随机散射光)和激光带宽效应(波像差和其他成像特性对微小的波长变化的响应)的影响(详见第 8 章)。对来自掩模和非平整晶圆的光散射效应的正确建模,即所谓三维掩模效应和晶圆形貌效应,需要运用电磁场求解方法(详见第 9 章)。三维光刻胶模型和蚀刻模型可以足够准确地描述图形转移过程。对掩模刻写和掩模工艺校正期间的效应进行建模也变得越来越重要。EUV 光刻也给 OPC 带来了独特的挑战(详见第 6 章)。

Peter De Bisschop 概述了关于 OPC 建模方法,以及构建和验证 OPC 模型的实际方面的文献[32]。一般而言,OPC 模型的基本思想源自用于传统光刻仿真的纯物理模型。为了在合理、可接受的时间内实现一块完整掩模版图的邻近效应校正,模型以卷积核的形式被重新制定,以支持高效计算。这些紧凑型模型的大部分参数无法被直接测量,尤其是光刻胶模型的参数。此类模型参数必须根据实验数据进行调整。OPC 模型中用于三维掩模和晶圆效应的内核参数必须通过完全严格仿真或实验数据进行标定。为了获得构建 OPC 模型所需的实

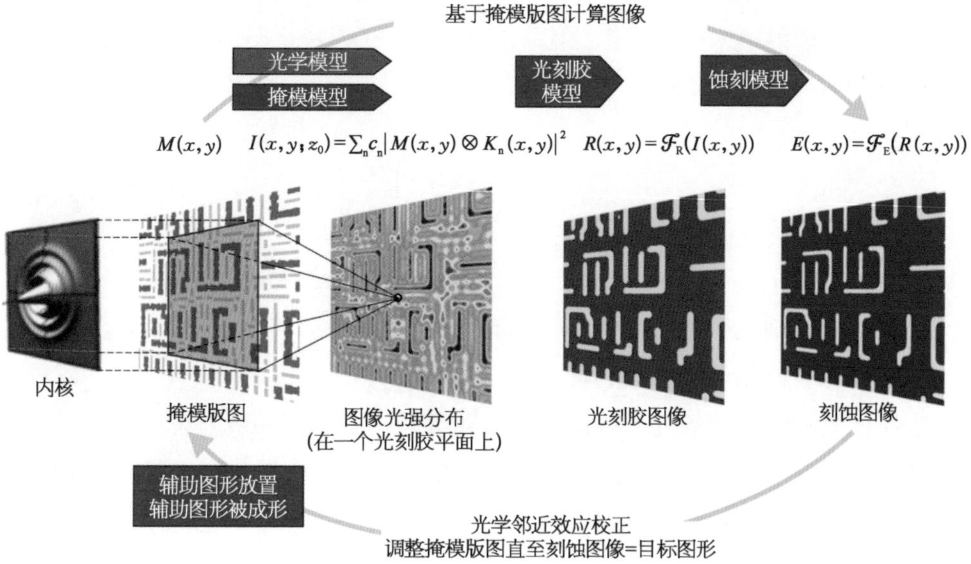

图 4-15　OPC 流程(用于计算预期晶圆图案所对应的掩模版图的步骤和模型图示

经许可转载自本章后的参考文献[31],版权(2016)归日本应用物理学会所有

验数据,开发了专用的量测程序和采样策略。在某些情况下,此类实验数据与纯物理仿真的仿真数据相辅相成。掩模规则检查(mask rule check, MRC)也是掩模数据准备的重要组成部分,可确保设计的掩模能以足够的精度被制造出来。最后,构建的模型必须通过严格仿真和专门的晶圆曝光进行验证。

除了需要提高掩模制作的分辨率外,OPC 不需要任何新材料或新工艺。它可以应用于标准(二元)铬-石英掩模和其他掩模技术。OPC 对掩模设计的影响是中等的,取决于 OPC 的激进程度(碎片化的大小和数量,辅助特征图形的数量等)。具有数目多且细节化的 OPC 特征图形的掩模,其规范和制造涉及大量的数据处理和较长的掩模刻写时间。同时,OPC 也增加了掩模检测的复杂性。例如,对亚分辨率 OPC 特征和掩模缺陷进行区分就并不容易。OPC 对工艺提升的影响也是中等的。OPC 可以实现更小的工艺因子 k_1,并提高工艺的线性度和可实现的工艺窗口。

4.3　相移掩模

OPC 通过修改特征图形的几何形状来优化掩模版图,它不会改变透过特征图形的透射光的强度或相位。然而，相移掩模是通过改变掩模特征图形的透射光的相位和透射率来提高成像性能。在下文中，掩模特征图形由一定的（光强）透过率$\tilde{T}$和相位 ϕ 来表征：

$$\left.\begin{aligned} \tilde{T} &= \frac{I_{\text{trans}}}{I_{\text{inc}}} \\ \phi &= \phi_{\text{trans}} - \phi_{\text{ref}} \end{aligned}\right\} \tag{4-9}$$

式中，$I_{\text{trans/inc}}$分别代表透射光和入射光的强度，特征图形的传输相位 ϕ_{trans}为相对于固定参考平面相位 ϕ_{ref}的相对值。

掩模上具有不同透过率和相位值的数量是有限的。一般来说，每一个增加的透过率/相位值或色调的组合都会给掩模制造过程增加几个步骤，从而使得这些掩模更加昂贵。半导体制造中的大多数掩模是双色或三色掩模，它们具有两个或三个不同的透过率/相位值组合。在极少数情况下，具有更多种透过率的灰度掩模在替代应用中被用来制造三维表面光刻胶形貌和生成图案（详见7.4.1 节）。

用于半导体制造的相移掩模可分为两类：强相移掩模由具有两个不同相位值（$\tilde{T}=1, \phi=0/180°$）的完全亮场特征区域和一个完全暗场特征区域（$\tilde{T}=0$）组成；弱相移掩模具有半透明特征（$0<\tilde{T}<1$），相位与完全亮场特征相比具有 180°的相移。这些不同类型相移掩模的优缺点将在下文中进行解释。

4.3.1 强相移掩模：交替型相移掩模

图 4-16 阐释了通过相移掩模来提高分辨率的基本思想，该图所示为来自单个轴上点光源的完全相干光对两个相邻狭缝的成像情况。左图为成像面中相应狭缝的标量场振幅；右图为各个狭缝振幅在不同叠加方式下的图像强度。当两个狭缝的透射光具有相同的相位时，将两个狭缝的振幅相加以产生相应的二元掩模的图像强度：

$$I_{\text{binary}} = (a_{\text{left}} + a_{\text{right}}) \cdot (a_{\text{left}}^{*} + a_{\text{right}}^{*}) \tag{4-10}$$

来自间距为 80 nm 相邻狭缝的透射光的叠加，将所得的成像结果合并成了单个峰值。显然，这两个狭缝没有被成像系统解析。

经交替型相移掩模中相邻狭缝传输的光具有 180°的相位移动，这对应于方

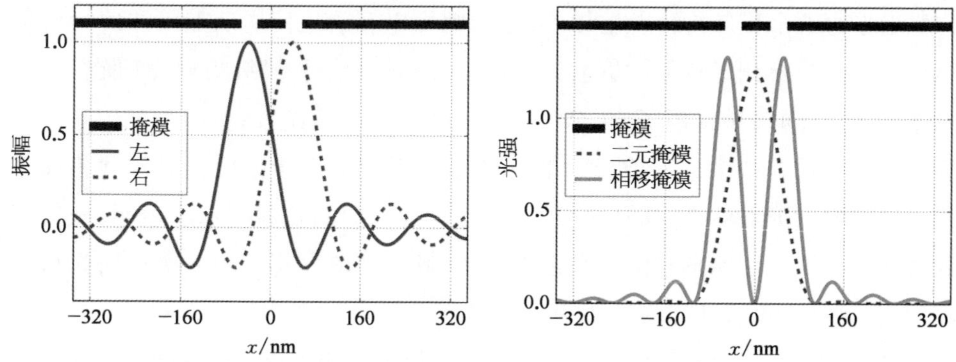

图 4－16　两个相邻狭缝的相干成像

像平面中左右狭缝的场振幅分布（左），场振幅分别在二元掩模和相移掩模条件下叠加得到的像平面中的强度分布（右）；两个狭缝间距为 80 nm；成像条件：$\lambda = 193$ nm，NA = 1.35，狭缝宽度为 45 nm

程（4－10）中复振幅的 180°相移或左/右振幅之间的符号变化：

$$I_{\mathrm{PSM}} = (a_{\mathrm{left}} - a_{\mathrm{right}}) \cdot (a_{\mathrm{left}}^{*} - a_{\mathrm{right}}^{*}) \tag{4-11}$$

振幅之间的减法强制使相邻狭缝之间存在一个强度为 0 的位置。该零值的出现与狭缝之间的距离无关。因此，狭缝总是能被成像系统解析。

交替型相移掩模提高分辨率的能力也可以在傅里叶空间或光瞳面中进行解释。图 4－17 所示为不同掩模上周期性线空图形阵列的成像情况。如前所述，轴上点入射光的衍射导致衍射光围绕光轴上的 0th 级呈对称分布。在图中所示二元掩模情况下，只有 0th 级衍射光通过光瞳 NA 并在像面上生成了均匀恒定的强度分布。

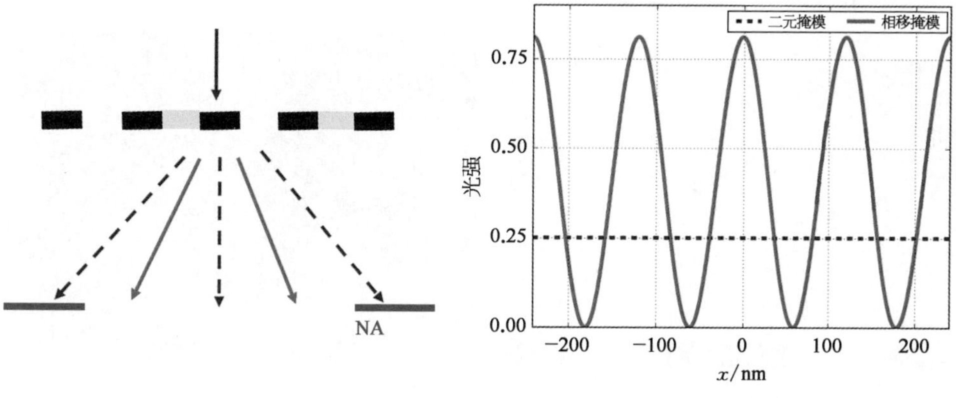

图 4－17　二元掩模和交替型相移掩模上周期性线空图形阵列的相干成像

左图：给定数值孔径的投影物镜光瞳面中衍射光的基本排列和位置，掩模下方的虚线箭头表示二元掩模的衍射光，而实线箭头表示交替型相移掩模的衍射光；右图：二元掩模和相移掩模像平面上强度分布。成像条件：$\lambda = 193$ nm，NA = 0.85，透明特征宽度 60 nm，不透明特征周期 120 nm

如果每两个相邻狭缝发生相移，那么则可以有效地使周期加倍并使衍射角减半。由于来自相邻特征的透射光相位符号相反，因此 0th 级衍射光（所有区域的平均透射振幅）被抵消了，两个第 1 级衍射光通过光瞳 NA。这两个传播波在像方互相干涉并产生了与掩模上线空图形同周期的干涉图形。交替型相移掩模上的线空图形显然是空间可分辨的。图 4-17 中的几何图示还表明，交替型相移掩模与离轴照明形态的组合是不利的，倾斜照明会将其中一级衍射光移出光瞳，得到一个没有任何强度调制的图像。

图 4-18 所示为实际应用中交替型相移掩模上相邻透明特征图形之间相移的物理实现。来自光源的入射光入射到掩模基板并朝着掩模上图形化的吸收区域传播。二元掩模具有完全均匀的基板（此处未显示），因此，二元掩模透明区域中的光也具有均匀的相位。交替型相移掩模的基板不是完全均匀的，相反，交替型相移掩模上的名义相移特征图形被蚀刻到掩模基板中。实现 180° 相移所需的蚀刻深度 d_{etch} 可从相应的光程差推导出来：

$$d_{etch} = \frac{\lambda}{2(n_{sub} - n_{air})} \tag{4-12}$$

式中，n_{sub}、n_{air} 分别为掩模基板（通常为石英）和掩模下方材料（通常为空气或真空）的折射率。

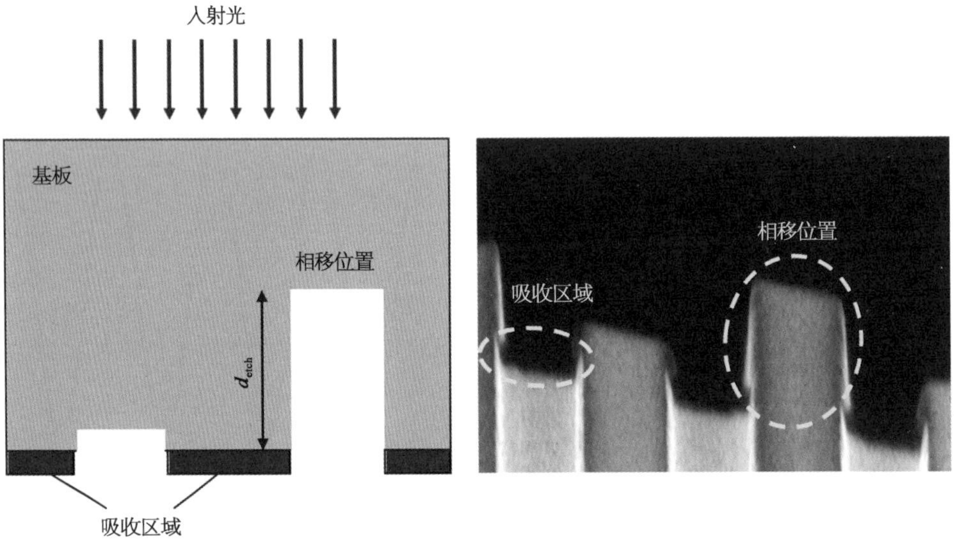

图 4-18 交替型相移掩模上相邻透明特征图形之间相移的物理实现[33]

左：理想的掩模形貌；右：经制造后掩模的电子显微镜图像

掩模的制造会引入相对于理想形状的偏差,如图 4－18 左图所示。此外,来自石英基板中沟槽垂直边缘的光散射效应也引入了几种现象,2.2.1 节的薄掩模模型中没有对这些现象进行讨论,而将在 9.2 节中详细讨论。这些效应在掩模设计中也必须考虑进去。设计并制造完成的交替型相移掩模的电子显微图像如图 4－18 右图所示。

交替型相移掩模设计的另一个困难是相位冲突。如图 4－19 所示,将相移概念应用于前面讨论过的示例版图(参见图 2－18)。由于数值孔径较低,二元掩模的成像(左列)对比度非常差,平行于 y 方向的竖直线条很难被分辨出来,竖直线条区域表现为未显影光刻胶的均匀区域。为了改善这种情况,使用交替型相移掩模,并在每条竖直线条的左侧和右侧采用相反的相位,因而竖直线条的成像质量得到了极大改善。在空间像和光刻胶轮廓中,线条均能被清晰地分辨出来,如图 4－19 的右列图所示。

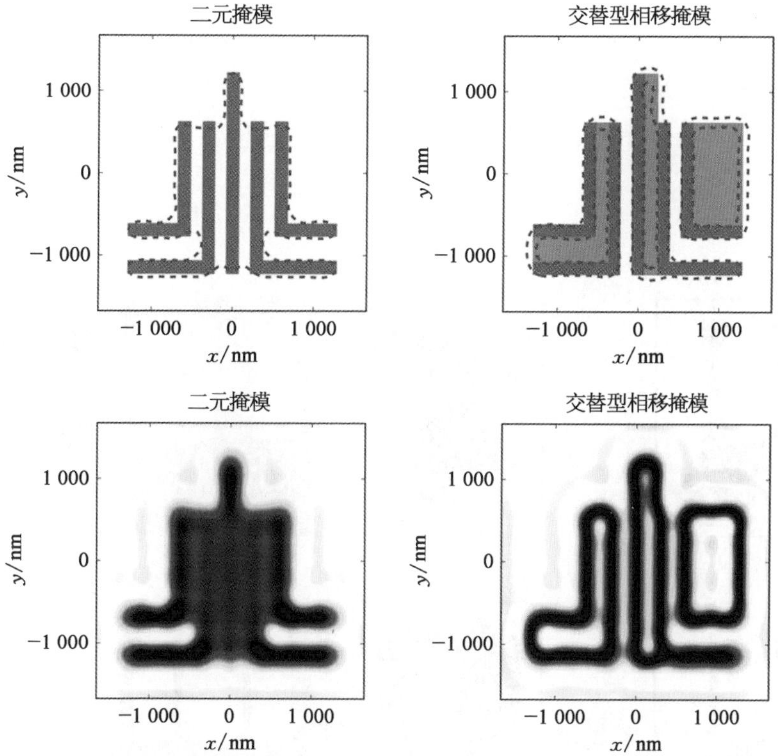

图 4－19　将相移概念应用于示例版图和由此产生的设计冲突

上行: 二元掩模(左)和交替型相移掩模(右)上的版图,以及仿真得到的光刻胶轮廓(虚线),掩模的不同透射率水平分别由白色($\tilde{T}=1.0, \phi=0.0$)、灰色($\tilde{T}=0.0, \phi=0.0$)和浅红色($\tilde{T}=1.0, \phi=180°$)区域表示;
下行: 仿真的空间像强度分布,线条宽度为 150 nm,成像条件: $\lambda=193$ nm、NA=0.5、圆形照明 $\sigma=0.3$

然而,相移区域的引入也带来了一些重要的问题。具有不同相位值的掩模亮场区域必须以某种方式连接,设计者或多或少可以自由地选择连接的位置。但无论如何,具有不同相位值的两个亮场区域之间的过渡都会在空间像中产生光强极小值,并曝光出光刻胶线条。因此,图 4-19 右列竖直线条被不需要的伪影包围:所需线条的末端被相位边缘的附加线条连接。

掩模版图上名义亮场区域采用渐变平缓的相位过渡会缓和这种情况[34]。然而,由于多种原因,这不是一个可行的解决方案。首先,具有多段相位或连续相位变化掩模的制造将非常困难且价格昂贵。此外,0°和 180°以外的相位值会曝光出不对称的焦距,由此产生的焦点不对称问题会引入其他工艺难点。

处理这些相位冲突的唯一通用方法是使用所谓修剪掩模进行多次曝光[35]。基于修剪掩模的额外曝光去除了亮场区域中相变位置处不需要的线条。如图 4-20 所示,左上角目标设计图形中的最小特征图形是两条竖直线条。因此,相反的相位值被分配给相移掩模上这些线条的左侧和右侧。目标图形中的其他特征尺寸较大,且对曝光影响不大。这些其他特征是由图中上列中心位置的修剪掩模曝光得到的。修剪掩模有两个功能:① 在目标版图的下部和上部成形较大的暗场特征图形;② 保护细线条(用相移掩模在第一次曝光中得到)免受第二次曝光。

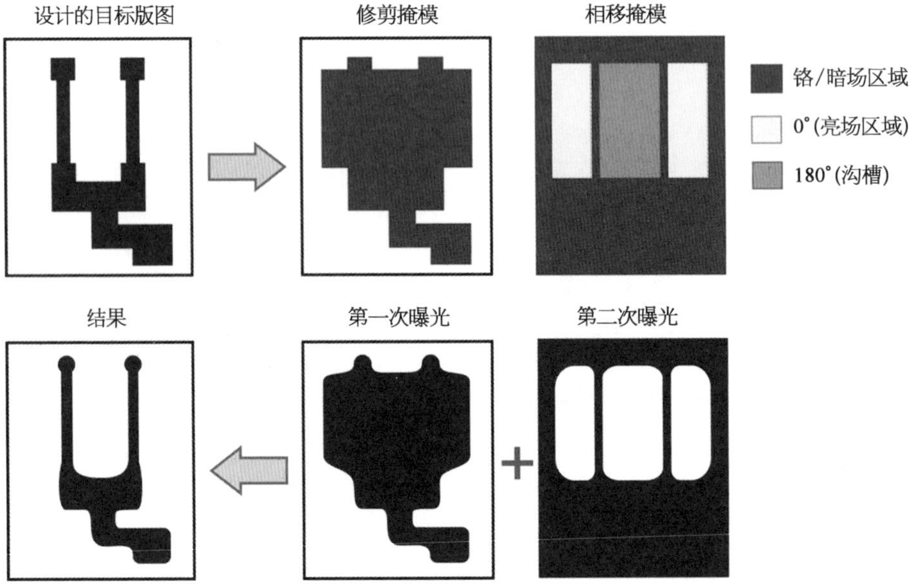

图 4-20　在使用交替型相移掩模时采用修剪曝光来消除相位冲突[36]

通过使用相移掩模和修剪掩模曝光得到的基于阈值强度的光刻胶轮廓显示在图 4－20 下列的右侧和中间。这两次曝光的叠加得到了左下角所示形貌，该结果非常接近于目标版图。然而，包括修剪掩模在内的额外修剪曝光的需求增加了交替型相移掩模技术的成本和复杂性，并导致其与其他解决方案相比没有吸引力。

上面对相位冲突的讨论已经证明，即使是完全亮场掩模区域，只要具有不同透射光相位的区域存在，也可以在成像中生成暗场特征。这个理论在无铬相移光刻（CPL）中得到了运用，无铬相移光刻是强相移掩模的一种特殊实现方式。无铬相移掩模在所有区域均能透过光，但具有空间调制相位。

图 4－21 比较了基于不同类型掩模得到的密集线空图形强度分布。上排所示为掩模几何形状和入射光分别垂直入射到二元、交替型相移和无铬相移掩模时产生的衍射。无铬相移掩模由交替的完全亮场区域（$\tilde{T}=1$）组成，相位值 $\phi=0/180°$。该掩模图形的周期与图 4－21 中心所示交替型相移掩模的周期完全相

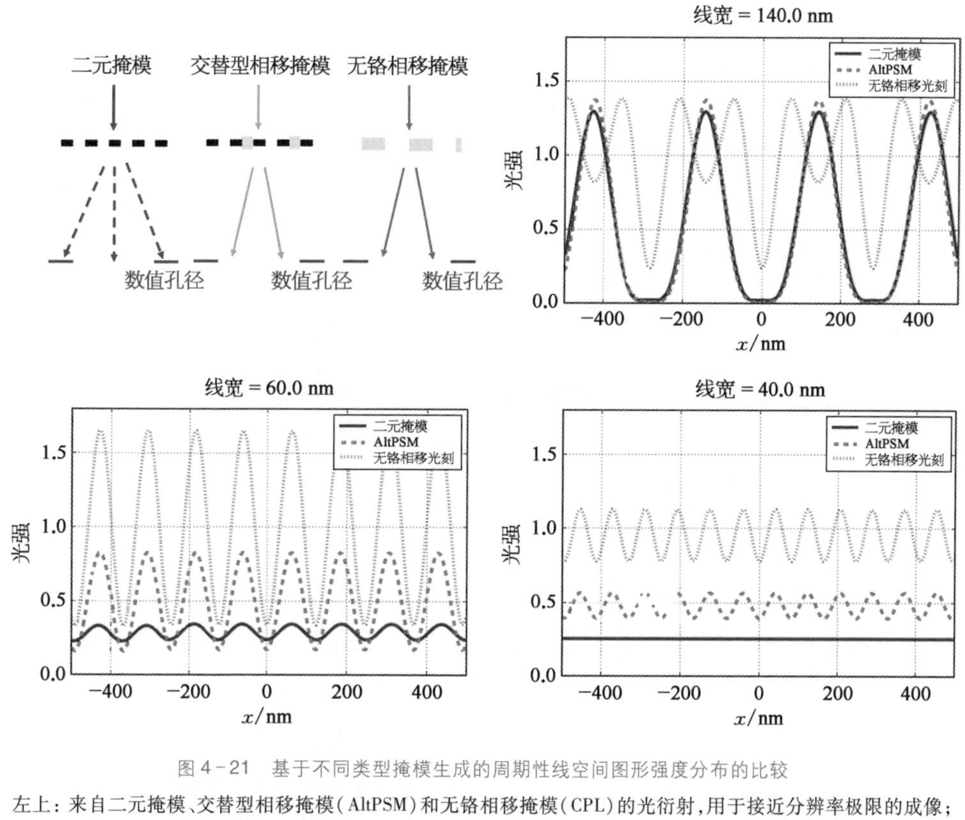

图 4－21　基于不同类型掩模生成的周期性线空间图形强度分布的比较

左上：来自二元掩模、交替型相移掩模（AltPSM）和无铬相移掩模（CPL）的光衍射，用于接近分辨率极限的成像；右上和下行：不同线宽图形的空间像横截面。线空图形的占空比＝1∶1，$\lambda=193$ nm，圆形照明 $\sigma=0.3$，NA＝1.35

同。因此，第一阶衍射光在相同位置进入投影物镜光瞳。无铬掩模的未相移($\phi = 0°$)和相移($\phi = 180°$)区域的透射光之间干涉相消导致了 0^{th}阶衍射光的零衍射效率。

图 4－21 的右上和下行部分所示为不同线宽掩模图形的空间像光强分布横截面。图右下角周期为 80 nm、线宽为 40 nm 的线空图形非常接近于系统的分辨率极限。相应衍射级的位置对应于上行的情况，对于二元掩模，只有 0 阶衍射光能通过投影物镜，从而在像面上产生恒定的光强分布；交替型相移掩模和无铬相移掩模都有两个衍射级通过投影物镜，有助于图像的形成并得到目标周期为 80 nm 的干涉图形。无铬掩模不包含任何可以阻挡入射光的吸收特征，因此，其图像光强水平高于交替型相移掩模。对于特征尺寸为 60 nm 或周期为 120 nm 的图形，下一阶衍射光开始对成像做出贡献。此处的下一阶衍射光就是二元掩模的第一个衍射级。因此，可以看到二元掩模产生了一个较弱的光强调制图像，如图 4－21 左下图所示。然而，交替型相移掩模和无铬掩模都产生了相当高对比度的图像。

随着图形线宽、周期和通过投影物镜光瞳的衍射级数量的进一步增加，揭示了交替型相移掩模和无铬相移掩模之间的一个重要区别。交替型相移掩模成像的最小宽度遵循图形线宽，换言之，交替型相移掩模可用于曝光周期和线宽不同的图形。相比之下，无铬相移掩模在相位边缘位置会有一个小而深的极小值，亮场区域的边缘极小值变得不那么明显，因此无法曝光出图形特征，即无铬相移掩模只能用于窄线条图形的曝光。

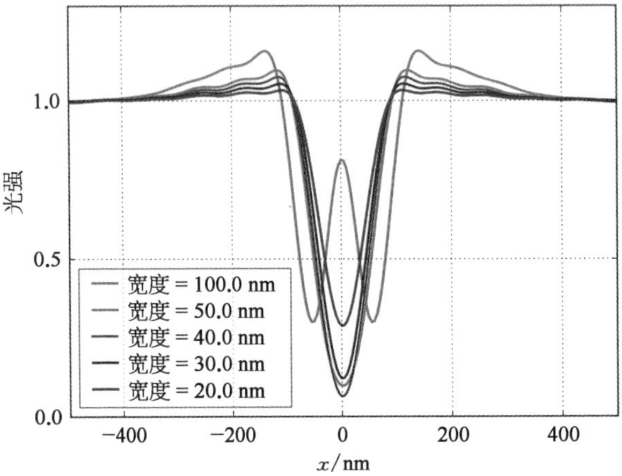

图 4－22 无铬相移掩模上不同宽度相移线条的空间像横截面

成像条件：$\lambda = 193$ nm，圆形照明 $\sigma = 0.7$，NA = 1.35

无铬相移掩模仅能曝光窄线条图形的特点可将其应用于某些场景。半导体电路上晶体管的栅极通常是小的半密集型线空图形或长接触孔图形，它们属于半导体制造中最关键的结构，需要非常稳定的曝光工艺来制作小特征图形。图 4－22 所示为使用不同宽度相移区域的无铬掩模得到的线条空间像光强分布横截面。宽线条(宽度≥100 nm)的两个边缘被曝光成两条单独的线条,而较小线条的两个边缘合并为具有单个光强最小值的空间像。当掩模上相移线条的宽度介于 30~50 nm 时,该最小值的光强分布几乎是一致。这种情况下的线条曝光对于掩模尺寸的小偏差非常稳健。因此,无铬掩模可以具有非常小的掩模误差增强因子(MEEF)。

采用无铬相移掩模曝光窄线条图形的另一个优点是防止相位冲突。晶圆上的一个线条总是由掩模上的两个相邻边缘曝光得到的,这些边在线条的末端相连。然而,无铬相移掩模却难以被制造和检测:掩模上的图形仅由单一材料定义,产生所需相位的刻蚀工艺难以控制;基于不同材料对比的检测工具难以检测带图形的无铬掩模。薄掩模模型仅提供了无铬掩模光散射的近似描述,此类掩模的设计需要应用电磁场求解方法来量化重要的三维掩模效应及其对成像的影响,详见 9.2 节。

4.3.2 衰减型或弱相移掩模

与强相移掩模相比,衰减型或弱相移掩模不存在相位不同且完全透明的区域;相反,它采用具有特定的非零背景透过率的半透明区域。通常,透过率可以通过光强传输率$\tilde{T}$来指定。在以下等式中,还将使用振幅传输率 τ。两者的关系为$\tilde{T}=\tau^2$。

与掩模的亮场区域相比,衰减型相移掩模的这些半透明区域相移了 180°。衰减型相移掩模的透过率对成像性能的影响取决于掩模版图。为了证明这一点,对于相移和未相移的部分,在给定光强传输率$\tilde{T}_b$条件下,对线宽为 w 和周期为 p 的线空图形进行成像。掩模一个周期内($-p/2 \leqslant x \leqslant p/2$)的传输函数 $\tau(x)$ 由下式给出:

$$\tau(x) = \begin{cases} \tau_b, & |x| \leqslant w/2 \\ 0, & \text{其他} \end{cases} \tag{4-13}$$

0^{th}阶和 m^{th}阶衍射光的衍射效率 $\eta_{0,m}$可以通过 $\tau(x)$ 的解析傅里叶变换获得:

$$\eta_0 = \frac{1}{p^2}[w - \tau_b(w - p)]^2 \tag{4-14}$$

$$\eta_m = (1 - \tau_b)^2\left(\frac{w}{p}\right)^2 \cdot \left[sinc\left(m\frac{w}{p}\right)\right]^2 \tag{4-15}$$

图 4－23 所示为掩模的透明和半透明区域之间不同的$\tilde{T}_b$值和相移方式所对应的方程(4－15)的图示。图中显示了 180°相移的背景值 $\tau_b = -\sqrt{\tilde{T}_b}$ 和非相移背景值 $\tau_b = +\sqrt{\tilde{T}_b}$，可以看出$\tilde{T}_b$和相移对衍射效率的显著影响。180°相移背景以零阶为代价增加了一阶衍射光的衍射效率，这表明$\tilde{T}_b$值和相移可用于平衡衍射光的光强分布。典型的衰减型相移掩模(AttPSM)吸收层是 68 nm 厚的 MoSi 层，其对 193 nm 波长光的光强传输率$\tilde{T}_b = 0.06$，相移为 180°。MoSi 类衰减型相移掩模是先进 DUV 投影光刻中最常用的掩模之一。

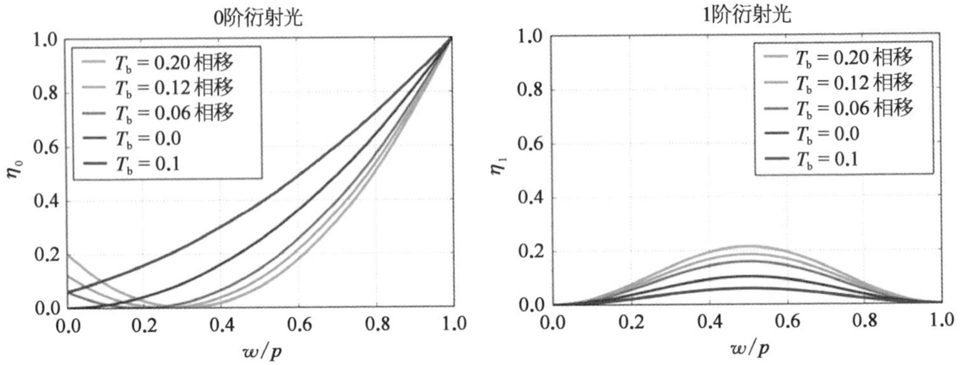

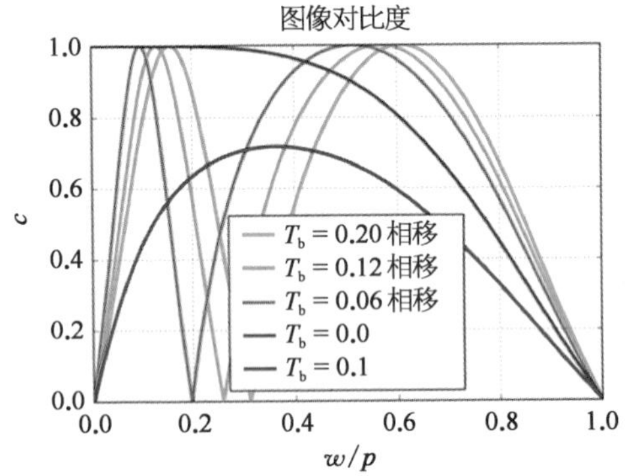

图 4－23　在不同的背景光强传输率$\tilde{T}_b$和可选的 180°相移条件下，零阶(左上)和一阶(右上)衍射光的衍射效率$\eta_{0,1}$与图形占空比 w/p 的关系；左下图：干涉图像对比度 c 与 w/p 的关系

与主要用近轴相干照明形态的强相移掩模相比，衰减型相移掩模经常用于离轴照明。使用优化过的离轴照明生成密集线空图形是由 0th 阶和其中一个 1st 阶衍射光的干涉对比度控制的，这种对比度曲线如图 4－23 左下图所示。180°相移、光强传输率$\tilde{T}_b = 0.06$ 为最关键的密集线空图形($w/p = 0.5$)提供了最佳对比度。

对于其他类型的特征图形，也可以观察到相移背景传输对于平衡衍射级和由此产生的成像性能的积极影响。图 4－24 展示了背景光的光强传输对孤立接触孔图形的成像、空间像光强分布横截面和工艺窗口的影响。相位为 180°的名义暗场背景的光强传输率$\tilde{T}_b$从上到下逐步增加。

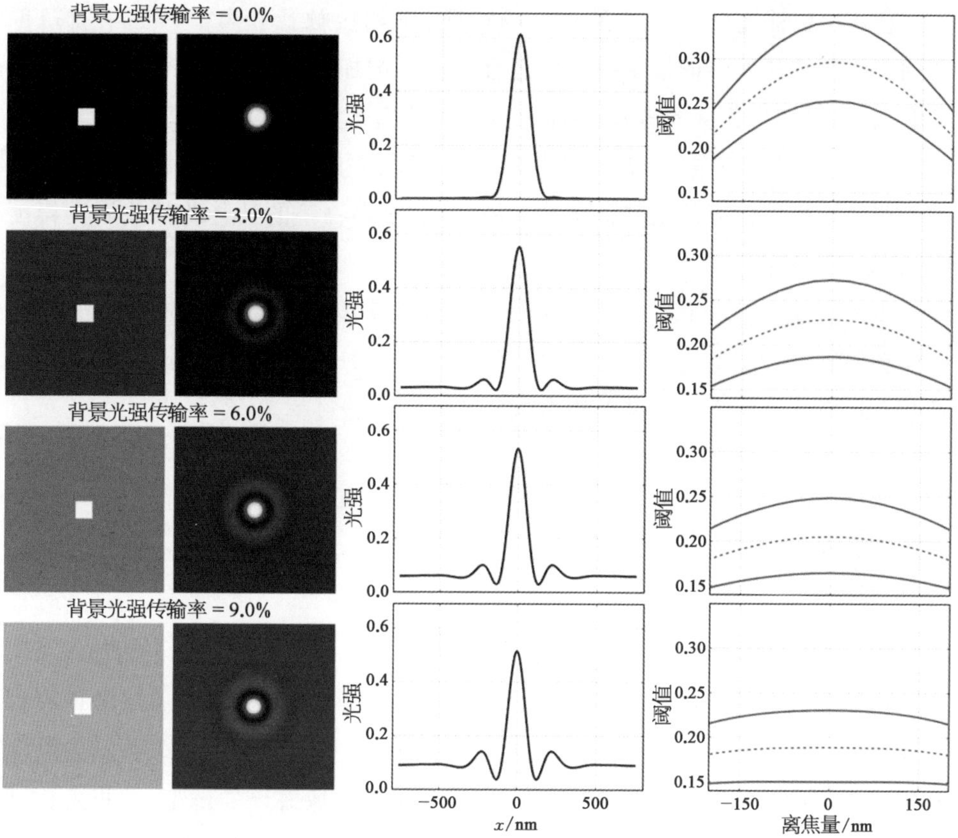

图 4－24　宽度为 150 nm 的孤立接触孔图形的成像情况，基于名义暗场区域在不同背景光强传输率的衰减型相移掩模

从左到右：掩模版图、空间像、空间像光强分布在接触孔中心位置的水平截面图、工艺窗口。
从上到下：名义暗场相移区域的光强传输率 $\tilde{T}_b = 0\%$、$\tilde{T}_b = 3\%$、$\tilde{T}_b = 6\%$、$\tilde{T}_b = 9\%$；
成像条件：$\lambda = 193$ nm、圆形照明 $\sigma = 0.3$、NA = 0.75

较大的$\tilde{T}_b$值也会增加名义暗场的图像强度。然而，接触孔中心的亮点被一个暗环包围，该暗环是由接触孔中心区域的透射光和掩模名义暗场区域的相移透射光相消干涉产生的。接触孔周围的暗环改善了掩模边缘附近的图像斜率和成像对焦点变化的鲁棒性，这可以在空间像光强分布横截面和工艺窗口中看到。除了暗环之外，在名义暗场区域也可以观察到亮环或旁瓣。名义暗场区域的残余光强传输率增加了旁瓣成形的风险。旁瓣成形的风险取决于掩模版图的几何形状和照明设置，一般来说，越相干的照明形态和周期略大的图形对旁瓣成形越敏感[37,38]。降低旁瓣成形风险的策略包括在（潜在）旁瓣成形的位置添加吸收结构[39]或小的亮场散射特征图形[40]。旁瓣的检测和抑制是现代掩模设计、OPC 和光源掩模协同优化（SMO）不可缺少的组成部分，详见 4.5 节。

衰减型相移掩模改善了孤立亮场特征(例如接触孔和沟槽)的工艺窗口。离轴照明形态和调整掩模衍射谱的组合也可以增加其他特征图形的工艺窗口。一般来说,衰减型相移掩模的最佳透过率是改善成像特性(对比度、NILS、工艺窗口)和增加设计复杂性(尤其是旁瓣曝出风险)之间的平衡。旁瓣成形的风险随着背景光强传输率的增加而增加,并在结合投影物镜的某些波像差后变得更糟,详见 8.1.5 节。

MoSi 类衰减型相移掩模的制造类似于标准铬玻璃二元掩模的制造,必须特别注意控制吸收层的透过率和相位。结合所需的 180°相移,需要折射率 n、消光系数 k 和掩模厚度之间特殊的组合来实现特定的透过率。

4.4 光瞳滤波

投影系统的成像性能也可以通过调整投影物镜透射光的透射率和相位来提高。传输滤波器能修改不同傅里叶分量对成像的影响,数位研究者已考虑将此类滤波器应用于光刻投影物镜以控制其成像性能[41-43]。图 4-25 所示为高斯和反高斯滤波器的传输率。为了简化由此产生的成像效果的讨论,这里考虑部分相干因子 σ 值较小的圆形照明形态。在这种情况下,高斯滤波器增加了通过投影物镜光瞳中心的低频分量的权重,而反高斯滤波器增加了靠近光瞳边缘的高频分量的权重。

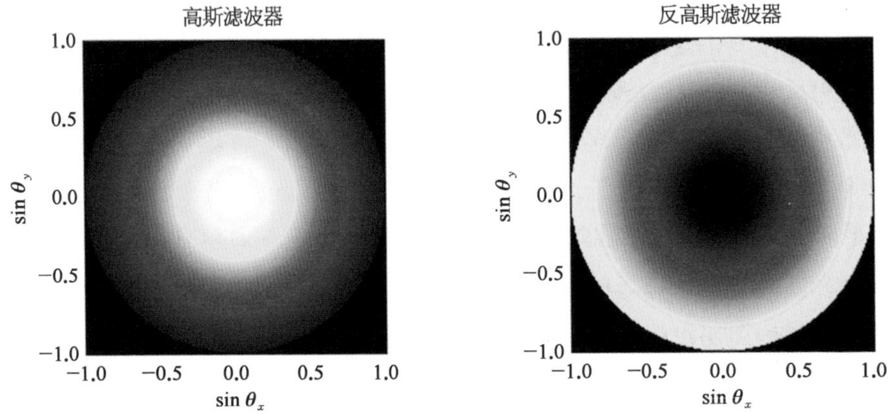

图 4-25 高斯(左)和反高斯(右)光瞳传输滤波器示例
传输率在低(暗)和高(亮)值之间连续变化

图 4－26 所示为 45 nm 宽的孤立沟槽图形分别在没有光瞳滤波器和具有高斯/反高斯滤波器条件下的仿真空间像光强分布横截面。两种滤波器都会降低透射光的光强和图像强度，失去的这部分光能被投影系统内的光瞳滤波器吸收，由此产生的热效应会导致不可控的波像差和其他畸变。Smith 和 Kang 等人建议在掩模保护膜（距离掩模版图约 6 mm 的薄保护层）上实施光瞳滤波[44]。

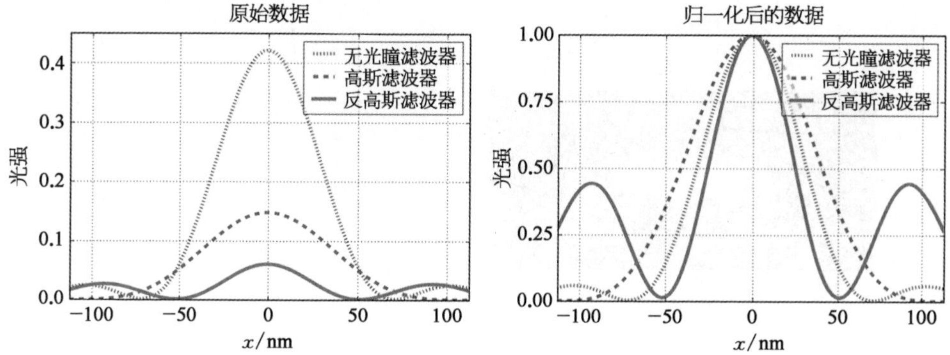

图 4－26　45 nm 宽的孤立沟槽图形分别在没有光瞳滤波器和具有高斯/反高斯滤波器（图 4－25）条件下的空间像光强分布横截面

左图的原始数据是基于一个相同的绝对值归一化，右图的数据是归一化到最大光强值为 1；成像条件：$\lambda = 193$ nm、NA = 1.35、圆形照明 $\sigma = 0.3$、最佳焦点位置成像

为了比较分别在使用和不使用光瞳滤波器情况下的图像横截面形状，适当归一化后的数据显示在图 4－26 右图。反高斯滤波器对高阶衍射光的权重加强增加了图像在目标图形附近的斜率，较大的 NILS 可以增加曝光能量宽裕度；但是，主要特征图形的旁瓣也同时得到了加强，增加了旁瓣成形的风险。高斯滤波器具有相反的效果，降低了旁瓣的光强，但同时也降低了 NILS 和曝光能量宽裕度。

图 4－27 所示为光瞳滤波器在离焦情况下的影响。相比于不使用光瞳滤波器的情况，高斯光瞳滤波器提高了成像的离焦稳定性和焦深（DoF）；而反高斯滤波器则具有相反的效果。

通常，可以设计这种光瞳滤波器去调整成像系统的特性。然而，光学系统吸收的光能和由此产生的像差效应对这种光瞳滤波器的实际应用造成了重要的限制。

在先进投影光刻机中，引入了一种特殊形式的可调相位滤波器或波前调整装置。ASML 浸没式光刻机中的 FlexWave 调整装置和各种应用程序在本章后参考资料中有所描述[45]。FlexWave 可用于静态和动态像差控制，特别是透镜热

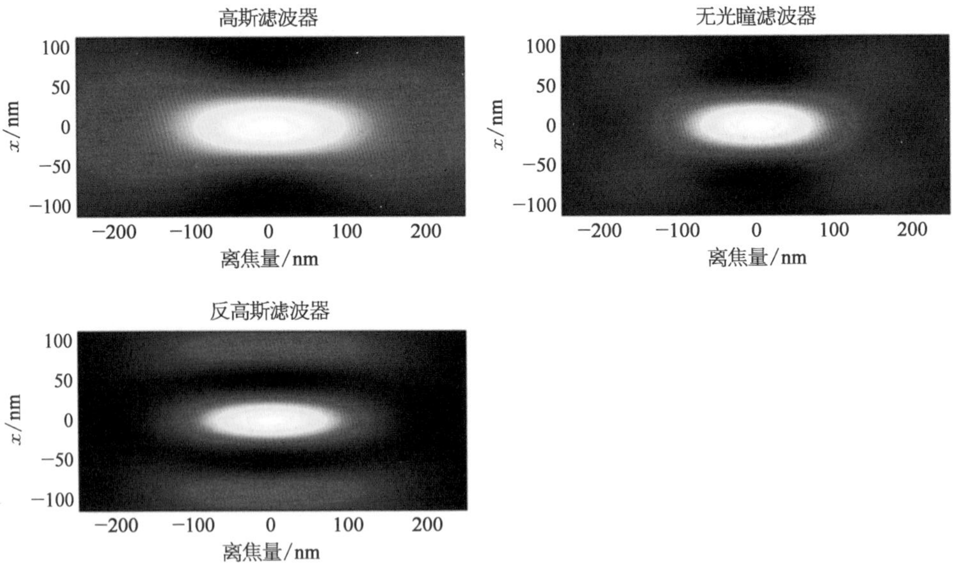

图 4-27 45 nm 宽的孤立沟槽图形分别在没有光瞳滤波器和具有高斯/反高斯滤波器条件下的全程焦距图像，所有参数与图 4-26 一致

效应的补偿和光刻工艺变化的补偿，例如不同光刻机之间成像特性的变化，以及照明形态和切趾效应在照明系统和投影物镜系统有效使用期限内的变化。尼康通过调整动态变形物镜镜面形状的复杂变化来控制波前[46]。这种波前调整装置也可用于光源、掩模和光瞳的优化，该优化方法被用于补偿由掩模引入的像差效应[47]。

4.5 光源掩模协同优化

前几节中的例子表明了照明光源和掩模对可实现的分辨率和光刻工艺性能有着巨大的影响。最合适的照明形态和掩模版图的设置并不是相互独立的。例如，交替型相移掩模需要小 σ 值的相干照明光源，然而，二元掩模或衰减型相移掩模上的周期图形与离轴照明（例如二极照明或其他形式的多极照明）相结合，可以提供更好的成像性能。那么，可以值得思考的问题是：照明形态和掩模版图的哪种组合能提供最好的成像效果？如何得到光源和掩模的最优参数和最优选择是一个在多模态搜索空间中不适定的复杂优化问题。这个问题的解决需要采用适当的设计参数、目标和优化技术，并将它们与有效且精准的模型相结合。

光源 $\vec{s}$ 和掩模 $\vec{m}$ 优化参数的描述取决于所选的技术以及建模方法。4.1 节介绍了几种典型的参数化照明形态，包括环形和多极照明，以及可实现用户自定义的自由照明光源的方法。标准掩模由多边形吸收体图形定义。像素化掩模虽然提供了更大的自由度，但会显著增加掩模刻写时间，并且难以检测出潜在的缺陷[48]。掩模和不同掩模材料的三维形貌信息也可以考虑引入额外的优化参数[49]。通常，光源 $\vec{s}$ 和掩模 $\vec{m}$ 的参数设置会受到不同的约束，此类约束主要是为了获得可制造的解决方案。

用以定义合适评价函数的多种方法已经应用于光源掩模协同优化（SMO）和反演光刻技术（ILT）中。图 4－28 左上图所示为一个虚构的目标图形，它由宽度为 100 nm 的光刻胶线条的特定排列组成，该图形应该通过“理想”的光刻曝光和工艺来获得，然而，使用衍射受限的光学系统来成像这种“理想”图形是不可能的。图 4－28 右上图所示为通过光源 $\vec{s}$ 和掩模 $\vec{m}$ 参数的某种组合获得的有限衍射图像。显然，这个图像与目标图形相似但不完全一样，那么如何衡量图像与目标图形之间的相似度？

图 4－28 左下图所示为图像和目标图形之间的差异。两者差异的最大绝对值出现在目标图形的角落和边缘，目标图形左下方的双线条附近区域也产生了较大的差异。

为了将图像相似度或保真度转换成单个标量值，在光源和掩模参数的特定组合下得到的采样图像 $I_{i,j}(\vec{s},\vec{m})$ 与目标图形 $\tilde{Z}_{i,j}$ 之间的像面差异 $\tilde{d}$ 可以引入为

$$\tilde{d} = \sum_{i,j} | I_{i,j}(\vec{s},\vec{m}) - \tilde{Z}_{i,j} | \tag{4-16}$$

式中，i、j 分别为图像和目标图形的离散采样点。成像系统的衍射限制使得 $\tilde{d}$ 的值总是大于零。这种成像保真度的定义高估了图像非关键区域小强度变化的重要性，由衍射效应或掩模上曝不出来的小辅助特征产生的小旁瓣不会转移到最终的光刻胶图形上。尽管式（4－16）也可以在不同的聚焦位置进行评估，但它仅能提供关于光源 $\vec{s}$ 和掩模 $\vec{m}$ 参数设置对应的光刻工艺性能的有限信息。

图 4－28 右下图所示为从目标图形和成像结果中提取的轮廓，其不受图像 $I_{i,j}(\vec{s},\vec{m})$ 中非关键区域的小强度变化的影响。所示轮廓之间的平均/最大边缘放置误差（EPE）是图像和目标图形之间“光刻相似性”的有效衡量标准。关键光刻指标（如 NILS、工艺窗口和 MEEF 等）的评估进一步提供了关于光源 $\vec{s}$ 和掩模 $\vec{m}$ 参数设置适配度的信息。

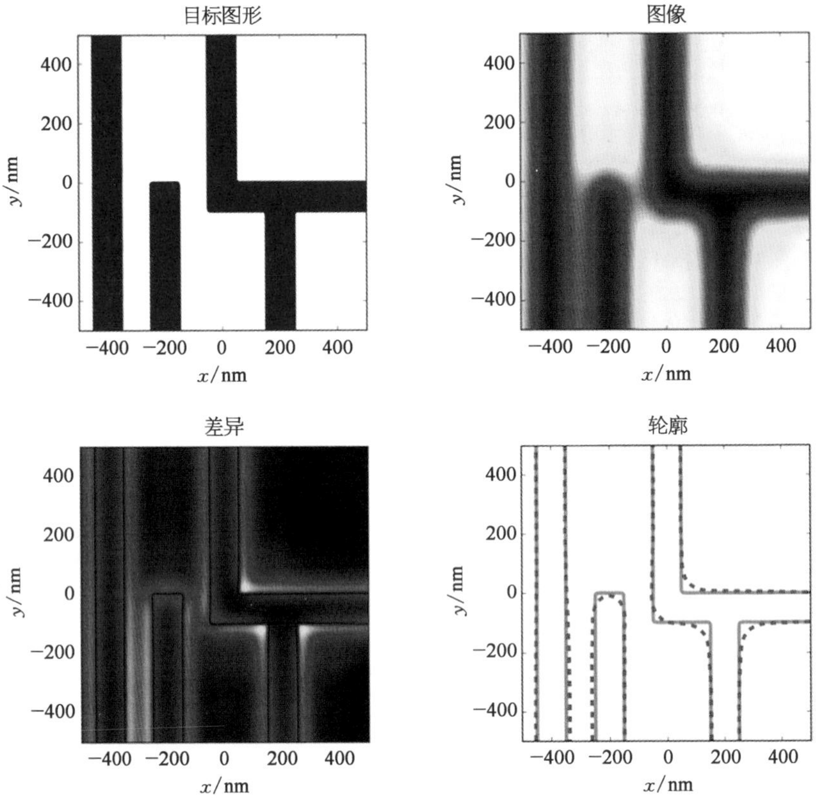

图 4-28 SMO 和 ILT 的图像评估

左上：目标图形（宽度为 100 nm 的光刻胶线条排列）；右上：与目标图形相似的有限衍射图像；左下：图像和目标图形之间的差异；右下：图像（虚线）和目标图形（实线）的轮廓

SMO 和 ILT 的简化版本使用单一的优化目标，例如由方程（4-16）定义的图像偏离量。采用不同的正则化方案来获得可行的光源和掩模形状，例如，一个可制造的掩模仅包含两个（有时三个）离散且不同的透过率/相位，同时应尽量减少掩模的几何特征数量，以实现合理的掩模刻写时间和可基于现有工具进行检查的效果。更先进的 SMO 解决方案通过结合不同的优化目标，来考虑光刻工艺的变化。在大多数情况下，不同的优化目标通过加权叠加的方式进行组合。几种先进的 SMO 算法采用多目标优化技术获得参数组合集，在不同目标之间取得良好的平衡[50]。

SMO 和 ILT 采用类似的优化技术和策略。Poonawala 和 Milanfar[51] 提出了基于简化梯度搜索方法的应用，他们将成像过程描述为输入的掩模版图与二维高斯内核的卷积，并使用 sigmoid 函数[参见方程（3-22）]将生成的图像转换成光刻胶轮廓。这样的模型可以直接采用最陡下降法有效计算具有连续透过率的最佳掩模，最后，采用阈值和形状修复等操作将获得的灰度掩模转换为可制造的二元掩模。Poonawala 的初始提议仅限于空间非相干系统，并且不优化光源。Ma 等人[52-54]开发了几种基于梯度算法的扩展方法，以考虑额外的效应，同时进行光源掩模协同优化。

在另一种方法中，水平集算法提供了非常灵活的形状和拓扑优化问题公式[55]。Pang 等人展示了基于水平集算法的优化方法在反演光刻技术(ILT)中的应用[56]。关于水平集算法及其在 ILT 中的多种应用的详细内容可以参考本章后的文献资料[57,58]。

几个重要的 SMO 技术均采用以空间频率为中心的视图与两步优化程序相结合的方式[59,60]。第一步优化确定掩模衍射谱和照明方向的最佳组合，来获得良好的成像效果；第二步优化确定能生成合适衍射谱的掩模形状。将这种方法扩展到所谓“tau 映射”，也可以将像素化无铬相移掩模的形貌效应(三维掩模效应)考虑进去。

大多数所描述的 ILT 和 SMO 技术需要对模型和目标函数进行特殊的数学组构以支持有效的梯度分析计算。必须特别注意的是，避免高维搜索空间中的局部最小值。以遗传算法为代表的进化算法提供了有趣的替代方案，可以克服传统优化方法的局限性[50,62]。图 4－29 所示为一个简单实例的 SMO 结果，该结果是通过结合空间像仿真和遗传算法获得的[62]。该实例的目标是基于 193 nm

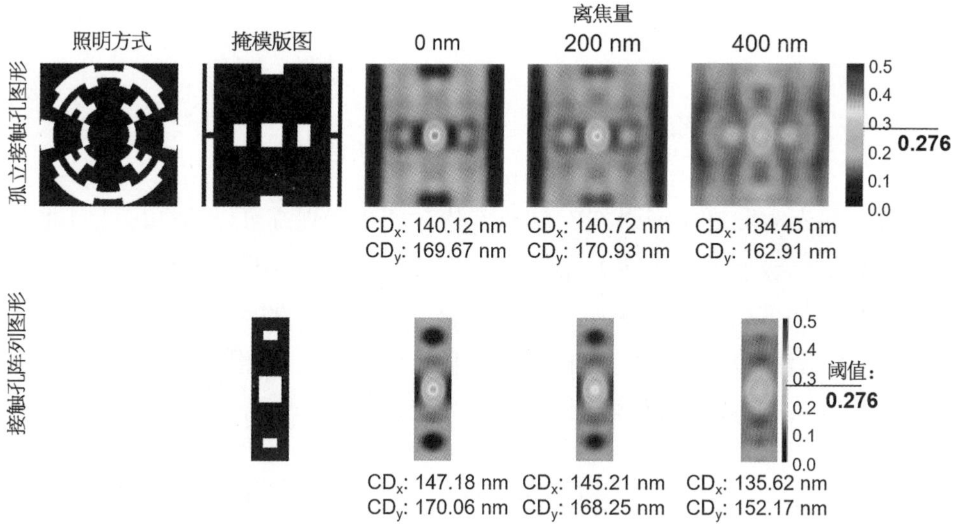

图 4－29　尺寸为 140 nm×170 nm 的孤立接触孔图形(上行)和接触孔阵列图形(下行)的光源掩模协同优化结果[62]

从左到右：照明形态，掩模几何形状，离焦量分别为 0 nm、200 nm 和 400 nm 时的空间像；成像条件：$\lambda = 193$ nm、NA＝0.75

的曝光波长和0.7的数值孔径，获得140 nm×170 nm的接触孔图形和最大可实现的焦深。孤立接触孔图形和接触孔阵列图形均采用相同的照明设置。

图4-29左上角所示照明形态类似于数个照明极点的组合，以支持这两个特征图形的同时成像。掩模由被辅助特征图形包围的中心接触孔图形组成。成像结果和提取的CD数据表明优化后的照明形态和掩模版图具有优良的光刻性能。

光源掩模协同优化和反演光刻技术，与多重成形技术相结合（详见第5章），提供了最有前景的分辨率增强技术，将波长为193 nm的高数值孔径浸没式光刻推向其终极物理极限。掩模版图中关键图形尺寸的重定位[63]以及对目标图形的其他优化调整，为改善光刻工艺的余量缩减提供了额外的方法。光学邻近效应校正（OPC）、反演光刻技术（ILT）和光源掩模协同优化（SMO）的实际应用涉及多种经过大数据集标定的模型及模型的使用。可以预期，人工智能，尤其是卷积神经网络（CNN）和生成对抗网络（GAN）的最新发展，将彻底改变未来光刻关于OPC、SMO和ILT技术的方法论[64,65]。尽管存在一些额外的挑战，SMO和ILT也仍在被探索应用于EUV光刻[66]。

对SMO和ILT技术更深入的讨论超出了本章的范围，感兴趣的读者可以参考本章节后的参考文献，Granik和Lai的文章[67,68]以及Tim Fühner的博士论文[50]。

4.6 多重曝光技术

有一些光学分辨率增强技术是非常依赖于图形特征的。例如，可以通过合适方向的二极照明来增强密集线空图形的成像性能，但是，不同方向的线空图形需要不同方向的二极照明。一般来说，孤立特征图形更喜欢较多入射角的覆盖，包括轴上照明形态。因此，一种利用特定掩模和照明形态优势的方法被提出，该方法涉及将掩模版图分解为多个分别使用特定照明形态成像的子图形。

图4-30为该方法的示意图，左上角为掩模版图，它由三个宽度为45 nm的沟槽交错框组成。使用正交四极照明形态对完整掩模版图进行成像，所得图像在不同框之间的对比度较低，并且沟槽在沿框边缘方向具有明显的光强变化。为了利用合适方向的二极照明对线空图形成像的优势，将掩模版图分

为具有水平和竖直沟槽的两种图形。这些图形在相应方向二极照明条件下的成像结果如图 4－30 的左下和中下图所示。右下图所示为上述两张局部图像的叠加图像，其代表了基于不同掩模图形和照明形态的两次曝光结果组合得到的图像。从叠加图像可以看出，框的水平和竖直边缘之间的对比度提升很明显，而框拐角处的图像质量可以通过两个子掩模图形的光学邻近效应校正来优化。

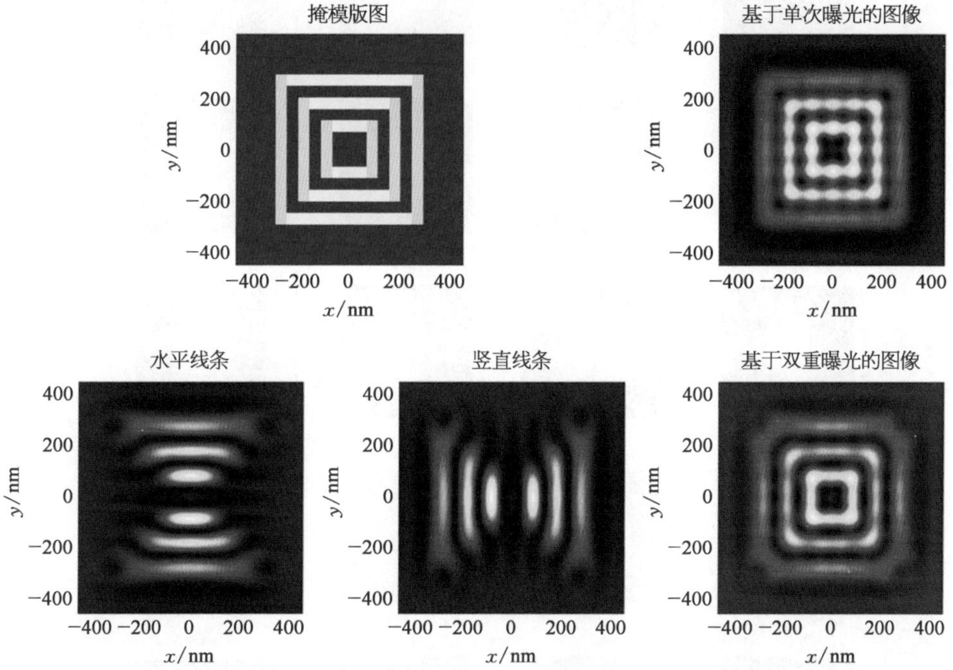

图 4－30　双重曝光技术在多框图形成像中的应用

左上：掩模版图——亮色图形的不同颜色表示双重曝光使用的子掩模版图；右上：基于正交四极照明的单次曝光图像；左下：子掩模中 x 方向沟槽图形在 y 方向二极照明条件下的成像结果；中下：子掩模中 y 方向沟槽图形在 x 方向二极照明条件下的成像结果；右下：两个子掩模图像的叠加。成像条件：$\lambda = 193$ nm、NA = 1.35、$\sigma = 0.69/0.89$、开角为 40°

类似双重曝光的技术也被应用于集成电路的相关版图设计。IDEAL（基于先进光刻的新型双重曝光）的概念将密集线空图形的第一次曝光与不规则孤立图形的第二次曝光相结合，以实现逻辑芯片的栅极图形更高对比度的光强分布[69]。将基于双二极照明形态的多重曝光技术应用于 45 nm 节点器件图形，实现了非常明显的工艺窗口提升[70]。其他多重曝光的例子已经在 4.3.1 节中介绍过，其中基于特殊设计的修剪掩模的曝光与使用交替型相移掩模的曝光相结合，可以解决相移掩模的相位冲突问题（图 4－20）。

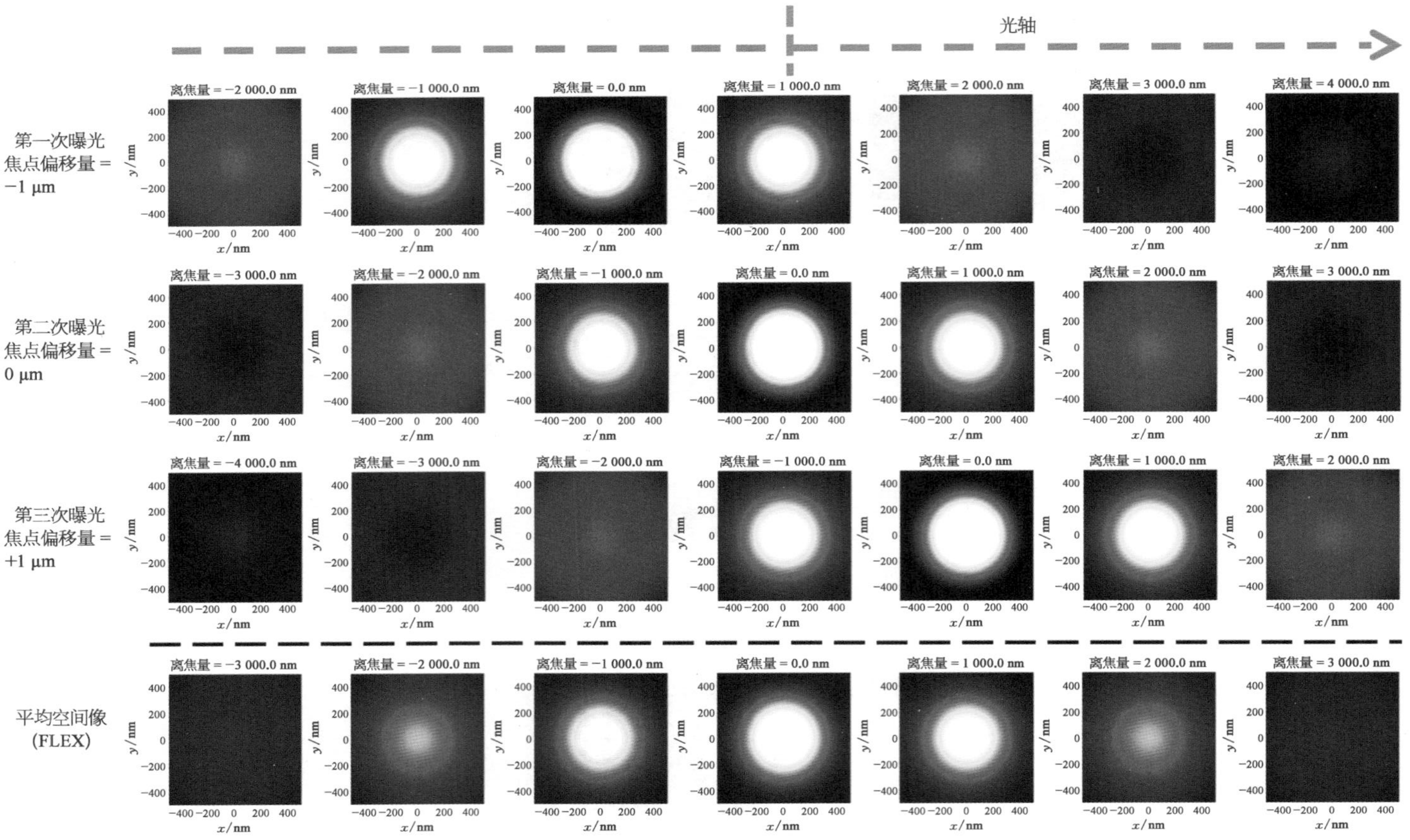

图 4－31　聚焦钻孔技术的工作原理[72]，宽度为 0.5 μm 的孤立接触孔图形沿光轴的仿真空间像

第 1～3 行：焦点偏移量 f_{shift} 相对于名义像面（顶部竖直虚线位置）分别为 −1/0/+1 μm 条件下的单次曝光结果；第 4 行：前 3 行单次曝光结果的线性叠加。成像条件：$\lambda = 193$ nm、NA = 0.42、圆形照明 $\sigma = 0.5$

双重曝光技术的另一个重要应用是通过两个相互正交的高对比度线空图形在同一个负性光刻胶中的叠加曝光来形成接触孔阵列图形[71]。

上述所有的多重曝光技术都是在标准光刻胶材料中进行的,没有使用光学非线性材料。与使用完整掩模版图的单次曝光相比,多重曝光技术通过叠加两个或多个单次曝光后的图像,提升了成像质量。然而,这种多重曝光技术无法实现工艺因子 k_1 低于理论极限(0.25)的密集特征阵列图形的成像(详见 5.1 节和 5.2 节中的讨论)。

基于完全相同的掩模版图和照明形态,在不同离焦位置处的多重曝光可用于提高最终工艺的全程焦距稳定性。这种想法被应用于各种焦点钻孔技术,如 FLEX(聚焦裕度增强曝光)[72]。FLEX 的基本原理如图 4-31 所示,前 3 行图像显示了宽度为 0.5 μm 的孤立接触孔图形在不同焦点位置处(采样间隔为 1 μm)的仿真空间像。行与行之间图像序列的不同之处在于相对名义像面(图顶部的竖直虚线位置)的焦点位置。第二行图像序列的最佳焦点位置与该名义像面对齐,而第一行和第三行中的最佳焦点位置分别向左和向右平移了 2 μm。第四行中图像是相对名义像面或光刻胶的三个不同焦点位置处单次曝光图像的线性叠加结果。显然,与单次曝光成像相比,叠加图像沿光轴的变化量较小,具有更大的焦深。

通过 FLEX 方法增加焦深并不是没有代价的,聚焦平均化会降低图像对比度(特别是密集特征图形)和图像强度(特别是孤立亮场特征图形)。不同的单次曝光之间的最佳焦点偏移量取决于特征图形的类型和尺寸。不同曝光的焦点的位置变化可能是由光刻机工作期间工件台的轻微倾斜,或曝光光源带宽的改变并结合投影物镜的色散行为引起的[73]。

4.7 小结

光学分辨率增强技术将光学投影光刻技术推向亚波长领域。离轴照明通过修改照明掩模的方向,使最重要的衍射级能通过投影物镜有限的数值孔径。目前,已经确立了多种形式的标准照明形状,包括环形、二极、四极照明形态,以及可供用户自定义的自由照明形态,其制造都已实现。

光学邻近效应校正(OPC)通过修改掩模版图的几何形状来补偿某些成像伪影。由于 OPC 是针对标准的掩模材料和工艺,因此实现了很好的可制造性。

而越来越激进的 OPC 对掩模的刻写和检测提出了更高的要求。相移掩模（PSM）可通过调整掩模透射光的相位来提高成像性能。衰减型相移掩模能改善孤立和半密集特征图形的成像性能，已得到了广泛应用。强相移掩模，例如交替型和无铬相移掩模，能实现最大程度的工艺提升，但设计和检测的难度较大，此外，它们还受到明显的掩模形貌效应的影响。光瞳滤波器能实现投影物镜光瞳传输率和相位的调整，可在提升分辨率和增加焦深之间实现合适的平衡。可变光瞳滤波器可用于微调成像性能。

光源掩模协同优化采用先进的优化技术，来确定最合适的照明形态和掩模版图组合，以获得既定的目标图形。它将单次曝光光刻技术推向了终极物理极限。多重曝光技术将掩模版图分解为多个子版图，这些子版图通过相应优化的照明形态、偏振方式等进行成像。

参考文献

[1] H. Jasper, T. Modderman, M. van de Kerkhof, C. Wagner, J. Mulkens, W. de Boeij, E. van Setten, and B. Kneer, "Immersion lithography with an ultrahigh-NA in-line catadioptric lens and a high-transmission flexible polarization illumination system," *Proc. SPIE* **6154**, 61541W, 2006.

[2] Y. Chen, L. Sun, Z. J. Qi, S. Zhao, F. Goodwin, I. Matthew, and V. Plachecki, "Tip-to-tip variation mitigation in extreme ultraviolet lithography for 7 nm and beyond metallization layers and design rule analysis," *J. Vac. Sci. Technol. B* **35**(6), 06G601, 2017.

[3] M. Burkhardt, A. Yen, C. Progler, and G. Wells, "Illuminator design for printing of regular contact patterns," *Microelectron. Eng.* **41/42**, 91, 1998.

[4] T.-S. Gau, R.-G. Liu, C.-K. Chen, C.-M. Lai, F.-J. Liang, and C. C. Hsia, "Customized illumination aperture filter for low k_1 photolithography process," *Proc. SPIE* **4000**, 271–282, 2000.

[5] J. Finders, S. Wuister, T. Last, G. Rispens, E. Psari, J. Lubkoll, E. van Setten, and F. Wittebrood, "Contrast optimization for 0.33 NA EUV lithography," *Proc. SPIE* **9776**, 97761P, 2016.

[6] M. Ismail, P. Evanschitzky, A. Erdmann, G. Bottiglieri, E. van Setten, and T. F. Fliervoet, "Simulation study of illumination effects in high-NA EUV lithography," *Proc. SPIE* **10694**, 106940H, 2018.

[7] J. Zimmermann, P. Gräupner, J. T. Neumann, D. Hellweg, D. Jürgens, M. Patra, C. Hennerkes, M. Maul, B. Geh, A. Engelen, O. Noordman, M. Mulder, S. Park, and J. D. Vocht, "Generation of arbitrary freeform source shapes using advanced illumination systems in high-NA immersion scanners," *Proc. SPIE* **7640**, 764005, 2010.

[8] R. Wu, Z. Zheng, H. Li, and X. Liu, "Freeform lens for off-axis illumination in optical lithography system," *Opt. Commun.* **284**, 2662–2667, 2011.

[9] L. W. Liebmann, K. Vaidyanathan, and L. Pileggi, *Design Technology Co-Optimization in the Era of Sub-Resolution IC Scaling*, SPIE Press, Bellingham, Washington, 2016.

[10] D. G. Smith, N. Kita, N. Kanayamaya, R. Matsui, S. R. Palmera, T. Matsuyama, and D. G. Flagello, "Illuminator predictor for effective SMO solutions," *Proc. SPIE* **7973**,

797309, 2011.

[11] M. M. Crouse, E. Schmitt-Weaver, S. G. Hansen, and R. Routh, "Experimental demonstration of dark field illumination using contact hole features," *J. Vac. Sci. Technol. B* **25**, 2453 - 2460, 2007.

[12] J. F. Chen, T. Laidig, K. E. Wampler, and R. Caldwell, "Optical proximity correction for intermediate-pitch features using sub-resolution scattering bars," *J. Vac. Sci. Technol. B* **15**, 2426, 1997.

[13] S. M. Mansfield, L. W. Liebmann, A. F. Molles, and A. K.-K. Wong, "Lithographic comparison of assist feature design strategies," *Proc. SPIE* **4000**, 63, 2000.

[14] B. W. Smith, "Mutual optimization of resolution enhancement techniques," *J. Micro/Nanolithogr. MEMS MOEMS* **1**(2), 95, 2002.

[15] M. Rothschild, "Projection optical lithography," *Materials Today* **8**, 18 - 24, 2005.

[16] M. L. Rieger and J. P. Stirniman, "Using behavior modeling for proximity correction," *Proc. SPIE* **2197**, 371, 1994.

[17] N. B. Cobb, *Fast Optical and Process Proximity Correction Algorithms for Integrated Circuit Manufacturing*. PhD thesis, University of California at Berkeley, 1998.

[18] N. B. Cobb, A. Zakhor, and E. A. Miloslavsky, "Mathematical and CAD framework for proximity correction," *Proc. SPIE* **2726**, 208, 1996.

[19] R. J. Socha, D. J. V. D. Broeke, S. D. Hsu, J. F. Chen, T. L. Laidig, N. Corcoran, U. Hollerbach, K. E. Wampler, X. Shi, and W. Conley, "Contact hole reticle optimization by using interference mapping lithography (IML)," *Proc. SPIE* **5377**, 222, 2004.

[20] A. Lutich, "Alternative to ILT method for high-quality full-chip SRAF insertion," *Proc. SPIE* **9426**, 94260U, 2015.

[21] S. Wang, S. Baron, N. Kachwala, C. Kallingal, D. Sun, V. Shu, W. Fong, Z. Li, A. Elsaid, J.-W. Gao, J. Su, J.-H. Ser, Q. Zhang, B.-D. Chen, R. Howell, S. Hsu, L. Luo, Y. Zou, G. Zhang, Y.-W. Lu, and Y. Cao, "Efficient full-chip SRAF placement using machine learning for best accuracy and improved consistency," *Proc. SPIE* **10587**, 105870N, 2018.

[22] Y. Liu and A. Zakhor, "Binary and phase-shifting image design for optical lithography," *Proc. SPIE* **1463**, 382, 1991.

[23] A. Poonawala and P. Milanfar, "Mask design for optical microlithography: An inverse imaging problem," *IEEE Trans. Image Process.* **16**, 774, 2007.

[24] B. E. A. Saleh and S. I. Sayegh, "Reduction of errors of microphoto-graphic reproductions by optimal corrections of original masks," *Opt. Eng.* **20**(5), 781, 1981.

[25] Y. C. Pati and T. Kailath, "Phase-shifting masks for microlithography: Automated design and mask requirements," *J. Opt. Soc. Am. A* **11**, 2438, 1994.

[26] Y.-H. Oh, J.-C. Lee, K.-C. Park, C.-S. Go, and S. Lim, "Optical proximity correction of critical layers in DRAM process of 0.12-μm minimum feature size," *Proc. SPIE* **4346**, 1567, 2001.

[27] Y. Granik, "Fast pixel-based mask optimization for inverse lithography," *J. Micro/Nanolithogr. MEMS MOEMS* **5**(4), 43002, 2006.

[28] A. Poonawala, *Mask Design for Single and Double Exposure Optical Microlithography: An Inverse Imaging Approach*. PhD thesis, University of California Santa Cruz, 2007.

[29] S. Wang, J. Su, Q. Zhang, W. Fong, D. Sun, S. Baron, C. Zhang, C. Lin, B.-D. Chen, R. C. Howell, S. D. Hsu, L. Luo, Y. Zou, Y.-W. Lu, and Y. Cao, "Machine learning assisted SRAF placement for full chip," *Proc. SPIE* **10451**, 104510D, 2017.

[30] X. Su, P. Gao, Y. Wei, and W. Shi, "SRAF rule extraction and insertion based on inverse lithography technology," *Proc. SPIE* **10961**, 109610P, 2019.

[31] P. De Bisschop, "Optical proximity correction: A cross road of data flows," *Jpn. J. Appl. Phys.* **55**(6S1), 06GA01, 2016.

[32] P. De Bisschop, "How to make lithography patterns print: The role of OPC and pattern layout," *Adv. Opt. Technol.* **4**, 253-284, 2015.
[33] A. Erdmann and R. Gordon, Mask Topography Effects in Reticle Enhancement Technologies, Short Course at SPIE Microlithography, 2003.
[34] T. Terasawa, N. Hasegawa, A. Imai, T. P. Tanaka, and S. Katagiri, "Variable phase-shift mask for deep-submicron optical lithography," *Proc. SPIE* **1463**, 197, 1991.
[35] B. Tyrrell, M. Fritze, D. Astolfi, R. Mallen, B. Wheeler, P. Rhyins, and P. Martin, "Investigation of the physical and practical limits of dense-only phase shift lithography for circuit feature definition," *J. Micro/Nanolithogr. MEMS MOEMS* **1**(3), 243-252, 2002.
[36] M. L. Rieger, J. P. Mayhew, and S. Panchapakesan, "Layout design methodologies for sub-wavelength manufacturing," in *Proc. 38th Design Automation Conference* **85**, IEEE, 2001.
[37] Z. M. Ma and A. Andersson, "Preventing sidelobe printing in applying attenuated phase-shift reticles," in *Proc. SPIE* **3334**, 543-552, 1998.
[38] H. J. Lee, M.-Y. Lee, and J.-H. Lee, "Suppression of sidelobe and overlap error in AttPSM metal layer lithography using rule-based OPC," *Proc. SPIE* **5377**, 1112-1120, 2004.
[39] H. Iwasaki, K. Hoshi, H. Tanabe, and K. Kasama, "Attenuated phase-shift masks reducing side-lobe effect in DRAM peripheral circuit region," *Proc. SPIE* **3236**, 544-550, 1997.
[40] T. S. Wu, E. Yang, T. H. Yang, K. C. Chen, and C. Y. Lu, "Novel lithography rule check for full-chip side lobe detection," *Proc. SPIE* **6924**, 1032, 2008.
[41] W. Henke and U. Glaubitz, "Increasing resolution and depth of focus in optical microlithography through spatial filtering techniques," *Microelectron. Eng.* **17**, 93-97, 1992.
[42] H. Fukuda, Y. Kobayashi, K. Hama, T. Tawa, and S. Okazaki, "Evaluation of pupil-filtering in high-numerical aperture i-line lens," *Jpn. J. Appl. Phys.* **32**, 5845, 1993.
[43] R. M. von Bünau, G. Owen, and R. F. Pease, "Optimization of pupil filters for increased depth of focus," *Jpn. J. Appl. Phys.* **32**, 5850-5855, 1993.
[44] B. W. Smith and H. Kang, "Spatial frequency filtering in the pellicle plane," *Proc. SPIE* **4000**, 252, 2000.
[45] F. Staals, A. Andryzhyieuskaya, H. Bakker, M. Beems, J. Finders, T. Hollink, J. Mulkens, A. Nachtwein, R. Willekers, P. Engblom, T. Gruner, and Y. Zhang, "Advanced wavefront engineering for improved imaging and overlay applications on a 1.35 NA immersion scanner," *Proc. SPIE* **7973**, 79731G, 2011.
[46] Y. Ohmura, Y. Tsuge, T. Hirayama, H. Ikezawa, D. Inoue, Y. Kitamura, Y. Koizumi, K. Hasegawa, S. Ishiyama, T. Nakashima, T. Kikuchi, M. Onda, Y. Takase, A. Nagahiro, S. Isago, and H. Kawahara, "High-order aberration control during exposure for leading-edge lithography projection optics," *Proc. SPIE* **9780**, 98-105, 2016.
[47] J. Finders, M. Dusa, P. Nikolsky, Y. van Dommelen, R. Watso, T. Vandeweyer, J. Beckaert, B. Laenens, and L. van Look, "Litho and patterning challenges for memory and logic applications at the 22 nm node," *Proc. SPIE* **7640**, 76400C, 2010.
[48] V. Singh, B. Hu, K. Toh, S. Bollepalli, S. Wagner, and Y. Borodovsky, "Making a trillion pixels dance," *Proc. SPIE* **6924**, 69240S, 2008.
[49] A. Erdmann, T. Fühner, S. Seifert, S. Popp, and P. Evanschitzky, "The impact of the mask stack and its optical parameters on the imaging performance," *Proc. SPIE* **6520**, 65201I, 2007.
[50] T. Fühner, *Artificial Evolution for the Optimization of Lithographic Process Conditions*. PhD thesis, Friederich-Alexander-Universität Erlangen-Nürnberg, 2013.
[51] A. Poonawala and P. Milanfar, "A pixel-based regularization approach to inverse

lithography," *Microelectron. Eng.* **84**, 2837 – 2852, 2007.

[52] X. Ma and G. R. Arce, "Pixel-based simultaneous source and mask optimization for resolution enhancement in optical lithography," *Opt. Express* **17**, 5783 – 5793, 2009.

[53] X. Ma and Y. Li, "Resolution enhancement optimization methods in optical lithography with improved manufacturability," *J. Micro/Nanolithogr. MEMS MOEMS* **10**(2), 23009, 2011.

[54] X. Ma, L. Dong, C. Han, J. Gao, Y. Li, and G. R. Arce, "Gradient-based joint source polarization mask optimization for optical lithography," *J. Micro/Nanolithogr. MEMS MOEMS* **14**(2), 23504, 2015.

[55] F. Santosa, "A level set approach for inverse problems involving obstacles," *ESAIM Control Optim. Calc. Var* **1**, 17 – 33, 1996.

[56] L. Pang, Y. Liu, and D. Abrams, "Inverse lithography technology (ILT): A natural solution for model-based SRAF at 45-nm and 32-nm," *Proc. SPIE* **6607**, 660739, 2007.

[57] Y. Shen, N. Jia, N. Wong, and E. Y. Lam, "Robust level-set-based inverse lithography," *Opt. Express* **19**, 5511, 2011.

[58] W. Lv, S. Liu, Q. Xia, X. Wu, Y. Shen, and E. Y. Lam, "Level-set-based inverse lithography for mask synthesis using the conjugate gradient and an optimal time step," *J. Vac. Sci. Technol. B* **31**, 041605, 2013.

[59] A. E. Rosenbluth, S. Bukofsky, C. Fonseca, M. Hibbs, K. Lai, A. F. Molless, R. N. Singh, and A. K.-K. Wong, "Optimum mask and source patterns to print a given shape," *J. Micro/Nanolithogr. MEMS MOEMS* **1**(1), 13, 2002.

[60] R. J. Socha, X. Shi, and D. LeHoty, "Simultaneous source mask optimization (SMO)," *Proc. SPIE* **5853**, 180, 2005.

[61] P. S. Davids and S. B. Bollepalli, "Generalized inverse problem for partially coherent projection lithography," *Proc. SPIE* **6924**, 69240X, 2008.

[62] T. Fühner, A. Erdmann, and S. Seifert, "A direct optimization approach for lithographic process conditions," *J. Micro/Nanolithogr. MEMS MOEMS* **6**(3), 31006, 2007.

[63] J. He, L. Dong, L. Zhao, Y. Wei, and T. Ye, "Retargeting of forbidden-dense-alternate structures for lithography capability improvement in advanced nodes," *Appl. Opt.* **57**(27), 7811 – 7817, 2018.

[64] P. Liu, "Mask synthesis using machine learning software and hardware platforms," *Proc. SPIE* **11327**, 30 – 45, 2020.

[65] W. Ye, M. B. Alawieh, Y. Watanabe, S. Nojima, Y. Lin, and D. Z. Pan, "TEMPO: Fast mask topography effect modeling with deep learning," *Proceedings of the 2020 International Symposium on Physical Design*, *ISPD '20*, 127 – 134, Association for Computing Machinery, New York, 2020.

[66] S. D. Hsu and J. Liu, "Challenges of anamorphic high-NA lithography and mask making," *Adv. Opt. Technol.* **6**, 293 – 310, 2017.

[67] Y. Granik, "Solving inverse problems of optical microlithography," *Proc. SPIE* **5754**, 506, 2005.

[68] K. Lai, "Review of computational lithography modeling: Focusing on extending optical lithography and design-technology co-optimization," *Adv. Opt. Technol.* **1**, 249 – 267, 2012.

[69] M. Hasegawa, A. Suzuki, K. Saitoh, and M. Yoshii, "New approach for realizing $k_1 = 0.3$ optical lithography," *Proc. SPIE* **3748**, 278, 1999.

[70] S. Hsu, J. Park, D. V. D. Broeke, and J. F. Chen, "Double exposure technique for 45nm node and beyond," *Proc. SPIE* **5992**, 59921Q, 2005.

[71] J. Bekaert, L. V. Look, V. Truffert, F. Lazzarino, G. Vandenberghe, M. Reybrouck, and S. Tarutani, "Comparing positive and negative tone development process for printing the metal and contact layers of the 32- and 22-nm nodes," *J. Micro/Nanolithogr. MEMS MOEMS* **9**(4), 43007, 2010.

[72] H. Fukuda, N. Hasegawa, and S. Okazaki, "Improvement of defocus tolerance in a half-micron optical lithography by the focus latitude enhancement exposure method: Simulation and experiment," *J. Vac. Sci. Technol. B* **7**, 667, 1989.
[73] I. Lalovic, J. Lee, N. Seong, N. Farrar, M. Kupers, H. van der Laan, T. van der Hoeff, and C. Kohler, "Focus drilling for increased process latitude in high-NA immersion lithography," *Proc. SPIE* **7973**, 797328, 2011.

第 5 章　材料驱动的分辨率增强

第 4 章介绍了通过修改光学成像系统组件,尤其是掩模和照明来提高光刻分辨率极限的重要方法。这些光学分辨率增强旨在改善曝光光刻胶中的图像或光强分布。本章将介绍一些重要的创新技术,这些技术对从给定较小尺寸图形的衍射受限图像到光刻胶或其他材料的空间调制的图案转移能力进行了改进。本章所描述的技术利用特定(非线性)材料的特性以及不同材料和工艺技术的组合,因此,其被称为材料驱动的分辨率增强。

本章将首先简要回顾光学方面对分辨率的限制。通用的图案成形策略是通过多个图像和/或多个工艺流程的适当叠加来制造更小尺寸的图形。其次将介绍几种特定的双重曝光和双重成形技术,它们将 193 nm 浸没式光刻技术推向 45 nm 以下的特征尺寸。定向自组装技术为更具成本效益的缩放提供了有趣的选择。最后将简要地概述薄膜成像技术,该技术将光刻胶的功能分解为多种材料和工艺的组合。

5.1　分辨率极限的回顾

2.3.1 节中分辨率极限的推导是假设光的传播和叠加是在线性光学材料中进行的,这些材料的光学特性与入射光的强度无关。非线性光学效应,例如消光系数和/或折射率的光诱导改变,会引入多种不符合阿贝-瑞利准则的效应。一种光学材料在曝光区域的折射率增加,可以充当聚焦透镜并产生低于经典衍射极限的光斑,类似的光学非线性可以补偿光学衍射效应,并使特定的光强分布能够在不改变其形状的情况下长距离传播。这些所谓的空间孤子显然不符合瑞利焦深标准。

一般来说，非线性光学效应需要非常高的光强，光学投影光刻对此不感兴趣。然而，光刻胶的设计是为了响应入射光，如果这种化学反应也改变了光刻胶材料的光学特性，便可以观察到光学非线性。事实上，重氮萘醌(DNQ)型光刻胶在被波长范围在 300~500 nm 之间的光照射时会改变其消光性。因此，大多数 DNQ 型光刻胶都具有漂白效应，它们在曝光时会变得更加透明。根据 Kramers-Kronig 方程[1]，还可以预测 DNQ 型光刻胶的光致折射率变化，实验测量显示光致折射率变化[2]高达 $\Delta n = 0.04$。实验和仿真都证明了相应的非线性光学效应对几微米厚的 DNQ 型光刻胶的工艺窗口和轮廓形状有着显著的影响[3]。这种漂白效应和光致折射率变化与先进的化学放大型光刻胶无关。然而，非线性效应为新兴的纳米图案成形技术提供了有趣的可能性，例如无衍射限制激光直写光学光刻[4]和受激发射耗尽(STED)启发式光刻[5,6](参见 7.3.2 节和 7.4.3 节)。

2.3.1 节中的另一个重要论述是孤立图形理论上没有分辨率极限，理论分辨率极限 $0.25\lambda/\mathrm{NA}$ 仅适用于密集图形。为了验证这一点，图 5-1 给出了不同工艺因子 k_1 下的密集和半密集线的空间像横截面。线的宽度 w 以 $w = k_1\lambda/\mathrm{NA}$ 的衍射单位进行缩放。图 5-1 中密集和半密集线图形的周期分别为 $p_{\mathrm{dense}} = 2w$ 和 $p_{\mathrm{semi\text{-}dense}} = 4w$。图 5-1 中的 CD 数据是根据公式(2-20)算出的最小特征尺寸。

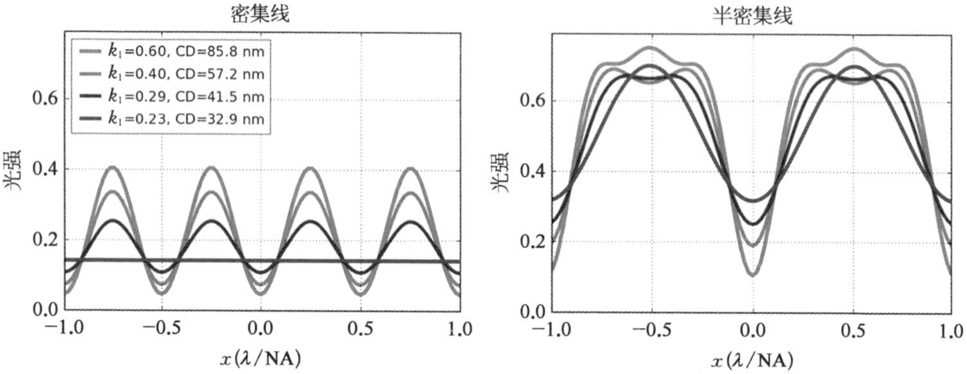

图 5-1 衰减型相移掩模(PSM)密集(左)和半密集(右)线计算所得空间像横截面与工艺因子 k_1 的关系

光学参数：$\lambda = 193$ nm、NA = 1.35、环形照明 $\sigma_{\mathrm{in/out}} = 0.8/0.98$

当工艺因子 k_1 变小时，密集线和半密集线图像对比度都会降低。当 $k_1 \leqslant 0.25$ 时，密集线将生成恒定的图像强度，半密集线仍然会产生具有一定对比度的空间调制图像。例如，约 0.33 的强度阈值可用于 k_1 为 0.21 的 30 nm 宽半密集线的图案成形。

图 5-2 为使用半密集线的图形转移能力来生成密集图形的示意图。在随后的两个步骤中，横向移动的半密集图形被用来成形密集图形：① 创建一个具有两倍于目标间距的半密集图形；② 移动掩模并创建第二个交错的半密集图形。密集图形是通过两个移位的半密集图形的组合获得的。

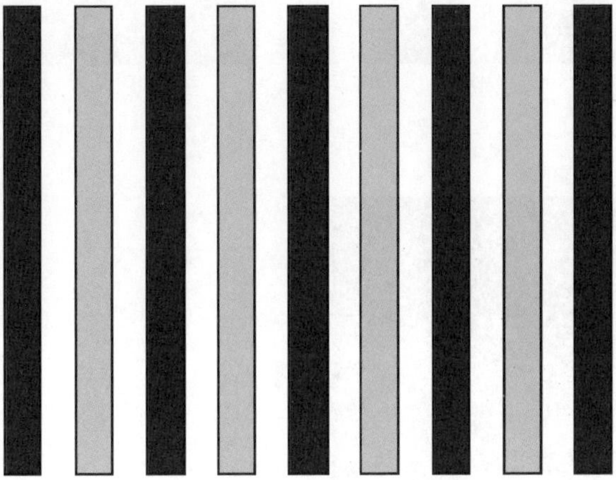

图 5-2　双重成形示意

如何利用这一想法，结合两次曝光或光刻步骤来获得周期低于理论分辨率极限的密集线光刻图形。图 5-3 展示了在标准光刻胶材料内进行两次曝光会发生的情况。两次曝光都会在光刻胶内产生光强和光敏物质[光酸产生剂(PAG)]的充分调制分布。具有强度分布 I_1 和 I_2，以及相同曝光时间 $t_{\exp}$ 的两次曝光对光酸产生剂浓度[PAG]的总影响可以从方程(3-9)得出：

$$\begin{aligned}[\mathrm{PAG}] &= \exp(-I_1 \cdot t_{\exp} \cdot C_{\mathrm{Dill}})\exp(-I_2 \cdot t_{\exp} \cdot C_{\mathrm{Dill}}) \\ &= \exp[-(I_1 + I_2) \cdot t_{\exp} \cdot C_{\mathrm{Dill}}] \end{aligned} \tag{5-1}$$

该等式表明两次曝光的强度分布是相加的，得到的总 PAG 分布如图 5-3 左下图所示，总 PAG 分布仅沿光刻胶的厚度(z 方向)变化。总 PAG 浓度的这种垂直变化是由光刻胶材料的消光引起的。双重曝光的总 PAG 浓度沿 x 方向是恒定的，换言之，用交错的线空图形和接近分辨率极限的周期图形进行的后续曝光产生了均匀曝光的光刻胶，其(处理完成后)不表现出化学物质或几何形状的空间调制。

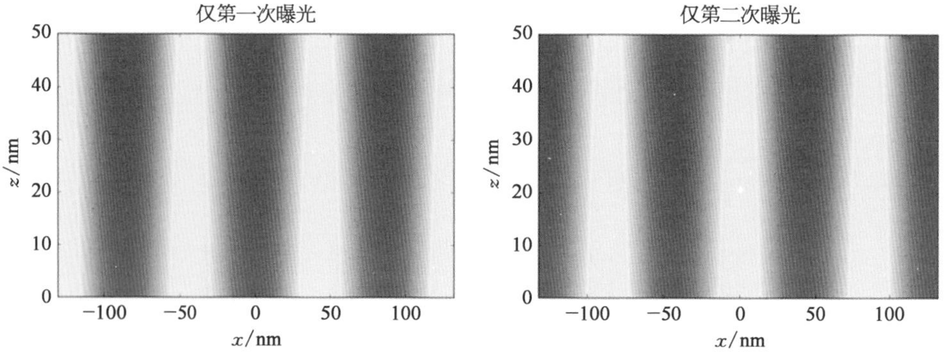

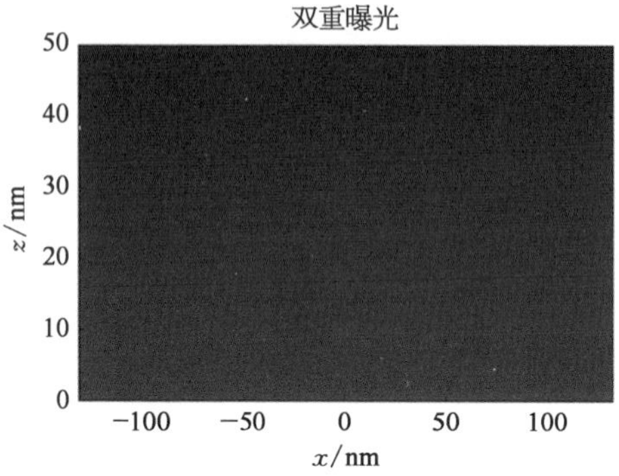

图 5-3 仿真所得两次曝光线性叠加的光酸产生剂(PAG)浓度

左上图：第一次曝光线宽 22 nm、周期为 88 nm 的线空图形；右上图：第二次曝光，掩模沿 x 偏移 44 nm；左下图：根据式(5-1)叠加两个后续曝光，明亮区域具有较高的 PAG 浓度。成像条件：$\lambda=193$ nm、NA = 1.35、偏振二极照明、光刻胶厚度为 50 nm，折射率与衬底材料匹配

该观察结果可以理解为：在接近系统分辨率极限的情况下进行的两次后续曝光，只有两个衍射级有助于图像形成并沿横向 x 轴产生 $\cos^2(x)$ 形强度调制。在第二个曝光步骤中掩模的移动将 $\cos^2(x)$ 转换为 $\sin^2(x)$，两次光强度的总和，即 $\cos^2(x)+\sin^2(x)$，是常数。

将从两次后续曝光所得的强度调制转换为空间调制光刻胶图形需要在两次曝光的叠加过程中引入非线性，有两种不同的选择。双重曝光技术利用了光刻胶光敏物质改性中的非线性，它们需要晶圆上光刻胶或其他材料的非线性光学特性。双重曝光技术不需要在两次曝光之间对光刻胶进行特殊处理，晶圆也不需要从光刻机中取出。因此，与双重成形技术相比，双重曝光技术具有更大的潜在产量和更低的成本效益。

双重成形技术在光刻胶的加工过程中引入了化学非线性。在第二次曝光之前，第一次曝光的强度调制被转换为光刻胶或下层的化学或几何改性。双重成形技术需要在两个曝光步骤之间对光刻胶和/或晶圆进行专门的处理，晶圆必须从光刻机中取出，这降低了产量并增加了工艺成本。5.2 节将给出双重曝光和双重成形技术的具体示例。

5.2　非线性双重曝光

4.6 节已经介绍了一些(线性)多重曝光技术的例子。叠加多次单独曝光,线性多重曝光技术可以提高图像的质量。然而,这些线性多重曝光技术不能实现密集线空图形 $k_1<0.25$ 的成像。然而,对于特殊的双重曝光技术,采用光学材料非线性可实现密集线空图形 $k_1<0.25$ 的成像[7]。本节将概述几个相关概念及其局限性。

5.2.1　双光子吸收材料

第一种选择是双光子吸收(TPA),即采用光敏成分浓度与入射光强度呈二次关系的材料:

$$
\begin{aligned}
[PAG] &= \exp[-(I_1)^2\cdot t_{\exp}\cdot C_{\mathrm{Dill}}]\exp[-(I_2)^2\cdot t_{\exp}\cdot C_{\mathrm{Dill}}] \\
&= \exp\{-[(I_1)^2+(I_2)^2]\cdot t_{\exp}\cdot C_{\mathrm{Dill}}\}
\end{aligned}
\tag{5-2}
$$

该方程的二次项致使入射光对光酸产生剂(PAG)产生更局部的影响,这可以从图 5-4 中看出。图 5-4 给出了使用双光子吸收材料对交错线空图形进行双重曝光的仿真结果。与图 5-3 中的线性或单光子吸收情况相比,两次叠加曝光的平方强度会沿横向 x 方向产生一个较小的(化学)对比度变化,该对比度可以转移到图案化光刻胶上。

双光子吸收在光学投影光刻中的应用,最关键的问题是如何获得合适的材料。现有材料的非线性度太低,无法实现具有生产价值的工艺。目前看来,多光子光刻的最佳候选材料包括在光谱的可见光部分激发的标准紫外光刻材料,或由多光子吸收激发的宽带隙材料如聚甲基丙烯酸甲酯(PMMA)[8]。例如,3D 多光子光刻(参见 7.4.3 节)采用的光敏二正丁基氨基联苯(DABP)-三丙烯酸酯树脂,适用波长范围为 520~730 nm,实验中[9]使用的聚焦激光束的曝光剂量约为 104 W/cm^2。这比光学投影光刻中的典型剂量值大六个数量级。几个双光子吸收光刻胶的灵敏度研究也报告了类似的值[10]。Jeff Byers 等人估计[7,11],要实现对 PAG 足够的非线性调制,所需的激光脉冲数量约为 4×10^{13}(相比之下,典型光刻曝光中仅使用数百个脉冲),中间态双光子(ISTP)材料可以放宽这一剂

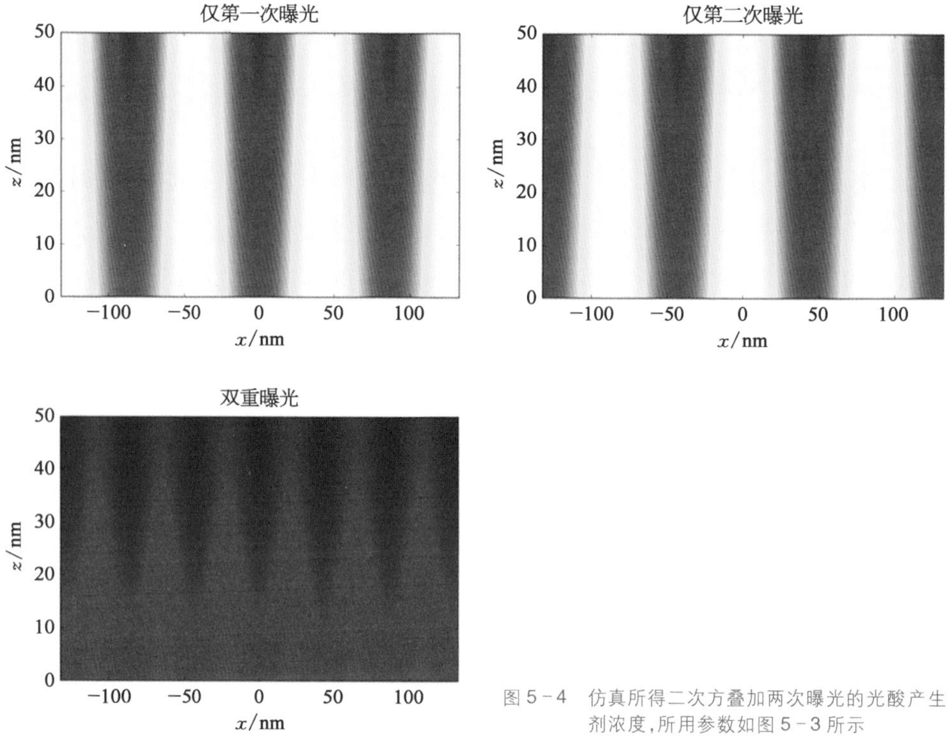

图 5－4　仿真所得二次方叠加两次曝光的光酸产生剂浓度，所用参数如图 5－3 所示

量要求[7]。然而，目前还没有发现合适的 ISTP 材料，可以为半导体光刻提供切实可行的解决方案。基于 TPA 光刻技术的其他方面在 7.3.2 节和 7.4.3 节以及本章后参考文献[7,12]中有所讨论。

5.2.2　光阈值材料

光阈值材料的特征是光刻胶中另一类型的非线性光敏物质的改性。最佳虚拟阈值材料中的光活性成分或 PAG 的修改需要一定的阈值剂量 D_{THR}，低于此剂量则不会发生光化学反应。当到达阈值剂量时，会发生明显的(阈值)光化学反应。这种明显的反应不受高于阈值剂量曝光的进一步影响[7]，这种行为可被描述为

$$[\mathrm{PAG}] = \begin{cases} [\mathrm{PAG}]_0, & I \cdot t_{\mathrm{exp}} < D_{\mathrm{THR}} \\ [\mathrm{PAG}]_1, & \text{其他} \end{cases} \tag{5-3}$$

式中，$[\mathrm{PAG}]_0$是初始恒定的光酸产生剂浓度，$[\mathrm{PAG}]_1$是曝光剂量 $I \cdot t_{\mathrm{exp}}$超过阈

值剂量 D_{THR} 位置处的 PAG 浓度。图 5－5 给出了交错线空图形示例中单个和叠加曝光的最终 PAG 浓度。无论是单次曝光还是双重曝光,它们都表现出非常好的化学对比度。

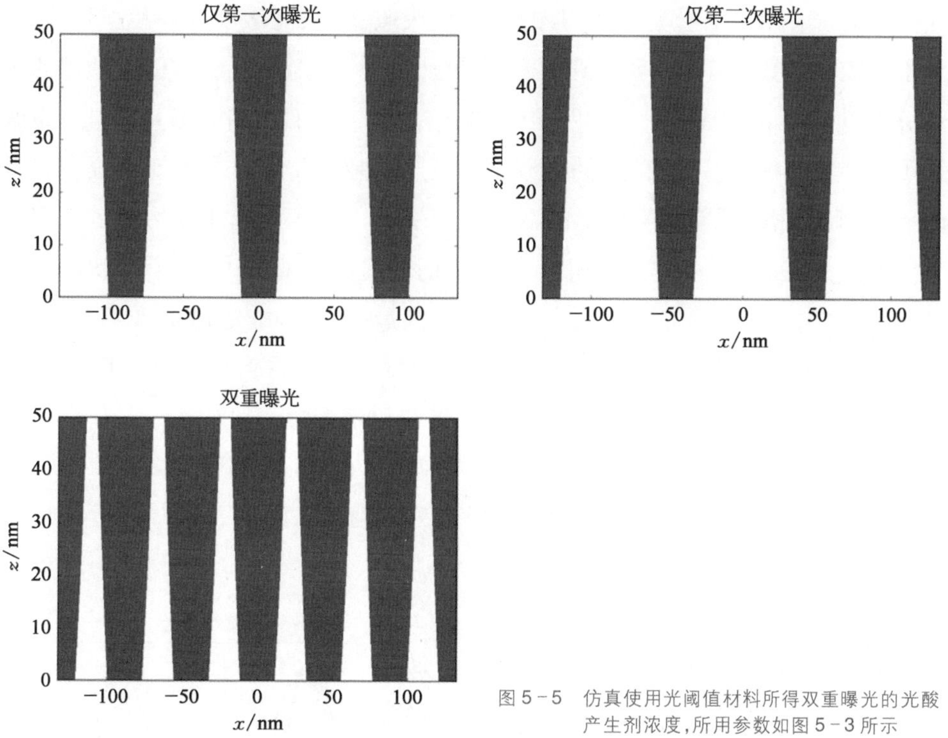

图 5－5　仿真使用光阈值材料所得双重曝光的光酸产生剂浓度,所用参数如图 5－3 所示

然而,方程(5－3)的阈值行为代表的是一种非常理想化的情况。到目前为止,已经证明的具有阈值行为的光学现象非常稀少。例如,碳悬浮液和反饱和吸收层被用于光限幅,以保护眼睛和电光传感器免受短脉冲激光辐射的影响[13],但所有相关效应都是发生在红色或红外光谱范围内,在紫外光谱范围内还没有观察到。

5.2.3　可逆对比增强材料

与在光刻胶中采用光学非线性的双光子吸收和阈值材料不同,对比度增强材料是沉积在标准光刻胶的顶部。这些对比度增强层(CEL)在光的影响下会被漂白。换言之,这些材料在明亮的图像区域会变得更加透明,从而增加了 CEL 下光刻胶中图像的对比度。假设光垂直入射并忽略来自 CEL 的近场衍射效应，这一简化模型描述了 CEL 的 D_{resist} 下方光刻胶顶部的剂量对入射光 D_{inc} 剂量的依赖关系[14]：

$$D_{\text{resist}} = D_{\text{inc}} \exp^{-A_{\text{Dill}}(1-C_{\text{Dill}}D_{\text{inc}})d_{\text{CEL}}} \tag{5-4}$$

式中，A_{Dill}、C_{Dill}和 d_{CEL}分别为 CEL 的可漂白吸收系数、光敏度和厚度。图 5－6 为不同漂白参数 A_{Dill}下计算得到的光刻胶顶部归一化剂量 D_{resist}。CEL 顶部的剂量分布 $D_{\text{inc}} = \sin^2(2\pi x/p)$ 是双光束干涉的结果，左侧和中间的曝光剂量分布偏移了周期 p 的一半。右侧的剂量分布是通过叠加左侧/中心曝光剂量分布获得的，这对应于密集线空图案成形的双重曝光结果。所有 D_{resist}曲线均通过光刻胶下方的最大剂量值进行了归一化。$A_{\text{Dill}}=0$ 的曲线描述了 $\sin^2$和 $\cos^2$形状的剂量分布的线性叠加，其在光刻胶内形成恒定的剂量。A_{Dill}的非零值引入了非线性，该非线性使第一次和第二次曝光的剂量峰值变得尖锐并产生对叠加曝光剂量的调制。叠加剂量分布的对比度随着 A_{Dill}的幅值增大而增加。

图 5－6 中的结果表明，CEL 的光学非线性为 $k_1<0.25$ 的光刻图案成形提供了一条新的路径。CEL 必须在第一次和第二次曝光之间刷新，因此，可使用可逆对比度增强层（RCEL）。

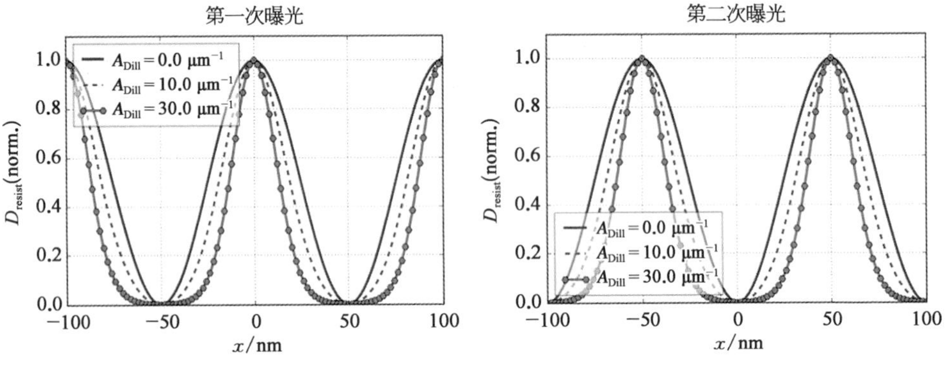

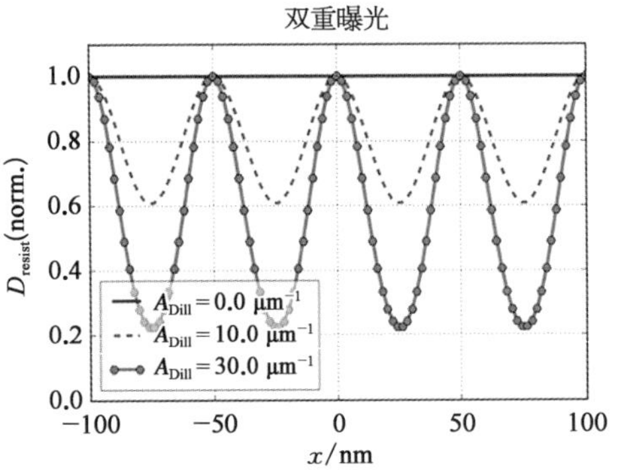

图 5－6　针对不同 CEL 参数，归一化光刻胶顶部剂量 D_{resist}，和根据式（5－4）所得入射剂量 D_{inc} 的 $\sin^2$ 分布[15]；光敏度 $C_{\text{Dill}} = 1.0\ m^2/mJ$，CEL 厚度 $d_{\text{CEL}} = 100\ nm$，周期 $p = 100\ nm$

方程(5－4)的简单模型忽略了空间调制 RCEL 对光的衍射。因此，该方程不能用于亚微米光刻中 RCEL 的定量分析。RCEL 曝光下的严格电磁场仿真结果如图 5－7 所示。光学非线性 RCEL 所得叠加强度和 PAG 浓度的调制，主要是在光刻胶的上部区域。然而，显著的强度/PAG 调制仅发生在光刻胶顶部 10~20 nm 厚的区域。此外，假设的 RCEL 的非线性参数非常大，因而很难找到合适的材料。

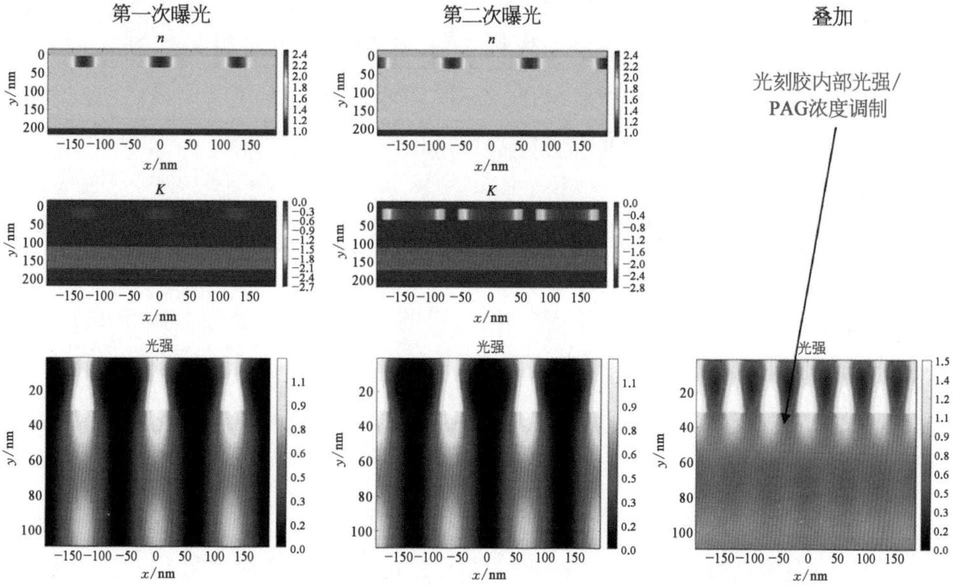

图 5－7　严格电磁场仿真所得双重曝光结束后光刻胶中的光强分布和光学材料特性，以及 RCEL 层中光学非线性叠加所得光强分布[16]

对亚微米光刻用 RCEL 材料的定量分析有助于对图 5－7 中观察结果的进一步了解，可参见 Shao 等人[15]的文章。RCEL 的光学非线性在 RCEL 内部产生了更高的光调制空间频率。然而，这些高空间频率的分量不会在光刻胶内部传播。倏逝波在光刻胶的顶面被激发，并随着与光刻胶表面的距离呈指数衰减。倏逝分量的耦合及其穿透深度取决于 RCEL 顶部干涉波的入射角以及 RCEL 和光刻胶的折射率。小入射角或低 NA、高折射率的 RCEL 和光刻胶可改善倏逝分量的耦合和穿透深度。当 NA＝0.6 时，双重曝光结合 RCEL 可以增大光刻胶内部光强的对比度值。在现实材料和 NA>0.8 时，k_1＝0.125 的双重曝光是无法实现的。尽管难以将更高的空间频率耦合到光刻胶中，但可以利用 RCEL 在小于临界 k_1 值时提高光刻性能，RCEL 改进的对比度有助于提高关键工艺的剂量范围。

5.3 双重和多重成形技术

双重成形光刻是将 193 nm 浸没式光刻扩展到 45 nm 以下特征尺寸的关键。与受到适当材料可用性和产量限制的非线性双重曝光技术相比，各种版本的双重成形技术被广泛用于先进的半导体制造。双重成形技术采用不同的工艺技术，并与单个或两个单独的曝光步骤相结合，这种方法也可以扩展到三重和四重图案成形，但成本会变得越来越昂贵。除了本节末尾的几个一般性评论外，本节的讨论将限制在双重成形技术上。

5.3.1 光刻-刻蚀-光刻-刻蚀

将交错的线空间距图形转移到一种材料的最直接方法是通过两个单独的光刻和蚀刻工艺流程进行后续图形的转移[17,18]。图 5－8 为光刻-刻蚀-光刻-刻蚀(LELE)的工艺流程，工艺流程的目标是在多晶硅晶圆顶部的氧化硅层中创建密集的线空图形。

额外引入的硬掩模层用以支持将图形向下层的转移。通常，硬掩模和衬底材料之间的刻蚀选择性要比光刻胶和衬底之间的刻蚀选择性好得多。无机硬

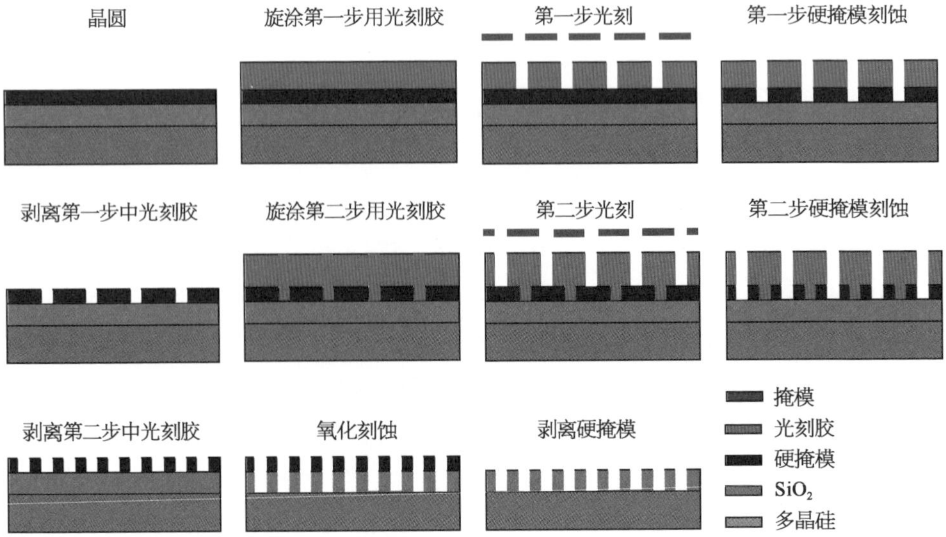

图 5－8　光刻-刻蚀-光刻-刻蚀(LELE)工艺流程

掩模材料 SiN、SiON 和 TiN 等是通过化学气相沉积(CVD)沉积的。有机硬掩模材料,如旋涂碳(SOC),一种含高碳的聚合物溶液,提供了有趣的替代方案,因为其具有提高平整化的能力[19]。硬掩模不仅用于 LELE,还用于其他许多先进的半导体制造工艺。

按照图 5-8 的方案,LELE 工艺从第一次旋涂和第一次标准光刻工艺开始,该工艺用于在光刻胶中创建半密集线空图形。第一步刻蚀将光刻胶图案转移到硬掩模上。接下来,剥离光刻胶。第二次图案的转移也从光刻胶涂层开始。第二步光刻使用经过平移的掩模图形,在图案化硬掩模顶部的光刻胶内创建交错的半密集的线空图形。第二步刻蚀使硬掩模上的图形密度加倍。剥离第二步中的光刻胶,并将图形从硬掩模转移到下面的氧化层以完成整个工艺流程。

LELE 可以使用现有材料来执行,并可以应用于更复杂的设计。将目标设计分成两个(或更多)光刻步骤的不同选择,在本章后的参考文献[20]中进行了介绍,本章后的参考文献[21]中讨论了 LELE 的典型工艺要求,包括套刻控制、光刻胶和光刻胶膜层材料之间的蚀刻选择性。

5.3.2　光刻-固化-光刻-刻蚀

与 LELE 相比,光刻-固化-光刻-刻蚀(LFLE)工艺,有时也称为光刻-硬化-光刻-刻蚀(LCLE)或光刻-光刻-刻蚀(LLE),减少了工艺步骤和成本,典型的工艺流程如图 5-9 所示。

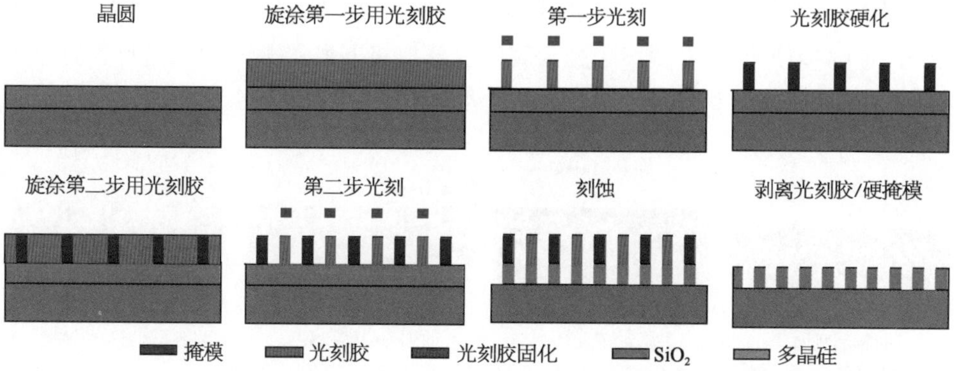

图 5-9　光刻-固化-光刻-刻蚀(LFLE)工艺流程

LFLE 从一个标准光刻流程开始,以创建半密集光刻胶线空图形。这些光刻胶线空图形不会像 LELE 那样转移到下层,而是经过特殊处理,使其对第二次光刻处理不敏感。这种固化处理可以使用表面固化剂或热固化光刻胶[22]，或者，对特殊光刻材料可以通过 172 nm 波长的泛曝光来进行灭活处理[23]。

固化步骤之后，第二层光刻胶被旋涂在图案化和固化后的第一层光刻胶的顶部。用平移的线空图形作为掩模来曝光第二层光刻胶并显影。第一步中固化的光刻胶不会被第二步光刻去除。来自第一步光刻的固化线和来自第二步光刻的显影线都充当图形转移到氧化硅层中的刻蚀掩模。最后，剥离两层光刻胶。

LFLE 涉及的工艺步骤比 LELE 少。因此，LFLE 具有更高的成本效益并能提供更高的产量。该工艺的设计灵活性和套刻控制要求与 LELE 类似。LFLE 在制造中的应用需要对两次光刻工艺（光刻 1 和光刻 2）之间的交互作用和中间固化步骤进行全面探索和控制。这些交互作用包括光刻 2 曝光期间光刻 1 图案化光刻胶轮廓的光散射、固化处理期间光刻 1 图案化光刻胶轮廓的回流、光刻 1 图形对光刻 2 光刻胶旋涂的影响、光刻 1 和固化过程中 BARC 性能的改变、光刻 1 光刻胶在光刻 2 过程中的部分脱保护和显影、光刻胶相互混合和相互扩散效应等。其中一些影响在本章后的参考文献[24,25]中有所介绍。

5.3.3 自对准双重成形

自对准双重成形技术（SADP）如图 5－10 所示，使用图案化的光刻胶作为牺牲层，在每条光刻胶线条的左侧和右侧创建一对侧墙。首先，标准的光刻工艺被用来创建半密集线。然后，通过化学气相沉积（CVD）等工艺，将侧墙材料（例如 Si_3N_4）均匀地沉积在图案化光刻胶的顶部。接下来，对侧墙材料进行各向异性刻蚀，因此除了沿着光刻胶成形的牺牲材料侧壁之外，其余地方的侧墙材料都被完

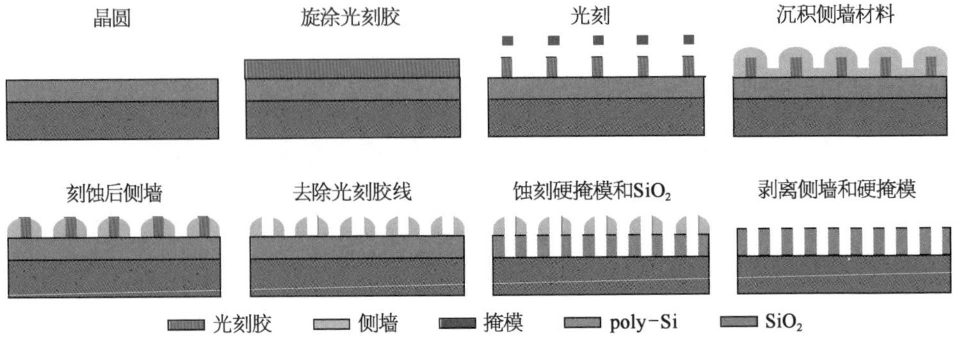

图 5－10 自对准双重成形（SADP）工艺流程。有时，这种工艺技术也被称为侧墙定义双重成形（SDDP）

全去除。最后,选择性地去除光刻胶,剩余的侧墙充当掩模层用于刻蚀衬底[26,27]。

SADP 只涉及一个光刻步骤,其不受两个光刻步骤之间套刻误差的影响。然而,侧墙之间的距离对光刻创建的牺牲图形(mandrel,称为轴心图形或主图形)的 CD 和侧壁非均匀性非常敏感。轴心图形 CD 的变化将导致图形之间的间距交替变化,这种现象称为间距行走[28]。

图 5-10 中的工艺流程也可以应用于其他几何形状的牺牲图形。沿着光刻创建的轴心图形的侧壁创建侧墙,以及通过修剪曝光选择性地去除某些位置的侧墙,这个工艺为设计提供了一定的灵活性[27]。连续两个 SADP 的工艺流程能够进一步减少间距。第一次 SADP 的侧墙在自对准四重成形技术(SAQP)成为第二次 SADP 工艺流程的轴心图形。

5.3.4　双色调显影

双色调显影(DTD)最早是由 Asano[29] 提出的。DTD 通过两次单独的显影去除最高和最低曝光剂量区域的光刻胶,实现了两倍小的间距。DTD 的基本原理如图 5-11 所示,光刻胶以线空图形曝光,所得酸浓度在低(蓝色)和高(红色)值之间变化。第一次曝光后烘焙(PEB,图 5-11 中未显示)触发脱保护反应,使光刻胶可溶于水性显影剂。第一步为正色调显影,以掩模图形给定的周期创建沟槽;然后,使用有机溶剂进行第二步负色调显影以创建交错沟槽,刻蚀步骤将产生的倍频光刻胶图形转移到下层;最后,去除光刻胶。

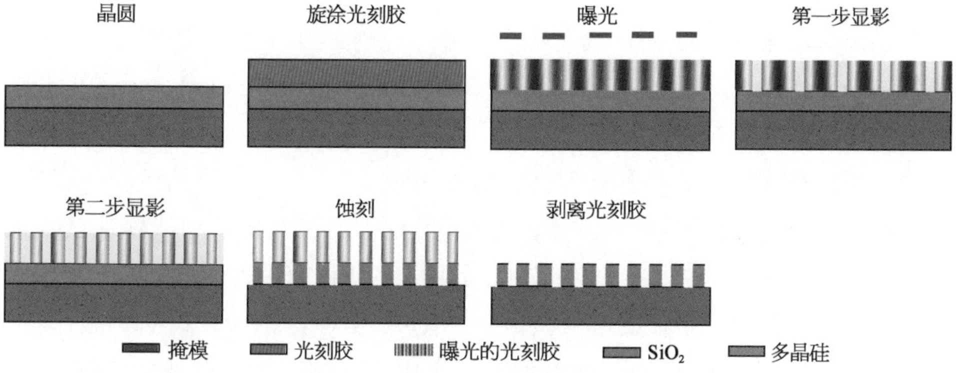

图 5-11　双色调显影工艺流程

DTD 是另一种自对准双重成形技术,其只涉及了一个曝光步骤。DTD 为双重成形技术提供了一个非常有吸引力的选择,因为它可以完全在晶圆轨道机上完成。但是,它也受到与 SADP/SDDP 类似的设计限制。一个成功的 DTD 工艺流程在很大程度上取决于特定调整的光刻胶材料,以及在第一次正性显影后通过第二个 PEB 步骤对脱保护轮廓的控制。第一个显影步骤后的额外泛曝光可用来增加可用光酸的量并优化第二次显影的脱保护轮廓[30]。尽管有这些吸引人的特点,双色调显影仍然只是一个实验研究课题,目前尚未用于商业半导体制造。

5.3.5 双重和多重成形技术的选项

前几节中的示例介绍了半导体制造应用中最重要的双重成形技术。双重成形技术的其他示例包括双色调光刻胶[31]和通过自限酸扩散进行的间距分裂[32]。双重和多重成形技术的工艺复杂性和设计影响各不相同。

LELE 和 LFLE 涉及两次光刻曝光。两次曝光的图形必须完美对齐,两次图形之间的套刻误差将转变为 CD 误差[21],这增加了对光刻曝光工具套刻精度的要求。尽管 LELE 和 LFLE 可以应用于相当复杂的设计,但将设计拆分为不同曝光步骤的图案绝非易事。双重成形技术与光学邻近效应校正的相互作用增加了设计流程的复杂性[33]。与其他双重成形技术相比,多重光刻和刻蚀步骤增加了 LELE 的工艺时间和成本。LFLE 只需要一个刻蚀步骤,并且可以完全在晶圆轨道机上完成。然而,应用两种可能不同的光刻胶涉及额外工艺之间的相互作用,必须加以表征和控制。

SADP/SQDP 和 DTD 是自对准双重成形技术,只需要一次光刻曝光,这放宽了对套刻精度的要求。然而,这些技术也有一定的设计限制,将它们变成有用的图形确实需要额外的曝光。SADP/SQDP 与掩模拆分的组合使该技术适用于逻辑电路的光刻成形,但也有严格的套刻精度要求。SADP 还推动了逻辑电路中的网格设计和单向设计风格[34]。

非线性双重曝光技术受限于材料的可用性,迄今为止主要用于学术研究。与非线性双重曝光技术相比,双重/多重成形技术的工艺要求和兼容性已经通过了实验研究和证明[22,35]。这些技术,尤其是 SADP/SQDP 和 LELE,已被用于先进的制造工艺中。多重成形工艺提供了使用 DUV 实现小于 20 nm 特征尺寸图案成形的途径,但代价是大幅增加的工艺成本,它对所需的套刻控制有很大的影响。专门的数学模型已经被开发用来研究多重曝光成形场景中的套刻影响和套刻控制[36]。EUV 和双重成形技术的组合也已被证明,这些组合可以将先进光刻技术进一步推动到个位数纳米特征尺寸的范围内。

5.4　定向自组装

定向自组装(DSA)利用嵌段共聚物的微相分离来创建纳米结构[37-39]。像油和水这样的非混相物质往往会在宏观尺度上分层或相分离到不同的区域。嵌段共聚物由化学性质不同的聚合物链组成,这些聚合物链也倾向于在宏观尺度上发生相分离。然而,不同聚合物链之间的共价键将这种分离限制在微米或纳米量级。对无序的双嵌段聚合物进行热退火,可导致单个嵌段共聚物位置和取向的重新排列。在热平衡中,不同类型聚合物之间的表面得以最小化,如图 5-12 所示。

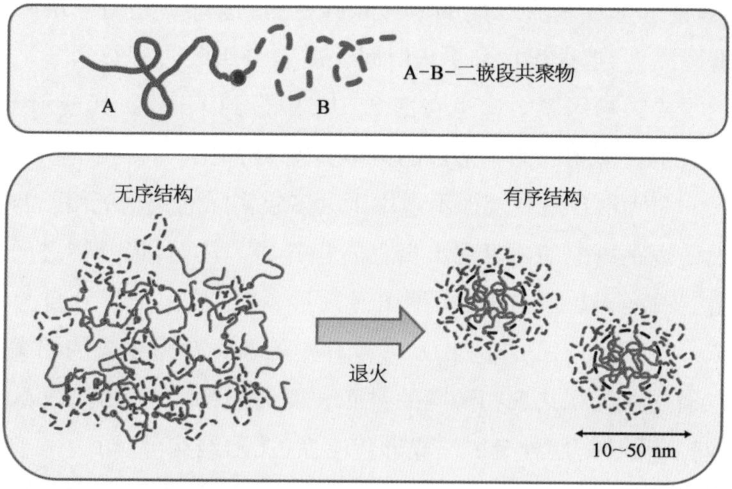

图 5-12　双嵌段共聚物 AB 的基本结构和退火处理过程中的纳米相分离
改编自 Wisconsin 大学 Juan De Pablo 的旧网页

这种分离生成了具有不同结构配置的周期性纳米域空间组织。图 5-13 展示了 AB 共嵌段聚合物的体积组成对所创建图案形状的影响。根据聚合物 A 和 B 的相对数量,可以创建球体、圆柱体或片层(线和空)图形。创建的图形或特征尺寸(CD)的长度尺度由嵌段共聚物材料的分子特性决定,例如聚合度决定了分子的尺寸。因此,DSA 有时被称为“瓶装 CD”。纳米域的典型长度尺度约为 10~100 nm。DSA 材料的另一个重要参数是 Flory-Huggins 参数 χN,其是两个聚合物嵌段 A 和 B 之间排斥力的量度,该参数对自组装过程的速度和动力学有很大影响。

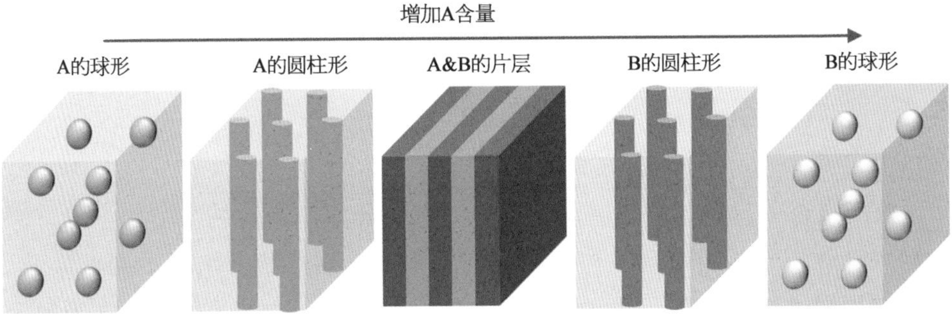

图 5-13 AB 共嵌段聚合物在 A 型聚合物的不同体积含量下的自组装
改编自 Wisconsin-Madison 大学 Juan De Pablo 的旧网页

嵌段共聚物薄膜中的图案形成还受到表面效应和界面能优化的影响，这决定了嵌段共聚物微观结构的域取向。例如用精心调整成分的无规共聚物刷作为中和层，就能够形成垂直取向的薄片和圆柱体，这对于光刻应用来说具有特殊意义。薄膜厚度、退火温度和退火时间是决定自组装过程热力学平衡和所得图案形态的重要影响因素。这也在图 5-14 中得到了证明，其展示了 PS-b-PMMA 嵌段共聚物薄膜的图案形成的典型实验 SEM 图。

如图 5-14 所示自组装成形不适用于大多数实际的光刻应用。自组装成形在几个周期的短距离范围内表现出出色的相分离。然而，聚合物之间的相互作用太弱，无法支持长尺度序列。所谓引导图形，就是被用于指导自组装并以此建立图案成形所需的长尺度序列、方向和对齐需求而专门生成的图案。这些引导图形可以通过在沉积共聚物薄膜的衬底表面的局部改性来定义，这可以是选择性化学改性（化学衬底外延）[41]或形貌改性（图形结构外延）[42]。图 5-15 展示了生成引导图形的方法，引导图形是通过标准的自上而下的光刻方法制作的，例如光学或 EUV 投影光刻。DSA 工艺材料的实验研究过程中，电子束光刻也被用于制造引导图形。

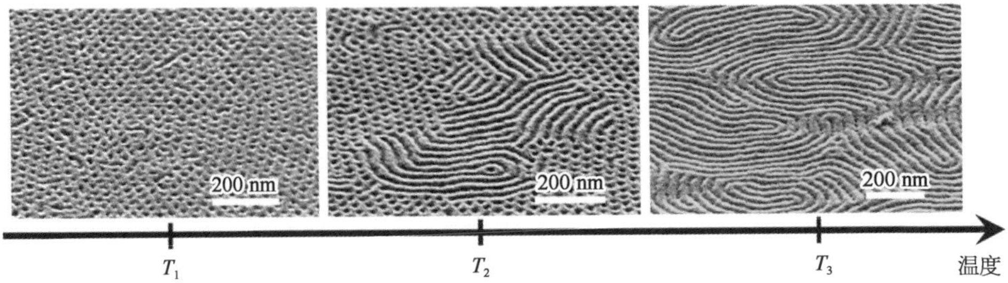

图 5-14 PS-b-PMMA 共嵌段聚合物中 DSA 薄膜形态与退火温度关系的 SEM 图[40]

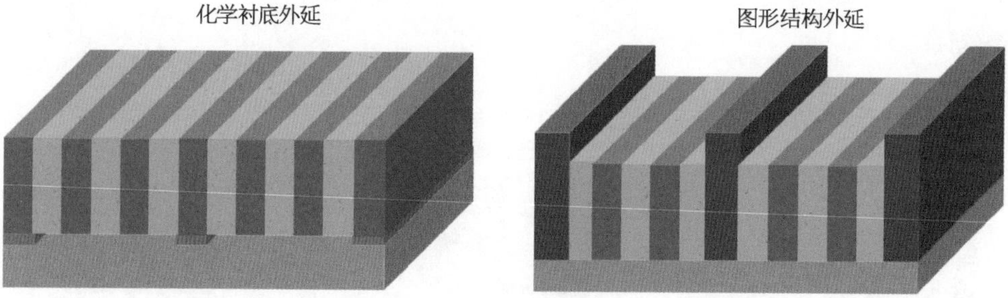

图 5-15　使用化学衬底外延(左)和图形结构外延(右)产生引导图形来指导共嵌段聚合物薄膜自组装的方法

尽管共聚物的化学成分及其与各种引导图形的组合提供了多个自由度,来生成不同形态和图案尺寸(CD)的图形,但用 DSA 创建的实际图形依旧存在局限性,在纳米电子电路的设计中必须考虑这些限制。应用 DSA 来增强现有自顶向下光刻技术的主要方法有两种:图案倍增和图案校正。

图案倍增用来增加线空阵列、接触孔和其他图形的密度,以实现衍射限制成像方法无法实现的小周期。图 5-16 给出了使用不同图形结构外延方法制备层状和圆柱形嵌段共聚物的 DSA 的实验结果。根据 DSA 材料的成分、所选的光刻胶和退火条件,可在半密线组成的引导图形内创建不同的线空图形或接触孔阵列。这些 DSA 图形的周期远小于引导图形的周期。

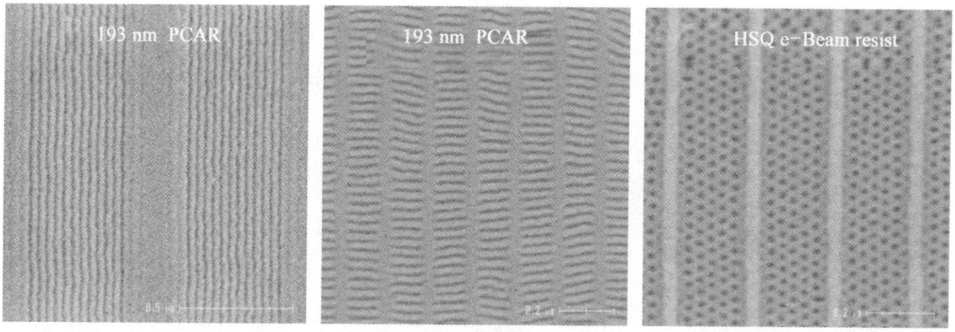

图 5-16　图案倍增[43]:在正色调化学放大型 DUV 光刻胶(左、中)和 HSQ 电子束光刻胶(右)上使用不同的图形结构外延方法对层状和圆柱形嵌段共聚物进行 DSA

DSA 还可用于缩小图形的尺寸并改善其均匀性和线边缘粗糙度(LER)。这在图 5-17 的图案校正示例中进行了说明。该图的左侧部分为通过最先进的 193 nm 光刻机制造的 120 nm 宽的接触孔。嵌段共聚物 DSA 被用于将这些接触孔的尺寸缩小至 15 nm。最后,将所得图形蚀刻到衬底中。多位研究者证明,

DSA后的接触孔的CD均匀性明显优于自上而下光刻后大(引导)接触孔的CD均匀性[44,45]。

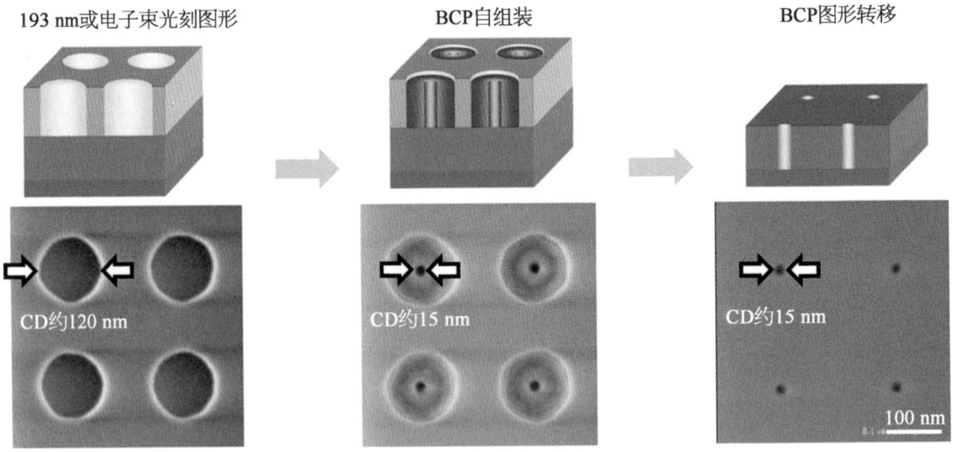

图5-17 图案校正[45]：使用嵌段共聚物(BCP)收缩和矫正接触孔的工艺流程

DSA应用到半导体制造中的主要问题之一是所创建的图形中的缺陷或不规则。这些DSA特定的缺陷也可能表现为不同的外观和源自不同的原因。周期性阵列的错位和偏差可能是表面中和层中的缺陷引起的，也可能由引导图形与DSA材料的固有长度尺度或周期之间的可通约性不足引起的。

为研究和优化DSA中的图案形成，各种建模技术已经被开发和使用。分子动力学模型和蒙特卡罗(MC)方法被用来研究长聚合物链的原子细节对基本材料特性、相分离机制和表面相互作用的影响[46]。然而，嵌段共聚物有序形态的长度尺度在5~500 nm范围内，这限制了DSA图案形成的完整原子描述，因此有必要采用介观表征来解释具体问题。

粗粒度模型使用由谐波链弹簧连接的几个球形珠粒来表示数百个原子的集合，这些珠粒的相互作用可通过粗粒度的简化机制来描述。粗粒度模型具有不同的形式，包括基于粒子的和基于场域理论描述的，以及它们的组合，可被用来描述典型DSA过程中的图案形成[47-51]。粗粒度模型可以在数百纳米和分钟量级的尺度上系统地研究复杂的三维DSA。它们提供了对内部界面或表面分子构型的直接洞察，并能够描述复杂分子结构和由许多组件组成的系统。图5-18为应用粗粒度仿真描述DSA工艺中图案形成的动力学。

粗粒度模型在计算上仍然过于昂贵，无法在大规模光刻图案上系统地探索DSA。因此，不同形式的简化模型，例如Ohta-Kawasaki模型[53]和Hamiltonians界

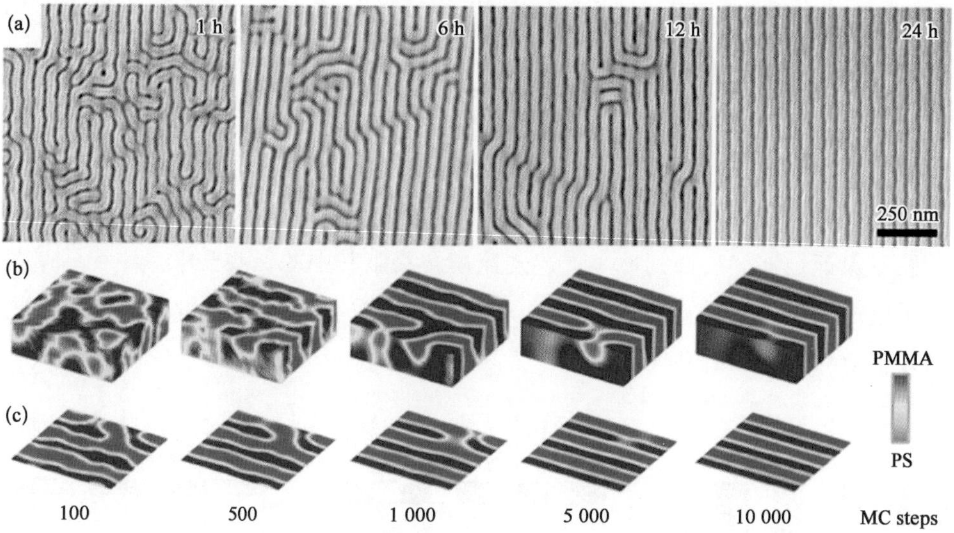

图 5-18　应用粗粒度仿真描述 DSA 工艺中图案形成的动力学

(a) 对称 PS-PMMA-PS 三嵌段共聚物的 DSA 动力学比较；(b) 实验粗粒仿真（50 nm 厚薄膜的 SEM 图），组合物的 3D 等高线图；(c) 靠近底面的样品切片，揭示了衬底上的早期排序。转载自本章后的参考文献[52]，美国化学学会版权所有(2012)

面模型[54]已经被开发。虽然这类简化模型[55]实现了对系统更粗略的描述，并需要使用原子或粗粒度模型进行广泛的模型校准，但它们可以应用于工艺性能研究和逆 DSA 问题——计算所需的引导图形，以获得在 DSA 之后的特定目标图案。Fühner 等人讨论了 DUV 光刻(用于生成引导图形)和 DSA 共同优化的通用方法[56]。

嵌段共聚物的定向自组装技术为利用现有的光刻曝光工具实现更小的特征尺寸提供了一种替代方法。DSA 有望开发成具有成本效益的材料驱动的自下而上技术，并具有将最小尺寸下限扩展到小于 10 nm 范围的潜力。新型高-χ 材料需要具有更小的自然周期[57]并进一步降低缺陷密度，DSA 才能与现有的半导体制造技术进行竞争。

DSA 不像传统平面技术那样局限于 2D 图案成形。3D 图案的 DSA 可以为纳米技术的许多应用提供有趣的解决方案。DSA 并非旨在取代光学或 EUV 光刻。相反，它具有将这些现有的自上而下技术与新材料和工艺相结合，可以发挥图案密度倍增和缺陷矫正的潜力。

5.5　薄膜成像技术

本节将介绍并非旨在提高分辨率极限的光刻胶和工艺技术，其中所描述的薄膜成像技术被提出是用来提高焦深(DoF)和光刻后图形的抗刻蚀性。事实上,对于光刻胶层的最佳厚度存在许多相互矛盾的要求。光学投影技术的 DoF 限制了可用的光刻胶厚度,即光刻胶厚度必须小于 DoF。光刻胶厚度的另一个限制来自所生成图形的机械稳定性,光刻胶图形的高度和宽度之间纵横比较高,容易引起塌陷。然而,从光刻胶到衬底的图形转移需要一定最小厚度的光刻胶以保证足够的抗蚀刻性。上述硬掩模解决了其中的一些要求。图 5-19 展示了过去提出的几种薄膜成像方法。这些方法采用特殊材料和工艺技术来提高标准单层光刻胶的功能。

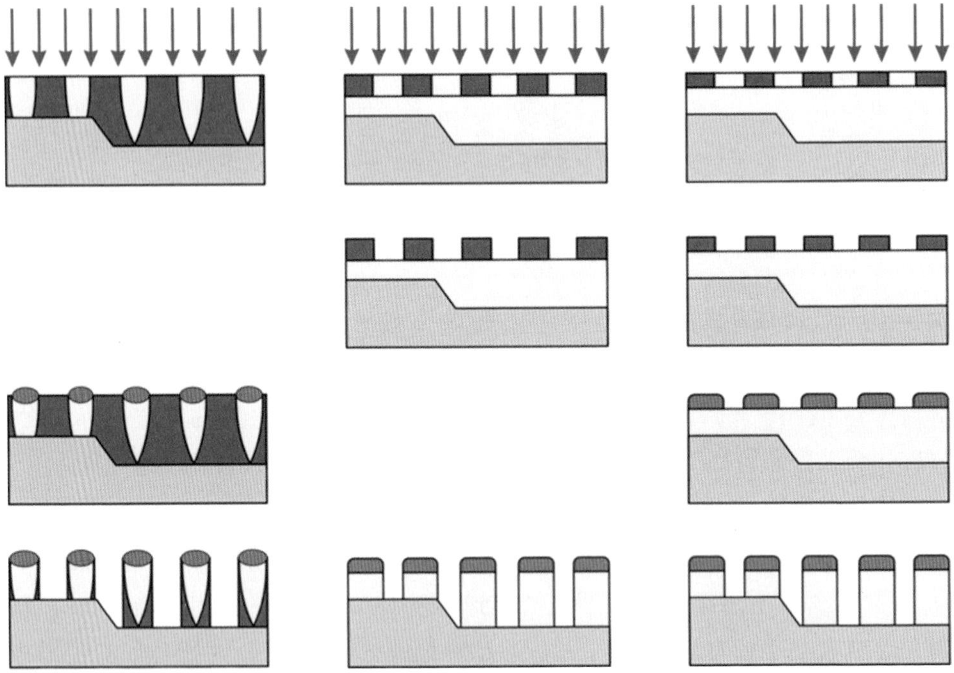

图 5-19 典型薄膜成像技术的工艺流程比较[58]
顶面成像(TSI,左)、双层光刻胶(中)和化学放大型光刻胶线(CARL,右)

扩散增强硅烷化光刻胶(DESIRE)顶面成像(TSI)采用含硅化合物(即所谓的硅烷化剂)对曝光的 DNQ 型光刻胶进行化学处理[59],这种化合物扩散到光刻胶曝光区域的顶面,并将硅原子结合到这些区域中,使它们具有高度的抗蚀刻性。这使得将图案转移到衬底上的过程可以进行几乎垂直的刻蚀,光刻胶下部的光强分布对图案成形几乎没有影响。TSI 改善了焦深并减少了来自底层的衍射或反射光的影响。然而,众所周知,低硅烷化对比度会导致干显影后线边缘粗糙度(LER)的显著增加[58]。

图 5-19 中列为双层光刻胶工艺，该工艺使用富含有机硅的顶层[60]。这种化学放大的负色调顶层光刻胶可以通过标准的光刻工艺流程进行处理。与 TSI 类似，图案化的含硅顶层具有高度抗蚀刻性，并支持垂直刻蚀到低层。富硅光刻胶的使用可以提高硅烷化对比度。然而，成像性能和所需的透射率限制了可以掺入顶部成像层硅的量。

图 5-19 右列为采用两种不同的无硅光刻胶层的化学放大型光刻胶线(CARL)工艺[58]。上层薄膜采用标准光刻技术进行处理。然后，执行液相甲硅烷基化步骤，以提供极高的硅含量，并允许在成像步骤中使用超薄光刻胶层。此外，这一步骤允许接触孔结构的收缩和光刻胶线的加宽(化学偏置)。然而，CARL 和类似的顶面成像技术的工艺流程对半导体制造中的大多数应用来说价格过于昂贵。

5.6　小结

分辨率理论极限 $0.25\lambda/NA$ 仅适用于密集图形。将设计分解为几个具有宽松间距的半密集图形，并将几个不同工艺步骤进行巧妙组合，可以实现 $k_1<0.25$ 的图案成形。通过光学非线性组合多次曝光涉及几个概念，然而，目前没有合适的材料来实现这些概念。

多次光刻加上其他工艺步骤组合成为多重成形技术，目前有几个复杂度不一的工艺流程已经被开发。双重成形已将 193 nm 浸没式光刻技术推向 45 nm 以下的特征尺寸。光刻-刻蚀-光刻-刻蚀(LELE)结合了现有的工艺和材料，但伴随着工艺/设计复杂性增加、成本增加和严格的套刻精度要求。自对准双重成形(SADP)只需要一个光刻步骤，这降低了工艺复杂性并减缓了可能的套刻问题，但限制了设计的自由度。多重成形技术可实现特征尺寸的进一步缩放，但会增加工艺的成本和复杂性。

定向自组装(DSA)提供了更具成本效益的缩放选项。然而，它受到自然周期小、低缺陷率的高 χ 材料可用性的影响。

硬掩模和顶面成像技术有助于降低对 DoF 要求和晶圆表面形貌效应。

参考文献

[1] V. Lucarini, J. J. Saarinen, K. E. Peiponen, and E. M. Vartiainen, *Kramers-Kronig*

Relations in Optical Materials Research, Springer Series in Optical Sciences, Vol. 110, 2005.

[2] C. L. Henderson, C. G. Willson, R. R. Dammel, and R. A. Synowicki, "Bleaching-induced changes in the dispersion curves of DNQ photoresists," *Proc. SPIE* **3049**, 585, 1997.

[3] A. Erdmann, C. L. Henderson, and C. G. Willson, "The impact of exposure induced refractive index changes of photoresists on the photolithographic process," *J. Appl. Phys.* **89**, 8163, 2001.

[4] J. Fischer, G. von Freymann, and M. Wegener, "The materials challenge in diffraction-unlimited direct-laser-writing optical lithography," *Adv. Mater.* **22**, 3578 – 3582, 2010.

[5] T. L. Andrew, H. Y. Tsai, and R. Menon, "Confining light to deep subwavelength dimensions to enable optical nanopatterning," *Science* **324**, 917, 2009.

[6] T. J. A. Wolf, J. Fischer, M. Wegener, and A.-N. Unterreiner, "Pump-probe spectroscopy on photoinitiators for stimulated-emission-depletion optical lithography," *Opt. Lett.* **36**, 3188, 2011.

[7] S. Lee, K. Jen, C. G. Willson, J. Byers, P. Zimmermann, and N. J. Turro, "Materials modeling and development for use in double-exposure lithography applications," *J. Micro/Nanolithogr. MEMS MOEMS* **8**(1), 11011, 2009.

[8] R. W. Boyd and S. J. Bentley, "Recent progress in quantum and nonlinear optical lithography," *J. Mod. Opt.* **53**, 713, 2006.

[9] W. Haske, V. W. Chen, J. M. Hales, W. Dong, S. Barlow, S. R. Marder, and J. W. Perry, "65 nm feature sizes using visible wavelength 3-D multiphoton lithography," *Opt. Express* **15**, 3426 – 3436, 2007.

[10] S. M. Kuebler, M. Rumi, T. Watanabe, K. Braun, B. H. Cumpston, A. A. Heikal, L. L. Erskine, S. Thayumanavan, S. Barlow, S. R. Marder, and J. W. Perry, "Optimizing two-photon initiators and exposure conditions for three-dimensional microfabrication," *J. Photopolym. Sci. Technol.* **14**, 657 – 668, 2001.

[11] J. Byers, S. Lee, K. Jane, P. Zimmerman, N. Turro, and C. G. Willson, "Double exposure materials simulation study of feasibility," in *24th Conference of Photopolymer Science and Technology*, June 2007 Tokyo, 2007.

[12] E. Yablonovitch and R. B. Vrijen, "Optical projection lithography at half the Rayleigh resolution limit by two-photon exposure," *Opt. Eng.* **38**(2), 334, 1999.

[13] D. Vincent, "Optical limiting threshold in carbon suspensions and reverse saturable absorber materials," *Appl. Opt.* **40**, 6646 – 6653, 2001.

[14] W. G. Oldham, "The use of contrast enhancement layers to improve the effective contrast of positive resist," *IEEE Trans. Electron Devices* **34**, 247 – 251, 1987.

[15] F. Shao, G. D. Cooper, Z. Chen, and A. Erdmann, "Modeling of exploration of reversible contrast enhancement layers for double exposure lithography," *Proc. SPIE* **7640**, 76400J, 2010.

[16] A. Erdmann, P. Evanschitzky, T. Fühner, T. Schnattinger, C. B. Xu, and C. Szmanda, "Rigorous electromagnetic field simulation of two-beam interference exposures for the exploration of double patterning and double exposure scenarios," *Proc. SPIE* **6924**, 692452, 2008.

[17] T. Ebihara, M. D. Levenson, W. Liu, J. He, W. Yeh, S. Ahn, T. Oga, M. Shen, and H. Msaad, "Beyond $k_1 = 0.25$ lithography: 70 nm L/S patterning using KrF scanners," *Proc. SPIE* **5256**, 985 – 994, 2003.

[18] M. Maenhoudt, J. Versluijs, H. Struyf, J. van Olmen, and L. van Hove, "Double patterning scheme for sub-0.25 k_1 single damascene structures at NA = 0.75, λ = 193nm," *Proc. SPIE* **5754**, 1508 – 1518, 2005.

[19] M. Padmanaban, J. Cho, T. Kudo, D. Rahman, H. Yao, D. McKenzie, A. Dioses, S. Mullen, E. Wolfer, K. Yamamoto, Y. Cao, and Y. Her, "Progress in spin-on hard mask

materials for advanced lithography," *J. Photopolym. Sci. Technol.* **27**(4), 503–509, 2014.

[20] M. Drapeau, V. Wiaux, E. Hendrickx, S. Verhaegen, and T. Machida, "Double patterning design split implementation and validation for the 32 nm node," *Proc. SPIE* **6521**, 652109, 2007.

[21] A. J. Hazelton, S. Wakamoto, S. Hirukawa, M. McCallum, N. Magome, J. Ishikawa, C. Lapeyere, I. Guilmeau, S. Barnola, and S. Gaugiran, "Double-patterning requirements and prospects for optical extension without double patterning," *J. Micro/Nanolithogr. MEMS MOEMS* **8**(1), 11003, 2009.

[22] Y. C. Bae, Y. L. Liu, T. Cardolaccia, J. C. McDermott, P. Trefonas, K. Spizuoco, M. Reilly, A. Pikon, L. Joesten, G. G. Zhang, G. G. Barclay, J. Simon, and S. Gaugiran, "Materials for single-etch double patterning process: Surface curing agent and thermal cure resist," *Proc. SPIE* **7273**, 727306, 2009.

[23] M. Yamaguchi, T. Wallow, Y. Yamada, R. H. Kim, J. Kye, and H. J. Levinson, "A study of photoresist pattern freezing for double imaging using 172 nm VUV flood exposure," in *25th International Conference of Photopolymer Science and Technology*, 2008.

[24] A. Erdmann, F. Shao, J. Fuhrmann, A. Fiebach, G. P. Patsis, and P. Trefonas, "Modeling of double patterning interactions in litho-curing-litho-etch (LCLE) processes," *Proc. SPIE* **76740**, 76400B, 2010.

[25] S. Robertson, P. Wong, P. De Bisschop, N. Vandenbroeck, and V. Wiaux, "Interactions between imaging layers during double-patterning lithography," *Proc. SPIE* **8326**, 83260B, 2012.

[26] Y.-K. Choi, T.-J. King, and C. Hu, "A spacer patterning technology for nanoscale CMOS," *IEEE Trans. Electron Devices* **49**, 436, 2002.

[27] A. Carlson and T.-J. K. Liu, "Low-variability negative and iterative spacer processes for sub-30-nm lines and holes," *J. Micro/Nanolithogr. MEMS MOEMS* **8**(1), 11009, 2009.

[28] R. Chao, K. K. Kohli, Y. Zhang, A. Madan, G. R. Muthinti, A. J. Hong, D. Conklin, J. Holt, and T. C. Bailey, "Multitechnique metrology methods for evaluating pitch walking in 14 nm and beyond FinFETs," *J. Micro/Nanolithogr. MEMS MOEMS* **13**(4), 1–9, 2014.

[29] M. Asano, "Sub-100 nm lithography with KrF exposure using multiple development method," *Jpn. J. Appl. Phys.* **38**, 6999–7003, 1999.

[30] C. Fonseca, M. Somervell, S. Scheer, Y. Kuwahara, K. Nafus, R. Gronheid, S. Tarutani, and Y. Enomoto, "Advances in dual-tone development for pitch doubling," *Proc. SPIE* **7640**, 76400E, 2010.

[31] X. Gu, C. M. Bates, Y. Cho, T. Kawakami, T. Nagai, T. Ogata, A. K. Sundaresan, N. J. Turro, R. Bristol, P. Zimmerman, and C. G. Willson, "Photobase generator assisted pitch division," *Proc. SPIE* **7639**, 763906, 2010.

[32] J. Fuhrmann, A. Fiebach, M. Uhle, A. Erdmann, C. Szmanda, and C. Truong, "A model of self-limiting residual acid diffusion for pattern doubling," *Microelectron. Eng.* **86**, 792, 2009.

[33] K. Lucas, C. Cork, A. Miloslavsky, G. Luc-Pat, L. Barnes, J. Hapli, J. Lewellen, G. Rollins, V. Wiaux, and S. Verhaegen, "Double-patterning interactions with wafer processing, optical proximity correction, and physical design flow," *J. Micro/Nanolithogr. MEMS MOEMS* **8**(3), 33002, 2009.

[34] M. C. Smayling, K. Tsujita, H. Yaegashi, V. Axelrad, R. Nakayama, K. Oyama, and A. Hara, "11 nm logic lithography with OPC-Lite," *Proc. SPIE* **9052**, 90520M, 2014.

[35] M. Maenhoudt, R. Gronheid, N. Stepanenko, T. Matsuda, and D. Vangoidsenhoven, "Alternative process schemes for double patterning that eliminate the intermediate etch step," *Proc. SPIE* **6924**, 69240P, 2008.

[36] A. H. Gabor and N. M. Felix, "Overlay error statistics for multiple-exposure patterning," *J. Micro/Nanolithogr. MEMS MOEMS* **18**(2), 1–16, 2019.

[37] M. J. Fasolka, "Block copolymer thin films: Physics and applications," *Annu. Rev. Mater. Res.* **31**, 323 - 355, 2001.

[38] H.-C. Kim and W. D. Hinsberg, "Surface patterns from block copolymer self-assembly," *J. Vac. Sci. Technol. A* **26**, 1369, 2008.

[39] R. A. Farrell, T. G. Fitzgerald, D. Borah, J. D. Holmes, and M. A. Morris, "Chemical interactions and their role in the microphase separation of block copolymer thin films," *Int. J. Mol. Sci.* **10**, 3671 - 3712, 2009.

[40] X. Chevalier, R. Tiron, T. Upreti, S. Gaugiran, C. Navarro, S. Magnet, T. Chevolleau, G. Cunges, G. Fleury, and G. Hadziioannou, "Study and optimization of the parameters governing the block copolymer self-assembly: Toward a future integration in lithographic process," *Proc. SPIE* **7970**, 79700Q, 2011.

[41] S. O. Kim, H. H. Solak, M. P. Stoykovich, N. J. Ferrier, J. J. de Pablo, and P. F. Nealey, "Epitaxial self-assembly of block copolymers on lithographically defined nanopatterned substrates," *Nature* **424**, 411 - 414, 2003.

[42] R. A. Segalman, H. Yokoyama, and E. J. Kramer, "Graphoepitaxy of spherical domain block copolymer films," *Adv. Mater.* **13**, 1152 - 1155, 2001.

[43] R. Tiron, S. Gaugiran, J. Pradelles, H. Fontaine, C. Couderc, L. Pain, X. Chevalier, C. Navarro, T. Chevolleau, G. Cunge, M. Delalande, G. Fleury, and G. Hadziioannou, "Pattern density multiplication by direct self assembly of block copolymers: Toward 300 mm CMOS requirements," *Proc. SPIE* **8323**, 832300, 2012.

[44] C. Bencher, H. Yi, J. Zhou, M. Cai, J. Smith, L. Miao, O. Montal, S. Blitshtein, A. Lavia, K. Dotan, H. Dai, J. Y. Cheng, D. P. Sanders, M. Tjio, and S. Holmes, "Directed self-assembly defectivity assessment (part II)," *Proc. SPIE* **8323**, 83230N, 2012.

[45] R. Tiron, A. Gharbi, M. Argoud, X. Chevalier, J. Belledent, P. P. Barros, I. Servin, C. Navarro, G. Cunge, S. Barnola, L. Pain, M. Asai, and C. Pieczulewski, "The potential of block copolyme directed self-assembly for contact hole shrink and contact multiplication," *Proc. SPIE* **8680**, 868012, 2013.

[46] N. C. Karayiannis, V. G. Mavrantzas, and D. N. Theodorou, "A novel Monte Carlo scheme for the rapid equilibration of atomistic model polymer systems of precisely defined molecular architecture," *Phys. Rev. Lett.* **88**, 105503, 2002.

[47] M. Müller, K. Katsov, and M. Schick, "Coarse-grained models and collective phenomena in membranes: Computer simulation of membrane fusion," *Journal of Polymer Science: Part B: Polymer Physics* **41**, 1441, 2003.

[48] M. W. Matsen, *Self-Consistent Field Theory and Its Applications in Soft Matter, Volume 1: Polymer Melts and Mixtures*, 83. Wiley-VCH, Weinheim, 2006.

[49] D. Q. Pike, F. A. Detcheverry, M. Müller, and J. J. de Pablo, "Theoretically informed coarse grain simulations of polymeric systems," *J. Chem. Phys.* **131**, 84903, 2009.

[50] J. J. de Pablo, "Coarse-grained simulations of macromolecules: From DNA to nanocomposites," *Annu. Rev. Phys. Chem.* **62**, 555 - 574, 2011.

[51] R. A. Lawson, A. J. Peters, P. J. Ludovice, and C. L. Henderson, "Tuning domain size of block copolymers for directed self assembly using polymer blending: Molecular dynamics simulation studies," *Proc. SPIE* **8680**, 86801Z, 2013.

[52] S. Ji, U. Nagpal, G. Liu, S. P. Delcambre, M. Müller, J. J. de Pablo, and P. F. Nealey, "Directed assembly of non-equilibrium ABA triblock copolymer morphologies on nanopatterned substrates," *ACS Nano* **6**, 5440 - 5448, 2012.

[53] T. Ohta and K. Kawasaki, "Equilibrium morphology of block copolymer melts," *Macromolecules* **19**, 2621 - 2632, 1986.

[54] E. W. Edwards, M. F. Montague, H. H. Solak, C. J. Hawker, and P. F. Nealey, "Precise control over molecular dimensions of block-copolymer domains using the interfacial energy of chemically nanopatterned substrates," *Adv. Mater.* **16**, 1315 - 1319, 2004.

[55] K. Yoshimoto, K. Fukawatase, M. Ohshima, Y. Naka, S. Maeda, S. Tanaka, S. Morita,

H. Aoyama, and S. Mimotogi, "Optimization of directed self-assembly hole shrink process with simplified model," *J. Micro/Nanolithogr. MEMS MOEMS* **13**(3), 31305, 2014.

[56] T. Fühner, U. Welling, M. Müller, and A. Erdmann, "Rigorous simulation and optimization of the lithography/directed self-assembly co-process," *Proc. SPIE* **9052**, 90521C, 2014.

[57] J. Zhang, M. B. Clark, C. Wu, M. Li, P. Trefonas, and P. D. Hustad, "Orientation control in thin films of a high-chi block copolymer with a surface active embedded neutral layer," *Nano Lett.* **16**, 728–735, 2016.

[58] E. Richter, M. Sebald, L. Chen, G. Schmid, and G. Czech, "CARL: Advantages of thin-film imaging for leading-edge lithography," *Materials Science in Semiconductor Processing* **5**, 291, 2003.

[59] F. Coopmans and B. Roland, "DESIRE: A novel dry developed resist system," *Proc. SPIE* **631**, 34, 1986.

[60] Q. Lin, A. D. Katnani, T. A. Brunner, C. DeWan, C. Fairchok, D. C. LaTulipe, J. P. Simons, K. E. Petrillo, K. Babich, D. E. Seeger, M. Angelopoulos, R. Sooriyakumaran, G. M. Wallraff, and D. C. Hofer, "Extension of 248-nm optical lithography: A thin film imaging approach," *Proc. SPIE* **333**, 278, 1998.

第6章　极紫外光刻

极紫外(EUV)或软X射线辐射范围涵盖5~30 nm的波长。与曝光波长为248 nm和193 nm的深紫外(DUV)光刻类似的是,EUV光刻也使用投影光学系统实现掩模图形的缩小成像。EUV光刻采用更短的波长,以实现比DUV光刻更优的分辨率。EUV光刻既提高了分辨率,其技术又和已有的光刻技术相似,这使得EUV光刻成为193 nm浸没式光刻之后非常有吸引力的后继技术。

从DUV光学光刻过渡到EUV光刻有几个重要的技术难点[1,2]。首先,需要具有高输出功率、足够寿命和足够稳定性的可靠光源。目前已经开发了几种激光和放电产生等离子体的EUV光源。其次,因为没有足够透明的材料来制造用于EUV谱段的透镜,传统的照明和投影光学系统中的透镜和透射掩模必须由反射光学组件替代。这对EUV系统的掩模和成像特性有重要影响。最后,需要敏感且分辨率高的光刻胶材料。高能量的EUV光子改变了入射光与光刻胶相互作用的传统机理。光子噪声、二次电子散射效应及其他现象会对光刻胶的灵敏度、分辨率和线边缘粗糙度造成影响。

EUV光刻系统特定波长的选择取决于可用的光源和材料。当前EUV系统使用了13.5 nm的波长。图6-1为EUV投影系统的示意图。光源的集光镜将从激光产生的等离子体发射的EUV光汇聚到中间焦点处。照明系统采用四个反射镜组成EUV照明系统,用于照射掩模工件台上的反射式掩模。投影光学系统采用6个反射镜,把掩模图形缩小4倍成像到晶圆表面的光刻胶内。由于所有材料(包括空气)对13.5 nm波段透明度不足,EUV系统必须在真空中运行。

软X射线或EUV波长投影光刻首次由Kinoshita等人[4]以及Hawryluk和Seppala[5]在20世纪80年代后半期提出。Tony Yen在2016年SPIE先进技术研

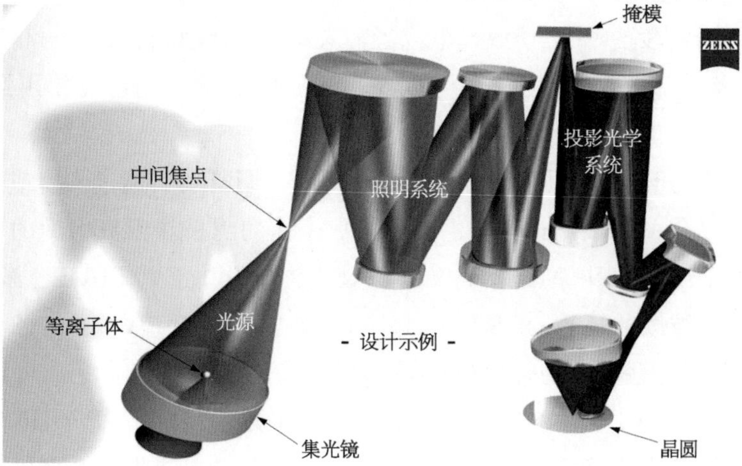

图 6-1　EUV 光刻的蔡司成像系统示意[3]

讨会上的演讲中回顾了这项技术丰富多彩的发展史[6]。虽然 ASML 的第一批预生产型 EUV 光刻机的数值孔径(NA)仅为 0.33,并于 2012 年交付给半导体制造商[7],但三星公司真正使用 EUV 光刻进行大规模制造半导体芯片则是在此七年之后。进一步开发更高数值孔径的 EUV 光刻,以及相关的成形技术所需的材料和工艺,是延续半导体器件未来微缩的期望所在。

本章将概述 EUV 光刻技术的最重要的内容。从对 EUV 光源的介绍开始,接下来介绍作为 EUV 掩模和成像系统的重要组成部分的多层膜反射镜。用反射式掩模和反射镜替代透射式掩模和透镜对成像特性有诸多重要的影响。6.5 节将概述在光刻胶曝光和工艺过程中的效应以及由此产生的性能局限。EUV 光刻特有的多层膜缺陷及其特性将在 6.6 节中讨论。本章最后将简要地介绍高数值孔径 EUV 投影系统的发展以及 EUV 光刻的新型掩模。

6.1　EUV 光源

EUV 光刻的第一个实验使用的是同步辐射加速器产生的自由电子发射的光。由于功率限制和高成本,这种基于同步辐射加速器的光源不适用于大规模制造。EUV 光也可以由适当的目标材料[如氙(Xe)、锡(Sn)和锂(Li)]的等离子体中的高能电子态激发产生。在此之前,为 EUV 光刻机开发的等离子体源有两种[8-10]：放电产生的等离子体源（DPP）和激光产生的等离子体源（LPP）。转换效率，即窄波段的 EUV 功率与电或光输入功率的比值，它取决于目标材料、目标几何形状、等离子体密度及其他参数。现在的 EUV 光刻系统使用锡（Sn）作为目标材料，以实现 2%~5%的转换效率。

图 6-2 是 DPP 光源和 LPP 光源的示意图。目标材料通过入口或通过激光消融装置，从锡的阴极输送到放电产生等离子体的阴极和阳极中间的位置。等离子体由高压放电（DPP）或由高功率二氧化碳（CO_2）激光器（LPP）激发产生，它发射 EUV 波段的辐射，其峰值在 13.5 nm 波长。然而，等离子体也会产生紫外线和可见光这些多余的带外（OOB）辐射。采用光谱纯度滤光片可以减少进入照明光系统的 OOB，例如薄膜、多层膜反射镜或特殊光栅。DPP 和 LPP 光源都会产生碎屑，即高速移动的微粒、液滴、离子和电子。这些碎屑有可能损坏照明和投影系统的光学部件，采用箔陷阱可以去除或减少光路中的碎屑。激发出的洁净 EUV 光经多层膜集光镜或掠入射收集器引导，汇聚到光源和聚光系统之间的中间焦点。

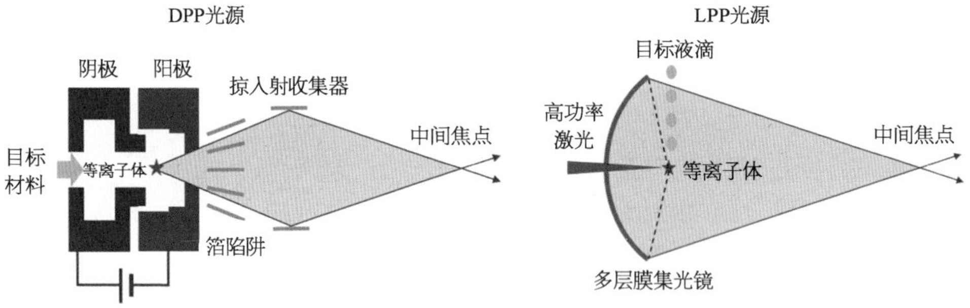

图 6-2 放电等离子体（DPP）光源（左）和激光等离子体（LPP）光源（右）示意[11]

EUV 光刻的 DPP 光源和 LPP 光源的转换效率较低，这意味着输入功率的主要部分被转换为 OOB、碎屑和热耗散。应对由此产生的高热负荷是这两种类型 EUV 光源共有的挑战。等离子体附近的碎屑和由此产生的对反射镜和其他组件的溅射，限制了 EUV 光源的寿命和稳定性。EUV 光源的输出功率受限于转换效率低、光谱过滤器和碎屑阻隔以及高热负荷处理等因素，然而高产量要求在中间焦点有 200 W 或更高的输出功率，因此，输出功率的稳定性和寿命也是 EUV 光源开发的另一项严峻挑战[9,10]。正是上述的诸多问题和光源的性能不足使得 EUV 光刻用于半导体大规模制造推迟了好几年。

最先进的 EUV 扫描光刻机采用 LPP 光源和预脉冲技术，如图 6-3 所示，预脉冲(PP)使锡滴扩张成形,以改善随后的主脉冲(MP)与锡滴的相互作用。预脉冲和主脉冲之间的完美同步和相互作用提高了转换效率,使输出功率超过了 250 W。预脉冲技术的引入是 EUV 光刻应用到半导体大规模制造非常重要的一步[10]。

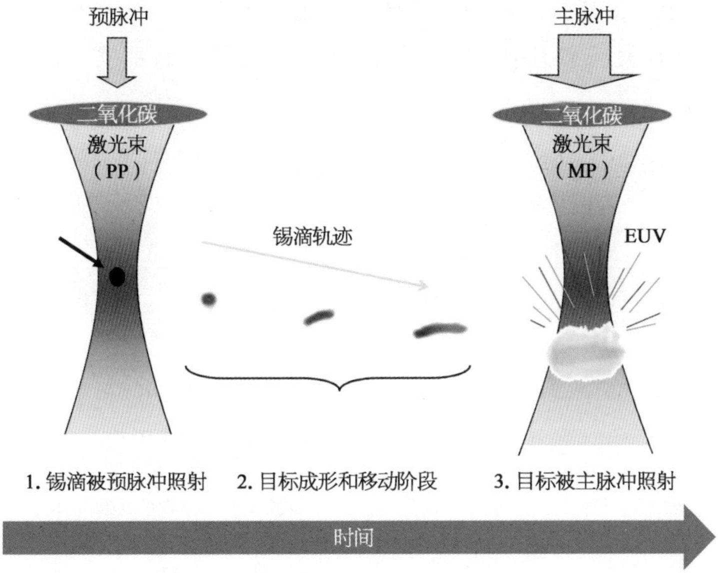

图 6-3　预脉冲技术概念图

经 De Gruyter 许可改编自本章后参考文献[10],感谢 Igor Fomenkov(ASML)的帮助

自由电子激光器是另一种产生 EUV 光的技术,其可能为未来的 EUV 系统提供有趣的选择[12],此外,利用适当材料中激光脉冲高阶谐波产生的 EUV 光也可以用于 EUV 的量测技术[13]。

6.2　EUV 和多层膜中的光学材料特性

高能的 EUV 光子可以与原子的内壳相互作用,因而在 EUV 辐射中,材料的光学特性由材料的原子组成决定,与特定的化学结合无关。折射率复数 $\tilde{n}$ 可以写成[14-16]:

$$\tilde{n} = 1 - \frac{N_a r_e \lambda^2}{2\pi}(f_1 - if_2)$$

$$= 1 - \delta + i\beta$$
$$= n + ik \quad (6-1)$$

式中，N_a为每单位体积的原子数，r_e为电子半径，λ 为波长，$f_{1,2}$为双层膜结构中两种材料的原子散射因子，系数 δ 和 β 已制成表格(表 6-1)[17]。CXRO[18] 网页被认为是 EUV 光学材料特性的参考标准。参数 δ 和 β 的值小于 1，且与材料的沉积条件和杂质有关。本书中使用的是方程(6-1)第三行的实部折射率 n 和虚部消光系数 k。

表 6-1 所选材料在 13.5 nm 波长下的光学特性[n 为折射率的实部($1-\delta$)，k 为消光系数(β)，d_p为穿透深度；δ 和 β 的值来自 CXRO 数据库[18]，钽-硼-硝酸盐(TaBN)是典型的掩模吸收层材料]

Material	n	k	d_p/nm
碳	0.961 573	6.91e^{-3}	1.55e^{+2}
氢	0.999 995	1.45e^{-7}	7.41e^{+6}
氟	0.999 971	1.88e^{-5}	5.14e^{+4}
钼	0.923 791	6.43e^{-3}	1.67e^{+2}
氧	0.999 973	1.22e^{-5}	8.81e^{+4}
镍	0.948 223	7.27e^{-2}	1.48e^{+1}
氮	0.999 976	7.01e^{-6}	1.53e^{+5}
钌	0.886 360	1.71e^{-2}	6.29e^{+1}
硅	0.999 002	1.83e^{-3}	5.87e^{+2}
钽	0.942 904	4.08e^{-2}	2.63e^{+1}
钽硼硝酸盐(TaBN)	0.95	3.10e^{-2}	3.46e^{+1}
锆	0.958 964	3.76e^{-2}	2.86e^{+1}

表 6-1 列举了所选材料在 13.5 nm 波长下的光学特性。其中穿透深度 d_p的定义是光强在材料内衰减至入射前的 1/e(约 37%)时的深度。其计算公式为

$$d_p = \frac{1}{\alpha} = \frac{\lambda}{4\pi k} \quad (6-2)$$

式中，α 是材料的吸收系数。

尽管表 6－1 中的数据并不全面，但它们可以说明 EUV 光刻在材料方面所面临的一些挑战。EUV 光在大气压力下的气体中的穿透深度（d_p）不超过几毫米，在固体材料中，典型的 d_p 值甚至低于 1 μm。要想使用镍或其他金属材料作为 EUV 掩模的有效吸收层，其厚度需要几十纳米。

几乎所有材料对 EUV 波长光谱都有显著的吸收和相似的光学特性，这限制了可用于操作和传导 EUV 光的光学器件。EUV 谱段的光是无法通过透镜的，而高产率的光刻成像系统中也无法采用低效率的衍射光学元件（例如透射光栅、波带板或针孔）。这类衍射组件通常用于计量和其他特殊装置。

高效率的反射元件需要较大的入射角（掠入射反射镜）或来自多个界面（多层膜反射镜）反射光的相长干涉。因此，EUV 系统的成像光学器件和 EUV 掩模采用的是多层膜涂层，由周期性的双层薄膜经多次堆叠组成（图 6－4）。来自多个界面的反射光相长干涉的条件由布拉格（Bragg）定律表示：

$$m\lambda = 2d\cos\theta \tag{6-3}$$

式中，d 为双层膜的厚度，θ 为入射角，λ 为波长，m 为整数。所需双层膜的数量和可实现的反射率值取决于材料差异，该差异由组成双层膜的两种材料的折射率实部之差异决定。典型的双层膜系统结合了具有高原子序数和低原子序数的材料，以实现它们光学特性之间的更大差异。在材料选择中还必须考虑其他技术要求，例如具有突变界面的连续薄膜构造的可制造性[19]。当前的 EUV 系统采用了 40 对钼（Mo）和硅（Si）双层膜。从表 6－1 中的数据可以看出，这两种材料之间的折射率差异较大，而吸收率则都相对较小。

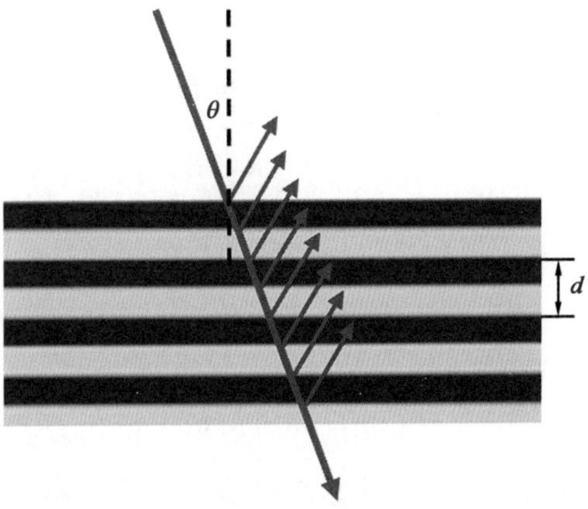

图 6－4　多层膜叠层示意图

钼-硅多层膜叠层的反射率可以用转移矩阵法计算（见 8.3.3 节对该方法的简短说明）。图 6－5 显示了典型钼-硅多层膜叠层的反射率值与波长和入射角的关系。在 13.5 nm 的工作波长下，0°～12°的入射角度范围内，理论反射率达到约 70%的值。图 6－5 右图中的垂直虚线和无阴影范围，表示了在数值孔径为 0.33 的范围内的标称波长、主入射角和入射角范围。

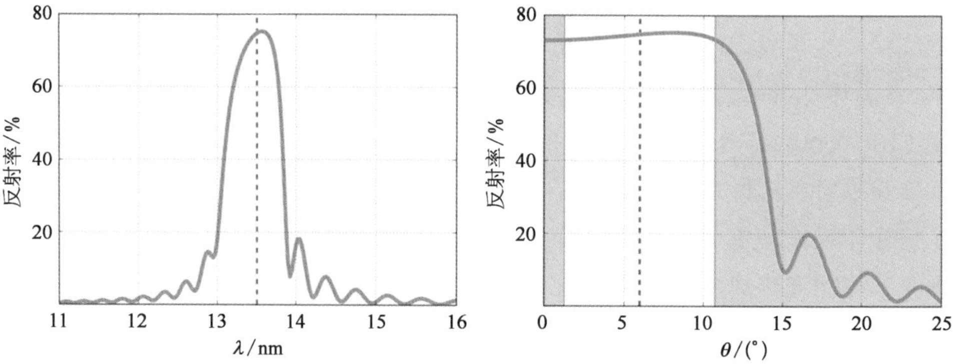

图 6-5 钼-硅 EUV 多层系统的计算反射率与波长 λ(左)和入射角 θ(右)的关系

多层膜参数：40 层 3.00 nm 厚的钼($n=0.919\ 43+0.006\ 63i$)和 4.00 nm 厚的硅($n=0.998\ 75+0.001\ 83i$)；垂直虚线表示 13.5 nm 的工作波长和 6°的主入射角；右图中的非阴影区域表示数值孔径为 0.33 内的相关入射角范围

实验上可实现的反射率略低于理论预测值。这种差异可以用厚度的微小误差和界面的不完美来解释。钼和硅之间的扩散会产生一个混合层，降低了钼和硅层之间的反射率。引入 Mo_2O 和其他阻挡层可以限制层间的扩散效应，Aquila 等人[20]证明了在 EUV 多层膜设计中包括混合层的必要性。另外，多层膜上层的氧化也会导致进一步的反射率损失，因此用一层薄的钌覆盖以保护多层膜系统。

图 6-5 所示反射率数据表明，EUV 系统中的每对反射镜都会引入超过 50%的光损失，这直接限制了 EUV 系统中可用镜子的数量。然而，多层膜反射率的重复应用有利于锐化来自 EUV 光源的谱宽并减少 OOB(参见 6.4 节中的讨论)。

实验上可实现的反射率还包括表面质量不完美带来的散射损失，即使是几埃数量级的微小粗糙度也会引入显著的散射损失。EUV 成像系统中反射镜的表面形貌误差要求是低于 0.2 nm。

尽管存在这些具有挑战性的要求，但是用于 EUV 成像系统的钼-硅多层膜反射镜已通过磁控溅射被成功制造[21]，采用特殊的抛光和表面表征技术保证了镜面平整度误差低于所需的最大表面形貌误差[22]。

6.3 EUV 掩模

EUV 光刻中使用的掩模图案是制作在反射式的钼-硅多层膜顶部的吸收层

上。照明采用主入射角为 6°的倾斜照明，因此反射光与入射光是分开的，此外多层膜的反射率随入射角而变化。倾斜照明造成了 EUV 的多种特定的成像现象，本节和下一节将对此作进一步讨论。

图 6－6 所示为典型 EUV 掩模的横截面。40 对硅-钼双层膜沉积在超低热膨胀基板上。优化的钼和硅的厚度使在一定的入射角范围内入射的 EUV 光具有较高的反射率。有一层几纳米厚的钌覆盖层用来保护多层膜免受氧化和其他意外的物理和化学改性。

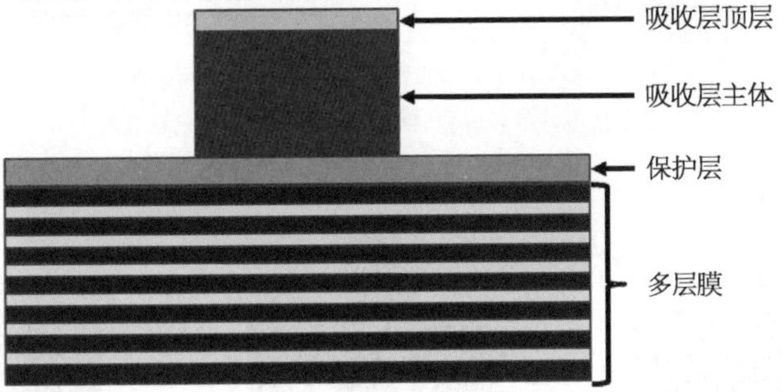

图 6－6　典型 EUV 掩模的横截面；吸收层图案由单层或双层膜堆叠组成；反光钼-硅多层膜由大约 40 个双层膜组成，图中只显示了其中的几个

通常掩模的暗场是指掩模顶部由单一或多种材料薄膜组成的吸收层。顶部吸收层化学成分的设计取决于沉积工艺和吸收层的局部工作环境。吸收层叠层的目的是抑制 EUV 光的反射，同时也便于使用 DUV 光对掩模进行量测和检查。为了吸收足够量的 EUV 光，钽基吸收层叠层（TaBN，见表 6－1）的总厚度必须大于 50 nm，这大约是四个波长的厚度。EUV 掩模的光衍射无法通过方程（2－3）中基尔霍夫（Kirchhoff）边界条件（假设掩模无限薄）来进行建模。相反，必须采用严格电磁场仿真（参见第 9 章）来理解来自掩模的光衍射，并量化大多数 EUV 掩模特定的成像效果。

EUV 掩模的倾斜照明引入了衍射和成像特性的方向依赖性。图 6－7 展示了典型的横竖两方向的线空图形。照明是在 yz 平面上与 z 轴呈倾斜角度 θ。与 x 轴平行的是水平线，它会产生不对称的阴影效应，因为吸收层正面在负 y 方向上，吸收层背面在正 y 方向上，所以吸收层正面比背面看到的光更少。而与 y 轴平行的是垂直线，其吸收层两侧看到的光量相同。

图 6－8 所示为严格电磁场仿真的水平线和垂直线的近场光强度。为了突出讨论的效果，入射光和反射光的强度分别如图 6－8 左图、中图所示，EUV 掩

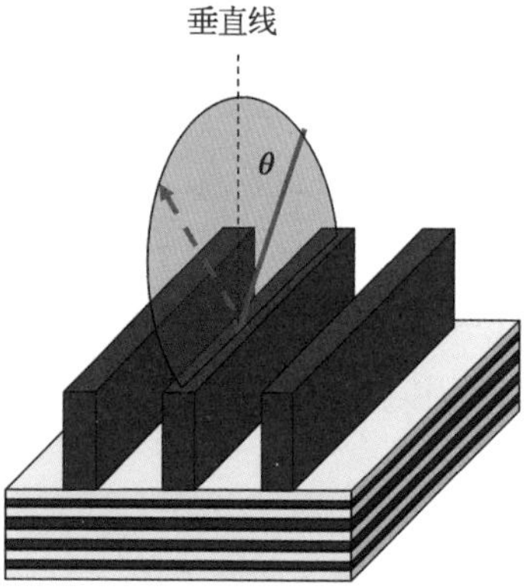

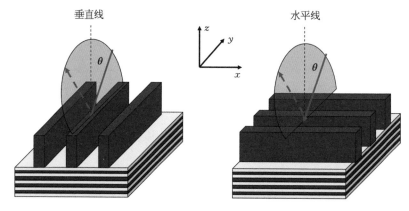

图 6-7　EUV 掩模上垂直(左)和水平(右)线的示意[23]

为了实现更好的可视化，顶部吸收层和覆盖层已被省略

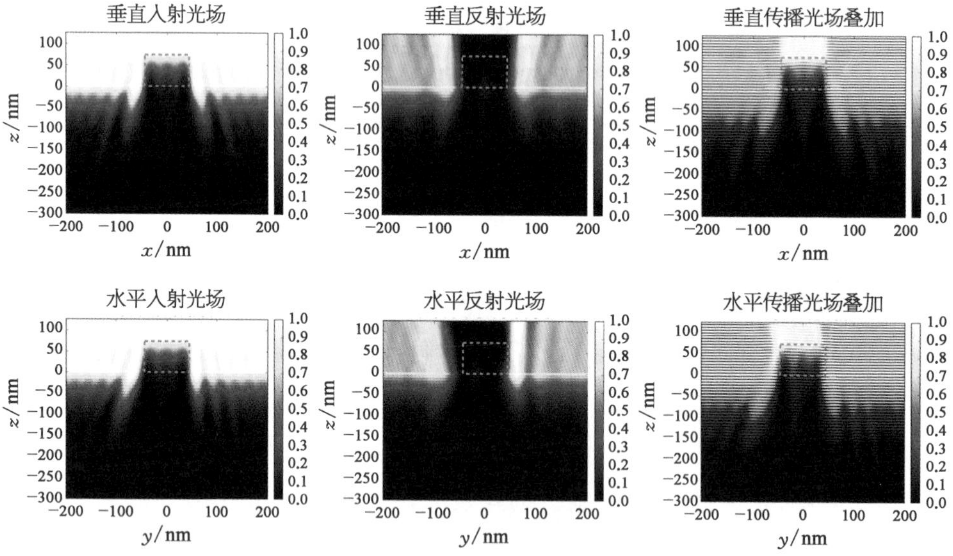

图 6-8　在垂直线(上行)和水平线(下行)附近的 EUV 掩模近场的严格电磁场仿真结果

向下传播的是入射 EUV 光(左列)、向上传播的反射 EUV 光(中列)以及向上和向下传播的 EUV 光叠加(右列)。设置：$\lambda = 13.5$ nm、入射角 $\theta = 6°$、电场矢量平行于线宽为 88 nm、间距为 400 nm(掩模坐标)的线型吸收层(由 14 nm TaBO 和 60 nmTaBN 双层膜组成)

模附近的完整 EUV 光场的总强度显示在右列图中，吸收区由虚线表示，多层膜的顶部位于 $z = 0$。

仿真的结果和预期一致，来自掩模顶部的入射光在吸收层内衰减，而在无吸收层的区域入射光能透入到多层膜内。多层膜内光强的横向调制源于吸收层边缘的光衍射。对于入射光，作用在垂直线和水平线之间的差异很小；对于第二次撞击吸收层的反射光，这种差异就变得较为明显。对于水平图形，反射光表现出明显的不对称性，在正 y 方向上吸收层明侧的光强度远大于暗侧阴影中的光强。从反射光的近场图中观察到的另一个重要现象是光的反射发生在多层膜内部而不是顶部。EUV 光在多层内的传播引入了额外的相位差异，也会参与图形的成像。图 6－8 右列图的总光场图显示出明显的驻波图形，这是入射光与反射光的干涉所致。

图 6－9 显示了吸收层正上方反射光的强度（反射率）和相位图，即图 6－8 中 $z=75$ nm 处。水平线的不对称照明会产生阴影，即吸收层左侧的强度较小，吸收层右侧的强度峰值来自多层膜基板的反射光和来自吸收层右侧的反射光的叠加。

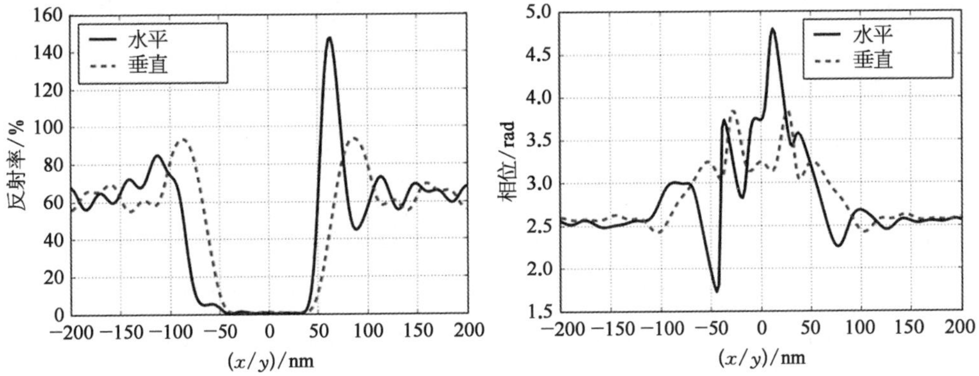

图 6－9 严格电磁场仿真吸收层叠层正上方反射光的强度（左）和相位（右），所有参数如图 6－8 所示

EUV 掩模反射光的另一个显著特征可以在图 6－9 右图的相位图中看到。对于水平和垂直图形，反射光的相位在 $x=-44$ nm 和 $x=+44$ nm 之间的吸收线附近表现出强烈的变化。由于吸收层内部的反射率很小，线中心的相位变化对成像特性而言并不重要。然而，吸收层边缘附近明显的相位变化会产生类似像差一样的成像效应。由此产生的成像效应将在 6.4 节中讨论。图 6－10 显示了来自 EUV 掩模的光衍射的另一种视图[24]。它描绘了通过掩模的各个衍射级的路径。吸收层和多层膜反射镜都被简化为（无限）薄的光学元件。

图 6－10 中显示吸收层和多层膜之间有一定的距离，这个距离用于仿真吸收层到实际多层膜内的虚构反射平面。

当来自光源向下传播的光第一次照射到吸收层时，光被衍射成离散的衍射级，衍射光再照射到多层膜上，所有的阶次都被反射回吸收层，向上传播的衍射波第二次照射吸收层并再次被衍射，最后从吸收层顶部向上传播出来的光可以用代表双衍射的两个衍射级数标识。投影系统内的第 0 级衍射实际上是由具有

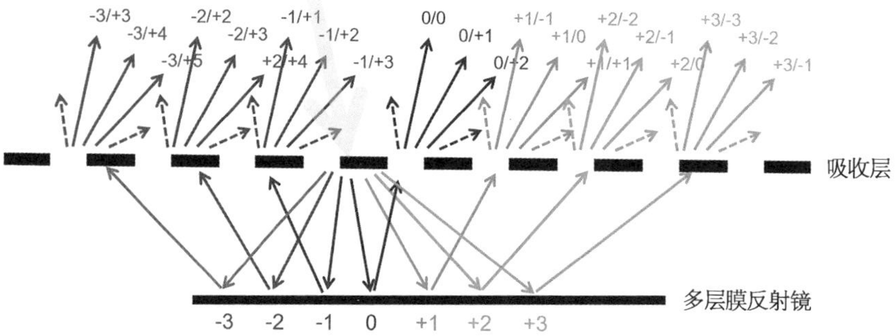

图 6-10 EUV 掩模的双衍射示意[24]

向下的粗箭头代表入射光，其他箭头表示由吸收层(粗水平虚线)的衍射和(多层膜)反射镜(粗水平实线)的反射产生的阶次

衍射级数-3/+3，-2/+2，-1/+1，0/0，+1/-1…的级次相干叠加产生的。所有这些衍射级都具有不同的强度，并且在吸收层和多层膜反射镜之间的空间中经历不同的相位延迟。类似的论点也适用于投影光瞳内的所有其他阶次。上面描述的双衍射，以及吸收层和多层膜有效反射面之间衍射级，包括它们不同的传播距离和相位，导致了在 DUV 光刻中完全没有的 EUV 特有的成像效应。

9.2.4 节将深入讨论 EUV 光刻中的掩模形貌效应(3D 掩模效应)和相关的 3D 效应缓解技术，其中之一就是采用薄型吸收层。目前使用的 TaBN 吸收层的厚度值为 55~65 nm，其反射率高于 1%，这种非零反射率不仅会影响版图特征的成像性能，而且还会引入 EUV 特有的黑边效应。这些效应源于相邻曝光区边缘漏光的影响，其边缘区域本应该是没有任何反射的纯暗区场。Natalia Davydova et al. 等[25,26]详细讨论了黑边效应对 EUV 成像的影响及其解决方案，包括 OPC 和去除黑边位置处的吸收层和多层膜。

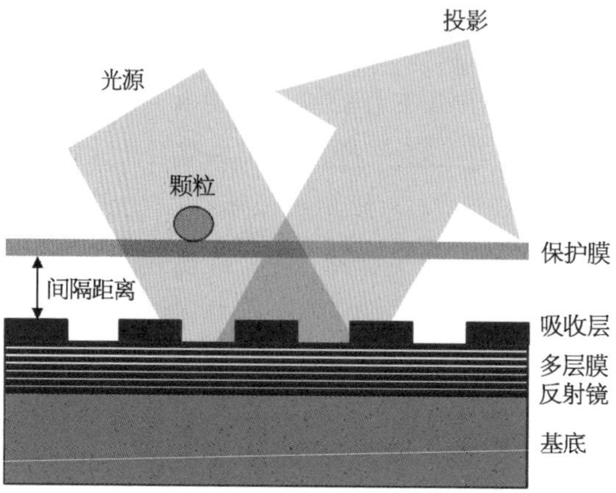

图 6-11 带有保护膜的 EUV 掩模示意[28]

由于分辨率高，因此 EUV 光刻对缺陷和颗粒极为敏感。6.6 节将讨论 EUV 掩模中特征缺陷方面的内容。本节的其余部分将简要讨论 EUV 掩模保护膜。图 6-11 所示为带有保护膜的标准掩模。EUV 保护膜是一种旨

在保护掩模免受颗粒侵害[27,28]的薄膜。保护膜在光学光刻中是成熟的技术[29-31]，EUV 保护膜的特殊挑战在于它们必须非常薄。由于 EUV 光在所有材料中都有显著吸收，而且 EUV 光必须两次通过保护膜，因此保护膜会导致 EUV 光能量的显著损失和产量的降低。

图 6－11 中的空间尺度不是按实际比例绘制的。当前 EUV 保护膜的厚度约为 50 nm，保护膜的典型间隔距离 SoD（即保护膜与吸收层之间的距离）为几毫米。这可确保即使在掩模上有杂质颗粒也不会靠近成像系统物平面中的吸收层。这些颗粒不在焦点上，因而也就不会（清晰地）投影到像平面上的光刻胶。

只有直径大于 10 μm 的颗粒才可能会影响吸收层特征图形的成像。关于如何避免杂质颗粒参与成像，以及杂质颗粒的关键尺寸等方面的仿真和实验研究，可以参考本章后的参考文献[28,32]以及其中的参考文献。

6.4　EUV 曝光设备和图像形成

多层膜反射镜在 EUV 曝光工具中的应用对投影和照明光学系统的设计有显著的影响[34,35]。多层膜的非完美反射率限制了系统中可用反射镜的最大数量。第一个 EUV 曝光装置采用带有微步进器的双镜 Schwarzschild 型投影光学系统[36,37]，这类微步进型以及类似的小视场的微曝光装置被用作 EUV 投影技术开发和各种概念测试的学习工具。最先进的 EUV 扫描型光刻机的投影光学系统采用了 6 片反射镜[3]（图 6－1），同时优化并细化非球面反射镜形状和多层膜涂层可以最大限度地减少光瞳内的光场振幅和相位差[35]。对反射镜和光学系统的光学表征，采用的是特殊的光栅横向剪切干涉仪[38]和相移点衍射干涉仪[39]。

EUV 光刻机的照明系统使用带有蝇眼积分器单元的 Köhler 型设计[3,40]。这些积分器采用面镜阵列，将从中间焦点发出的准直光束分成许多成像通道，具有独立瞳面的成像通道再由聚光镜叠加，实现具有特定入射角光谱对掩模的均匀照明[41]。这种独立光通道的组合设计形式，让照明光瞳呈现由数百个光点组成[42]。在不同通道之间灵活控制光线，可以实现各种照明设置之间无光能损失的切换[3]。

如上一节所述，EUV 成像系统采用倾斜（离轴）照明，主入射角由通过孔径光阑中心的主光线与掩模表面的法线向量之间的角度指定(图 6－5)。当前 EUV 成像系统在物体处的所谓主(入射)光线角(CRAO)为 6°,EUV 照明系统的特定形状以该主光线角度为中心,主光线角和掩模上特征图形相对于主光线的方向对于成像特性都很重要。

EUV 投影系统中成像的建模采用矢量傅里叶光学方法,第 2 章和第 8 章中对此有所论述。式(8－15)中的琼斯光瞳 $\hat{J}(\cdots)$ 可以表示折射和反射成像系统,如 6.3 节所述,必须通过严格的电磁方法计算掩模 E^{ff} 远场中的衍射光。对于数值孔径高于 0.2 的 EUV 系统,正确的建模需要非霍普金斯方法的成像建模(参见第 9 章)。

图 6－12 显示了仿真的水平和垂直线空图形的横截空间像及其相应的工艺窗口,对水平线的不对称照明导致图像向左偏移。在 0.1～0.3 的典型阈值范围提取的线宽表明,水平线比垂直线稍宽。在 EUV 光刻的早期研究中已经报道了这种与方向相关的成像效应[43]。对于和方向相关的整体线宽和位置误差,可以通过适当的光学邻近效应校正(OPC)和/或掩模在成像系统的物平面中的偏移来校正[44]。曾经提出了几种几何阴影模型来预测特征图形的线宽和位置的方向依赖性[45,46]。然而,这些简化的模型都无法预测最先进的 EUV 投影系统的成像特性。

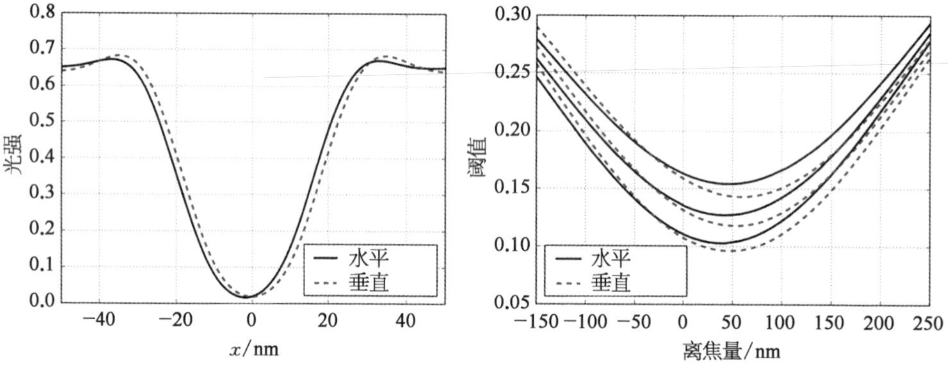

图 6－12　水平线和垂直线横截面的空间像(左)和工艺窗口(右)

线宽＝22 nm,间距＝100 nm(晶圆坐标),NA＝0.33,圆形照明 $\sigma=0.7$,所有其他参数如图 6－8 所示

仔细观察图 6－12 会发现工艺窗口略不对称,并且相对于焦距为零的像面也略有平移。这可以归因于在图 6－9 的近场图中已经看到的掩模引起的相位效应,并在本章后的参考文献[47]和本书第 9 章中都有相关的详细讨论。这种掩模特征和与焦距相关的成像伪影无法通过简单的 OPC 进行补偿。

图 6－13 展示了 EUV 成像的另一个典型特性——远心误差,它产生的原因也是 EUV 光对掩模的斜入射。图中表示的是图像横截面分布相对于离焦距位置的等高线图,曲线表明中心位置在±150 nm 的离焦值之间存在着线性偏移。尽管图中选择的模型参数和图像缩放意在突出相关效果,但其他掩模特征和成像参数也可以观察到特征图形的位置与焦距的这种线性变化。远心误差值,即特征图形位置与离焦曲线的斜率,会随照明形状和掩模图案的间距而变化。

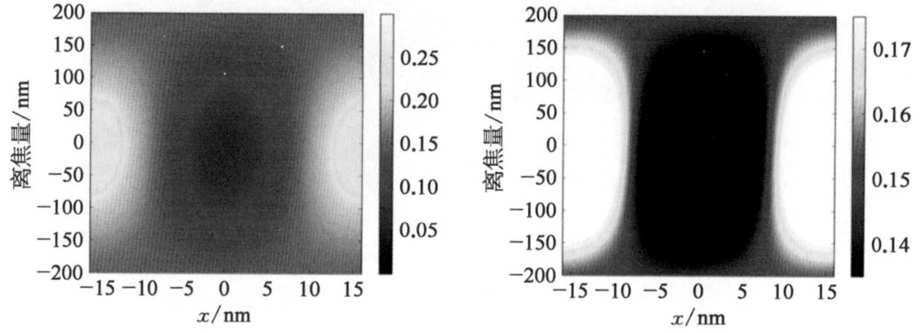

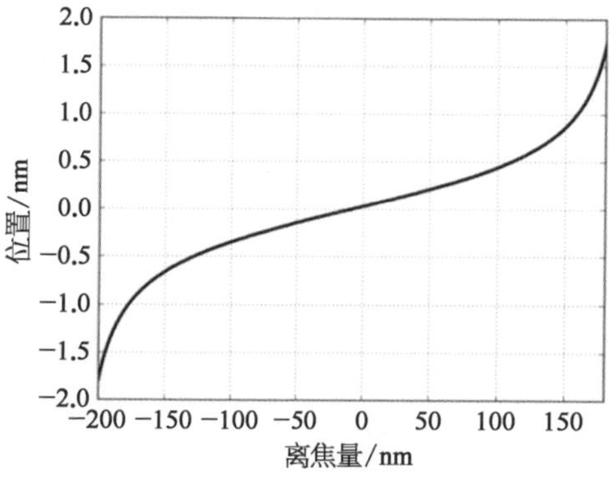

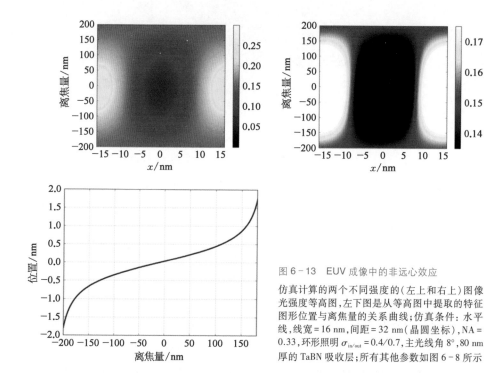

图 6－13　EUV 成像中的非远心效应

仿真计算的两个不同强度的(左上和右上)图像光强度等高图,左下图是从等高图中提取的特征图形位置与离焦量的关系曲线;仿真条件:水平线,线宽＝16 nm,间距＝32 nm(晶圆坐标),NA＝0.33,环形照明 $\sigma_{in/out}$＝0.4/0.7,主光线角 8°,80 nm 厚的 TaBN 吸收层;所有其他参数如图 6－8 所示

如图 6－14 所示主光线角度的方向随曝光狭缝内的图像位置而变化。曝光狭缝内不同位置,无论是照明方向还是像差都有所不同,这种与狭缝位置相关的成像和图形特征的变化必须通过 OPC 解决[48-50]。事实上,照明方向在照明光源的不同区域之间也会发生变化,EUV 光刻中由此产生的对比度衰减和额外的掩模形貌效应(3D 掩模效应)将在 9.2.4 节中讨论。

EUV 光刻采用短的波长,对光学表面平整度要求则非常高,EUV 投影系统对随机散射光或杂散光也非常敏感。表面高度波动导致的杂散光和波长呈 $1/\lambda^2$ 的比例关系,因此与相同表面粗糙度的 ArF 光刻相比,EUV 投影系统中来自粗糙表面的散射光量要大 200 倍[51]。

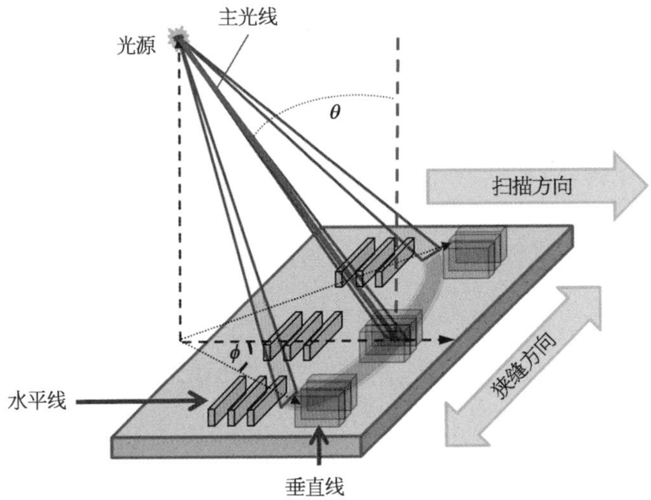

图 6-14 穿过扫描狭缝的主光线角度和特征图形方向变化的示意[49]

专门开发的抛光技术目前可以将 EUV 反射镜的粗糙度降低至 50 pm(均方根)误差。若以美国本土面积大小来比拟,其粗糙度缺陷不得超过 0.4 mm[52]。

然而,EUV 掩模的 OPC 中仍然必须考虑来自镜面的散射光。粗糙度的影响取决于空间高度变化的频率。低空间频率粗糙度会导致投影系统的像差(参见第 8 章的一般讨论)。

中等空间频率的粗糙度产生杂散光(随机散射光),EUV 系统中的杂散光可以延伸到几毫米大小的掩模区域。来自掩模较暗或较亮区域的不同数量的杂散光导致局部杂散光变化,进而导致特征尺寸变化。本章后的参考文献[53]和 8.2.2 节中介绍的各种形式的功率谱密度(PSD)函数用于计算杂散光对图像的影响。图 6-15 展示了一个考虑到不同程度杂散光的掩模设计示例。

高空间频率的粗糙度则影响镜面反射率。光刻机系统有专门的规格参数定义杂散光的不同频率分量[3]。

EUV 光刻的另一个需要考虑的特征成像效应是带外(OOB)辐射。这是在 EUV 成像中所需波长带宽之外的光辐射,是因为 EUV 光源发出的光范围很广,从软 X 射线到电磁光谱的深紫外 DUV 区域。尽管钼-硅多层膜反射镜选择反射来自 EUV 区域光源的窄光谱范围——以 13.5 nm 为中心的 EUV 光的半值全宽(FWHM),但它们也会反射部分 DUV 和可见光光谱区域中的光。由于投影光学器件在 DUV 波长下与成像光学器件同样有效,因此不能简单地将 OOB 辐射视为均匀背景或常数(DC)杂散光[55,56]。图 6-16 展示了 OOB 效应的典型数据,OOB 辐射的光刻影响还取决于相关波长范围内光刻胶的灵敏度。

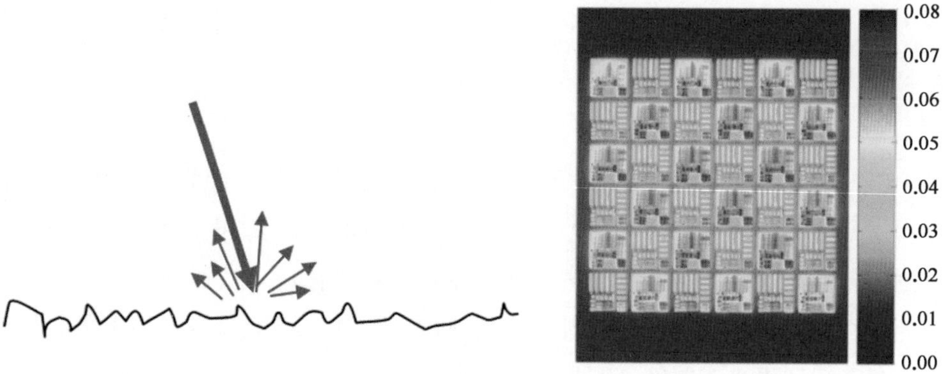

图 6－15　杂散光效果

来自粗糙表面的散射光(杂散光)(左)和经过校正设计的掩模(右)的示意图,其中含有两种具有不同程度的杂散光子模块[54]

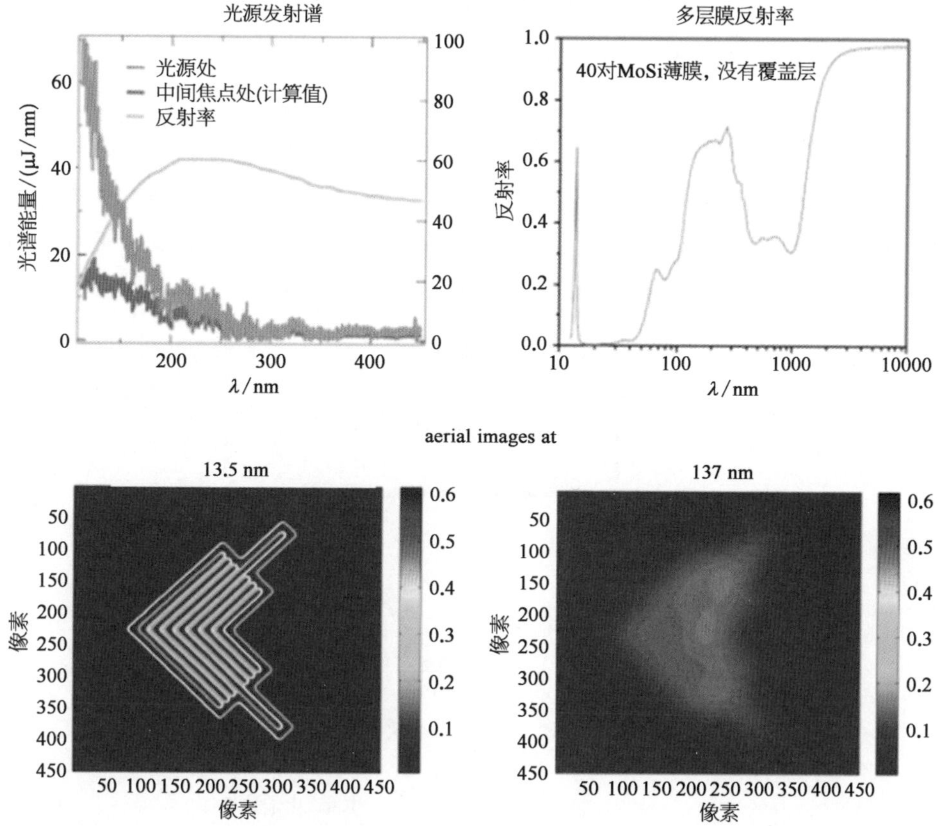

图 6－16　EUV 光刻中的带外辐射(OOB)效应[55]

典型 EUV 光源发射光谱(左上),从 EUV 到红外光谱范围(右上)的多层膜反射率,
EUV 光(左下)和 137 nm 波长(右下)的仿真空间像;请注意图像强度的巨大差异

6.5 EUV 光刻胶

EUV 光刻工艺采用“传统”化学放大型光刻胶和几种新的替代材料以应对 EUV 光刻的特殊挑战，化学放大型光刻胶（CAR）的应用具有一定的优势，可以借助已经成熟的材料和制备工艺并在此基础上稍加修改。然而，仍然存在许多新的挑战，例如高能量 EUV 辐射的曝光、EUV 光源的 OOB、真空环境下的操作，以及显影后所得光刻胶特征图形的高纵宽比等，这些特性引发了对替代材料和工艺技术的研发。EUV 光刻胶和工艺的最重要挑战是分辨率、线边缘粗糙度（LER）和灵敏度之间的平衡（参见第 10 章）。

EUV 光子的能量约为 92 eV，超过了光刻胶材料的电离电位，因此，用于 EUV 曝光的光刻胶材料的敏化机制与 DUV 曝光的光化学有着根本的不同[57]。图 6－17 提供了 EUV 曝光的光刻胶敏化机制示意图。聚合物分子对 EUV 光子的吸收导致电离和光电子的发射。这些具有过剩能量的光电子在光刻胶基质中迁移，并通过与周围分子（例如光酸产生剂）的相互作用消耗能量，直到在某个局部位置达到热平衡。在这个过程中，它们可以产生进一步的电离事件和电子激发。一个 EUV 光子的能量足够高，足以激活 20～30 个光酸产生剂。量子效率，即产生的光酸和吸收的光子之间的比率，其可以大于 1。此外，光酸是在

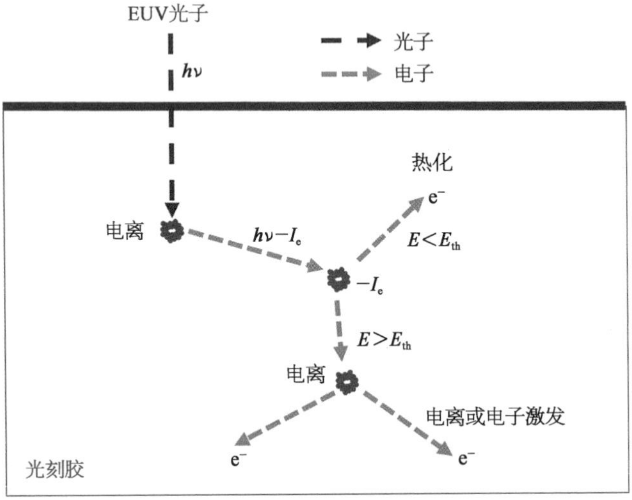

图 6－17 EUV 光刻胶敏化机制示意[57]

$h\nu$ 为 EUV 光子能量，e 为电子，E 为电子能量，E_{th} 为阈值能量，I_e 为分子电离能

距离电离点一定距离处产生的,典型的距离为 3~7 nm。

EUV 光刻工艺中光刻胶的厚度受到焦深(DoF)和图案坍塌风险的限制。当显影冲洗液变干后,纵宽比(高度/宽度)大于 2 的特征图形在显影后容易坍塌[58]。特定的胶底材料可以用于提高光刻胶对衬底的附着力并减少图案塌陷[59]。

EUV 实际应用的光刻胶典型厚度为 30~50 nm,如此小的材料厚度为图案转移带来了额外的挑战。通常的化学放大型光刻胶材料的吸收太小,无法在这么薄的光刻胶层内产生足够数量的光子数[60]。含金属和氟化光刻胶为增加 EUV 光的吸收开辟了新的机会(另参见表 6-1 中的数据)。

高灵敏度的光刻胶意味着曝光只需要较少的 EUV 光子数,但这也增大了光子噪声对 EUV 光刻的影响[61,62]。关于如何改善 EUV 光刻胶的 LER、灵敏度和分辨率的技术研发的内容,可参见第 10.4 节和本章后的参考文献[63,64]。

EUV 系统是在真空中工作的,对光刻胶释放出的材料具有高度敏感性。光刻胶曝光期间释放的某些化学物质可能会损坏 EUV 光学系统中的多层膜反射镜,含金属的光刻胶在 EUV 光刻机上曝光时,有交叉金属污染和金属物质释气的风险[64]。研究和开发 EUV 光刻材料,必须在这些材料用于光刻机之前,通过干涉光刻和释气试验对新材料进行测试[65,66]。应用顶部涂层可以降低释气影响的风险,并且可以减少 OOB 的影响,但其代价是工艺复杂性的增加。

6.6 EUV 掩模缺陷

EUV 光刻应用于大规模制造的另一个挑战是所需掩模的基础设施,特别是如何应对掩模缺陷[67-71]。EUV 掩模专用修复技术[72]、EUV 掩模保护膜(参见 6.3 节末尾的讨论和参考)、专用的 EUV 空间像测量系统(EUV-AIMS)[73],以及最新的 EUV 光刻光化图形掩模缺陷检查技术[74],这些技术的引入已经使业界具备了检测 EUV 掩模上大多数缺陷的能力。不过对这个主题全面深入的讨论已经超出本书的范围,本节只集中讨论多层膜缺陷的特性。

多层膜缺陷无法通过标准掩模技术进行观察、表征或修复[75]。图 6-18 显示了 EUV 掩模的多层膜基板内部的典型凸点和凹坑缺陷,掩模基材的漏检和多层膜沉积时产生的颗粒或凹坑都可能引起这种缺陷,它造成多层膜的形变在层间的传播取决于多层膜的沉积条件[76]。非线性连续介质模型可用于描述掩模基材上的成核颗粒如何生长成为多层膜涂层内的局部缺陷[77-79]。由于缺少有关特定沉积条件的信息,因此缺陷的特征通常用最下层和最上层的高斯形貌来描述,中间层的形貌采用线性插值。缺陷的具体顶部和底部高度 $h_{top/bot}$ 和半高全宽(FWHM)$w_{top/bot}$ 在图 6－18 的图题下给出,凹坑缺陷以负值表示。

图 6－18 EUV 掩模上典型多层缺陷的几何形状

左图: 具有凸点缺陷的掩模 $h_{top}=20$ nm, $w_{top}=90$ nm, $h_{bot}=50$ nm, $w_{bot}=50$ nm; 右图: 具有凹坑缺陷的掩模 $h_{top}=-20$ nm, $w_{top}=90$ nm, $h_{bot}=-30$ nm, $w_{bot}=70$ nm

对有缺陷的多层膜的 EUV 反射特性进行建模,是一项具有挑战性的工作。在单核 CPU 上用波导方法或有限差分时域(FDTD)法对典型缺陷进行严格仿真可能需要运算一到两天时间。此外,FDTD 的数值色散对多层膜结构进行仿真会产生显著的误差。本章后的参考文献[80－83]概述了几种近似建模方法。波导法与数据库方法相结合,可实现多层膜缺陷对不同吸收层图案成形的高效计算分析[84]。

多层膜的变形导致缺陷附近的反射率产生损失和反射光相位发生改变,因此,多层膜缺陷的影响是幅度和相位的混合影响,而且其变化在焦距轴上并不对称,即在正和负焦距方向上的表现不同。图 6－19 中包括了有不同的多层膜缺陷的三个掩模基板,并显示了它们在不同焦距位置的投影图像。通常,掩模上无吸收层区域的多层膜缺陷会在恒定背景光下显示一个强度下降的点。这种强度下降的幅度和形状取决于缺陷的几何形状和焦距位置。由于相位变化相反,因此凸点和凹坑缺陷分别在相反的焦距方向上得到了更清晰的像。

对于吸收层图形附近的掩模缺陷,其缺陷成像呈现明显的焦距相关性。图 6－20 比较了仿真和量测的凹坑缺陷对线空图形成像的影响,缺陷位于线和线之间,它对线空图形成形的影响很大程度上取决于焦距的位置。在负焦点位置,凹坑缺陷导致弱局部的环形强度下降,如图 6－19 左下图所示,这使得线间距

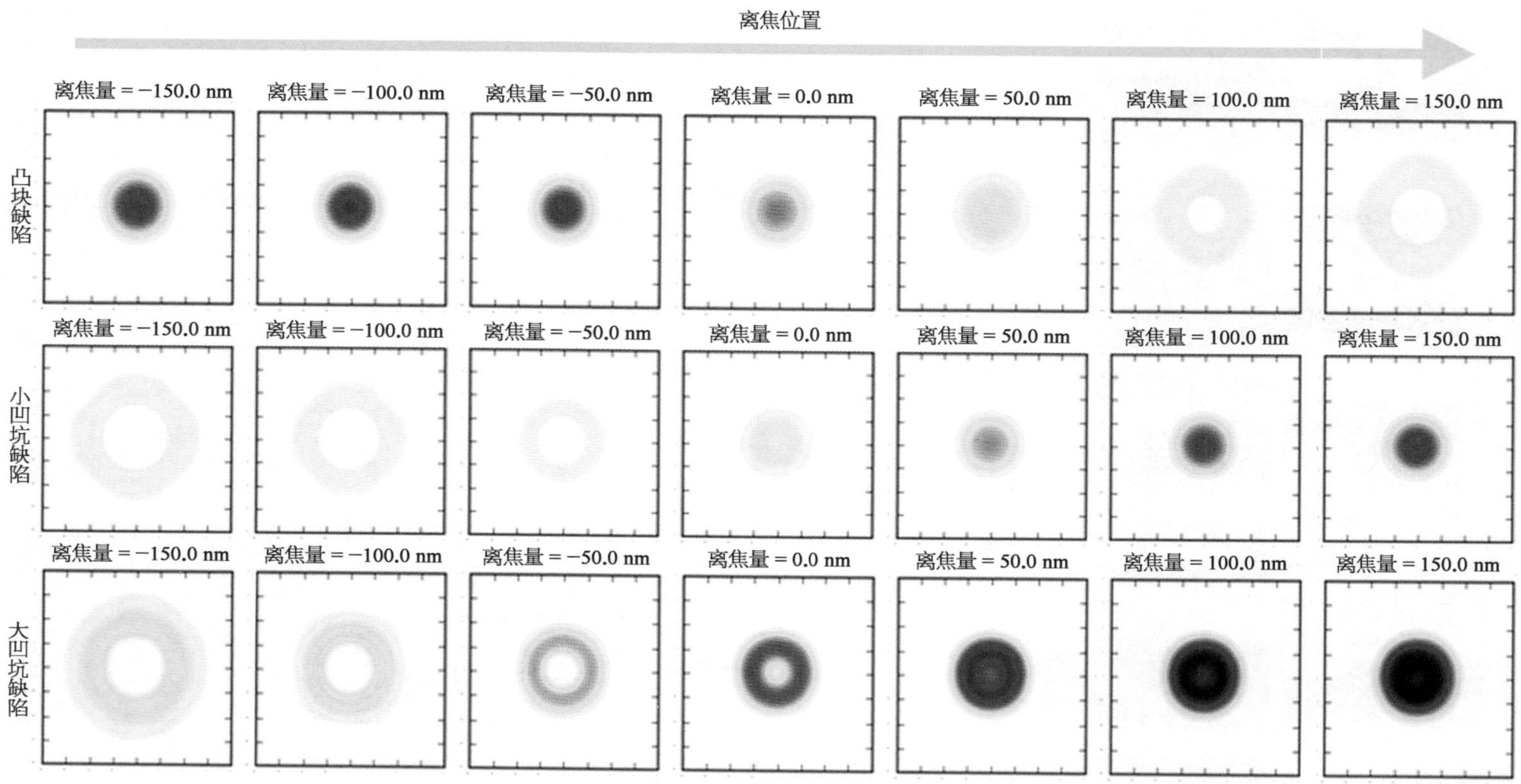

图 6-19 没有吸收层掩模基板上的三种不同多层膜缺陷，它们的图像随焦点位置的变化[82]

凸块缺陷（$h_{top}=2$ nm，$w_{top}=90$ nm，$h_{bot}=w_{bot}=50$ nm，上行），小凹坑缺陷（$h_{top}=h_{bot}=-2$ nm，$w_{top}=w_{bot}=90$ nm，中行）和大凹坑缺陷（$h_{top}=h_{bot}=-4$ nm，$w_{top}=w_{bot}=130$ nm，下行）；焦点是相对于多层膜顶部吸收层的标称像平面。成像条件：$\lambda=13.5$ nm，NA = 0.25，圆形照明 $\sigma=0.5$

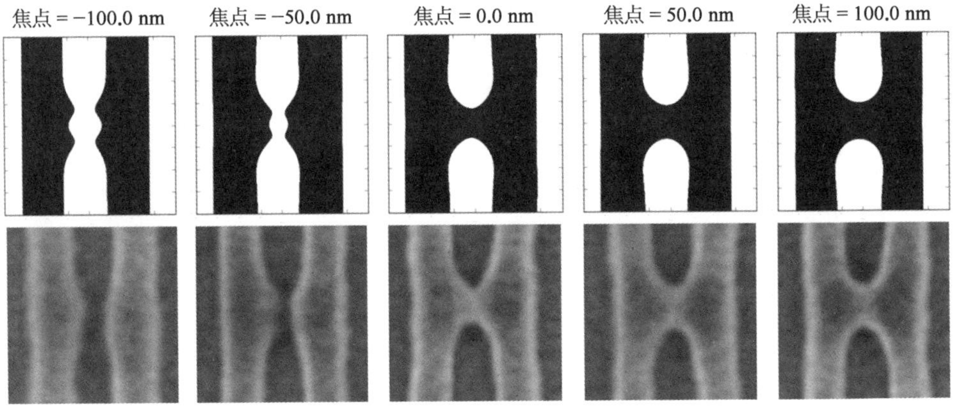

图 6－20 凹坑缺陷对 40 nm 线空图形成形随焦点变化的影响[82]

上行：仿真图像轮廓，缺陷的几何形状 $w_{top}=90$ nm，$h_{top}=-5$ nm，$w_{bot}=w_{top}$，$h_{bot}=h_{top}$；下行：晶圆 SEM 图。缺陷顶部的 AFM 测量 $w_{top}=90$ nm，$h_{top}=-5$ nm。所有其他参数如图 6－19 所示

图形内的间距变窄。在零焦点和正焦点处，由缺陷引起的强度下降程度变得更加局部和深入，它导致线空图形之间完全桥连，这种行为在仿真和实验中都可以看到。

EUV 掩模多层膜下方或内部的缺陷是无法通过添加或去除缺失的吸收层材料的常规方法来修复。然而，多层膜缺陷引起的变形和由此产生的强度损失可以通过在缺陷附近对吸收层进行类似 OPC 的修改来进行补偿[85]。图 6－21 说明了通过掩模图形和计算图像进行的这种补偿修复。没有缺陷的参考掩模和相应的图像在左列图，多层膜缺陷降低了多层膜的反射率和相应接触孔内的图像强度（图 6－21 中列图），右列图显示经过补偿修复去除了接触孔附近吸收层后的图像，其强度接近无缺陷的图像强度。

综合的建模研究[83,86]和使用聚焦电子束处理掩模[72]的实验，都证明了这种补偿修复的可行性。然而，这种方法对缺陷尺寸大小有限制，尺寸较大的缺陷更难补偿或根本无法补偿。补偿修复可以被视为一种安全手段，可以用于减轻掩模图案成形后才发现的基板缺陷的影响[70]。

典型的多层膜缺陷对幅度和相位都会造成影响，所以仅通过吸收层进行补偿修复是有局限性的，因为它只在一定的焦距范围内有效，并不能恢复无缺陷掩模的完整离焦性能。已经有研究建议应用纳米加工来修改多层膜[87]的上部，或者用沉积薄碳层[88]的方法来解决多层膜缺陷相位修复的问题，然而，这种方法的可行性，尤其是修复后图案的长期稳定性（例如，对于掩模清洁的忍耐性）

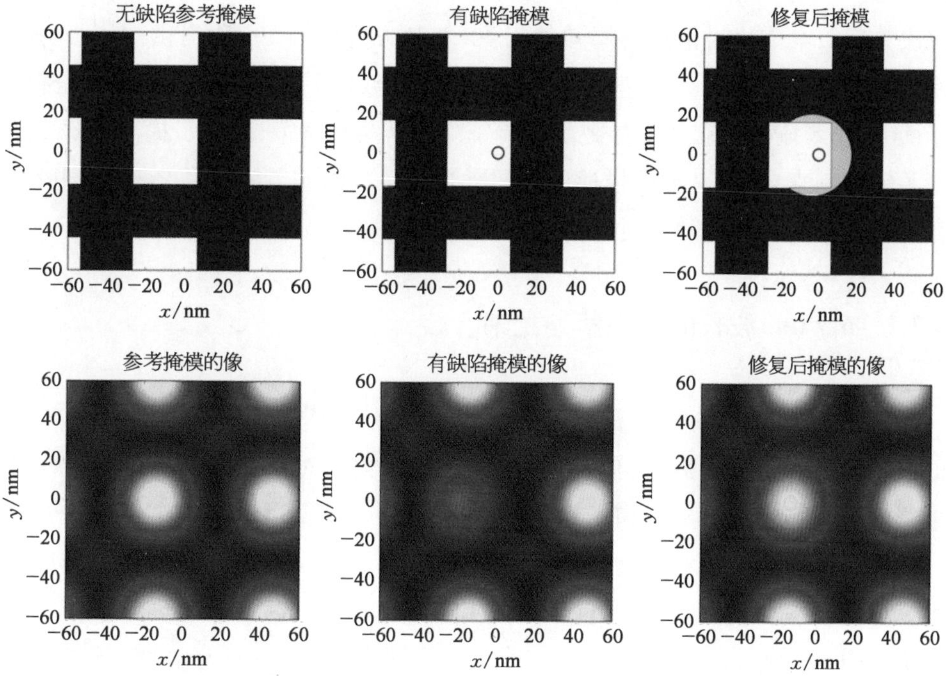

图 6-21　30 nm 接触孔阵列中凸块缺陷补偿修复的仿真示意[86]

上行的掩模图形表示无缺陷情况(参考,左)、有缺陷的掩模(红色圆圈表示的位置,中)和有缺陷的修复掩模(绿色区域表示的形状,右),仿真补偿修复移除了绿色区域中的吸收层;在标称图像平面上获得的图像显示在下行;成像条件:$\lambda = 13.5$ nm、NA = 0.25、圆形照明 $\sigma = 0.8$;缺陷几何形状:$w_{top} = 50$ nm、$h_{top} = 6$ nm、$w_{bot} = h_{bot} = 40$ nm

尚未得到证实。减少掩模缺陷的不同选项仍须进一步研究,才能找到对多层膜缺陷修复的最实用解决方案。一般而言,采用暗场掩模更有利于 EUV 光刻避免掩模缺陷和杂散光的影响。

6.7　EUV 光刻的光学分辨率极限

历史研究表明,对光刻技术分辨率极限的预测往往不够准确。20 世纪 70 年代后期的出版物曾预测光学投影光刻将达到 1 μm 的极限。多年来,对光学投影光刻技术极限的预测一变再变(例如,参见 Harry Levinson 所著书籍的第 10 章[89])。如今,单次曝光 ArF 浸没式光刻已经能够成形半间距为 40 nm 的特征图形。

第一款用于大规模制造的 EUV 光刻机单次曝光分辨率约为 20 nm。EUV 光刻未来的机型和工艺将提供更高的分辨率。本书不对 EUV 光刻的最终极限进行另一个(错误的)预测,相反,将从 2020 年的角度探讨相关的问题及其技术解决方案。本节将讨论众所周知的阿贝-瑞利方程(2-20)所提供的增强分辨率“调节旋钮”:波长 λ、数值孔径 NA 和工艺系数(因子)k_1。9.2.4 节将描述由于 EUV 光刻掩模形貌效应导致的性能下降及其缓解对策,进一步提高分辨率的最关键限制来自第 10 章中描述的随机效应,其中 10.4 节将介绍新型光刻胶和新工艺带来的新挑战和应对方法。

6.7.1 6.*x* nm 波长的超极紫外光刻

提高 EUV 光刻分辨率看似最明显的方法是使用更小的波长,利用 6.7 nm 的波长曾是一个研究热点,然而,这种波长的变化会对系统的所有部分产生重大影响,包括光源、多层膜和光刻胶。

本章后的参考文献介绍[90,91]了 BEUV 光刻采用钆和铽等离子体光源的实验,其转换效率只有 0.5%,这仅是目前 EUV 光源转换效率的十分之一。B-La 或 BC_4-La 多层膜是 BEUV 反射光学元件的候选材料[92],计算表明,这种具有 200 层的多层膜系统可以实现接近 70%的反射率。然而,实验研究报告的反射率数据却明显偏低,这归因于中间夹层的形成。此外,这类多层膜对 BEUV 波长的带宽和角度支持远小于 13.5 nm 的钼-硅多层膜。

Kozawa 和 Erdmann[93]对化学放大型光刻胶成像、敏化过程和化学反应进行建模,用以估算光刻胶曝光于 6.67 nm EUV 辐射时的性能。Yasin Ekinci 等人在 PSI 通过干涉光刻对各种光刻胶材料进行的实验研究[94],结果表明无机光刻胶在 BEUV 波长下具有更好的性能,而有机化学放大型光刻胶需要相当的改变才能适用此波长。

6.7.2 高数值孔径 EUV 光刻

基于反射镜的 EUV 光刻投影系统的设计涉及图像质量和传播效率之间的权衡。每个多层膜反射镜仅反射约 65%的入射光,更多的反射镜虽然引入了额外的自由度,可以提高图像质量,但也会降低系统的光强度和产量。当前 NA 为 0.33 的系统采用 6 个反射镜。

增大 NA 对像方(晶圆)和物方(掩模板)都有影响,这些后果和相应的设计方法在 Sascha Migura[95]和 Jan van Schoot 等人[96]的论文中有所论述[95]。以下对高数值孔径 EUV 系统的讨论就是源自这些论文以及 ASML 和蔡司关于该主题有关资料。

图 6－22 中 EUV 投影系统的设计示例表明了较大 NA 对晶圆一侧的影响，NA 的增加需要更大的(最后一个)反射镜，从图中左侧和中间的较低 NA 系统可以看到，最后一个反射镜被从向外向右倾斜的倒数第二个镜子照亮。较大的数值孔径进一步增加了这种倾斜，导致最后一个反射镜上的入射角范围过大，而带来显著的反射率损失，可参见图 6－5 多层膜反射的有限工作角度。

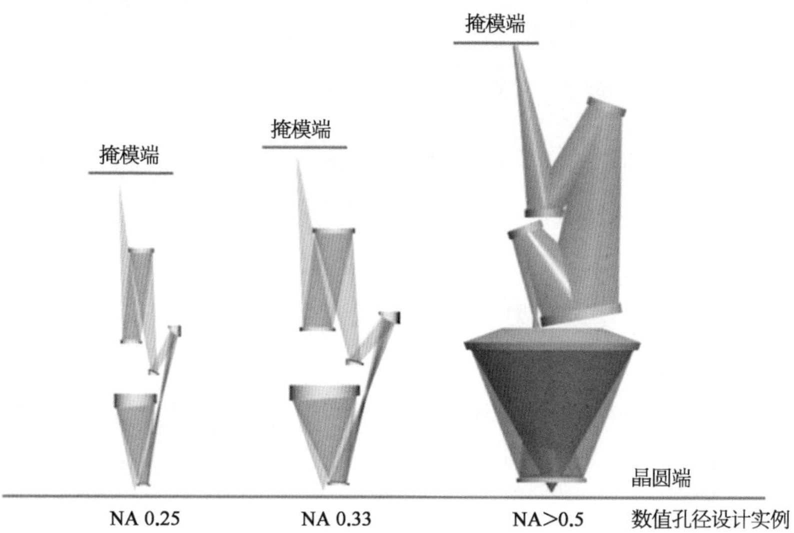

图 6－22　NA>0.5 的高 NA 变形投影光学系统的设计示例，并与之前 NA＝0.25 和 0.33 时的光学系统的比较

承蒙蔡司公司准予，本图转载自本章后的参考文献[97]

因此，高 NA 系统的倒数第二个镜子没有设计成倾斜的，取代的办法是在最后两个反射镜上钻孔(有关详细信息，请参见本章后的参考文献[96]的图 15)。镜子中的这些孔会在投影光瞳的中心产生一个暗区或遮挡。中心遮挡仅覆盖 4%～6%的瞳孔区域，对实际使用的成像特性没有特别影响。

图 6－23 所示为在 4×缩减倍率的系统中增加 NA 对掩模一侧的影响。掩模/照明一侧的数值孔径由公式 $NA_{illu}=NA/M$ 给出，其中 M 是投影系统的缩放倍率，通常为 4×。如图 6－23 左图所示，照明倾斜以主光线角度(CRAO＝6°)照射到掩模上，这个角度足以在 NA＝0.33 的光路系统中将掩模上的入射光和反射光分开。在同样的系统中，增加 NA 会导致入射光和反射光的锥体之间产生重叠。在这种设计中，入射光和反射光是无法分开的。

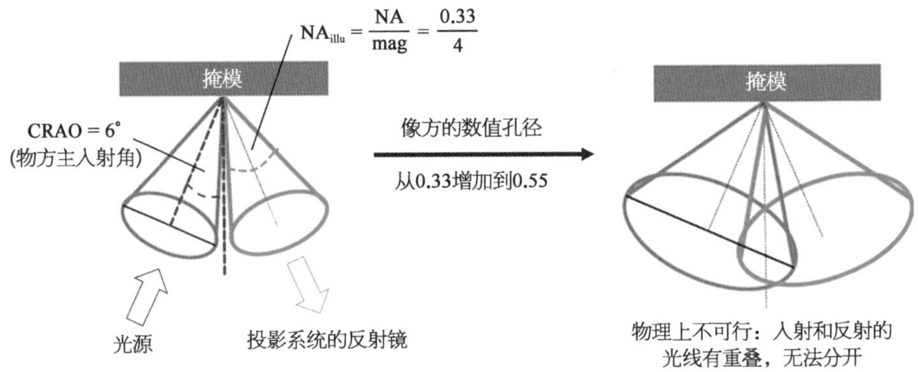

图 6-23　在 4×缩放系统中增加 NA 后，掩模一侧入射光和反射光的情况

承蒙蔡司公司准予，本土改编自 Sascha Migura[97] 和 Jack Liddle[98] 的文献

防止这种冲突的第一个选择是将 CRAO 增加到大约 9°。但是较大的 CRAO 和反射式掩模，为高数值孔径 EUV 投影系统的设计带来了额外的复杂性[46,99]。图 6-24 左图表明在靠近投影光瞳右边缘的角度处，多层膜反射率显著下降。这个入射角范围的多层膜反射率的下降，会导致无法接受的对比度损失，尤其是对于密集的水平特征图形。

要防止高数值孔径 EUV 光刻系统中入射光和反射光重叠，首选的办法是改

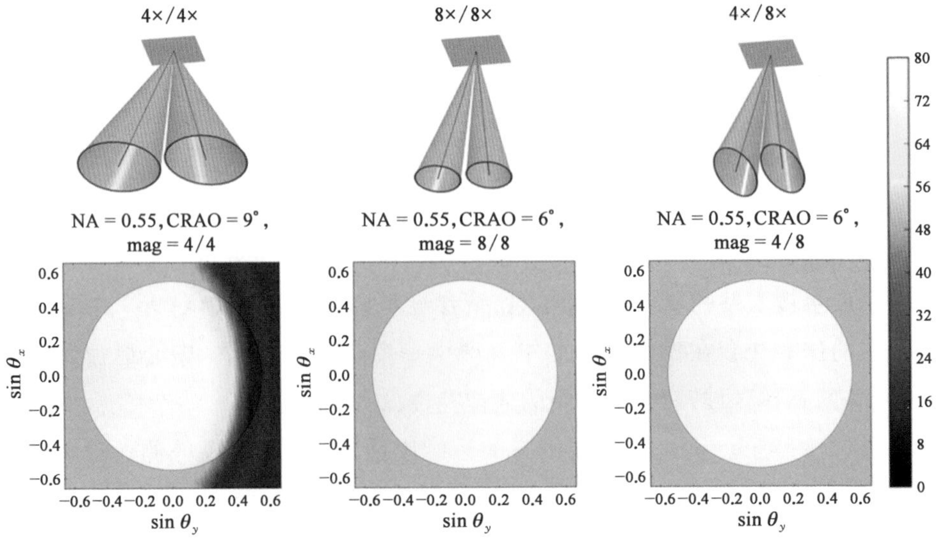

图 6-24　标准钼-硅多层膜基板的仿真反射率，与对应的 4×/4×系统（左）、8×/8×系统（中）和变形 4×/8×系统（右）的对应入射角范围

x 和 y 方向的角度范围都按晶圆尺度定义。圆圈表示数值孔径（右）NA = 0.55 的边缘；承蒙蔡司公司准予，此图是根据 Sascha Migura[97] 文献的介绍改编的示意图，另请参阅 Advanced Optical Technology[23] 上的最新文献

变缩小倍率。图 6－24 展示了 8×/8×系统（中）和 4×/8×的变形系统（右）相应的反射率分布。在这两种设计中，主光线（y）的倾斜方向上具有同样的较大缩小倍率（8×），在所限定的入射角范围内多层膜的反射率几乎均匀，沿 x 轴（垂直于主光线的倾斜方向）缩小倍率的变化（一个 4×，另一个 8×）对光瞳内的多层膜基板的反射率也几乎没有影响。Jan van Schoot 等人描述了倾斜（扫描）方向具有 8 倍缩小率和在垂直方向具有 4 倍缩小率的变形光学系统在产量上具有优势[96]。

变形投影光学系统的采用对照明系统和掩模都具有重要的影响。照明系统和掩模图形的形状都必须在 x 和 y 方向按相应的缩放比例进行拉伸。图 6－25 显示了从掩模一侧的椭圆形照明光瞳到晶圆一侧的圆形光瞳的转换。变形照明设置由非对称的场面镜和相应的非对称的瞳面镜组成[96]。

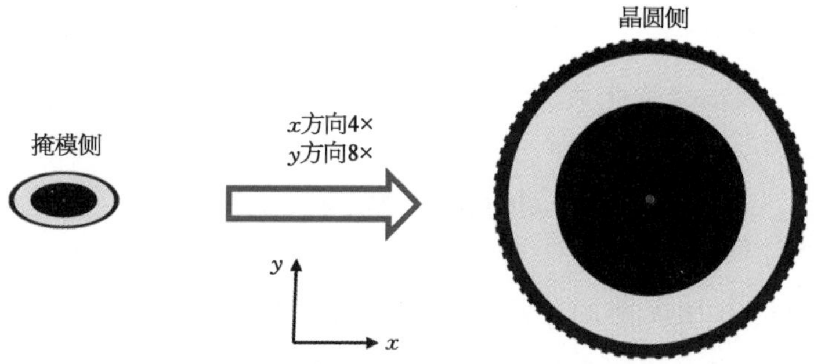

图 6－25　变形投影光学设计，掩模一侧的入射光瞳（照明端）呈挤压的椭圆形，转换到晶圆一侧后呈圆环形的出射光瞳

承蒙蔡司公司准予，改编自 Sascha Migura[95,97] 的介绍

图 6－26 展示了掩模一侧和晶圆一侧之间掩模版图的转换。掩模上的真实版图必须根据所示拉伸后的图案制作。Gerardo Bottiglieri 等人讨论了变形光学器件对掩模误差增强因子（MEEF）的影响[100]。沿 y 方向的垂直特征图形的尺寸越小，它们对掩模形貌效应的敏感性越高（参见 9.2.4 节和本章后的参考文献[24]）。

高数值孔径系统的较大（晶圆侧）入射角增加了系统对偏振效应的敏感性。EUV 光刻的等离子体源发射非偏振光，与使用优化偏振光获得的图像相比，非偏振光的图像对比度有所损失（参见 8.3 节）。在 DUV 系统，空气/水/光刻胶界面处的光折射减轻了偏振的影响，而 EUV 光在真空中和光刻胶内部具有几乎相同的偏振效应，其折射率非常接近于 1。多层膜光学器件和掩模也会给 EUV 光

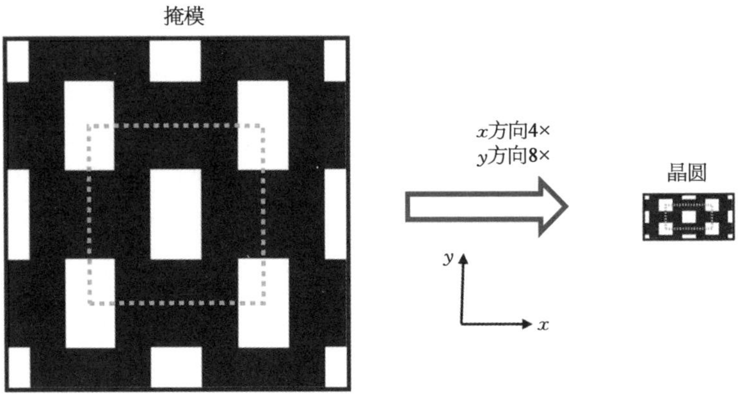

图 6-26 变形投影光学设计，将掩模上呈拉伸状的长方形接触孔六边形阵列转换为晶圆上正方形接触孔六边形阵列

承蒙 ASML 公司准予，改编自 Jan van Schoot 等人的文献[101]

引入额外的偏振效应[102]。了解和应对相关的效应对于将高数值孔径 EUV 光刻推向分辨率极限非常重要。

6.7.3 低 k_1 技术：EUV 光刻的光学分辨率增强技术

一般而言，为 DUV 光刻开发的所有分辨率增强技术也可以应用于 EUV 光刻，最新一代的 EUV 光刻机已经提供了几种典型的离轴照明方案[103,104]，需要对掩模进行光学邻近效应校正，以应对与方向相关的阴影效应并补偿远程杂散光效应。EUV 光刻掩模辅助图形的典型特征尺寸小于 10 nm，制造这种高纵宽比的小尺寸特征图形非常具有挑战性，有文献提出引入更薄更宽的辅助图形来替代[105]。EUV 光刻辅助图形的另一个特点是它们的位置，辅助图形的不对称放置可用于减少系统的不对称效应并改善工艺窗口[106]。

图 6-27 显示了 EUV 相移掩模的几个概念。左上角展示的是双层膜相移或嵌入式衰减相移掩模（AttPSM），它使用了两个半透明吸收层来实现一定的反射率（5%～20%），以及相对于没有吸收层的掩模区域的 180° 相位偏移。这一概念早在 1997 年就被提出了[107]，后来几位研究者进行了相关的仿真和实验研究[108-110]，最近对 AttPSM 的研究已经证明了它们可以减少掩模 3D 效应[111]。

多层膜刻蚀与吸收层填充相结合也可以实现暗场特征图形区域的特定反射率和相移，这种结构需要引入额外的刻蚀停止层以控制多层膜的部分刻蚀。这个概念显示在图 6-27 的中上图，多个研究小组对这个概念掩模的不同版本进

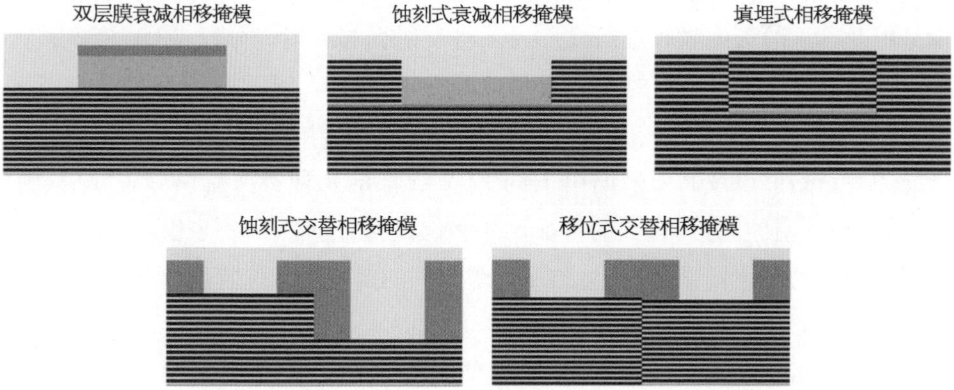

图6-27　EUV相移掩模的概念

嵌入式衰减相移掩模(左上)、蚀刻衰减相移掩模(中上)、填埋式相移掩模(右上)、刻蚀式交替型相移掩模(左下)和移位式交替型相移掩模(右下);为了方便的可视性,图中只显示了有限几层多层膜

行了研究[109,112-115]。右上图所示填埋移位器的掩模采用相移器来控制来自多层膜上下部反射光的叠加。相移器的最佳厚度和理想的垂直放置,取决于多层膜上下部光的相消干涉,这个结构为EUV光刻提供了一种标准二元掩模的替代技术,本章后的参考文献[116]证明了这种掩模的良好成像特性。然而,控制相移器上方多层膜的位置和有限的修复手段让这项技术的实际应用充满挑战性。

图6-27的下行展示了EUV光刻的两个代表性的交替型相移掩模(AltPSM)。引入多层膜下方的薄相移层,使得右下图所示移位式AltPSM可以通过多层膜堆叠实现所需的相移,这个概念是由Yan[117]首次提出的。左下图所示刻蚀式AltPSM通过对相移透明区域中的多层膜部分刻蚀来实现所需的相移。已有研究者发表了这种类型的AltPSM的仿真研究[109,118]。刻蚀多层膜也可以用作EUV光刻的无铬相移掩模,它多用于接触孔的有效成形[119,120]。

6.8　小结

与高数值孔径DUV浸没式光刻相比,波长为13.5 nm的极紫外(EUV)光刻提供了更优的单次曝光解决方案。采用预脉冲技术的激光产生等离子体(LPP)源将超过5%的高脉冲激光能量转换为EUV光。由于所有材料都会吸收EUV辐射,因此EUV系统只能采用反射光学组件并在真空中运行。

钼-硅多层膜反射镜在有限的入射角范围内反射60%~70%的入射光,并将

EUV 光从光源引导到掩模，最后成像在晶圆上，EUV 光刻掩模由反射式 EUV 掩模基板及其上的版图吸收层组成。为了将反射光与入射光分开，EUV 掩模被大约 6°的斜角入射光［物面的主光线角（CRAO）］照射。EUV 成像有诸多特有现象，包括厚吸收层中光的传播，多层膜内部对光的反射、吸收层对向上和向下传播光的双重衍射以及倾斜照明引入的 EUV 成像的几种特征掩模形貌效应（3D 掩模效应），包括与方向相关的特征尺寸和位置相对于焦距的变化（非远心性）、与照明相关的图像模糊，以及与图形间距相关的最佳焦点位置偏移等。9.2.4 节讨论了这些影响和相应的改进策略。

第一批用于大规模制造的 EUV 光刻机的 NA 为 0.33，分辨率小于 20 nm。未来的高 NA 系统具有缩小倍率与方向相关的特性，即在与扫描方向相对应的主光线的倾斜方向上为 8×缩放倍率，在其垂直方向上为 4×缩放倍率。

EUV 辐射的高能量改变了入射光与光刻胶相互作用的方式。典型曝光剂量中的 EUV 光子数量有限，导致光刻胶内部反应点数量有限，加上化学物质的扩散和其他工艺细节等因素，EUV 光刻需要在灵敏度、分辨率和线边缘粗糙度之间相互权衡。

参考文献

[1] B. Wu and A. Kumar, "Extreme ultraviolet lithography: A review," *J. Vac. Sci. Technol. B* **25**, 1743, 2007.
[2] V. Bakshi, Ed., *EUV Lithography*, 2nd ed., SPIE Press, Bellingham, Washington, 2018.
[3] M. Lowisch, P. Kuerz, H.-J. Mann, O. Natt, and B. Thuering, "Optics for EUV production," *Proc. SPIE* **7636**, 763603, 2010.
[4] H. Kinoshita, R. Kaneko, K. Takei, N. Takeuchi, and S. Ishihara, "Study on x-ray reduction projection lithography (in Japanese)," in *Autumn Meeting of the Japan Society of Applied Physics*, 1986.
[5] A. M. Hawryluk and L. G. Seppala, "Soft x-ray projection lithography using an x-ray reduction camera," *J. Vac. Sci. Technol. B* **6**, 2162, 1988.
[6] A. Yen, "EUV lithography: From the very beginning to the eve of manufacturing," *Proc. SPIE* **9776**, 977659, 2016.
[7] H. Meiling, W. P. de Boeij, F. Bornebroek, J. M. Finders, N. Harned, R. Peeters, E. van Setten, S. Young, J. Stoeldraijer, C. Wagner, H. M. R. Kool, P. Kurz, and M. Lowisch, "From performance validation to volume introduction of ASML's NXE platform," *Proc. SPIE* **8322**, 83221G, 2012.
[8] V. Bakshi, Ed., *EUV Sources for Lithography*, SPIE Press, Bellingham, Washington, 2006.
[9] V. Y. Banine, K. N. Koshelev, and G. Swinkels, "Physical processes in EUV sources for microlithography," *J. Phys. D: Appl. Phys.* **44**, 253001, 2011.
[10] I. Fomenkov, D. Brandt, A. Ershov, A. Schafgans, Y. Tao, G. Vaschenko, S. Rokitski, M. Kats, M. Vargas, M. Purvis, R. Rafac, B. L. Fontaine, S. D. Dea, A. LaForge,

J. Stewart, S. Chang, M. Graham, D. Riggs, T. Taylor, M. Abraham, and D. Brown, "Light sources for high-volume manufacturing EUV lithography: Technology, performance, and power scaling," *Adv. Opt. Technol.* **6**, 173–186, 2017.

[11] C. Wagner and N. Harned, "Lithography gets extreme," *Nat. Photonics* **4**, 24–26, 2010.

[12] E. R. Hosler, O. R. Wood, and W. A. Barletta, "Free-electron laser emission architecture impact on extreme ultraviolet lithography," *J. Micro/Nanolithogr. MEMS MOEMS* **16**(4), 10–16, 2017.

[13] A. Ferre, C. Handschin, M. Dumergue, F. Burgy, A. Comby, D. Descamps, B. Fabre, G. A. Garcia, R. Geneaux, L. Merceron, E. Mevel, L. Nahon, S. Petit, B. Pons, D. Staedter, S. Weber, T. Ruchon, V. Blanchet, and Y. Mairesse, "A table-top ultrashort light source in the extreme ultraviolet for circular dichroism experiments," *Nat. Photonics* **9**, 93–98, 2015.

[14] R. Soufli, *Optical Constants of Materials in the EUV/Soft X-Ray Region for Multilayer Mirror Applications*. PhD thesis, University of California, Berkeley, 1997.

[15] D. Attwood, *Soft X-Rays and Extreme Ultraviolet Radiation: Principles and Applications*, Cambridge University Press, 2007.

[16] H. Sewell and J. Mulkens, "Materials for optical lithography tool application," *Annu. Rev. Mater. Res.* **39**, 127–153, 2009.

[17] B. L. Henke, E. M. Gullikson, and J. C. Davis, "X-ray interactions: photoabsorption, scattering, transmission, and reflection at $E = 50 - 30\ 000$ eV, $Z = 1 - 92$," *Atomic Data and Nuclear Data Tables* **54**, 181–342, 1993.

[18] E. Gullikson, "X-Ray Interactions With Matter." http://henke. lbl. gov.

[19] S. Yulin, "Multilayer Interference Coatings for EUVL," in *Extreme Ultraviolet Lithography*, B. Wu and A. Kumar, Eds., McGraw-Hill Professional, 2009.

[20] A. L. Aquila, F. Salmassi, F. Dollar, Y. Liu, and E. M. Gullikson, "Developments in realistic design for aperiodic Mo/Si multilayer mirrors," *Opt. Express* **14**(21), 10073–10078, 2006.

[21] T. Feigl, S. Yulin, N. Benoit, and N. Kaiser, "EUV multilayer optics," *Microelectron. Eng.* **83**, 703–706, 2006.

[22] T. Oshino, T. Yamamoto, T. Miyoshi, M. Shiraishi, T. Komiya, N. Kandaka, H. Kondo, K. Mashima, K. Nomura, K. Murakami, H. Oizumi, I. Nishiyama, and S. Okazaki, "Fabrication of aspherical mirrors for HiNA (high numerical aperture EUV exposure tool) set-3 projection optics," *Proc. SPIE* **5374**, 897, 2004.

[23] A. Erdmann, D. Xu, P. Evanschitzky, V. Philipsen, V. Luong, and E. Hendrickx, "Characterization and mitigation of 3D mask effects in extreme ultraviolet lithography," *Adv. Opt. Technol.* **6**, 187–201, 2017.

[24] A. Erdmann, P. Evanschitzky, G. Bottiglieri, E. van Setten, and T. Fliervoet, "3D mask effects in high NA EUV imaging," *Proc. SPIE* **10957**, 219–231, 2019.

[25] N. Davydova, R. de Kruif, N. Fukugami, S. Kondo, V. Philipsen, E. van Setten, B. Connolly, A. Lammers, V. Vaenkatesan, J. Zimmerman, and N. Harned, "Impact of an etched EUV mask black border on imaging and overlay," *Proc. SPIE* **8522**, 23–39, 2012.

[26] N. Davydova, R. de Kruif, H. Morimoto, Y. Sakata, J. Kotani, N. Fukugami, S. Kondo, T. Imoto, B. Connolly, D. van Gestel, D. Oorschot, D. Rio, and J. Zimmerman, and N. Harned, "Impact of an etched EUV mask black border on imaging: Part II," *Proc. SPIE* **8880**, 334–345, 2013.

[27] D. Brouns, "Development and performance of EUV pellicles," *Adv. Opt. Technol.* **6**, 221–227, 2017.

[28] M. Kupers, G. Rispens, L. Devaraj, G. Bottiglieri, T. van den Hoogenhoff, P. Broman, A. Erdmann, and F. Wahlisch, "Particle on EUV pellicles, impact on LWR," *Proc. SPIE* **11147**, 102–115, 2019.

[29] R. Hershel, "Pellicle protection of the integrated circuit (IC) masks," *Proc. SPIE* **275**,

23, 1981.
[30] P.-Y. Yan, H. T. Gaw, and M. S. Yeung, "Printability of pellicle defects in DUV 0.5-um lithography," *Proc. SPIE* **1604**, 106, 1992.
[31] P. De Bisschop, M. Kocsis, R. Bruls, C. V. Peski, and A. Grenville, "Initial assessment of the impact of a hard pellicle on imaging using a 193-nm step-and-scan system," *J. Micro/Nanolithogr. MEMS MOEMS* **3**(2), 239, 2004.
[32] P. Evanschitzky and A. Erdmann, "Advanced EUV mask and imaging modeling," *J. Micro/Nanolithogr. MEMS MOEMS* **16**(4), 041005, 2017.
[33] L. Devaraj, G. Bottiglieri, A. Erdmann, F. Wählisch, M. Kupers, E. van Setten, and T. Fliervoet, "Lithographic effects due to particles on high NA EUV mask pellicle," *Proc. SPIE* **11177**, 111770V, 2019.
[34] M. F. Bal, *Next-Generation Extreme Ultraviolet Lithographic Projection Systems*. PhD thesis, Technical University of Delft, 2003.
[35] R. M. Hudyma and R. Soufli, "Projection Systems for Extreme Ultraviolet Lithography," in *EUV Lithography*, V. Bakshi, Ed., SPIE Press, Bellingham, Washington, 2008.
[36] J. E. M. Goldsmith, P. K. Barr, K. W. Berger, L. J. Bernardez, G. F. Cardinale, J. R. Darnold, D. R. Folk, S. J. Haney, C. C. Henderson, K. L. Jefferson, K. D. Krenz, G. D. Kubiak, R. P. Nissen, D. J. OConnell, Y. E. Penasa, A. K. R. Chaudhuri, T. G. Smith, R. H. Stulen, D. A. Tichenor, A. A. V. Berkmoes, and J. B. Wronosky, "Recent advances in the Sandia EUV l0x microstepper," *Proc. SPIE* **3331**, 11, 1998.
[37] J. E. M. Goldsmith, K. W. Berger, D. R. Bozman, G. F. Cardinale, D. R. Folk, C. C. Henderson, D. J. OConnell, A. K. RayChaudhuri, K. D. Stewart, D. A. Tichenor, H. N. Chapman, R. Gaughan, R. M. Hudyma, C. Montcalm, E. A. Spiller, S. Taylor, J. D. Williams, K. A. Goldberg, E. M. Gullikson, P. Naulleau, and J. L. Cobb, "Sub-100nm lithographic imaging with an EUV 10x microstepper," *Proc. SPIE* **3676**, 264, 1999.
[38] P. P. Naulleau, K. A. Goldberg, and J. Bokor, "Extreme ultraviolet carrier-frequency shearing interferometry of a lithographic four-mirror optical system," *J. Vac. Sci. Technol. B* **18**, 2939, 2000.
[39] P. P. Naulleau, K. A. Goldberg, S. H. Lee, C. Chang, D. Attwood, and J. Bokor, "Extreme-ultraviolet phase-shifting point-diffraction interfer-ometer: a wave-front metrology tool with subangstrom reference-wave accuracy," *Appl. Opt.* **38**, 7252 – 7263, 1999.
[40] D. G. Smith, "Modeling EUVL illumination systems," *Proc. SPIE* **7103**, 71030B, 2008.
[41] M. Antoni, W. Singer, J. Schultz, J. Wangler, I. Escudero-Sanz, and B. Kruizinga, "Illumination optics design for EUV lithography," *Proc. SPIE* **4146**, 25, 2000.
[42] M. Bienert, A. Göhnemeier, M. Lowisch, O. Natt, P. Gräupner, T. Heil, R. Garreis, K. von Ingen Schenau, and S. Hansen, "Imaging budgets for extreme ultraviolet optics: ready for 22-nm node and beyond," *J. Micro/Nanolithogr. MEMS MOEMS* **8**(4), 41509, 2009.
[43] K. Otaki, "Asymmetric properties of the aerial image in extreme ultraviolet lithography," *Jpn. J. Appl. Phys.* **39**, 6819, 2000.
[44] H. Kang, S. Hansen, J. van Schoot, and K. van Ingen Schenau, "EUV simulation extension study for mask shadowing effect and its correction," *Proc. SPIE* **6921**, 69213I, 2008.
[45] P.-Y. Yan, "The impact of EUVL mask buffer and absorber material properties on mask quality and performance," *Proc. SPIE* **4688**, 150, 2002.
[46] J. Ruoff, "Impact of mask topography and multilayer stack on high NA imaging of EUV masks," *Proc. SPIE* **7823**, 78231N, 2010.
[47] A. Erdmann, F. Shao, P. Evanschitzky, and T. Fühner, "Mask topography induced phase effects and wave aberrations in optical and extreme ultraviolet lithography," *J. Vac. Sci. Technol. B* **28**, C6J1, 2010.
[48] P. C. W. Ng, K.-Y. Tsai, Y.-M. Lee, F.-M. Wang, J.-H. Li, and A. C. Chen, "Fully model-based methodology for simultaneous correction of extreme ultraviolet mask shadowing

and proximity effects," *J. Micro/Nanolithogr. MEMS MOEMS* **10**(1), 13004, 2011.

[49] S. Raghunathan, G. McIntyre, G. Fenger, and O. Wood, "Mask 3D effects and compensation for high NA EUV lithography," *Proc. SPIE* **8679**, 867918, 2013.

[50] M. Lam, C. Clifford, A. Raghunathan, G. Fenger, and K. Adam, "Enabling full-field physics-based optical proximity correction via dynamic model generation," *J. Micro/Nanolithogr. MEMS MOEMS* **16**(3), 33502, 2017.

[51] C. G. Krautschik, M. Ito, I. Nishiyama, and S. Okazaki, "Impact of EUV light scatter on CD control as a result of mask density changes," *Proc. SPIE* **4688**, 289, 2002.

[52] S. Migura, "Optics for EUV lithography," in *EUVL Workshop Proceedings*, CXRO, Lawrence Berkeley National Laboratory, Berkeley, 2018.

[53] G. F. Lorusso, F. van Roey, E. Hendrickx, G. Fenger, M. Lam, C. Zuniga, M. Habib, H. Diab, and J. Word, "Flare in extreme ultraviolet lithography: Metrology, out-of-band radiation, fractal point-spread function, and flare map calibration," *J. Micro/Nanolithogr. MEMS MOEMS* **8**(4), 41505, 2009.

[54] G. L. Fenger, G. F. Lorusso, E. Hendrickx, and A. Niroomand, "Design correction in extreme ultraviolet lithography," *J. Micro/Nanolithogr. MEMS MOEMS* **9**(4), 43001, 2010.

[55] S. A. George, P. P. Naulleau, S. Rekawa, E. Gullikson, and C. D. Kemp, "Estimating the out-of-band radiation flare levels for extreme ultraviolet lithography," *J. Micro/Nanolithogr. MEMS MOEMS* **8**(4), 41502 - 41508, 2009.

[56] S. A. George, P. P. Naulleau, C. D. Kemp, P. E. Denham, and S. Rekawa, "Assessing out-of-band flare effects at the wafer level for EUV lithography," *Proc. SPIE* **7636**, 763610 - 763626, 2010.

[57] T. Kozawa and S. Tagawa, "Radiation chemistry in chemically amplified resists," *Jpn. J. Appl. Phys.* **49**, 30001, 2010.

[58] T. Tanaka, M. Morigami, and N. Atoda, "Mechanism of resist pattern collapse during development process," *Jpn. J. Appl. Phys.* **32**, 6059 - 6064, 1993.

[59] D. J. Guerrero, H. Xu, R. Mercado, and J. Blackwell, "Underlayer designs to enhance EUV resist performance," *J. Photopolym. Sci. Technol.* **22**, 117, 2009.

[60] R. Gronheid, C. Fonseca, M. J. Leeson, J. R. Adams, J. R. Strahan, C. G. Willson, and B. W. Smith, "EUV resist requirements: Absorbance and acid yield," *Proc. SPIE* **7273**, 889 - 896, 2009.

[61] R. L. Brainard, P. Trefonas, C. A. Cutler, J. F. Mackevich, A. Trefonas, S. A. Robertson, and J. H. Lammers, "Shot noise, LER, and quantum efficiency of EUV photoresists," *Proc. SPIE* **5374**, 74, 2004.

[62] J. J. Biafore, M. D. Smith, C. A. Mack, J. W. Thackeray, R. Gronheid, S. A. Robertson, T. Graves, and D. Blankenship, "Statistical simulation of photoresists at EUV and ArF," *Proc. SPIE* **7273**, 727343, 2009.

[63] T. Itani and T. Kozawa, "Resist materials and processes for extreme ultraviolet lithography," *Jpn. J. Appl. Phys.* **52**, 10002, 2013.

[64] D. De Simone, Y. Vesters, and G. Vandenberghe, "Photoresists in extreme ultraviolet lithography (EUVL)," *Adv. Opt. Technol.* **6**, 163 - 172, 2017.

[65] T. S. Kulmala, M. Vockenhuber, E. Buitrago, R. Fallica, and Y. Ekinci, "Toward 10 nm half-pitch in extreme ultraviolet lithography: Results on resist screening and pattern collapse mitigation techniques," *J. Micro/Nanolithogr. MEMS MOEMS* **14**(3), 33507, 2015.

[66] I. Pollentier, J. S. Petersen, P. De Bisschop, D. D. De Simone, and G. Vandenberghe, "Unraveling the EUV photoresist reactions: Which, how much, and how do they relate to printing performance," *Proc. SPIE* **10957**, 109570I, 2019.

[67] A. Garetto, R. Capelli, F. Blumrich, K. Magnusson, M. Waiblinger, T. Scheruebl, J. H. Peters, and M. Goldstein, "Defect mitigation considerations for EUV photomasks," *J. Micro/Nanolithogr. MEMS MOEMS* **13**(4), 43006, 2014.

[68] R. Hirano, S. Iida, T. Amano, H. Watanabe, M. Hatakeyama, T. Murakami, S. Yoshikawa, and K. Terao, "Extreme ultraviolet lithography patterned mask defect detection performance evaluation toward 16- to 11-nm half-pitch generation," *J. Micro/Nanolithogr. MEMS MOEMS* **14**(3), 33512, 2015.

[69] I. Mochi, P. Helfenstein, I. Mohacsi, R. Rajeev, D. Kazazis, S. Yoshitake, and Y. Ekinci, "RESCAN: An actinic lensless microscope for defect inspection of EUV reticles," *J. Micro/Nanolithogr. MEMS MOEMS* **16**(4), 41003, 2017.

[70] R. Jonckheere, "EUV mask defectivity — a process of increasing control toward HVM," *Adv. Opt. Technol.* **6**, 203 - 220, 2017.

[71] Y.-G. Wang, *Key Challenges in EUV Mask Technology: Actinic Mask Inspection and Mask 3D Effects*. PhD thesis, University of California at Berkeley, 2017.

[72] T. Bret, R. Jonckheere, D. Van den Heuvel, C. Baur, M. Waiblinger, and G. Baralia, "Closing the gap for EUV mask repair," *Proc. SPIE* **8171**, 83220C, 2012.

[73] R. Capelli, M. Dietzel, D. Hellweg, G. Kersteen, R. Gehrke, and M. Bauer, "AIMS™ EUV tool platform: Aerial-image based qualification of EUV masks," *Proc. SPIE* **10810**, 145 - 153, 2018.

[74] H. Miyai, T. Kohyama, T. Suzuki, K. Takehisa, and H. Kusunose, "Actinic patterned mask defect inspection for EUV lithography," *Proc. SPIE* **11148**, 162 - 170, 2019.

[75] R. Jonckheere, D. Van den Heuvel, T. Bret, T. Hofmann, J. Magana, I. Aharonson, D. Meshulach, E. Hendrickx, and K. Ronse, "Evidence of printing blank-related defects on EUV masks, missed by blank inspection," *Proc. SPIE* **7985**, 79850W, 2011.

[76] J. Harris-Jones, V. Jindal, P. Kearney, R. Teki, A. John, and H. J. Kwon, "Smoothing of substrate pits using ion beam deposition for EUV lithography," *Proc. SPIE* **8322**, 83221S, 2012.

[77] D. G. Stearns, P. B. Mirkarimi, and E. Spiller, "Localized defects in multilayer coatings," *Thin Solid Films* **446**, 37 - 49, 2004.

[78] M. Upadhyaya, *Experimental and Simulation Studies of Printability of Buried EUV Mask Defects and Study of EUV Reflectivity Loss Mechanisms Due to Standard EUV Mask Cleaning Processes*. PhD thesis, State University of New York, Albany, 2014.

[79] M. Upadhyaya, V. Jindal, A. Basavalingappa, H. Herbol, J. Harris-Jones, I.-Y. Jang, K. A. Goldberg, I. Mochi, S. Marokkey, W. Demmerle, T. V. Pistor, and G. Denbeaux, "Evaluating printability of buried native extreme ultraviolet mask phase defects through a modeling and simulation approach," *J. Micro/Nanolithogr. MEMS MOEMS* **14**(2), 23505, 2015.

[80] C. H. Clifford, *Simulation and Compensation Methods for EUV Lithography Masks with Buried Defects*. PhD thesis, Electrical Engineering and Computer Sciences University of California at Berkeley, 2010.

[81] C. H. Clifford, T. T. Chan, and A. R. Neureuther, "Compensation methods for buried defects in extreme ultraviolet lithography masks," *Proc. SPIE* **7636**, 763623, 2010.

[82] A. Erdmann, P. Evanschitzky, T. Bret, and R. Jonckheere, "Analysis of EUV mask multilayer defect printing characteristics," *Proc. SPIE* **8322**, 83220E, 2012.

[83] H. Zhang, S. Li, X. Wang, Z. Meng, and W. Cheng, "Fast optimization of defect compensation and optical proximity correction for extreme ultraviolet lithography mask," *Opt. Commun.* **452**, 169 - 180, 2019.

[84] P. Evanschitzky, F. Shao, and A. Erdmann, "Efficient simulation of EUV multilayer defects with rigorous data base approach," *Proc. SPIE* **8522**, 85221S, 2012.

[85] A. K. Ray-Chaudhuri, G. Cardinale, A. Fisher, P.-Y. Yan, and D. W. Sweeney, "Method for compensation of extreme-ultraviolet multilayer defects," *J. Vac. Sci. Technol. B* **17**, 3024, 1999.

[86] A. Erdmann, P. Evanschitzky, T. Bret, and R. Jonckheere, "Modeling strategies for EUV mask multilayer defect dispositioning and repair," *Proc. SPIE* **8679**, 86790Y, 2013.

[87] G. R. McIntyre, E. E. Gallagher, M. Lawliss, T. E. Robinson, J. LeClaire, R. R. Bozak, and R. L. White, "Through-focus EUV multilayer defect repair with nanomachining," *Proc. SPIE* **8679**, 86791I, 2013.

[88] L. Pang, M. Satake, Y. Li, P. Hu, V. L. Tolani, D. Peng, D. Chen, and B. Gleason, "EUV multilayer defect compensation by absorber modification — improved performance with deposited material and other processes," *Proc. SPIE* **8522**, 85220J, 2012.

[89] H. J. Levinson, *Principles of Lithography*, *4th ed.*, SPIE Press, Bellingham, Washington, 2019.

[90] T. Otsuka, B. Li, C. O'Gorman, T. Cummins, D. Kilbane, T. Higashiguchi, N. Yugami, W. Jiang, A. Endo, P. Dunne, and G. O'sullivan, "A 6.7-nm beyond EUV source as a future lithography source," *Proc. SPIE* **8322**, 832214, 2012.

[91] K. Yoshida, S. Fujioka, T. Higashiguchi, T. Ugomori, N. Tanaka, M. Kawasaki, Y. Suzuki, C. Suzuki, K. Tomita, R. Hirose, T. Eshima, H. Ohashi, M. Nishikino, E. Scally, H. Nshimura, H. Azechi, and G. O'sullivan, "Beyond extreme ultra violet (BEUV) radiation from spherically symmetrical high-Z plasmas," *J. Phys. Conf. Ser.* **688**, 12046, 2016.

[92] T. Tsarfati, R. W. E. van de Kruijs, E. Zoethout, E. Louis, and F. Bijkerk, "Reflective multilayer optics for 6.7 nm wavelength radiation sources and next generation lithography," *Thin Solid Films* **518**, 1365 – 1368, 2009.

[93] T. Kozawa and A. Erdmann, "Feasibility study of chemically amplified resists for short wavelength extreme ultraviolet lithography," *Appl. Phys. Express* **4**, 26501, 2011.

[94] N. Mojarad, J. Gobrecht, and Y. Ekinci, "Beyond EUV lithography: A comparative study of efficient photoresists' performance," *Sci. Rep.* **5**, 2015.

[95] S. Migura, B. Kneer, J. T. Neumann, W. Kaiser, and J. van Schoot, "Anamorphic high-NA EUV lithography optics," *Proc. SPIE* **9661**, 96610T, 2015.

[96] J. van Schoot, E. van Setten, G. Rispens, K. Z. Troost, B. Kneer, S. Migura, J. T. Neumann, and W. Kaiser, "High-numerical aperture extreme ultraviolet scanner for 8-nm lithography and beyond," *J. Micro/Nanolithogr. MEMS MOEMS* **16**(4), 41010, 2017.

[97] S. Migura, B. Kneer, J. T. Neumann, W. Kaiser, and J. van Schoot, "EUV lithography optics for sub 9 nm resolution," *in EUVL Symposium*, 2014, Oct 27 – 29, Washington, D. C., 2014.

[98] J. Liddle, J. Zimmermann, J. T. Neumann, M. Roesch, R. Gehrke, P. Gräupner, E. van Setten, J. van Schoot, and M. van de Kerkhof, "Latest developments in EUV optics," in *Fraunhofer Lithography Simulation Workshop*, 2017.

[99] J. T. Neumann, P. Gräupner, W. Kaiser, R. Garreis, and B. Geh, "Mask effects for high-NA EUV: impact of NA, chief-ray-angle, and reduction ratio," *Proc. SPIE* **8679**, 867915, 2013.

[100] G. Bottiglieri, T. Last, A. Colina, E. van Setten, G. Rispens, J. van Schoot, and K. van Ingen Schenau, "Anamorphic imaging at high-NA EUV: Mask error factor and interaction between demagnification and lithographic metrics," *Proc. SPIE* **10032**, 1003215, 2016.

[101] J. van Schoot, K. van Ingen Schenau, C. Valentin, and S. Migura, "EUV lithography scanner for sub-8 nm resolution," *Proc. SPIE* **9422**, 94221F, 2015.

[102] L. Neim and B. W. Smith, "EUV mask polarization effects," *Proc. SPIE* **11147**, 84 – 94, 2019.

[103] M. Lowisch, P. Kuerz, O. Conradi, G. Wittich, W. Seitz, and W. Kaiser, "Optics for ASML's NXE:3300B platform," *Proc. SPIE* **8679**, 86791H, 2013.

[104] M. van de Kerkhof, H. Jasper, L. Levasier, R. Peeters, R. van Es, J.-W. Bosker, A. Zdravkov, E. Lenderink, F. Evangelista, P. Broman, B. Bilski, and T. Last, "Enabling sub-10 nm node lithography: presenting the NXE:3400B EUV scanner," *Proc. SPIE* **10143**, 34 – 47, 2017.

[105] H. Kang, "Novel assist feature design to improve depth of focus in low k_1 EUV

lithography," *Proc. SPIE* **7520**, 752037, 2009.
[106] S. Hsu, R. Howell, J. Jia, H.-Y. Liu, K. Gronlund, S. Hansen, and J. Zimmermann, "EUV resolution enhancement techniques (RET) for k_1 0.4 and below," *Proc. SPIE* **9422**, 94221I, 2015.
[107] O. R. Wood, D. L. White, J. E. Bjorkholm, L. E. Fetter, D. M. Tennant, A. A. MacDowell, B. LaFontaine, and G. D. Kubiak, "Use of attenuated phase masks in extreme ultraviolet lithography," *J. Vac. Sci. Technol. B* **15**, 2448, 1997.
[108] H. D. Shin, C. Y. Jeoung, T. G. Kim, S. Lee, I. S. Park, and K. J. Ahn, "Effect of attenuated phase shift structure on extreme ultraviolet lithography," *Jpn. J. Appl. Phys.* **48**, 06FA06, 2009.
[109] Y. Deng, B. M. L. Fontaine, H. J. Levinson, and A. R. Neureuther, "Rigorous EM simulation of the influence of the structure of mask patterns on EUVL imaging," *Proc. SPIE* **5037**, 302, 2003.
[110] P. Y. Yan, M. Leeson, S. Lee, G. Zhang, E. Gullikson, and F. Salmassi, "Extreme ultraviolet embedded phase shift mask," *J. Micro/Nanolithogr. MEMS MOEMS* **10**(3), 33011, 2011.
[111] A. Erdmann, P. Evanschitzky, H. Mesilhy, V. Philipsen, E. Hendrickx, and M. Bauer, "Attenuated phase shift mask for extreme ultraviolet: Can they mitigate three-dimensional mask effects?" *J. Micro/Nanolithogr. MEMS MOEMS* **18**(1), 011005, 2018.
[112] S.-I. Han, E. Weisbrod, J. R. Wasson, R. Gregory, Q. Xie, P. J. S. Mangat, S. D. Hector, W. J. Dauksher, and K. M. Rosfjord, "Development of phase shift masks for extreme ultraviolet lithography and optical evaluation of phase shift materials," *Proc. SPIE* **5374**, 261, 2004.
[113] A. R. Pawloski, B. L. Fontaine, H. J. Levinson, S. Hirscher, S. Schwarzl, K. Lowack, F.-M. Kamm, M. Bender, W.-D. Domke, C. Holfeld, U. Dersch, P. Naulleau, F. Letzkus, and J. Butschke, "Comparative study of mask architectures for EUV lithography," *Proc. SPIE* **5567**, 762, 2004.
[114] B. L. Fontaine, A. R. Pawloski, O. Wood, H. J. Levinson, Y. Deng, P. Naulleau, P. E. Denham, E. Gullikson, B. Hoef, C. Holfeld, C. Chovino, and F. Letzkus, "Demonstration of phase-shift masks for extreme-ultraviolet lithography," *Proc. SPIE* **6151**, 61510A, 2006.
[115] C. Constancias, M. Richard, J. Chiaroni, R. Blanc, J. Y. Robic, E. Quesnel, V. Muffato, and D. Joyeux, "Phase-shift mask for EUV lithography," *Proc. SPIE* **6151**, 61511W, 2006.
[116] A. Erdmann, T. Fühner, P. Evanschitzky, J. T. Neumann, J. Ruoff, and P. Gräupner, "Modeling studies on alternative EUV mask concepts for higher NA," *Proc. SPIE* **8679**, 86791Q, 2013.
[117] P. Y. Yan, "EUVL alternating phase shift mask imaging evaluation," *Proc. SPIE* **4889**, 1099, 2002.
[118] M. Sugawara, A. Chiba, and I. Nishiyama, "Phase-shift mask in EUV lithography," *Proc. SPIE* **5037**, 850, 2003.
[119] P. Naulleau, C. N. Anderson, W. Chao, K. A. Goldberg, E. Gullikson, F. Salmassi, and A. Wojdyla, "Ultrahigh efficiency EUV contact-hole printing with chromeless phase shift mask," *Proc. SPIE* **9984**, 99840P, 2016.
[120] S. Sherwin, A. Neureuther, and P. Naulleau, "Modeling high-efficiency extreme ultraviolet etched multilayer phase-shift masks," *J. Micro/Nanolithogr. MEMS MOEMS* **16**(4), 041012, 2017.

第 7 章　投影成像以外的光刻技术

本章将概述不采用掩模投影成像的各种替代光学光刻技术。若只对半导体制造投影光刻感兴趣的人可以跳过本章。本章将概述针对潜在应用的替代光学光刻方法，包括针对 5.2 节中已经简要介绍的光学非线性进行更深入的讨论。

掩模接近式光刻无需(昂贵的)投影镜头即可完成。尽管这限制了可实现的分辨率和工艺控制，但它为要求不高的应用提供了一种经济有效的解决方案。激光直写和干涉光刻提供了无需掩模的图形生成方案。特殊的光学近场技术和光学非线性保证了不受衍射限制的分辨率能力。

尽管这些技术不能同时提供同 DUV 和 EUV 投影光刻相比的高产量、分辨率、灵活性和/或工艺控制，但它们在微纳加工的许多领域中有着有趣的应用。这些技术的经济性和投资额度对于研究机构和中小型公司来说更能负担得起。本章所描述的方法可以解决不以先进半导体光刻技术为重点的其他特殊要求，包括非常灵活的少量晶圆的图形化、特殊 3D 轮廓形状的实现、非标准材料的应用、大面积图形化、极端的晶圆形貌或柔性衬底等。

本章最后一节将简要介绍作为非光学光刻技术主要代表的电子束刻蚀和纳米压印技术。

本章的目的是介绍这些替代光刻方法的基本概念，并解释它们的优缺点，其中介绍的一些方法已经在商业解决方案中得到使用，其他概念仅作为“自制”实验装置，用于专门制造非常特殊的图案。对于所描述光刻方法具体实现的技术细节的深入讨论已超出了本书的范围。然而，本章后提供了大量的参考资料可作为进一步阅读的资源。

7.1 非投影式光学光刻：接触式和接近式光刻

首先，将介绍一种使用掩模但不需要昂贵的投影镜头的光刻技术。为了在没有投影镜头的情况下将掩模图形转移到光刻胶中，掩模必须与涂有光刻胶的晶圆近距离对准（接近）或甚至有物理接触。用于接近式光刻的实验设备称为掩模对准器。事实上，在半导体制造的早期就已经开发并使用了掩模对准器。正如接下来将要介绍的，掩模对准器的分辨率被限制在 2 μm 左右。因此，在 20 世纪 70 年代末，光学投影步进式光刻机取代了掩模对准器，成为半导体光刻的主要工具。如今，掩模对准器仍然用于后端半导体制造，以实现半导体制造的集成电路芯片与其他组件的相连。

7.1.1 图像形成和分辨率限制

为了理解接近式光刻的成像能力和分辨率极限，可以重新回顾 2.2.1 节中关于光刻掩模光衍射的描述。图 7－1 为不透明屏幕上 2～5 μm 宽狭缝后面衍射光的传播，狭缝宽度由白色水平虚线表示。假设入射光是平面波，它照射到图中左侧不透明屏幕上的狭缝（位置 $x=z=0$），所示数据是通过菲涅耳衍射方程（2－4）的数值解计算的。有关掩模对准器的图像计算的更详细讨论，请参见本章后的参考文献[1－3]。

如图 7－1 所示，光的扩散传播随着到不透明屏幕的距离 z 的增大而增加。狭缝越小，扩散越严重。对于离掩模的较小距离 z，衍射光保持集中在宽度为 w 的狭缝几何阴影的边界内。可以发现，足够清晰的阴影的最大距离 $z_{\max}$ 定义了菲涅耳区域：

$$z_{\max} = \frac{w^2}{\lambda} \tag{7-1}$$

如果光刻胶位于该菲涅耳区域内，那么高对比度阴影可以实现光刻图形转移。对于掩模和光刻胶之间的较大距离，需要一个透镜来收集衍射光并将其重新定向到像平面的光刻胶中。

图 7－2 比较了投影和接近式光刻的基本设置。两种系统都采用带聚光镜的科勒（Köhler）照明，将光源的光转换为掩模上的均匀照明。投影系统使用透

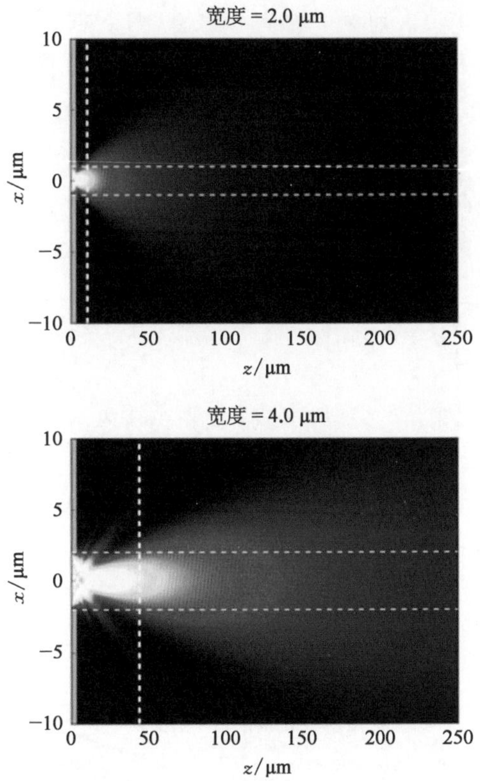

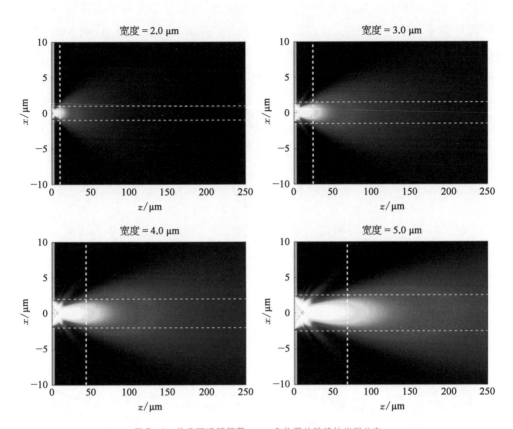

图 7-1　仿真不透明屏幕 $x=z=0$ 位置处狭缝的光强分布

狭缝由沿 z 轴传播的平面波($\lambda=365$ nm)照明;狭缝宽度在子图的标题中给出,并由水平虚线表示;垂直虚线表示根据$(\text{width})^2/(\lambda z)$计算菲涅耳的边界区域

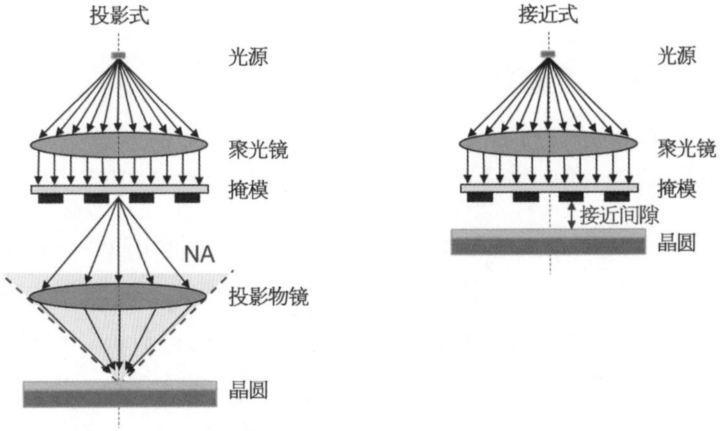

图 7-2　投影式光刻(左)和接近式光刻(右)的基本设置比较

镜收集部分衍射光并将其重新定向到像平面上，其系统的分辨率取决于所收集的光量和重新定向的精度，换言之，取决于 NA 和投影镜头的质量（有关此类系统的详细讨论，请参见第 2 章）。相比之下，接近式光刻减小了掩模和光刻胶之间的距离，从而能够光刻掩模的阴影。接近式光刻的分辨率受到接近间隙内光扩散的限制。

考虑到光刻胶的有限厚度 d_{res}，方程（7－1）可以转化为接近式光刻的分辨率极限：

$$x_{min} = k_{prox}\sqrt{\lambda\left(\frac{1}{2}d_{res} + \text{gap}\right)} \tag{7-2}$$

与公式（2－20）中投影式光刻的工艺因子 k_1类似，常数 k_{prox}表示接近式光刻的工艺相关因子。k_{prox}的典型值约为 1.0。图 7－3 显示了可实现的最小分辨率与接近间隙和光刻胶厚度的关系图。标准接近式光刻采用 50~100 μm 的间隙，并支持在高达 100 μm 厚的光刻胶中成形 5 μm 宽的图形。将接近间隙降低到 20 μm，并将光刻胶厚度降低到大约 1 μm，可以成形 2~3 μm 宽的图形。

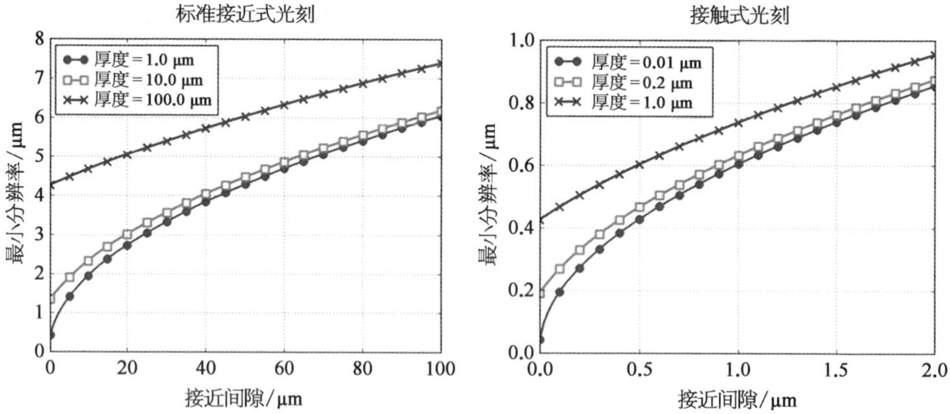

图 7－3　根据式（7－2），接近式光刻的分辨率极限与接近间隙和光刻胶厚度的关系

接近式（左）和接触式亚微米光刻（右）的典型值；参数设置：λ = 365 nm，工艺因子 k_{prox} = 1.0

图 7－3 右图表明接近间隙小于 2 μm 和薄光刻胶可实现的分辨率能够成形 0.1~1.0 μm 的特征尺寸。事实上，方程（7－2）是使用菲涅耳衍射方程推导出来的，它仅提供了距离小于几个波长处光的近场分布的近似值。如第 9 章所述，该领域中光传播的精确建模需要应用严格的方法。理论间隙尺寸为零的接触式光刻已被证明可以成形尺寸接近所选波长的图形。然而，掩模和光刻胶/晶圆之间的物理接触，使得这种成形模式对不平整的表面和小颗粒杂质非常敏

感。掩模和光刻胶之间的密切接触同时会带来污染问题。基于成本效益,接触式光刻仅用于对污染不太敏感且不需要高产量的较大特征尺寸图案成形和研究应用。接触式光刻成形亚波长图形的相关讨论将在 7.3.1 节中进行。

7.1.2　技术实现

图 7-4 为掩模对准器的技术示意图和照片。大多数掩模对准器使用汞灯,其光谱范围为紫外和可见光。对于光刻应用,汞灯光谱中 365 nm(i-line)、405 nm(h-line)和 436 nm(g-line)的发射峰值最为重要。反射镜、透镜和介电涂层的组合用于调制对掩模照明的空间、角度和光谱分布。例如,冷光镜用于分离发射出的红外光,避免在曝光期间红外光对照明系统和光刻胶的大量加热。现代掩模对准器配备了基于微透镜的科勒(Köhler)积分器,可提供具有良好均匀性的辐照度和角谱的远心照明[4]。

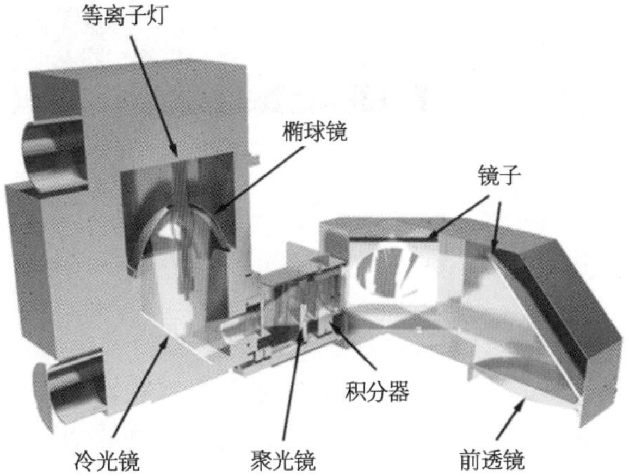

图 7-4　SÜSS MicroTec SE 掩模对准器的技术示意(左)和照片(右)
数据由 Reinhard Völkel/SÜSS MicroOptics SA 提供

照明光的方向和空间相干性对其产生的强度分布有着显著的影响,图 7-5 对此进行了演示。图 7-5 展示了计算所得的强度分布与照明光锥角的关系。0°的锥角对应于沿 z 轴传播的单个平面波对掩模的照明。完美的空间相干性来自掩模上相邻开口的透射/衍射光,它们之间会产生明显的干涉效应。这些干涉效应使光刻结果对剂量和接近间隙的小波动高度敏感。这种干涉效应导致旁瓣被成形的风险很高。

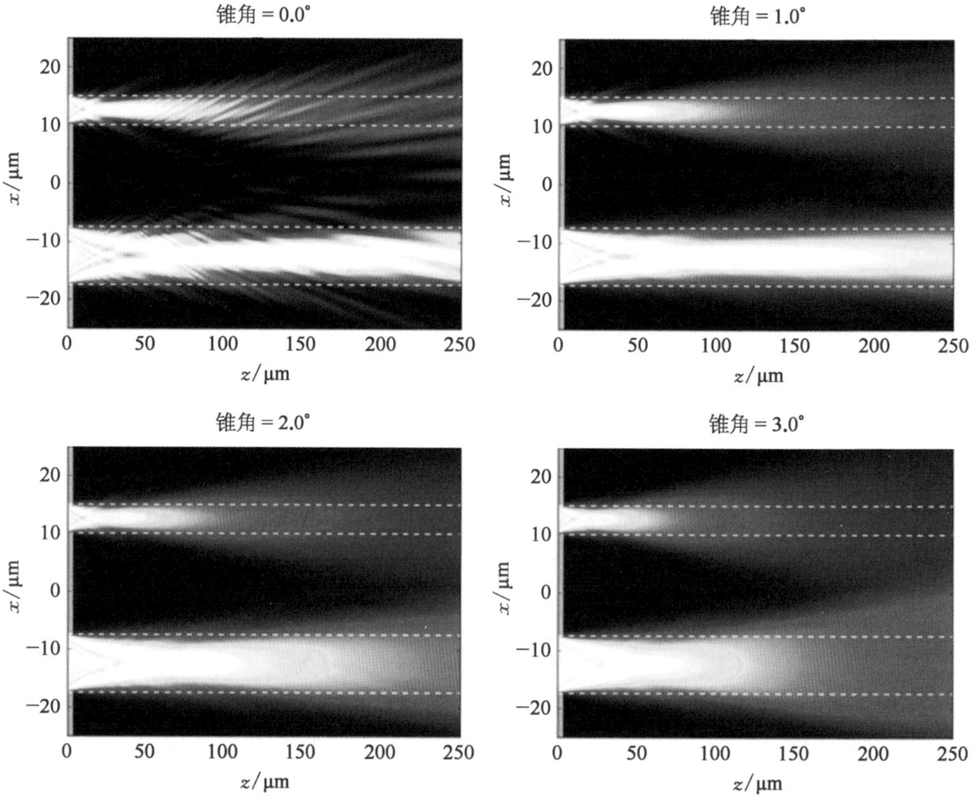

图 7-5　不同照明锥角下 i 线(i-line)曝光(λ = 365 nm)的仿真强度分布

掩模图形由两个狭缝组成;它们的尺寸(5 μm 和 10 μm)和位置由水平虚线表示

在一定的锥角内,将许多不同传播方向的平面波衍射图样进行非相干叠加,可获得非零锥角的光强分布。照明光的空间不相干性随着锥角的增加而增大。约 1°的小锥角会在式(7-1)定义的"经典"菲涅耳区域内生成足够清晰的阴影。然而,残留的干涉效应仍然可能导致成形结果的不稳定,尤其是对于较小的间隙。对于较大的锥角,这些干涉效应会变得不明显,而可以观察到更平滑的强度分布。然而,增加的锥角会在经典菲涅耳区域的极限处造成更明显的图像模糊。换句话说,较大的锥角为较小的接近间隙提供更好的性能,但不支持在较大的接近间隙进行光刻。

由于没有投影镜头,接近式光刻对色差不敏感。许多标准掩模对准器应用使用汞灯的完整 DUV 和可见光光谱,包括 365 nm、405 nm 和 436 nm 三个主要发射峰。由于强反射衬底的干涉效应,这种宽带曝光也有助于减弱驻波效应(参见 3.2.2 节中对驻波效应的讨论)。

某些掩模对准器的特殊应用是利用光谱过滤器来限制并使用单一波长进行曝光的，主要波长为 365 nm 的 i 线。这种单色光曝光支持对低于经典分辨率极限的特征尺寸或极大的接近间隙的系统进行全面的优化（另请参见 7.1.3 节中对分辨率增强的讨论）。最近的出版物报告了峰值波长为 380 nm InGaN 紫外发光二极管（LED）[5] 和波长为 193 nm 的 ArF 激光器[6] 在掩模接近式光刻中的应用。

掩模对准器没有投影镜头，因此该技术不存在焦点控制问题，但必须选择在控制掩模和晶圆之间的接近间隙。该接近间隙扮演了光刻工艺窗口中的焦距角色。图 7－6 显示了掩模对准器的仿真工艺窗口，矩形表示适当剂量和间隙的不同可能组合选择。请注意，剂量宽容度不会随着接近间隙而单调减小，而在大约 30 μm 的间隙尺寸处具有明显的最小值。50 μm 左右的接近间隙提供了与接近间隙低于 20 μm 的接触模式相当的工艺窗口。工艺窗口的形状取决于目标图形的大小、掩模偏置、波长光谱、照射方向/形状以及可接受图形的容差、轮廓形状等标准[7]。有关测量接近间隙和掩模对准器光刻的其他技术方面的详细信息，请参见本章后的参考文献[8,9]。

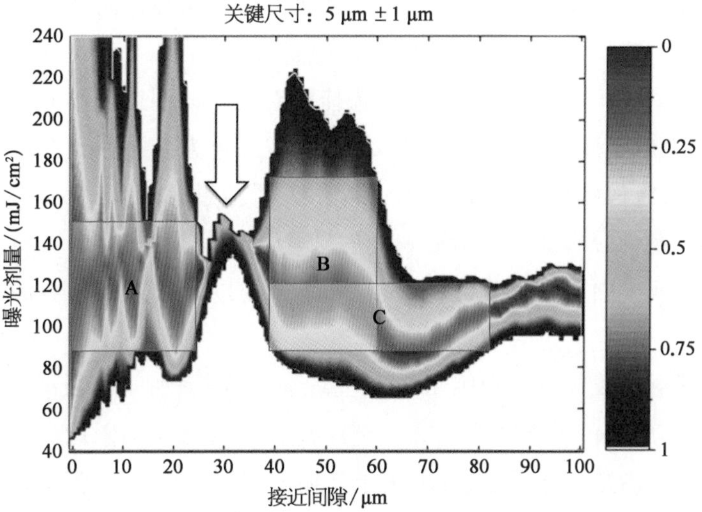

图 7－6　周期为 10 μm、空宽为 5 μm 线空图形的工艺窗口[7,10]

颜色表示在相应剂量和接近间隙处与目标尺寸的偏差量，白色区域的偏差大于 1 μm，矩形表示可选择的工艺窗口

掩模对准器的基本原理也已用于波长范围 0.7～1.2 nm 之间的 X 射线接近式光刻。等式（7－2）表明对于 10 μm 的接近间隙，分辨率极限约为 100 nm。标准 X 射线点光源不能提供足够的输出，因此必须使用电子存储环来进行这项技术的实验探索。X 射线光刻掩模由典型厚度为 1～2 μm 的薄膜和具有高原子序

数的吸收材料组成。这项技术开发于20世纪80年代初期至90年代中期,并已达到相对成熟的状态[11,12]。该技术的主要研发活动在20世纪90年代后期结束的主要原因是合适的光源非常有限和薄膜掩模的稳定性不足。尽管如此,已开发的建模技术和分辨率增强的研究选项,可为理解接近式光刻中的物理效应,以及优化可见光和DUV光谱范围内的掩模接近式光刻提供宝贵的参考[12,13]。

7.1.3 先进的掩模对准光刻

光学投影光刻分辨率增强的开发和应用,以及掩模接近式光刻的仿真模型和软件的可用性,激发了在掩模接近式光刻中(重新)探索照明、掩模设计、相移掩模和多次曝光的作用[14-17]。照明和掩模几何形状对近场或菲涅耳区域图像的影响不同于其对投影图像的影响。尽管如此,照明和掩模设计中的额外自由度为提高掩模对准光刻的分辨率和工艺宽容度提供了新的可能性。这些新的可能性与近场衍射效应和Talbot自成像效应相结合,本节将对相关技术进行概述。

对于接近分辨率极限的特征尺寸,照射到掩模上光的方向和其对应的光源形状对成形图形的形状有着显著的影响。如图7-7所示,为不同照明形状下成形图形的SEM图和仿真轮廓图。SÜSS为掩模对准器的照明光学器件制造了特殊孔径,用于生成不同光源形状,在SEM图的右上角为光源形状图。如图右栏中的虚线所示,掩模图形为10 μm×10 μm正方形接触孔。图7-7上行中的标准圆形照明在光刻胶内部产生衍射限制的圆形接触孔,中间行和下行的风车形照明在衍射图案中引入了优先方向,光刻结果为正方形或45°倾斜的正方形接触孔。

周期性图形的成像可以利用Talbot效应,如图7-8所示。当平面波照射周期性光栅时,衍射光的干涉在距光栅一定距离处产生光栅的图像。这些图像以Talbot距离L_{Talbot}周期性地重复,其取决于光栅的周期p和所用光的波长λ:

$$L_{\mathrm{Talbot}} = \frac{2p^2}{\lambda} \tag{7-3}$$

在这些所谓的主Talbot图像之间可以观察到额外的图像,包括移动了半周期p的二次Talbot图像(在半Talbot距离处),以及两倍、三倍等的频率。它们是类似于光栅缩小图像的分数阶图像。Talbot自成像使无透镜成像成为可能,并在光学及其他领域中被大量应用[19]。

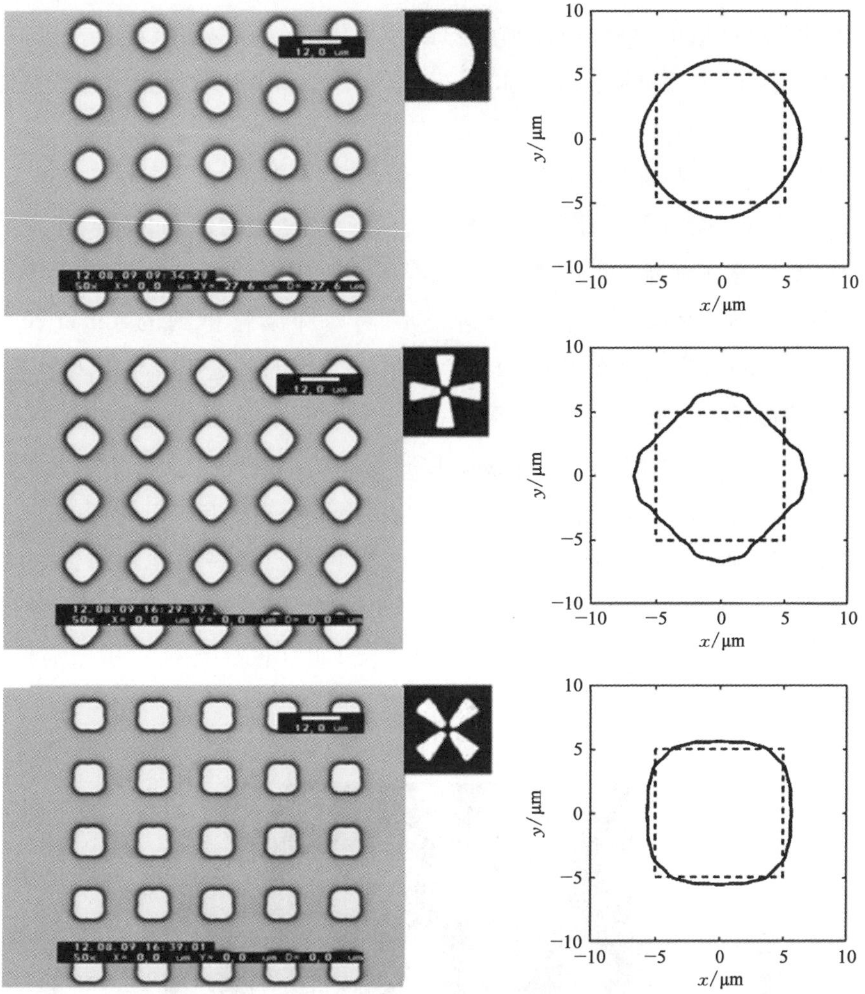

图 7－7　不同照明形态的接触孔阵列的 SEM 图像(左列)和仿真图(右列)[18]

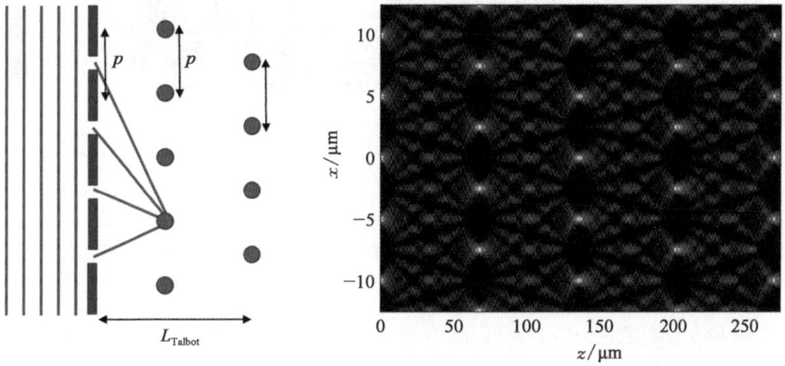

图 7－8　周期性光栅的 Talbot 自成像

基本几何形状(左)和仿真的强度分布或 Talbot 地毯(右)；参数设置：$\lambda=365$ nm，光栅周期 $p=5$ μm

利用 Talbot 效应，可以应用掩模对准器来成形分辨率小于经典极限[公式(7-2)]或在较大接近间隙下的周期性图形[9,14]。Talbot 效应也可用于无透镜 EUV 光刻[20-23]。

Talbot 效应在光刻中的实际应用主要受到焦深(DoF)的限制，与理想 Talbot 平面的微小偏差会导致对比度的显著损失。图 7-9 说明了 Talbot 位移光刻[24]的工作原理，它在曝光过程中引入了晶圆/光刻胶的运动，从而能够成形具有无限焦深的 Talbot 图像。图 7-9 中给定的周期和波长得到的 Talbot 长度为 1 153 nm。800 nm 厚的光刻胶在 51.0~51.8 μm 之间的固定 Talbot 距离下静态曝光时，光刻胶的左边和右边(顶部和底部)分别有显著的强度变化。晶圆/光刻胶在单个或多个 Talbot 距离上的移动对应衍射图形在单个 Talbot 距离上的积分。图 7-9 的右侧光刻胶框中获得的平均强度分布沿 z 方向是均匀的，不受焦深限制，但图像对比度显著降低。与多重曝光相组合提供了额外的自由度，可用于成形各种旋转对称的光子结构[25]。Talbot 光刻的仿真可用于研究光源的空间相干性和带宽的影响[26,27]，也可用于比较 Talbot 位移光刻[28]中振幅和相位掩模的性能。

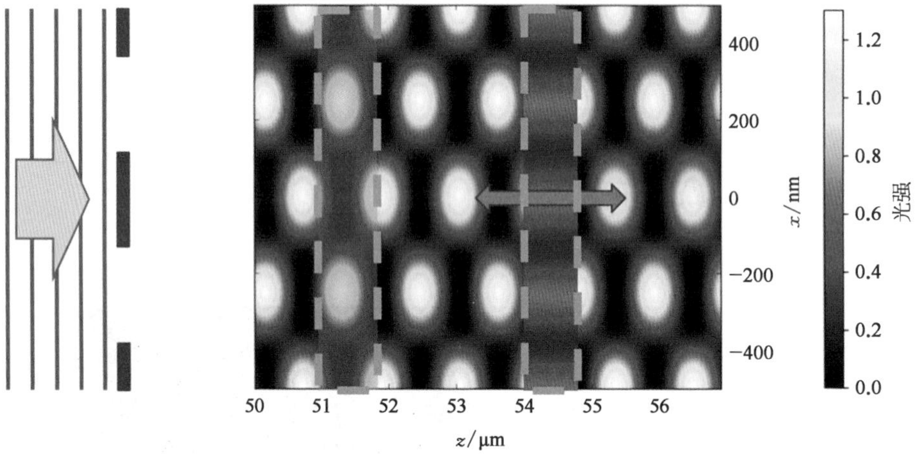

图 7-9 Talbot 位移光刻工作原理

占空比为 1∶1，周期为 500 nm 的光栅的仿真光强分布或 Talbot 地毯，所选波长 365 nm。虚线框表示 800 nm 厚的光刻胶，在固定的 Talbot 距离(左框)处曝光，并且在 Talbot 距离上进行积分/平均(右框)

相移掩模对增强掩模对准器的成像能力提供了额外的可能。图 7-10 展示了相移掩模对五缝图形近场和菲涅耳区衍射光的显著影响。带有五个狭缝的掩模位于图 7-10 所示强度分布的左侧，它们被平面波从左侧照亮。图 7-10

左图是针对二元掩模计算的，它使光以相同的相位通过所有开口；右图是针对交替型相移掩模(PSM)的仿真，掩模上每隔一个开口就会有 180°相移。

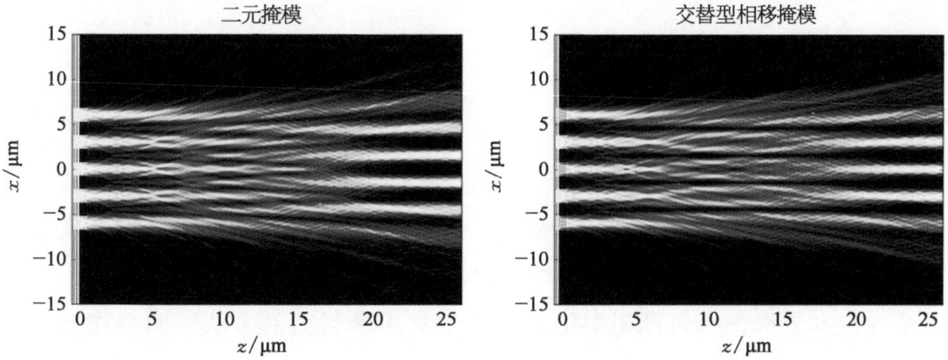

图 7－10　二元掩模(左)和相移掩模(右)的近场和菲涅耳区衍射图的比较

参数设置：$\lambda = 365$ nm、狭缝宽度 1.5 μm、狭缝间距 3.0 μm

两种类型的掩模都会在大约 25 μm 的接近间隙处生成高对比度图像。然而，二元掩模的图像是对比度反转的，并且仅显示四个狭缝图像，这对应在 Talbot 距离一半处的次级 Talbot 图像。相比之下，来自 PSM 相邻狭缝的光的相消干涉，在狭缝之间产生了一个与接近间隙无关的强度最小值，并在五个狭缝的正确位置处生成高对比度图像。当然，由于缺少相邻狭缝，最上面和最下面狭缝的图像略有模糊，这种影响可以通过适当的邻近效应校正来补偿[16]。

通常，用于接近式光刻的掩模可被视为衍射光学元件(DOE)。在光敏材料内制造此类 DOE 可以通过利用全内反射全息术的特殊全息光刻方法来实现[29]；也可以通过应用波光算法设计，再利用电子束刻蚀[30,31]来制作 DOE 或掩模图形。尽管这些方法的基本可行性已经在实验中得到了证明，但它们在实际应用中受限于全息记录材料所需的传输特性、对准要求高的挑战以及掩模制造成本的影响。

多种改进技术开辟了将掩模接近式光刻推向其最终物理极限新的可能。其中，包括改进的照明控制，针对掩模对准器的客户或特定应用的定制照明的可用性，以及改进掩模成形的能力等。Motzek 等人在 2010 年演示了掩模对准器的光源掩模协同优化的首个应用[32]。优化的相移掩模和定制的多极照明的组合使掩模对准器光刻能够在大的接近间隙对亚微米级周期光栅进行成像[33]。掩模衬底背面的图案，例如由菲涅耳透镜或线栅偏振器产生的图案，可针对特定的图形和位置调整照明和偏振方向[34,35]。

RWTH Aachen 最近发表的一篇论文报道了使用 EUV 光进行接近式光刻[36]。放电产生的等离子体源产生约 10.88 nm 波长的 EUV 辐射,用于制造大型微米级天线阵列。

7.2 无掩模光刻

投影和掩模接近式光刻都需要一个物理掩模,其带有原始目标图形或光学邻近效应校正图形。这种掩模的设计和制造非常耗时,并且限制了图案生成的灵活性。本节将介绍两种无需掩模即可生成光学图案的方法。两个或多个平面波的干涉可以产生周期性图形,更复杂的图案是通过激光(或电子束)直写光刻法生成的,它在光刻胶上扫描聚焦的光(或电子)束。

7.2.1 干涉光刻

干涉光刻(技术)是一种特殊的无掩模光刻技术,用于创建周期性结构[37,38],有时也称为全息光刻。周期性图形由两个或多个(平面)波的相干叠加形成。

为了理解其基本原理和由此产生的分辨率极限,首先考虑两个平面波的简单干涉,如图 7-11 所示。两个平面波在 xz 平面中传播,并相对于 z 轴倾斜角度 $\pm\theta$。对于平面波的强度、偏振和相干性,干涉图由下式描述:

$$I = 1 + \cos(2\tilde{k}x\sin\theta) \quad (7-4)$$

$$\tilde{k} = \frac{2\pi n}{\lambda}$$

式中,$\tilde{k}$ 指定了干涉波或波矢量 $\vec{k}$ 的传播长度,它取决于波长 λ 和材料的折射率 n。

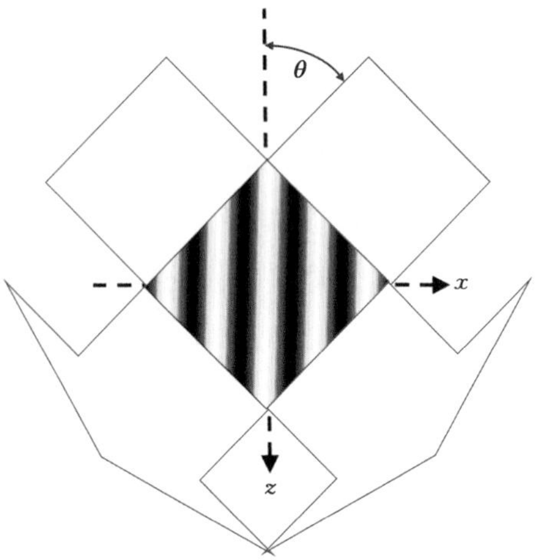

图 7-11 两个平面波的干涉

干涉图形的空间周期或间距由下式给出:

$$p = \frac{\lambda}{2n\sin\theta} \quad (7-5)$$

最小可能的周期是通过 $\theta = 90°$的两个相反方向传播波的干涉获得的。这将干涉光刻的分辨率限制为半间距 $hp = \lambda/(4n)$ 。在实践中,观察到的强度图形的对比度取决于干涉波之间的强度比、偏振和相干性。

用于干涉光刻的传播波和干涉波可以采用不同的方式产生,图 7－12 中概括了几种可供选择的基本装置,包括波前分割干涉仪,例如左侧的 Lloyd 反射镜和棱镜装置,以及右侧的振幅分割方案。一般来说,振幅分割方案很难对准。但是,它们通过使用额外的光学元件,如可变衰减器、偏振器、空间滤波器等,可以提供更多的自由度来调整干涉波的方向、偏振、振幅、波前质量和相干特性。干涉光刻的应用需要对干涉波的波前、相干性和偏振进行良好的控制。本章后的参考文献[39,40]讨论了有关干涉光刻实验装置的更多细节以及不同干涉测量装置的优缺点。

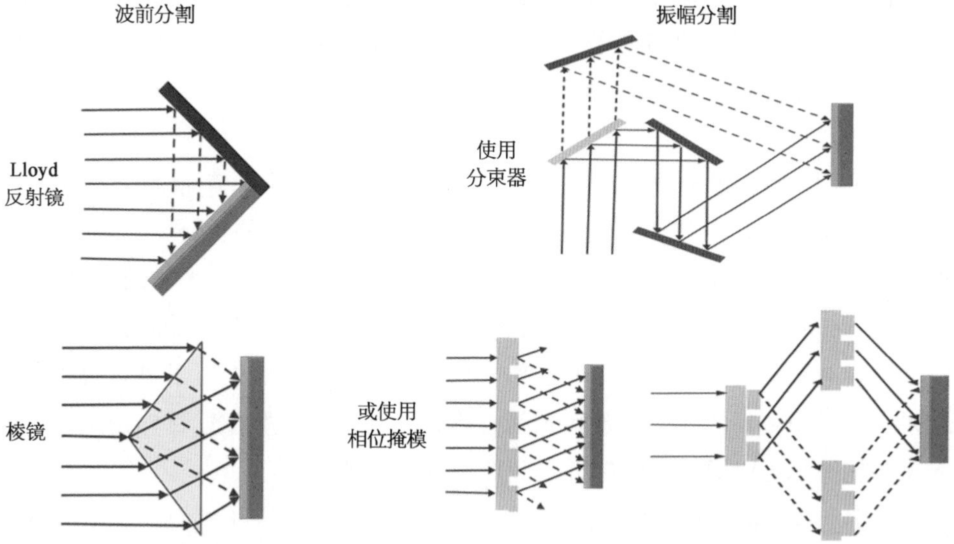

图 7－12　生成干涉图的方法,右下方案中的相位掩模仅用于波前分割

双平面波的单次曝光干涉光刻仅限于制造简单的一维光栅或线空周期性图形。更复杂的周期性和准周期性图形是通过叠加多个双光束曝光或两个以上波的干涉生成的。通过对晶圆进行轮流曝光,可以很容易地实现具有不同双光束干涉图案的多次曝光[41]。

专用的衍射光栅[42]、特殊类型的棱镜[40]和专门设计的相移掩模[43]都被用于两个及以上的干涉波来创建几何图形,从而提供更大的图形生成的灵活性。图 7－13 为五光束干涉图形的仿真和实测图像。如 7.4 节所述,三个或更多平面波的干涉将第三维引入图形生成中。

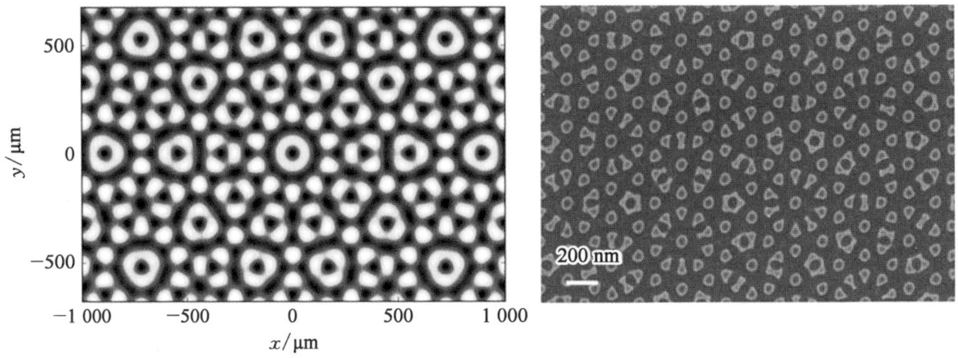

图 7-13 五光束干涉图形

空间像仿真(左)来自埃朗根-纽伦堡大学 Abdalaziz Awad 的论文,2020;相应的 SEM 图(右)由 Yasin Ekinci[44] 提供

有几个研究小组提出,将干涉光刻和其他光刻技术相结合,几乎可以创建任意图形。例如,麻省理工学院(MIT)的一个小组展示了混合光学无掩模光刻的仿真结果和实验演示,该技术将高分辨率密集光栅的干涉曝光与修剪曝光相结合,第二次曝光采用了传统的投影光刻,这样可以将光栅定制为有用的图形[45]。

图 7-14 展示了干涉辅助混合光刻技术在静态随机存取存储器(SRAM)单元中对多晶硅层进行图案成形的应用,该单元采用一维网格设计[46],目标图形如图 7-14 右列顶部图所示。波长为 193 nm 的浸没式干涉曝光被用来创建周期为 90 nm 的线空图形,193 nm 浸没式光刻(NA = 1.2)用于修剪或切割曝光,将线条切割成有限长度的部分。干涉和切割曝光通过适当加权因子进行叠加,其结果产生了图右侧的强度分布和光刻胶轮廓。光刻胶轮廓接近目标图形,任何剩余的偏差都可以通过光学邻近效应校正(OPC)解决。

以上所描述的"线条和切割"方法在先进的半导体制造(不使用干涉光刻)中也有广泛的应用[47,48]。这些先进的成形技术不是将干涉曝光装置集成到半导体制造中,而是采用具有激进的二极照明的 DUV 和 EUV 光刻机来创建接近分辨率极限的规则线空图形。第二次(投影)曝光使用光学邻近效应校正(OPC)或光源掩模协同优化(SMO)以所需的精度执行所需的切割。

将干涉和投影光刻相结合的替代方法也可以为要求不高的应用提供有趣的解决方案。例如,图案集成干涉光刻在中间像平面处使用物理掩模过滤干涉图形[49]。另一种类型的掩模干涉光刻在光刻胶顶部采用接触掩模,以将干涉图形限制在某些区域内[50]。

干涉光刻已用于从 EUV 到可见光的广泛波长范围。由于其设置相对简单,它一直被用于浸没式 DUV 和 EUV 光刻中各种技术选项的早期探索[21,51],特别

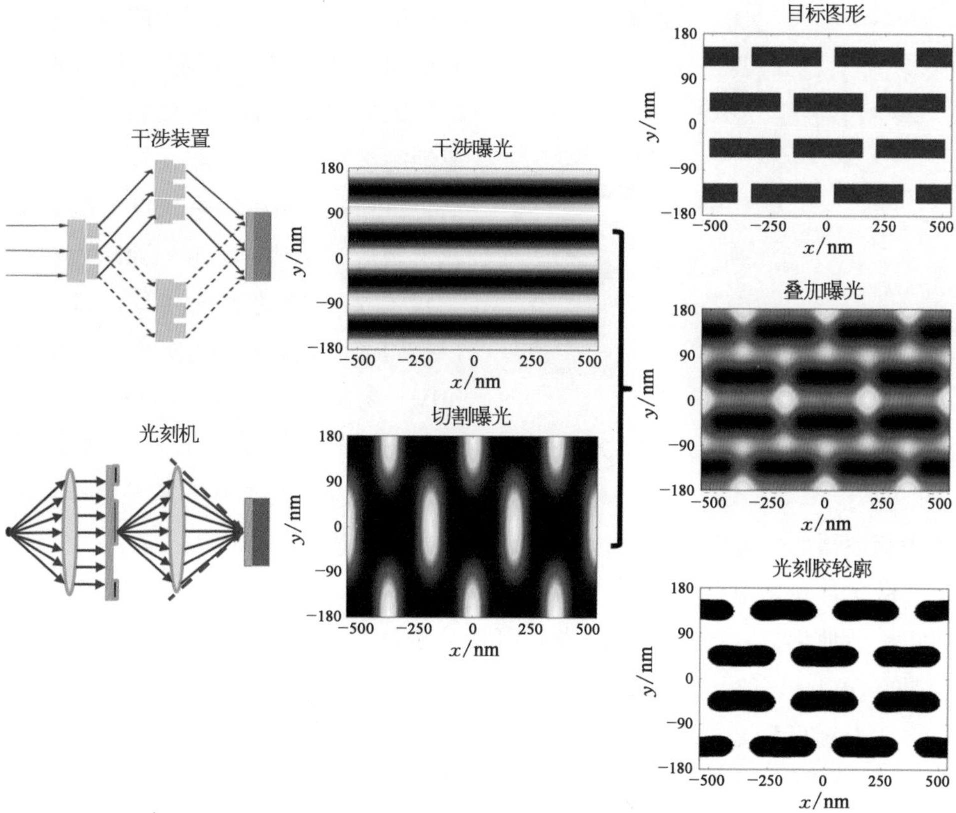

图 7-14　干涉辅助混合光刻在具有一维网格设计的静态随机存取存储器(SRAM)单元中多晶硅层图形成形的应用[46]

左列：干涉设置(顶部)和光刻机设置(底部)的示意图；中列：干涉曝光(顶部)和光刻曝光或切割曝光(底部)的强度分布；右列：目标图形(顶部)、干涉和修剪曝光叠加的强度分布(中心)以及相应的光刻胶轮廓(底部)

是用于筛选光刻胶材料[52]。其他应用包括制造光栅、布拉格反射器、光子带隙结构[53]、抗反射涂层[54,55]和用于细胞-材料相互作用空间控制的大规模蛋白质阵列[56]。

倏逝波或表面等离子激元的近场干涉光刻有望实现低于上述分辨率极限的能力。相关技术的基本原理和限制因素将在 7.3.1 节中讨论。使用具有适当光学非线性的材料，来生成高频谐波为超分辨率干涉光刻提供了替代途径[37]。这种方法的局限性将在 7.3.2 节中讨论。

7.2.2　激光直写光刻

激光直写光刻(LDWL)使用一束或多束聚焦激光束对光刻胶进行局部曝光

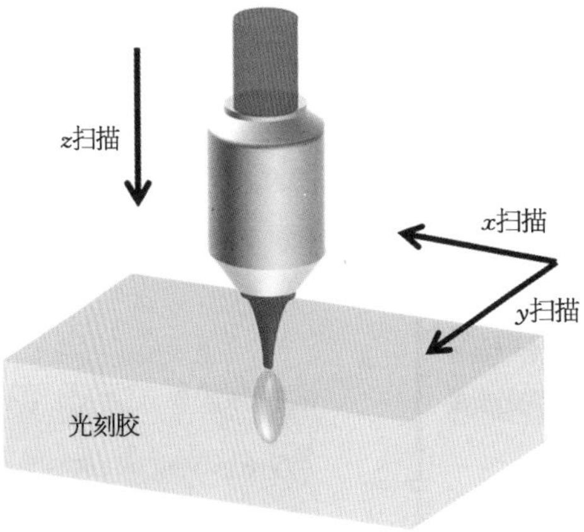

图 7-15 激光直写光刻(LDWL)的基本方案[63]

(图 7-15)。光刻胶曝光的位置由晶圆或激光束的扫描确定。3D 线性压电换能器(PZT)驱动的载物台或电机驱动的载物台与二维电流镜扫描仪相结合,可以实现在几毫米以上的大面积上制造微结构。类似的原理也被用于没有光刻胶的激光直写材料加工(LDWP)。与通常使用标准激光源的 LDWL 相比,LDWP 采用高功率飞秒脉冲激光器可以直接加工适当的材料[57-59]。早期的 LDWL 系统是作为电子束刻蚀器的一种经济有效的替代方案,用于光刻掩模的制版[60-62]。

激光直写光刻无需掩模,仅使用简单的光束聚焦光学器件,这使得它几乎可以灵活地生成任意图形。激光直写系统也比最先进的光学投影系统便宜。但是,LDWL 串行写入非常耗时,无法提供高产量。

激光直写系统中的光刻曝光取决于聚焦曝光光束的形状以及该光束在光刻胶上的扫描或移动特性。通常,LDWL 可用于光刻胶的 2D 和 3D 曝光,即用于创建具有(几乎)垂直侧壁的 2D 图形和制造具有任意形状的 3D 图形。本节仅介绍用于在 xy 晶圆平面上创建二元图案的 2D 光刻,不考虑光束形状在光刻胶厚度上的变化。7.4 节将概述 3D 激光光刻在 3D 微纳米印刷中的应用。

图 7-16 为 2D 聚焦写入光束的两种可能强度分布或光束形状的横截面。平面波照射聚焦透镜会产生具有小束腰的 $sinc^2$(圆柱透镜)或贝塞尔形(球面透镜)光强分布,聚焦透镜仅收集部分照明光波。因此,这种配置涉及光瞳的过度填充和低能量效率,明显的旁瓣也会导致邻近图形之间具有强相互作用的邻近效应。采用具

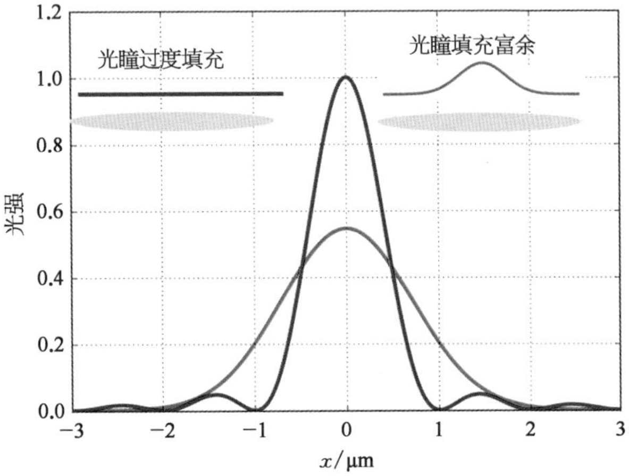

图 7-16 聚焦写入光束的横截面:填充富余和过度填充光瞳的高斯和 $sinc^2$ 形光束

有足够小光束宽度的高斯光束照明最后一个透镜，可以确保大部分光通过光瞳。这种配置使光瞳的填充有富余，可以生成高斯形状的强度分布，这是 LDWL 应用的首选。在较大的 NA 处，光的偏振对最终聚焦光束的形状也有显著的影响。

标准 LDWL 的分辨率由阿贝-瑞利极限 $x_{min} = k_1\lambda / NA$ 决定，取决于所用光的波长 λ 和投影镜头的数值孔径 NA。工艺因子 k_1 由光束形状、光刻胶和其他技术细节决定。LDWL 的 k_1 典型值约为 1.0。大多数 LDWL 系统采用 350～450 nm 的波长和高达 0.85 的数值孔径。这将 LDWL 系统的分辨率限制在 300～500 nm。

光刻胶上扫描聚焦激光束有两种不同原理的方法：矢量扫描和光栅扫描。在矢量扫描期间，聚焦光束仅移动到光刻胶应该曝光的位置。通常，这种方法需要聚焦光束在晶圆的不同位置之间经历多次突兀跳跃，这些运动很难在很短的时间内以很高的定位精度完成。因此，大多数系统都涉及光栅扫描，该扫描使聚焦光束在矩形网格上的晶圆上有更规律的运动。下面将解释这种光栅扫描的细节。其他少量系统采用螺旋形扫描模式，类似于激光记录仪用的光盘掩模复制[64]。

图 7－17 展示了大多数 LDWL 系统的基本写入策略，即在直线网格上进行光栅扫描。这类似于老式射线管电视的成像原理，聚焦的激光束在等距的网格上移动，即所谓的地址网格。扫描由一个扫描元件来执行，例如，通过移动光束焦点位置的反射镜系统，和/或通过移动 xyz 工作台，或是带有晶圆的工件台。所需的图像是通过在扫描期间调节光束强度来产生的，在最简单的情况下，只需开关光束。扫描运动和光束调制均由接收来自用户图形数据的计算机来控制。

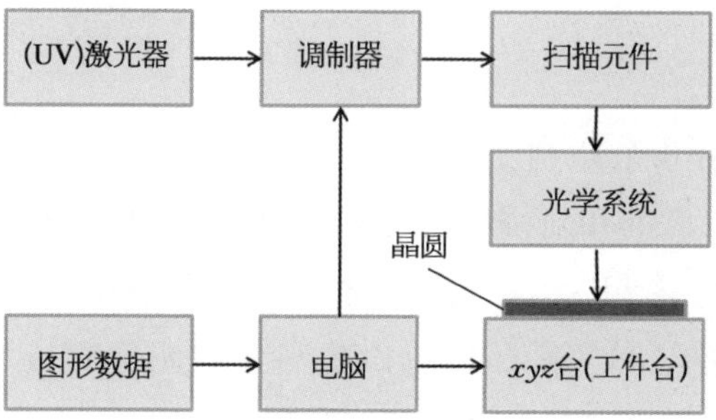

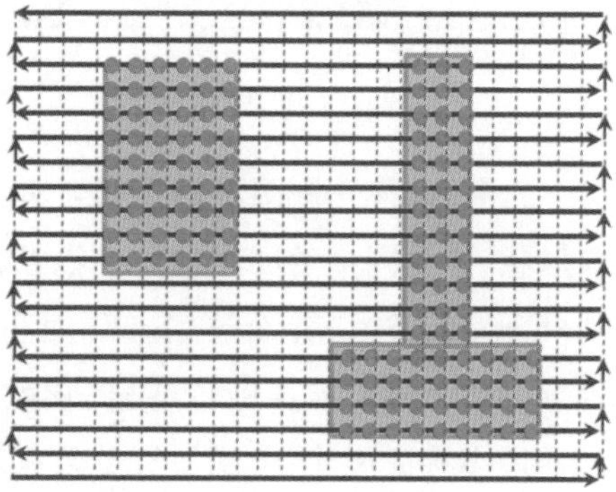

图 7－17　LDWL 系统的写入策略

框图(左)[61]和 xy 晶圆平面中的光栅扫描(右)

扫描移动的离散位置形成等距地址网格，地址单位(au)指定地址网格上两个相邻点之间的距离。网格中的点数或像素数决定了激光直写印刷系统的写入速度。小的网格地址单元导致大量的图形数据和较长的写入时间。较大的网格地址单元(au)会减少数据量和写入时间，但会限制可实现的空间分辨率。图 7－18 展示了高斯光束轮廓的宽度 w_{Gauss}对固定地址单元(au)为 0.5 μm 图像的影响。六个相邻的明亮像素组合在一起，形成一个 3 μm 宽的图形，单个像素和整个图像的强度分布如图 7－18 所示。小于地址单元(au)的像素在最终图像中都是作为单独的图形出现。要解析 3 μm 宽的目标图形，宽度约为 $2au$ 的较宽像素就足够了。

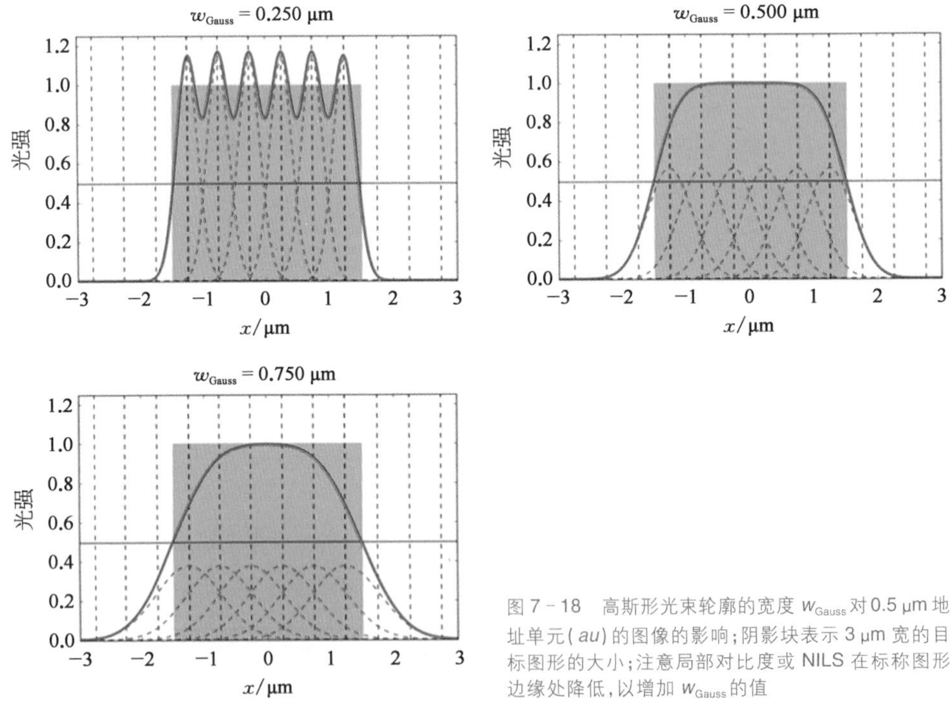

图 7－18　高斯形光束轮廓的宽度 w_{Gauss} 对 0.5 μm 地址单元(au)的图像的影响；阴影块表示 3 μm 宽的目标图形的大小；注意局部对比度或 NILS 在标称图形边缘处降低，以增加 w_{Gauss} 的值

通常，这种光栅图形的图像质量由几个印刷变量决定，包括写入点的大小和形状、像素网格的间距和方向以及像素的相对强度。最初为计算机图形和电视机开发的技术，转而被用来管理和优化 LDWL 在速度、地址图像大小和精度等方面的矛盾要求。旋转网格、灰度像素和多次印刷可以提高光刻图像质量，包括最小特征尺寸、边缘放置分辨率和精度、尺寸均匀性和边缘粗糙度[65]。

此类技术的一个示例是通过灰度像素对图形边缘位置进行微调，如图 7－19 所示。完全打开和关闭边界像素会使图形边缘移动 $1au$。具有中间强度值的边界像素(所谓灰度像素)可以使图形边缘的移动更加精细。具有许多灰度级的大像素提供了较高的边缘放置精度,并能够印刷更大的区域和/或更低的数据量[66]。通过对该技术图像仿真的详细分析表明,图形边缘的移动相对于灰度像素的强度是非线性的,地址网格、波束形状、灰度和强度阈值的不适当组合会导致名义图形边缘的 NILS 或局部对比度的显著降低[67]。

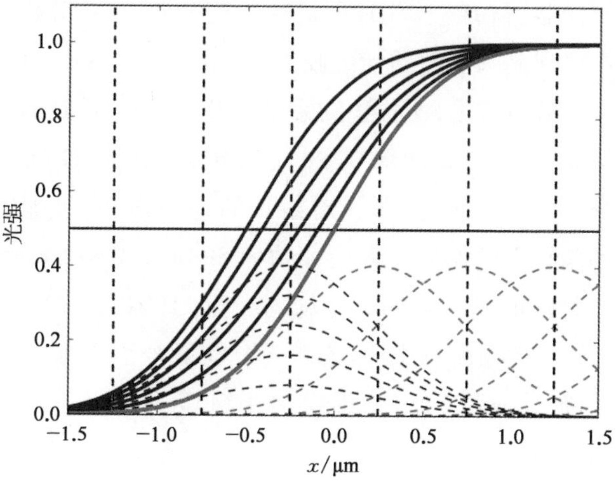

图 7－19　通过灰度像素微调图形边缘的位置

以上描述的扫描曝光策略在成形任意形状的图案方面提供了高度的灵活性。然而,扫描所需的时间限制了可实现的产量。几种无掩模方法被开发用以结合激光直写和光学投影光刻两者的优点[68-71]。图 7－20 展示了使用数字微反射镜(DMD)或其他微镜阵列进行动态图案定义的典型设置。阵列中各个微镜的位置和方向用来调节光的空间强度和相位分布[72]。或者,还可以通过液晶

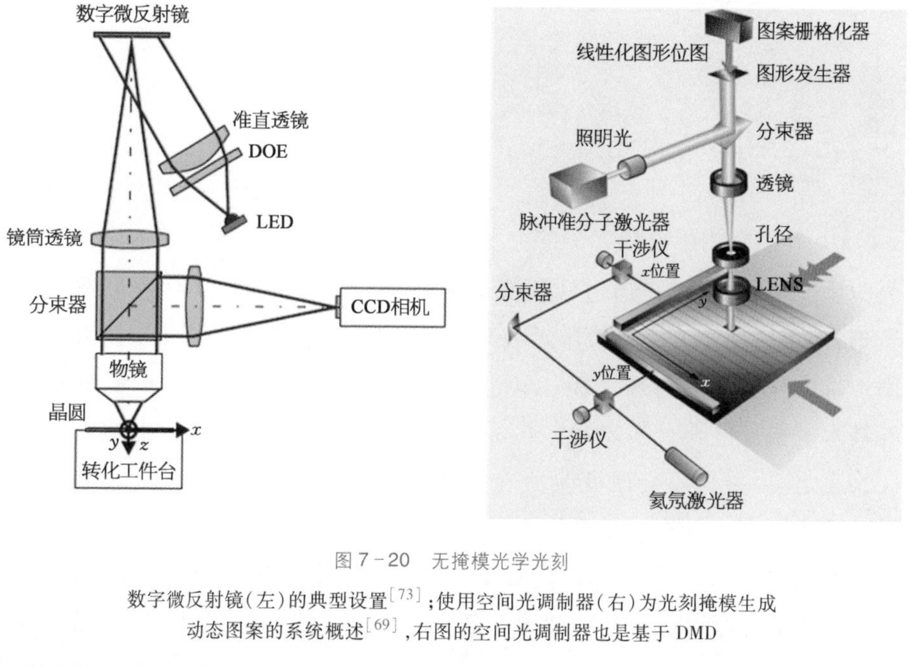

图 7－20　无掩模光学光刻

数字微反射镜(左)的典型设置[73];使用空间光调制器(右)为光刻掩模生成动态图案的系统概述[69],右图的空间光调制器也是基于 DMD

显示器(LCD)[73]生成所需的强度分布。投影物镜将这种缩小的强度分布图像投射到晶圆上面的光刻胶中。

简而言之,所描述的系统可以被认为是具有可编程掩模的光学投影光刻。然而,一些重要的细节限制了无掩模光刻的性能。Sandstrom 等人提出了此类系统的可行性研究,包括对组件的详细描述、可能的编写策略和仿真研究[72,74]。晶圆平面的典型像素尺寸约为 30 nm。DMD/LCD 的尺寸、所需的缩放倍率以及物镜的设计限制了像场的大小,其结果是将产量限制在每小时几片晶圆以下。其他光学无掩模光刻方案也报告了类似的性能数据,这些方案涉及在像平面[71]或物平面[75]中应用菲涅耳波带片阵列,以在光刻胶上生成和扫描多个焦点。

报道的光学无掩模光刻性能数据对于先进的半导体制造没有竞争力。尽管 LDWL 无法提供与聚焦电子束直写光刻[76]相同的分辨率,但它被广泛用于制造低分辨率光刻掩模和印刷电路板[66]、样机研制,以及科研中的各种应用,这些都需要设计上的高灵活性和合理的价格。最先进的商业激光直写器使用可见光谱末端(例如 405 nm)的短波长和 DMD 来生成动态图形,为许多应用提供有吸引力的分辨率和产量。

用于平面(2D)应用的激光直写光刻通常使用标准 DNQ 型或化学放大型光刻胶[77]。Hamaker 等人[78]全面描述了用于掩模制造的 LDWL 中的光刻胶效应。特殊光刻胶的应用和低于经典分辨率极限的光学直写工艺将在 7.3.2 节中讨论。

7.3 无衍射限制的光刻

2.3.1 节中介绍了投影光刻的分辨率极限 $x_{\min} = k_1\lambda/\mathrm{NA}$ 的推导取决于两个重要假设。首先,图像是通过在镜头远场传播的波产生的,这种假设适用于投影光刻,但不适用于光在掩模附近或某些材料界面的传播。7.3.1 节将介绍几种利用近场中光传播的特殊性能,来生成图形尺寸低于经典阿贝-瑞利分辨率极限的技术。推导经典分辨率极限的第二个重要假设是光在线性光学材料中传播。换言之,入射光不会改变其所在传播材料的折射率和/或消光系数。这种假设适用于空气、真空、玻璃和许多其他材料中的光传播。然而,对于某些类型的具有漂白效应和光致折射率变化的光刻胶,这个分辨率极限是不完全准确的[79]。5.2 节已经讨论了几种利用光刻胶的光学非线性来实现新型双重曝光技术的想法。7.3.2 节将介绍利用光学非线性来进行无衍射限制的光学光刻的替代概念。

7.3.1　近场光刻

在第 2 章中,已了解到光学投影光刻中的图像形成可以理解为传播平面波的叠加。除了传播的光波之外,还有倏逝波,它们随着距其起源的距离呈指数衰减。这种倏逝波的产生需要特殊的几何形状,例如,光在平面界面的全反射,或从小物体或光刻掩模开口的光散射。有趣的是,这些倏逝波可以将光强定位在比式(2-20)给出的经典阿贝-瑞利极限小得多的区域。倏逝波也可以与表面等离子体激元耦合,这是金属表面附近的电子等离子振荡。表面等离子体极化子(SPP)是由表面等离子激元与介质和金属材料界面处的(倏逝)光共同激发的产物。SPP 的波长可以远小于激发光的波长,这实现了超分辨率[80]和极高的透过金属层孔的透射率[81]。然而,SPP 与电介质/金属界面结合,不会传播到远场[82]。以下两个示例演示了如何使用倏逝波和 SPP 来创建亚分辨率光刻图形。

图 7-21 显示了三种不同曝光几何形状的光刻胶内部的双光束干涉图形。所有这三种情况中,两个入射波都以±70°的入射角光刻胶。然而,光线从不同的材料(在光刻胶的顶部)照射到光刻胶上,干涉图的周期由式(7-5)确定。

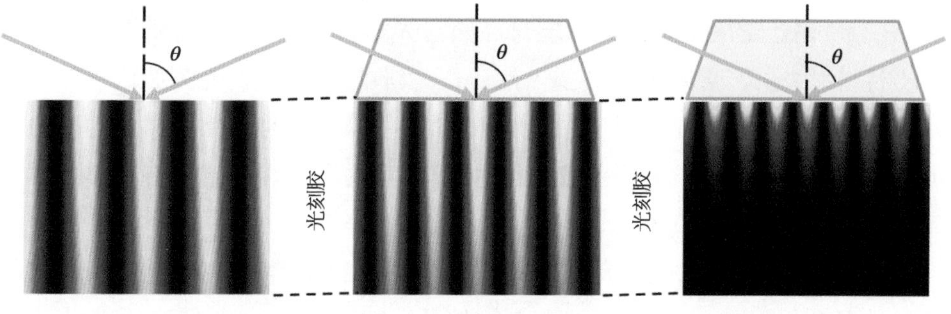

图 7-21　折射率 $n_{resist}=1.7$ 和消光系数 $k_{resist}=0.05$ 的 100 nm 厚光刻胶内使用传播波和倏波进行干涉光刻[83]

左图：空气中的入射 $n_{air}=1.0$,NA=0.94,周期为 205 nm 图形;中图：水中入射 $n_{water}=1.44$,NA=1.35,周期为 143 nm;右图：高折射率固体入射,$n_{solid}=2.0$,NA=1.88,周期为 103 nm。其他参数：$\lambda=193$ nm,入射角 $\theta=70°$

对于图 7-21 左图所示几何图形,两束干涉光束直接从空气照射到光刻胶上。产生的干涉周期为 $p=\lambda/(2\sin\theta)=$ 205 nm。来自空气或真空的入射光的理论分辨率受限于 90°的最大入射角,以提供 $\lambda/2$ 的周期。如图 7-21 中图所示,空气被折射率 $n_{water}=1.44$ 的浸没液体(水)代替。这将干涉图案的周期减少到 $p=\lambda/(2n_{water}\sin\theta)=143$ nm。左图和中图的几何图形代表标准干涉光刻,如 7.2.1 节所述。

图 7-21 右图为固体浸没式光刻,光刻胶的顶部采用折射率 $n_{solid}=2.0$ 的高折射率棱镜,所得到的干涉图形的周期为 $p=\lambda/(2n_{solid}\sin\theta)=103$ nm。然而,棱镜内部的入射角大于临界角 $\theta_c=\arcsin(n_{resist}/n_{solid})\approx 58.2°$。因此,入射光在棱镜和光刻胶之间的界面处发生全反射。

图 7-21 右图光刻的严格仿真表明,部分入射光仍然穿透了光刻胶,这些穿透光是由两个入射波在棱镜/光刻胶界面处所激发的倏逝波组成。它们会发生干涉并产生周期为 103 nm 的图形。然而,这些倏逝波和由此产生的干涉图形在它们穿透光刻胶的过程中迅速下降,典型的穿透深度[84]:

$$d_{pentration}=\frac{\lambda}{2\pi\sqrt{n_{solid}\sin^2\theta-n_{resist}^2}} \tag{7-6}$$

式中,n_{solid}、n_{resist}和 θ 在图 7-21 的注解中列出。在固体浸没式光刻中,只有厚度低于 30 nm 的非常薄的光刻胶才能用于图形转移。特殊衬底的应用有可能将允许的光刻胶厚度增加 2 或 3 倍[83-85],但这些衬底很难集成到制造过程中。

倏逝波也可以由小物体的光衍射产生,图 7-22 展示了玻璃衬底上 140 nm 厚的铬和银光栅的近场衍射图。电场矢量在绘图平面上且波长为 436 nm 的横向磁(TM)偏振光从图顶部的玻璃衬底照射光栅,两个光栅的周期均为 80 nm,不支持衍射级(除零级外)的传播。然而,在吸收层正下方的光刻胶内仍然可以观察到明显的光强调制。对于左图的铬吸收层,倏逝波是从铬光栅中沟槽的中心发出的。倏逝波成分在光刻胶内迅速下降,它的穿透深度或具有足够高对比度的干涉图案的"焦深"低于 20 nm。

图 7-22 右图为光通过银光栅透射的传输机制及其产生的光强分布,它与铬的情况有所不同。对于 436 nm 波长,银是一种强等离子体材料。入射光激发银表面的 SPP,这些 SPP 从银光栅的顶部传播到底部,它们从银光栅的下角产生倏逝波。所得光强图形的周期约为铬掩模相应图案周期的二分之一。

亚波长纳米图形也被用作等离子体透镜,可将倏逝光聚焦成远低于波长的光斑尺寸[87]或作为倏逝波辅助图形,以改善对光的利用和光刻掩模上小图形的成像特性[84]。光学近场技术还与各种自组装方法相结合,纳米球光刻和类似技

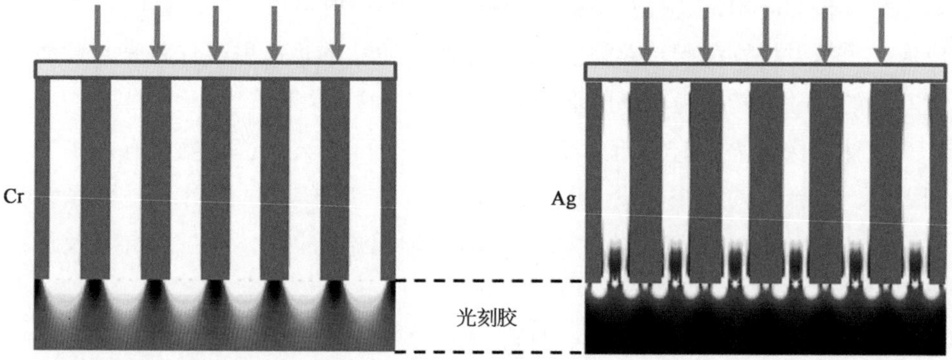

图 7－22　140 nm 厚的铬（左，n=2.036 7，k=3.785 5）和银（右，n=0.135 35，k=2.255 0）光栅，周期为 80 nm 的亚波长图形的近场衍射，波长为 436 nm

入射 TM 偏振波来自光栅上方的玻璃（折射率 n=1.5）（图顶部，绘图平面中的电场矢量）；光栅下方的材料（图底部）是一种光刻胶，折射率 n=1.7，消光系数 k=0.05；折射率数据来自本章后的参考文献[86]

术[88-90]采用自组装在光刻胶顶部创建（金属）纳米球或纳米图案的有序阵列，在随后的图案转移步骤中自组装阵列充当近场掩模。

另一个相关概念是负折射率超透镜。负衍射的想法可以追溯到 1968 年 Veselago[91]的提议，如图 7－23 所示。其左图根据斯涅尔定律在介电界面上呈现折射 $\sin\theta_2 = n_1\sin\theta_1/n_2$，其中 n_1、n_2为界面上下侧的折射率，θ_1、θ_2为传播角度。在图 7－23 所示示例中，折射光 n_2处的折射率大于入射光 n_1处的折射率，因而光向表面法线衍射。由于所有天然存在的材料都具有正折射率，因此入射光和折射光的传播向量位于表面法向量的两侧，与 n_1和 n_2的相对大小无关。

图 7－23 中图展示了折射率为负值的假想材料的情况。在这种情况下，入射光和折射光的传播向量与表面法向量位于同一侧。图 7－23 右图展示了负折

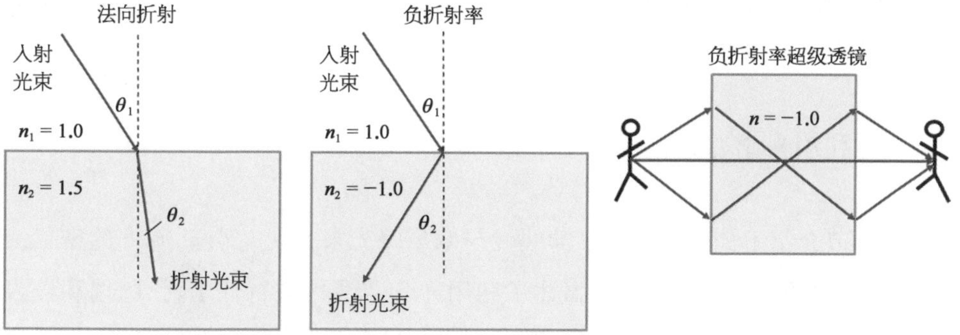

图 7－23　电介质界面处的法向折射（左）、负折射率折射（中）以及使用负折射率超级透镜进行光线光学描述的概念（右）

改编自 Katja Shamonina 于 2002/2003 年在弗里德里希亚历山大埃朗根大学的演讲

射率材料板的应用,该板两个界面处的负折射率折射可以实现无透镜和"完美"成像。负折射将发散光转换为会聚光,即两个后续的负折射事件将来自超级透镜左侧的发散光转换为右侧的会聚光。

这种成像只需要有负折射率材料的平面平行板。但这个概念有两个基本问题:一是到目前为止还没有发现具有负折射率的天然材料;二是该系统仍然仅限于将传播的平面波从输入端传输到输出端。因此,它并没有涉及衍射极限。

Pendry[92]意识到负折射率材料可以通过亚波长结构的适当设计和制造来人工构建,并证明了这种人造负折射率材料可以抵消倏逝波的衰减[92]。倏逝波也可以从物方传递到负折射率材料平面平行板的像方。因此,负折射率成像不受衍射限制的影响。为了通过负折射率材料实现近场和远场组合成像,物体必须非常靠近平面平行板。尽管这些概念很有趣,并已做了相关原理验证实验演示,但负折射率成像在光刻中距离实际应用还很远。负折射率超透镜的分辨率受几何约束和材料质量的限制。另外,负折射率与共振密切相关,共振涉及材料内部的强吸收和损耗[93]。

近场衍射的各种仿真研究证明了近场效应在光刻应用中的潜力和局限性[84,94,95]。尽管已有几次实验验证[96,97],但目前近场技术的实际应用还非常有限,这是因为它对制造和对准容差的要求非常严格,另外与等离子体和负折射率材料中的共振效应相关的损耗很高。倏逝波和 SPP 的激发和传播对几何形状的微小变化和材料特性的微小改变非常敏感,并随着与其起源位置的距离而呈指数衰减,这意味着倏逝波的焦深和可容忍的光刻胶厚度远低于所用光的波长。此外,近场技术还存在污染问题。可见,在 200 nm 以下的短波长范围内,找到表现出等离子体效应的材料并将其集成到光刻成形装置中是非常具有挑战性的。

7.3.2 利用光学非线性

5.2 节介绍了如何结合光学非线性与双重曝光来实现 k_1 小于 0.25 的密集线空图形成像的几个想法。本节概述了利用光学非线性进行低于阿贝-瑞利极限的光刻成形技术。本书专注于所涉及的基本光学现象,有关材料选择、化学反应机制和实验研究的更多详细信息,请参见本节和 7.4 节 3D 光刻的参考文献。

从双光子吸收(TPA)开始,这部分内容已在 5.2.1 节中讨论过。用高强度光照射适当的材料会增加两个光子在同一位置同时被吸收的可能性,双光子的组合能量触发了在给定波长下单个光子无法进行的化学反应。双光子吸收(TPA)工艺的材料响应随着曝光光强的平方而增加。如下所示,材料的这种二次响应改善了光刻胶内部光化学反应在横向和轴向的空间定位。TPA 工艺的另一个优点是它们的阈值特性,即曝光剂量低于某个阈值的光刻胶区域完全不受曝光影响。这种行为为光刻胶的化学改性提供了额外的空间定位,并减少了在后续光刻过程中图形之间的邻近效应。

大多数用于光刻的 TPA 材料涉及光自由基的产生,然后通过入射光进行光聚合。可实现的分辨率取决于对光聚合的空间扩展的控制。本章后的参考文献[98-100]中给出了双光子光刻的综合评论,包括所涉及的光化学现象、材料选择和实验细节。对建模特别感兴趣的读者可以参考 Nitil Uppal[101]和 Temitope Onanuga[63]的博士论文。

图 7－24 比较了材料对具有高斯形焦点的光束的线性(单光子吸收)和二次(双光子吸收)响应:

$$I(x,z) = I_0\left[\frac{w_0}{w(z)}\right]^2 \exp\left[\frac{-2(x^2+z^2)}{w^2(z)}\right] \tag{7-7}$$

$$w(z) = w_0\sqrt{1+\frac{\sqrt{x^2+z^2}\lambda}{\pi w_0^2}}$$

式中,w_0是光束的高斯宽度,λ 是所用光的波长。轴向和横向坐标 z 和 x 分别在传播光束的方向和垂直于该传播的方向上指定。双光子吸收的二次响应在轴向和横向上都表现出更好的定位。轴向方向的改进定位用于直接写入 3D 图形[102](有关进一步讨论,请参见 7.4 节)。图 7－24 左下图的横截面图突显了束腰位置处横向定位的改进。为了更好地比较,两个横截面均已归一化为相同的最大值。特征尺寸低于 100 nm 时,双光子吸收截面的斜率(和 NILS)明显增大。

双光子吸收的二次响应对制造密集线空图形的影响如何?考虑以下形式的简单双光束干涉:

$$I(x) = I_0(1+\cos\tilde{\kappa}x) \tag{7-8}$$

如 7.2.1 节所述。这里把 $2\tilde{k}\sin\theta$ 这一项用新变量 $\tilde{\kappa}$ 表示。这种干涉图形的二次响应表示为

$$I(x) = I_0^2(1+\cos\tilde{\kappa}x) = I_0^2\left(\frac{3}{2}+2\cos\tilde{\kappa}x+\frac{1}{2}\cos 2\tilde{\kappa}x\right) \tag{7-9}$$

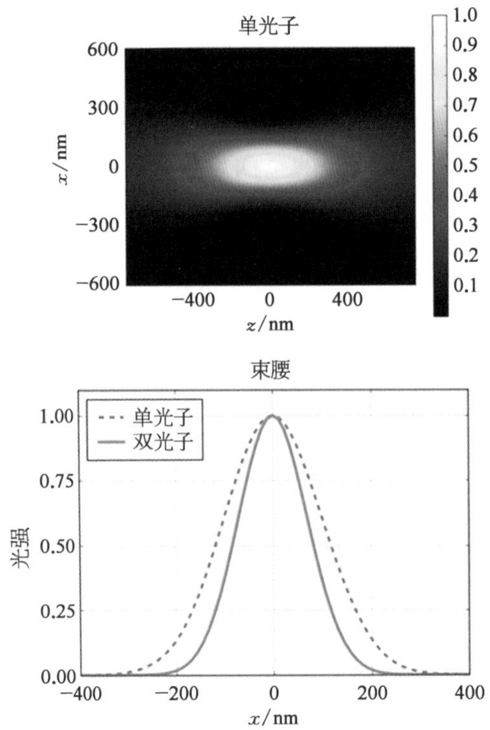

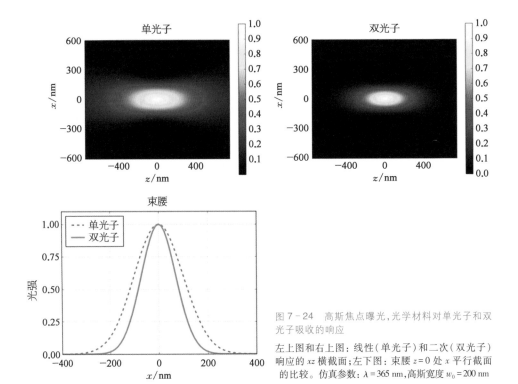

图 7-24 高斯焦点曝光，光学材料对单光子和双光子吸收的响应

左上图和右上图：线性（单光子）和二次（双光子）响应的 xz 横截面；左下图：束腰 $z=0$ 处 x 平行截面的比较。仿真参数：$\lambda=365$ nm，高斯宽度 $w_0=200$ nm

根据 Yablonovitch 和 Vrijen[103] 的分析，绘制了方程（7-9）的二次响应强度分布，并与图 7-25 中的线性响应进行了对比。二次响应在周期性强度分布的峰值周围的光的局部表现更好，但不改变图形的周期。方程（7-9）的右侧包括三项：常数偏移量、双束干涉的空间频率为 $\tilde{\kappa}x$ 的项［根据方程（7-8）］和具有两倍空间频率 $2\tilde{\kappa}x$ 的项。这第三项是“真正”增强分辨率的关键。然而，第二项（具有较低空间频率）的存在限制了双光子吸收对产生更精细间距图形的优势。

本章后的参考文献[103] 讨论了消除方程（7-9）中第二项的理论概念。它采用短脉冲激光结合非线性四波混合

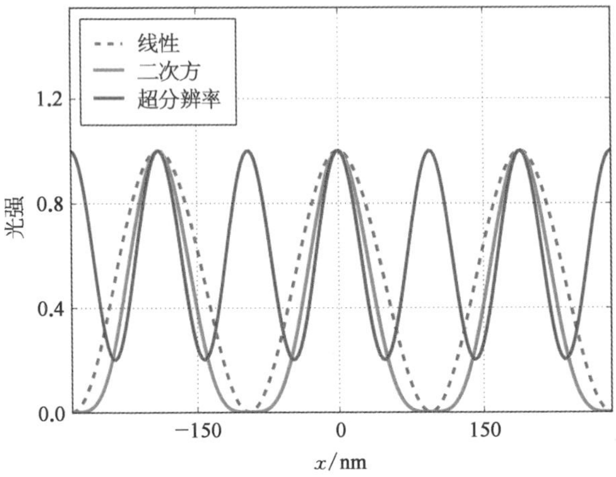

图 7-25 线性材料响应［式（7-8）］、简单二次材料响应［式（7-9）］和纯二次材料响应或超分辨率［式（7-10）］的比较，用于双光束干涉曝光的图形周期为 189 nm；不同情况的强度已经过标准化，以便更好地比较曲线

介质，以各种频率或略微失谐的波长照射掩模，镜头中的光瞳滤波器用于在光瞳平面的不同位置分离这些频率，由此产生的强度分布：

$$I(x) = I_0^2\left(\frac{3}{2} + \frac{1}{2}\cos 2\tilde{\kappa}x\right) \tag{7-10}$$

同时，其也绘制于图 7-25 中。该强度分布表现为空间频率加倍或图形周期减半。量子成像使用了类似的效应，它采用了适当材料中两个纠缠光子的吸收[104]。尽管关于此类技术的第一个原理验证实验已经被证明[105]，但在实际应用中使用这些技术还需要在材料和技术开发方面进行重大改进，并且需要对所涉及的物理和化学有更好的理解。

非线性光学效应（例如双光子吸收）的应用受到所涉及的曝光强度要求的影响。飞秒激光器的聚焦光束可提供高强度的峰值或辐照度，从而在各种材料中触发非线性效应。正如 7.4 节中所讨论的，这使得双光子吸收的实际应用能够直接写入 3D 图形。然而，飞秒激光器不能为投影光刻中的大面积曝光提供所需的曝光剂量。

基于 Stefan Hell 的受激发射损耗（STED）显微镜[106]的发明，Hell 和 Wichmann 讨论了通过结合不同波长的曝光来产生高光学非线性的概念，以在纳米尺度上实现亚分辨率光刻[107]。这些概念涉及不同的化学材料对两个独立曝光波长的响应。例如，在第一个波长下的曝光可以触发光聚合，用另一个不同波长的光束曝光可以抑制这种光聚合。

图 7-26 说明了如何将其应用于写入无衍射限制的图形。第一个波长处是将具有高斯强度分布的聚焦激光束与一个环形抑制光束相结合，在负性光刻胶中写入聚合材料的微小斑点。单独使用高斯光束曝光会产生一个 300 nm 直径

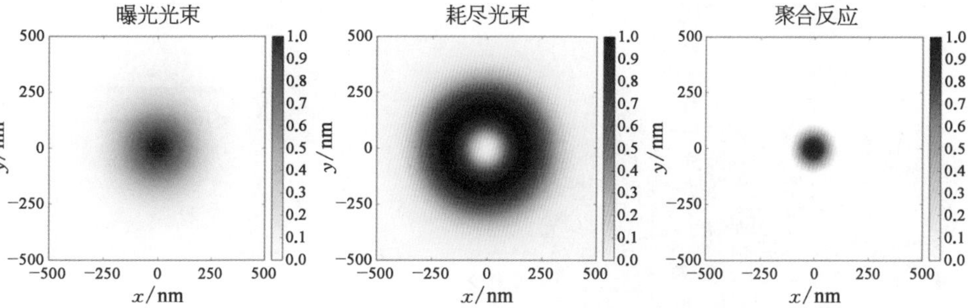

图 7-26　受 STED 启发光刻的基本概念

高斯曝光光束和相应的聚合度（左），环形抑制光束和解聚度（中），以及由曝光光束和耗尽光束的组合曝光产生的聚合度（右）

的圆形区域，聚合度大于 0.2，图中央的环形抑制光束将聚合限制在一个小得多的区域内。事实上，聚合的空间扩展和相应的最小特征尺寸 $d_{\min}$ 可以通过曝光光束 I_{expose} 和抑制光束 I_{inhibit} 的强度比进行调整：

$$d_{\min} = k_1 \frac{\lambda}{2\mathrm{NA}\sqrt{1 + \dfrac{I_{\text{inhibit}}}{I_{\text{expose}}}}} \tag{7-11}$$

方程(7-11)表明受激发射损耗光刻在理论上不受分辨率的限制。只须增加耗尽光束的强度，特征尺寸 $d_{\min}$ 就可以任意小。在实践中，分辨率受到材料质量的限制，尤其是材料组成的不均匀性、分子的有限尺寸和化学物质的扩散。Scott 等人[108]提出了一个 STED 启发光刻的实验演示，此实验使用负型三甘醇二甲基丙烯酸酯光刻胶。聚合初始化采用的高斯光束波长为 473 nm，是由二极管泵浦固态激光器产生的。Gauss-Laguerre 全息图被用于将 364 nm 波长的氩激光输出转换为环形抑制光束。实验获得的 120 nm 分辨率受到材料不均匀性的限制。John Fourkas 小组采用了类似的概念证明在 800 nm 的曝光波长下可以实现 40 nm 的分辨率[109]。STED 启发式光刻的其他应用将在 7.4 节的 3D 光刻中进行讨论。

吸光度调制光刻(AMOL)提供了另一种选择，可以将不同波长的曝光结合起来，并将由此产生的光学非线性用于亚分辨率成像。AMOL 使用光致变色层，两种不同波长的入射光在光致变色的吸收态和透明态两态之间引发相反的反应[110-112]。AMOL 的原理图如图 7-27 所示。薄膜系统由光刻胶和顶部的光致变色覆盖层或吸光度调制层(AML)组成，用两种不同波长的干涉图形进行同时

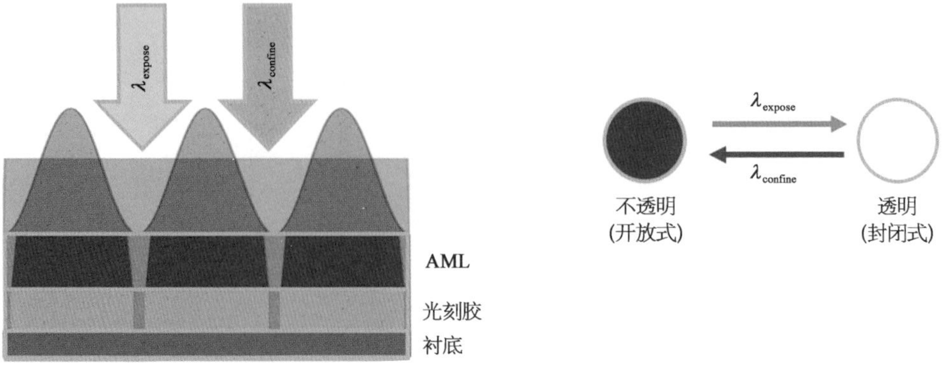

图 7-27 吸光度调制光学光刻(AMOL)[111]
曝光示意图(左)和通过曝光波长 λ_{expose}、限制光束 λ_{confine}(右)转换异构状态

曝光,曝光光束为 λ_{expose} 和限制光束为 $\lambda_{confine}$。被更高强度的限制光束曝光过的 AML 区域对曝光光束变得不透明。用均匀或空间调制的曝光光束同时曝光,将空间调制的吸光度图形转移到下面的光刻胶中。

AMOL 类似于 5.2.3 节讨论的可逆对比度增强层(RCEL)。然而,同时采用曝光光束和限制光束进行曝光能够更灵活地调整吸收和生成的特征尺寸。不过,AMOL 也存在与使用 RCEL 同样的缺陷,实现具有更小间距及更高密度图形需要多个曝光步骤。AMOL 的实际应用受到近场衍射效应的影响,特别是光刻胶内部具有高频信息倏逝波的快速衰减。

有关双色光刻的物理化学及其对多色光刻、替代反应机制和材料选择的更详细讨论,请参阅 John Fourkas 等人的文章[113,114]。

7.4　三维光刻

半导体制造技术的典型光刻工艺主要被优化用于制造二元光刻胶图案,在这种工艺中,当曝光剂量超过正色调工艺某一阈值时,该处的光刻胶被完全去除,其他区域则不受曝光和工艺的影响而被保留。这种特性很好地适用于半导体集成电路的平面制造技术。微纳米科技的许多新颖和新兴应用,包括衍射光学元件、虚拟/增强现实(VR/AR)、微机电系统(MEMS)、智能表面、生物传感器、BioMEMS 和芯片实验室(lab-on-chip),需要具有更复杂的 3D 形状的微纳米图形。本节将概述使用光刻技术生成连续表面轮廓和 3D 微纳米图形的方法和技术,这包括各种特殊的曝光技术和改造后的光学投影成像,以用于制造连续表面成形。

7.4.1　灰度光刻

灰阶或灰度光刻采用了具有空间变化剂量的曝光,通过对低对比度光刻胶进行曝光来创建连续的表面轮廓。图 7－28 左图为其曝光示意图,箭头的长度表示决定光刻胶剩余高度的局部曝光剂量的大小;该图右图的 SEM 图是由灰度激光光刻[115]产生的锯齿形轮廓。这种类型的光刻仅限于制造无底部内切的连续表面轮廓,有时也称为 2.5D 光刻。

Bernhard Kley[116] 回顾了在光学和电子束光刻中实现可变剂量曝光的早期

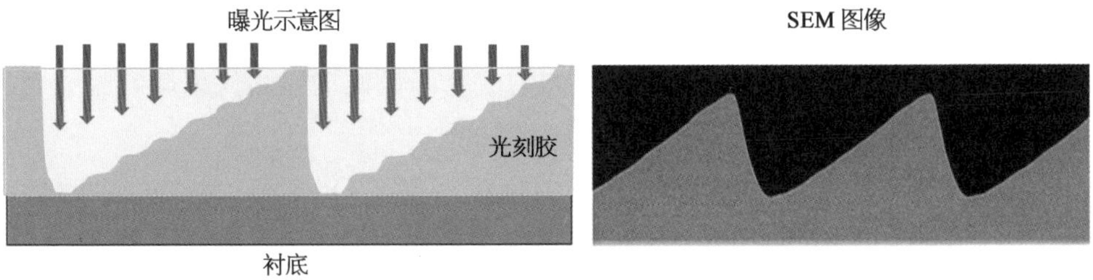

图 7－28　灰度光刻

一般曝光示意图(左)[116];实验制造的锯齿轮廓(右)的 SEM 图[115]

方法。在激光(或电子束)直写系统中,光束扫描期间曝光剂量的调控相对容易实现。Gale 和 Knop[117] 在 1983 年已经使用激光束光刻来制造微透镜阵列。改进的激光光刻系统已用于在曲面上图案化微透镜或闪耀光栅[118]。如 7.2.2 节所述,数字微反射镜(DMD)或液晶显示器(LCD)可以显著提高 LDWL 系统的有限吞吐量,这也已在几个灰度光刻应用中得到了证明[119-122]。波长为 405 nm 的最先进的直接灰度激光光刻系统提供 300 nm 的横向(x,y)分辨率和 50 nm 的纵向/轴向(z)分辨率[123]。

尽管激光直写系统的产量有所提高,但对于需要非常高产量的灰度应用,通过投影光刻具有多个透射级的掩模进行成像仍然是首选解决方案。然而,所需的灰色调掩模不容易制造并且非常昂贵,有几个团队已经开发并应用了基于特殊高能光束敏感(HEBS)玻璃的灰度掩模[124-126],并且还提出了替代的灰度光刻材料,例如硫属化物相变薄膜[127]。

图 7－29 显示了像素化灰度掩模的原理图,使用标准二元掩模材料来实现准连续透射值。可变透射效应是通过掩模吸收层上小孔的衍射结合投影物镜的空间频率滤波器效应来实现的[128]。当掩模图形(晶圆坐标)相对于光刻机透

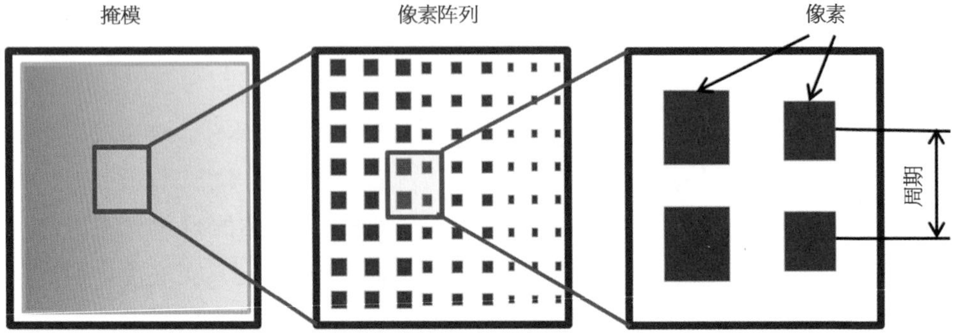

图 7－29　灰度掩模的俯视图[129]

镜的分辨率极限来说较小时，掩模的有效透射值仅取决于亚衍射图形的尺寸和密度。这些小图形的形状细节不会被衍射受限的光刻机光学器件传输。当然，像素化掩模灰度光刻的垂直分辨率受到掩模制作和投影系统分辨率的限制。Mosher 等人[129]采用双重曝光灰度光刻来提高垂直分辨率（与单次曝光相比），从而不会增加掩模制造的复杂性。本章后的参考文献[129-131]中可以找到实施和应用这种像素化灰度掩模的几个示例。

Tina Weichelt 等人[132]展示了一种用传统的二元掩模进行可变剂量曝光的光掩模位移技术；主要是将多重曝光与掩模的横向位移相结合，用掩模对准器制造出高分辨率闪耀光栅结构。Harzendorf 等人[133]描述了像素化掩模在接近式光刻应用中的理论和实验研究，证明了周期性像素化图形的光衍射与 Talbot 效应相结合，可用于在不同接近距离处周期性复制照明孔径。这种方法为制造某些微型光学元件提供了有趣的选择。Fallica[134]使用 EUV 光的 Talbot 效应来制造 3D 图案。

将空间调制曝光剂量转化为平滑变化的光刻胶高度需要低对比度的光刻胶。大多数灰度应用使用相对较厚的光刻胶，范围从几微米到几百微米不等。厚光刻胶的旋涂和曝光需要具有吸收率足够低的高黏度材料。量化光刻胶和工艺特性的标准方法是测量对比度曲线，如图 3－6 所示。测得的剩余光刻胶厚度与曝光剂量的相关性用于确定所需的剂量分布，以获得给定的目标高度分布[121,130,135]。这种方法对光刻胶材料、厚度和加工条件的微小变化非常敏感。更重要的是，这种一维的依赖性忽略了一些其他重要的效应，包括局部漂白光刻胶的光衍射、化学物质的横向扩散和光刻胶的横向显影。机械变形或收缩会导致与预期 3D 光刻胶轮廓的额外偏差。

为了解决这些缺陷，据报道已有几种方法被尝试。Dillon 等人[126]将建立的光刻胶模型，包括 Dill 模型和增强的 Mack 模型应用于灰度光刻。Kaspar 等人[136]提出了专门的测试图形来表征电子束光刻中的光刻胶的横向显影效应。Onanuga 等人[115]将这些测试图形应用于灰度激光光刻，主要是使用测量数据结合半经验模型来计算激光直写光刻工艺的特征 3D 点扩散函数。尽管这些方法已经证明了改进的可能性，但将这项技术应用于 3D 微纳米图案的制造，还需要对灰度工艺进行更具预测性和有效的表征。

7.4.2　三维干涉光刻

7.2.1 节中的大多数干涉光刻示例是采用两个平面波的干涉来生成一维光

栅。如果两个干涉波相对于表面法线对称地照射光刻胶,它们产生的干涉图形不会随着光刻胶的高度而变化,并具有无限的焦深。更多干涉波的引入会产生三维(3D)干涉图样,图 7-30 展示了 3D 干涉光刻装置的原理设置和仿真得到的 3D 光刻胶图案,以及使用该光刻胶图形作为模板制造高性能超薄超级电容器应用的可行性方法。

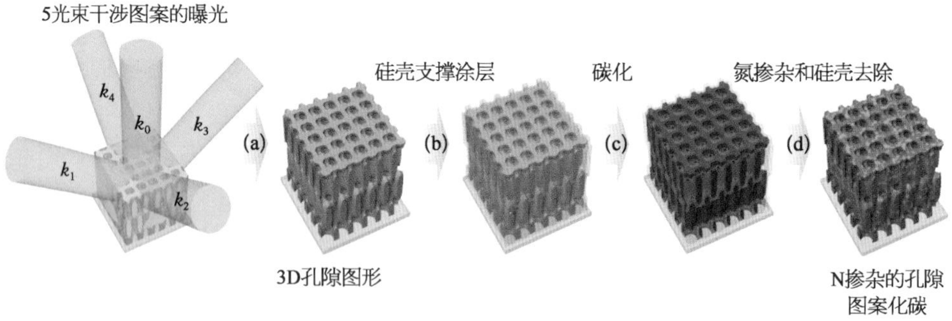

图 7-30　3D 干涉光刻[137]

原理设置(左)和光刻胶图案转移到功能材料(右);版权所有 2014 Springer Nature

3D 干涉光刻的概念非常适用于 3D 光子晶体和各种类型的超材料的制造。生成图形的对称性和形状可以通过干涉光束的方向、偏振、强度和数量进行调整[138]。Jang 等人[139]和 Moon 等人[140]的综述论文中提供了各种示例。这些综述论文讨论了光束几何形状与干涉图案的对称性、光刻工艺和各种类型的光刻胶系统之间的关系。然而,3D 干涉光刻的实际应用受到了现实世界中装置复杂性的阻碍,并且由于图案坍塌、光刻胶收缩和其他的影响,3D 干涉光刻对制造结构的控制水平非常有限[141]。

7.4.3　立体光刻和三维微刻印

可通过灰度光刻(7.4.1 节)和 3D 干涉光刻(7.4.2 节)生成的图形形状仅限于没有悬垂/内切或强周期性图形的连续表面。本节将介绍用于制造具有几乎任意形状的 3D 图形的光刻方法。立体光刻技术是一种用于快速原型制作的增材制造技术[142-144]。与其他 3D 光刻方法相比,它提供了相对较好的分辨率和表面质量[145]。最近的应用包括制造生物组织工程支架[146]、微流体装置[147]和自由曲面微光学元件[148]。

立体光刻设备(SLA)的工作原理如图 7-31 左图所示。SLA 的工作过程是通过局部曝光使液态光聚合物发生聚合以实现逐层沉积，再对选定部分进行光硬化，各个层的曝光是通过扫描聚焦激光束或通过投影 DMD 来完成的[146]。这些层的曝光和固化部分生成所需的 3D 目标。专门的后续处理步骤被用来提高表面质量并实现最终形状[149,150]。

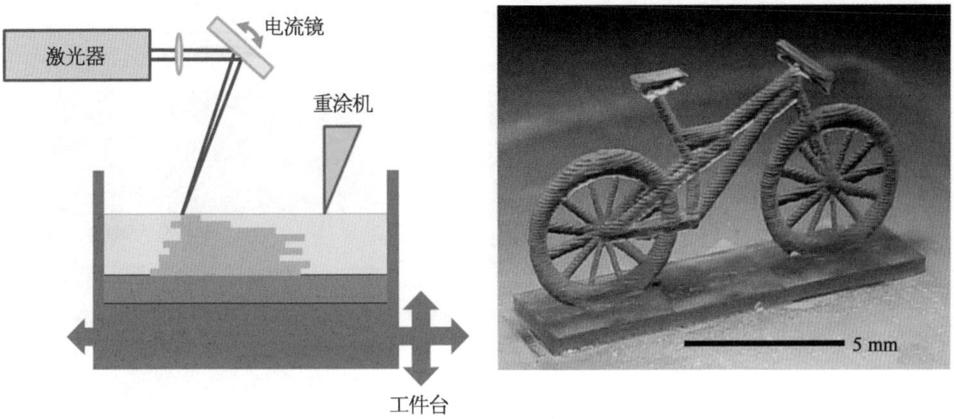

图 7－31　立体光刻

曝光示意图(左)[143]和实验制造的微型自行车(右)的图像[147]；版权所有 2015，Springer Nature

传统立体光刻或 3D 微刻印的垂直分辨率主要受光进入光聚合物的穿透深度[143]和各层的厚度限制。此外，来自后续层沉积/曝光步骤的光也会曝光到已经聚合的层，这会导致目标形状的偏离。SLA 的典型层厚度取决于其应用，范围在几十微米到几毫米之间。遮光剂可以用来限制光的穿透。横向分辨率由曝光策略决定，可以达到几微米。

尽管 SLA 是为制作典型尺寸为几毫米到几厘米的较大物体而开发的，但它也可用于创建亚毫米尺寸的物体，甚至可以达到几微米的分辨率。这些分辨率极限不仅取决于衍射极限和后续层之间的光学相互作用，还取决于聚合过程中自由基的扩散。此外，光聚合物的曝光会改变它们的机械性能，导致额外的形状扭曲。应用 SLA 印刷亚毫米尺寸图形需要对系统进行全面的表征和校准[147]。值得注意的是，分辨率和产量之间也需要折中[148]。

双光子聚合(TPP)可以将 3D 光刻扩展到 100 nm 及以下的特征尺寸[100,151－154]。双光子吸收(TPA)对分辨率的改进已在 7.3.2 节中讨论过。这里遵循文献中使用的术语，并使用术语 TPP 来强调 TPA 在高分辨率 3D 光刻中的应用。

TPP 最早由 Kawata 等人提出[155]。图 7－32 左图显示了基于 TPP 的 3D(亚)微刻印的基本曝光示意图。聚焦的激光束扫描适当的负型光刻胶，入射光在焦斑附近触发聚合反应并使光刻胶不可溶。剩余光刻胶的形状由扫描过程中焦斑的 3D 路径决定。

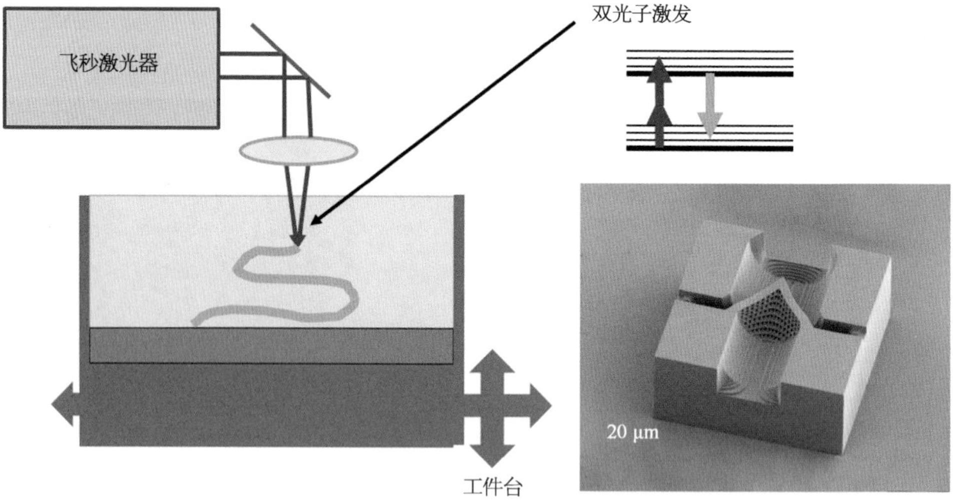

图 7-32 使用双光子聚合(TPP)的 3D 激光直写光刻(LDWL)

曝光示意图(左)、TPA 能量图(右上)和 Nanoscribe Photonic Professional GT 系统 3D 微刻印的无堵塞微流控过滤元件的 SEM 图(右下);SEM 图像中的白色比例尺为 20 μm,由 Bremen 大学微传感器、执行器和系统研究所(IMSAS)提供设计;SEM 图由 Nanoscribe GmbH 提供

与图 7-31 所示标准立体光刻相比,基于 TPP 的微刻印不需要逐层进行。飞秒激光的波长较长的光可以深入到厚的光刻胶中,二次响应的清晰定位(如图 7-24 所示)和阈值特性将发生聚合的范围限制在焦点周围的小体积内。这种小体积或体积元素提供了高分辨率 3D 直写激光光刻的基本构件。较小的体积元素可实现具有光滑表面的复杂 3D 形状,但需要较长的写入时间。较粗的体积元素支持更快地写入,但很容易导致与目标的形状偏差和表面粗糙。

改进后的 TPP 定位使 3D 剂量控制具有非常高的空间分辨率。Michael Thiel 等人的最新出版物[156]报告了双光子灰度光刻与传统灰度技术相比的优势。

体积元素的形状和大小取决于聚焦光学器件的 NA、曝光剂量和光诱导光聚合的扩散。高数值孔径透镜焦点处的光分布由光瞳填充和所用光的偏振决定。径向偏振光可增强光的空间定位[157]。一般而言,体积元素的大小随着曝光剂量的增加而增加。可用曝光剂量的范围受到曝光不足时的不完全聚合和过度曝光时的光聚合物微爆炸的限制[98]。光聚合的扩散是由化学物质如自由基和单体的扩散以及终止光聚合的化学反应决定的。自由基淬灭剂可用于限制光聚合和获得更小的体积元素,但代价是需要更高的曝光剂量[158]。

用另一种波长的耗尽光激发可进一步塑造体积元素并减小其尺寸。受STED 启发的光刻技术的分辨率增强已在 7.3.2 节中进行了描述。抑制或耗尽光束将(高斯)激发光束的光诱导聚合限制在经典衍射极限以下的区域。Fischer 和 Wegener[159]对 3D 光学激光光刻的不同耗尽机制进行了精彩的回顾。图 7－33 显示了高斯激发模式(绿色)与不同耗尽模式(红色)的仿真叠加。这些耗尽模式是用适当形状的相位掩模创建的[63,159]。环形模式改善了光激发的横向定位,而瓶形模式限制了所得体积元素的轴向延伸。受 STED 启发的 3D 直接激光写入光刻技术已经实现了低于 100 nm 的分辨率和一些有趣的应用,包括 3D 光子晶体以及对近红外和可见光的隐形[160,161]。但是,它需要特殊的材料[162],在扫描曝光期间激发和耗尽光束的对准也极具挑战性。

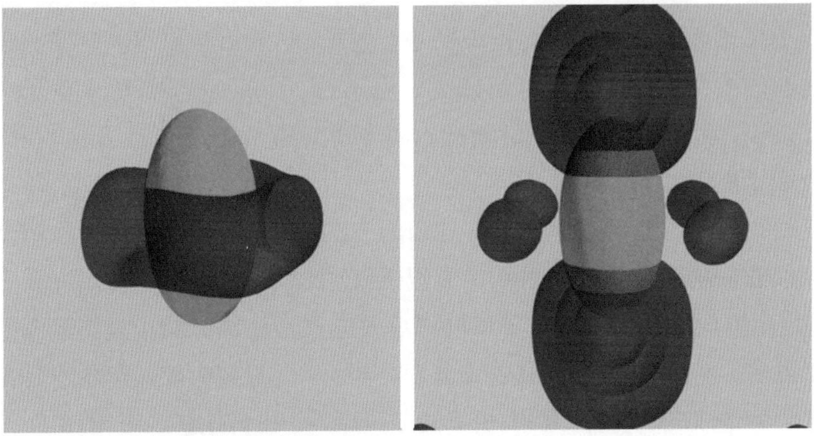

图 7－33　受 3D STED 启发的光刻中具有不同耗尽模式的高斯激发模式(绿色)的仿真叠加[63]
环形模式(左)和瓶形模式(右)

最流行的用于 TPP 微刻印材料包括丙烯酸光聚合物、负型 SU－8 光刻胶和有机无机杂化 ORMOCER(有机改性陶瓷)微光刻胶,对这些材料的光诱发和聚合机制的详细讨论超出了本书的范围。有兴趣的读者可以参考 Malinauskas 等人[98]和 Farsari 等人[163]的文章,在这些文章中还可以找到关于具有定制特性和功能的高级图案材料的信息。

7.5　浅谈无光刻印

虽然本书是关于光学和 EUV 光刻的,但还有许多刻印技术不(直接)利用光。最重要的是，这包括电子束刻蚀，用于制造 DUV 和 EUV 光刻掩模。许多其他形式的基于粒子的刻蚀技术，它们使用 X 射线、电子束、离子和原子，这些技术已被探索为潜在的下一代半导体制造刻蚀技术。基于力学的图案化方法，如纳米压印和扫描探针技术，为半导体制造之外的许多应用提供了具有成本效益优势的解决方案。对这些非光学刻印技术的全面描述超出了本书的范围，感兴趣的读者可以参考 Marty Feldman[164] 的这本书和相关的几篇评论文章[165,166]。

由于电子束刻蚀对于光刻掩模制造的重要性以及它与激光直接写光刻的相似性，这里以电子束刻蚀的简要描述结束本章。与激光直写类似，电子束刻蚀在晶圆上扫描一个或多个聚焦电子束。由于电子的高能量和小波长，这种类型的刻蚀不受衍射限制，可以提供几个纳米的分辨率。在实践中，电子束刻蚀的分辨率由电子-电子相互作用（库仑力）和电子束光学元件的像差决定，这些像差限制了聚焦电子束可实现的光斑尺寸。电子-电子相互作用决定了分辨率和产量之间的权衡。低电子束电流减少了电子-电子相互作用，写入电子束的光斑尺寸也小，但写入速度和产量较低。高电子束电流改善了写入速度和聚焦，但也带来了更大的光斑尺寸。

光刻胶内部的电子散射和来自晶圆的二次电子的后向散射，这也限制了电子束刻蚀的分辨率。电子散射效应可以通过类似于 OPC 的邻近效应校正进行补偿，由于电子的不相干性，电子束的邻近效应校正比部分相干投影光刻的 OPC 要简单得多。然而，加热和负载效应也会对电子束邻近效应校正有显著影响。

电子束刻蚀提供了比 LDWL 更好的分辨率，被用于制造 DUV 和 EUV 光刻的所有高端掩模。优化的多电子束直写方案可以用于大批量掩模写入工具[167]。无掩模电子束技术的高度灵活性和分辨率，使其在制造原型和纳米技术的许多领域也有着非常有趣的应用。然而，电子束刻蚀比激光直写系统更昂贵。由于大多数电子不会停留在光刻胶中，电子束刻蚀也可能涉及损坏的风险。

7.6 小结

掩模接近式光刻将紧邻（在菲涅耳区）的掩模阴影成形到晶圆上。这种技术的分辨率受到所需的接近间隙和衍射效应（菲涅耳，近场）的限制。掩模接近式光刻依然用于后端半导体制造和特殊的 MEMS 或微光学元件的制造。目前正在进行的开发包括通过使用更小的波长和改进光学投影光刻的分辨率增强方法来提高分辨率。

干涉光刻利用两个或多个(平面)波的干涉,以相对简单的装置和高分辨率来制造(大面积)周期性图形,它经常用于测试光刻胶材料。多光束干涉以及与其他光刻方法的组合,例如干涉-辅助光刻,可以为特殊应用提供有趣的解决方案。

激光直写光刻是在光刻胶上扫描单个或多个聚焦激光束,它不需要掩模或昂贵的光学器件。然而,与投影光刻相比,所需的扫描写入时间限制了产量。LDWL 的分辨率为几百纳米,低于电子束直写光刻。高灵活性和适中的成本使 LDWL 极具吸引力,非常适合中等分辨率需求,用于研究和开发特定的用户图形。DMD 和 LCD 性能的不断改进为开发光学无掩模光刻提供了新的机会。

近场技术和特殊的光学非线性保证了低于 100 nm 的分辨率,且没有衍射限制。然而,现有技术难以实现对曝光几何形状和(光学)材料特性的所需控制。

特殊的灰度技术和双光子聚合,为现有和新兴应用的微纳米图案的 3D 光刻提供了有趣的选择。这种方法未来的成功还将取决于具有适当机械、光学和电学特性的光结构材料的开发。

参考文献

[1] B. J. Lin, "Electromagnetic near-field diffraction of a medium slit," *J. Opt. Soc. Am.* **62**(8), 976-981, 1972.

[2] W. Henke, M. Weiss, R. Schwalm, and J. Pelka, "Simulation of proximity printing," *Microelectron. Eng.* **10**, 127-152, 1990.

[3] B. Meliorisz and A. Erdmann, "Simulation of mask proximity printing," *J. Micro/Nanolithogr. MEMS MOEMS* **6**(2), 23006, 2007.

[4] R. Voelkel, U. Vogler, A. Bramati, and W. Noell, "Micro-optics and lithography simulation are key enabling technologies for shadow printing lithography in mask aligners," *Adv. Opt. Technol.* **4**, 63-69, 2015.

[5] M. K. Yapici and I. Farhat, "UV LED lithography with digitally tunable exposure dose," *J. Micro/Nanolithogr. MEMS MOEMS* **13**(4), 43004, 2014.

[6] S. Partel, S. Zoppel, P. Hudek, A. Bich, U. Vogler, M. Hornung, and R. Voelkel, "Contact and proximity lithography using 193 nm excimer laser in mask aligner," *Microelectron. Eng.* **87**, 936-939, 2010.

[7] R. Voelkel, U. Vogler, A. Bramati, A. Erdmann, N. Uenal, U. Hofmann, M. Hennemeyer, R. Zoberbier, D. Nguyen, and J. Brugger, "Lithographic process window optimization for mask aligner proximity lithography," *Proc. SPIE* **9052**, 90520G, 2014.

[8] R. Voelkel, "Wafer-scale micro-optics fabrication," *Adv. Opt. Technol.* **1**, 135-150, 2012.

[9] L. Stuerzebecher, F. Fuchs, U. D. Zeitner, and A. Tuennermann, "High-resolution proximity lithography for nano-optical components," *Microelectron. Eng.* **132**, 120-134, 2015.

[10] R. Voelkel, U. Vogler, and A. Bramati, "Advanced mask aligner lithography (AMALITH)," in *Proc. SPIE* **9426**, 422–430, 2015.
[11] J. P. Silverman, "X-ray lithography: Status, challenges, and outlook for 0.13 mm," *J. Vac. Sci. Technol. B* **15**, 2117, 1997.
[12] F. Cerrina, "X-ray imaging: Applications to patterning and lithography," *J. Phys. D: Appl. Phys.* **33**(12), R103, 2000.
[13] J. Z. Y. Guo and F. Cerrina, "Modeling x-ray proximity lithography," *IBM J. Res. Dev.* **37**(3), 331–349, 1993.
[14] L. Stuerzebecher, T. Harzendorf, U. Vogler, U. D. Zeitner, and R. Voelkel, "Advanced mask aligner lithography: Fabrication of periodic patterns using pinhole array mask and Talbot effect," *Opt. Express* **18**, 19485–19494, 2010.
[15] R. Voelkel, U. Vogler, A. Bramati, M. Hennemeyer, R. Zoberbier, A. Voigt, G. Grützner, N. Ünal, and U. Hofmann, "Advanced mask aligner lithography (AMALITH) for thick photoresist," *Microsyst. Technol.* **20**(10), 1839–1842, 2014.
[16] T. Weichelt, U. Vogler, L. Stuerzebecher, R. Voelkel, and U. D. Zeitner, "Resolution enhancement for advanced mask aligner lithography using phase-shifting photomasks," *Opt. Express* **22**(13), 16310–16321, 2014.
[17] A. Vetter, *Resolution Enhancement in Mask Aligner Photolithography*. PhD thesis, Karlsruher Institut für Technologie (KIT), 2019.
[18] R. Voelkel, U. Vogler, A. Bramati, T. Weichelt, L. Stuerzebecher, U. D. Zeitner, K. Motzek, A. Erdmann, M. Hornung, and R. Zoberbier, "Advanced mask aligner lithography (AMALITH)," *Proc. SPIE* **8326**, 83261Y, 2012.
[19] J. Wen, Y. Zhang, and M. Xiao, "The Talbot effect: Recent advances in classical optics, nonlinear optics, and quantum optics," *Adv. Opt. Photon.* **5**(1), 83–130, 2013.
[20] A. Isoyan, F. Jiang, Y. C. Cheng, F. Cerrina, P. Wachulak, L. Urbanski, J. Rocca, C. Menoni, and M. Marconi, "Talbot lithography: Self-imaging of complex structures," *J. Vac. Sci. Technol. B* **27**, 2931, 2009.
[21] B. W. Smith, "Design and analysis of a compact EUV interferometric lithography system," *J. Micro/Nanolithogr. MEMS MOEMS* **8**(2), 21207, 2009.
[22] S. Danylyuk, P. Loosen, K. Bergmann, H.-s. Kim, and L. Juschkin, "Scalability limits of Talbot lithography with plasma-based extreme ultraviolet sources," *J. Micro/Nanolithogr. MEMS MOEMS* **12**(3), 33002, 2013.
[23] W. Li and M. C. Marconi, "Extreme ultraviolet Talbot interference lithography," *Opt. Express* **23**, 25532–25538, 2015.
[24] H. Solak, C. Dais, and F. Clube, "Displacement Talbot lithography: A new method for high-resolution patterning of large areas," *Opt. Express* **19**, 10686, 2011.
[25] C. Dais, F. Clube, L. Wang, and H. H. Solak, "High rotational symmetry photonic structures fabricated with multiple exposure displacement Talbot lithography," *Microelectron. Eng.* **177**, 9–12, 2017.
[26] T. Sato, A. Yamada, and T. Suto, "Focus tolerance influenced by source size in Talbot lithography," *Adv. Opt. Technol.* **4**, 333–338, 2015.
[27] S. Brose, J. Tempeler, S. Danylyuk, P. Loosen, and L. Juschkin, "Achromatic Talbot lithography with partially coherent extreme ultraviolet radiation: Process window analysis," *J. Micro/Nanolithogr. MEMS MOEMS* **15**(4), 43502, 2016.
[28] P. J. P. Chausse, E. D. L. Boulbar, S. D. Lis, and P. A. Shields, "Understanding resolution limit of displacement Talbot lithography," *Opt. Express* **27**(5), 5918–5930, 2019.
[29] F. S. M. Clube, S. Gray, D. Struchen, J.-C. Tisserand, S. Malfoy, and Y. Darbellay, "Holographic microlithography," *Opt. Eng.* **34**(9), 2724–2730, 1995.
[30] S. Buehling, F. Wyrowski, E.-B. Kley, T. J. Nellissen, L. Wang, and M. Dirkzwager, "High-resolution proximity printing by wave-optically designed complex transmission

masks," *Proc. SPIE* **4404**, 221 – 230, 2001.

[31] G. A. Cirino, R. D. Mansano, P. Verdonck, L. Cescato, and L. G. Neto, "Diffractive phase-shift lithography photomask operating in proximity printing mode," *Opt. Express* **18** (16), 16387 – 16405, 2010.

[32] K. Motzek, A. Bich, A. Erdmann, M. Hornung, M. Hennemeyer, B. Meliorisz, U. Hofmann, N. Uenal, R. Voelkel, S. Partel, and P. Hudek, "Optimization of illumination pupils and mask structures for proximity printing," *Microelectron. Eng.* **87**, 1164 – 1167, 2010.

[33] L. Stuerzebecher, F. Fuchs, T. Harzendorf, and U. D. Zeitner, "Pulse compression grating fabrication by diffractive proximity photolithography," *Opt. Lett.* **39**, 1042, 2014.

[34] Y. Bourgin, T. Siefke, T. Käsebier, P. Genevee, A. Szeghalmi, E.-B. Kley, and U. D. Zeitner, "Double-sided structured mask for sub-micron resolution proximity i-line mask-aligner lithography," *Opt. Express* **23**, 16628 – 16637, 2015.

[35] T. Weichelt, L. Stuerzebecher, and U. D. Zeitner, "Optimized lithography process for through-silicon vias-fabrication using a double-sided (structured) photomask for mask aligner lithography," *J. Micro/Nanolithogr. MEMS MOEMS* **14**(3), 34501, 2015.

[36] G. Kunkemüller, T. W. W. Maβ, A.-K. U. Michel, H.-S. Kim, S. Brose, S. Danylyuk, T. Taubner, and L. Juschkin, "Extreme ultraviolet proximity lithography for fast, flexible and parallel fabrication of infrared antennas," *Opt. Express* **23**, 25487 – 25495, 2015.

[37] S. R. J. Brueck, "Optical and interferometric lithography: Nanotechnology enablers," *Proc. IEEE* **93**(10), 1704 – 1721, 2005.

[38] C. Lu and R. H. Lipson, "Interference lithography: A powerful tool for fabricating periodic structures," *Laser & Photonics Reviews* **4**(4), 568 – 580, 2010.

[39] C. G. Chen, *Beam Alignment and Image Metrology for Scanning Beam Interference Lithography: Fabricating Gratings with Nanometer Phase Accuracy*. PhD thesis, Massachusetts Institute of Technology, 2003.

[40] D. Xia, Z. Ku, S. C. Lee, and S. R. J. Brueck, "Nanostructures and functional materials fabricated by interferometric lithography," *Adv. Mater.* **23**, 147 – 179, 2011.

[41] S. H. Zaidi and S. R. J. Brueck, "Multiple-exposure interferometric lithography," *J. Vac. Sci. Technol. B* **11**(3), 658 – 666, 1993.

[42] A. Langner, B. Päivänranta, B. Terhalle, and Y. Ekinci, "Fabrication of quasiperiodic nanostructures with EUV interference lithography," *Nanotechnology* **23**(10), 105303, 2012.

[43] M. Vala and J. Homola, "Multiple beam interference lithography: a tool for rapid fabrication of plasmonic arrays of arbitrary shaped nanomotifs," *Opt. Express* **24**(14), 15656 – 15665, 2016.

[44] Y. Ekinci, Paul Scherrer Institut, private communication.

[45] M. Fritze, T. M. Bloomstein, B. Tyrrell, T. H. Fedynyshyn, N. N. Efremow, D. E. Hardy, S. Cann, D. Lennon, S. Spector, M. Rothschild, and P. Brooker, "Hybrid optical maskless lithography: Scaling beyond the 45 nm node," *J. Vac. Sci. Technol. B* **23**(6), 2743 – 2748, 2005.

[46] R. T. Greenway, R. Hendel, K. Jeong, A. B. Kahng, J. S. Petersen, Z. Rao, and M. C. Smayling, "Interference assisted lithography for patterning of 1D gridded design," *Proc. SPIE* **7274**, 72712U, 2009.

[47] Y. Borodovsky, "Lithography 2009: Overview of opportunities," in *SemiCon West*, 2009.

[48] M. C. Smayling, K. Tsujita, H. Yaegashi, V. Axelrad, T. Arai, K. Oyama, and A. Hara, "Sub-12-nm optical lithography with 4x pitch division and SMO-lite," *Proc. SPIE* **8683**, 868305, 2013.

[49] G. M. Burrow and T. K. Gaylord, "Parametric constraints in multibeam interference," *J. Micro/Nanolithogr. MEMS MOEMS* **11**(4), 43004, 2012.

[50] D. Lombardo, P. Shah, and A. Sarangan, "Single step fabrication of nano scale optical devices using binary contact mask deep UV interference lithography," *Opt. Express* **27**(16),

22917 - 22922, 2019.
[51] V. Auzelyte, C. Dai, P. Farquet, D. Grützmacher, L. L. Heydermann, F. Luo, S. Olliges, C. Padeste, P. K. Sahoo, T. Thomson, A. Turchanin, C. David, and H. H. Solak, "Extreme ultraviolet interference lithography at the Paul Scherrer Institut," *J. Micro/Nanolithogr. MEMS MOEMS* **8**(2), 21204, 2009.
[52] R. Gronheid and M. J. Leeson, "Extreme ultraviolet interference lithography as applied to photoresist studies," *J. Micro/Nanolithogr. MEMS MOEMS* **8**(2), 21205 - 21210, 2009.
[53] T. Y. M. Chan, O. Toader, and S. John, "Photonic band gap templating using optical interference lithography," *Phys. Rev. E* **71**(4), 46605, 2005.
[54] C. Zanke, A. Gombert, A. Erdmann, and M. Weiss, "Fine tuned profile simulation of holographically exposed photoresist gratings," *Opt. Commun.* **154**, 109, 1998.
[55] B. Bläsi, N. Tucher, O. Höhnhn, V. Kübler, T. Kroyer, C. Wellens, and H. Hauser, "Large area patterning using interference and nanoimprint lithography," *Proc. SPIE* **9888**, 80 - 88, 2016.
[56] E. L. Hedberg-Dirk and U. A. Martinez, "Large-scale protein arrays generated with interferometric lithography for spatial control of cell-material interactions," *J. Nanomater.* **2010**, 176750, 2010.
[57] M. Malinauskas, A. Zukauskas, V. Purlys, A. Gaidukeviciute, Z. Balevicius, A. Piskarskas, C. Fotakis, S. Pissadakis, D. Gray, R. Gadonas, M. Vamvakaki, and M. Farsari, "3D microoptical elements formed in a photostructurable germanium silicate by direct laser writing," *Opt. Lasers Eng.* **50**, 1785 - 1788, 2012.
[58] M. Beresna, M. Gecevicius, and P. G. Kazansky, "Ultrafast laser direct writing and nanostructuring in transparent materials," *Adv. Opt. Photonics* **6**, 293 - 339, 2014.
[59] K. Sugioka and Y. Cheng, "Femtosecond laser three-dimensional micro- and nanofabrication," *Appl. Phys. Rev.* **1**, 41303, 2014.
[60] P. A. Warkentin and J. A. Schoeffel, "Scanning laser technology applied to high speed reticle writing," *Proc. SPIE* **0633**, 286 - 291, 1986.
[61] H. Ulrich, R. W. Wijnaendts-van Resandt, C. Rensch, and W. Ehrensperger, "Direct writing laser lithography for production of microstructures," *Microelectron. Eng.* **6**(1), 77 - 84, 1987.
[62] C. Rensch, S. Hell, M. v. Schickfus, and S. Hunklinger, "Laser scanner for direct writing lithography," *Appl. Opt.* **28**, 3754, 1989.
[63] T. Onanuga, *Process Modeling of Two-Photon and Grayscale Laser Direct-Write Lithography*. PhD thesis, Friedrich-Alexander-Universität Erlangen-Nürnberg, 2019.
[64] M. G. Ivan, J.-B. Vaney, D. Verhaart, and E. R. Meinders, "Direct laser write (DLW) as a versatile tool in manufacturing templates for imprint lithography on flexible substrates," *Proc. SPIE* **7271**, 72711S, 2009.
[65] M. L. Rieger, J. A. Schoeffel, and P. A. Warkentin, "Image quality enhancements for raster scan lithography," *Proc. SPIE* **0922**, 55 - 65, 1988.
[66] E. J. Hansotte, E. C. Carignan, and W. D. Meisburger, "High speed maskless lithography of printed circuit boards using digital micromirrors," *Proc. SPIE* **7932**, 793207 - 793214, 2011.
[67] C. A. Mack, "Theoretical analysis of the potential for maskless lithography," *Proc. SPIE* **4691**, 98 - 106, 2002.
[68] J. Paufler, S. Brunn, T. Koerner, and F. Kuehling, "Continuous image writer with improved critical dimension performance for high-accuracy maskless optical patterning," *Microelectron. Eng.* **57 - 58**, 31 - 40, 2001.
[69] T. Sandstrom, P. Askebjer, J. Sallander, R. Zerne, and A. Karawajczyk, "Pattern generation with SLM imaging," *Proc. SPIE* **4562**, 38, 2001.
[70] K. F. Chan, Z. Feng, R. Yang, A. Ishikawa, and W. Mei, "High-resolution maskless lithography," *J. Micro/Nanolithogr. MEMS MOEMS* **2**(4), 331 - 339, 2003.

[71] R. Menon, A. Patel, D. Gil, and H. I. Smith, "Maskless lithography," *Materials Today* **8**, 26–33, 2005.
[72] H. Martinsson, T. Sandstrom, A. Bleeker, and J. D. Hintersteiner, "Current status of optical maskless lithography," *J. Micro/Nanolithogr. MEMS MOEMS* **4**(1), 11003–11015, 2005.
[73] M. Rahlves, C. Kelb, M. Rezem, S. Schlangen, K. Boroz, D. Gödeke, M. Ihme, and B. Roth, "Digital mirror devices and liquid crystal displays in maskless lithography for fabrication of polymer-based holographic structures," *J. Micro/Nanolithogr. MEMS MOEMS* **14**(4), 41302, 2015.
[74] T. Sandstrom, A. Bleeker, J. D. Hintersteiner, K. Troost, J. Freyer, and K. van der Mast, "OML: Optical maskless lithography for economic design prototyping and small-volume production," *Proc. SPIE* **5377**, 777, 2004.
[75] K. C. Johnson, "Nodal line-scanning method for maskless optical lithography," *Appl. Opt.* **53**, J7–J18, 2014.
[76] Y. Chen, "Nanofabrication by electron beam lithography and its applications: a review," *Microelectron. Eng.* **135**, 57–72, 2015.
[77] S. Diez, "The next generation of maskless lithography," *Proc. SPIE* **9761**, 976102–976111, 2016.
[78] H. C. Hamaker, G. E. Valentin, J. Martyniuk, B. G. Martinez, M. Pochkowski, and L. D. Hodgson, "Improved critical dimension control in 0.8-NA laser reticle writers," *Proc. SPIE* **3873**, 49–63, 1999.
[79] A. Erdmann, C. L. Henderson, and C. G. Willson, "The impact of exposure induced refractive index changes of photoresists on the photolithographic process," *J. Appl. Phys.* **89**, 8163, 2001.
[80] R. J. Blaikie, D. O. S. Melville, and M. M. Alkaisi, "Super-resolution near-field lithography using planar silver lenses: A review of recent developments," *Microelectron. Eng.* **83**, 723–729, 2006.
[81] T. W. Ebbesen, H. J. Lezec, H. F. Ghaemi, T. Thio, and P. A. Wolff, "Extraordinary optical transmission through sub-wavelength hole arrays," *Nature* **391**, 667, 1998.
[82] A. V. Zayats, I. I. Smolyaninov, and A. A. Maradudin, "Nano-optics of surface plasmon polaritons," *Phys. Rep.* **408**, 131–314, 2005.
[83] L. Bourke and R. J. Blaikie, "Herpin effective media resonant underlayers and resonant overlayer designs for ultra-high NA interference lithography," *J. Opt. Soc. Am. A* **34**(12), 2243–2249, 2017.
[84] B. W. Smith, Y. Fan, J. Zhou, N. Lafferty, and A. Estroff, "Evanescent wave imaging in optical lithography," *Proc. SPIE* **6154**, 61540A, 2006.
[85] P. Mehrotra, C. A. Mack, and R. J. Blaikie, "A solid immersion interference lithography system for imaging ultra-high numerical apertures with high-aspect ratios in photoresist using resonant enhancement from effective gain media," *Proc. SPIE* **8326**, 83260Z, 2012.
[86] M. N. Polyanskiy, "Refractive index database." https://refractiveindex. info.
[87] W. Srituravanich, L. Pan, Y. Wang, C. Sun, D. B. Bogy, and X. Zhang, "Flying plasmonic lens in the near field for high-speed nanolithography," *Nat. Nanotechnol.* **3**, 733–737, 2008.
[88] P. G. Kik, S. A. Maier, and H. A. Atwater, "Plasmon printing — a new approach to near-field lithography," *MRS Proceedings* **705**, 2002.
[89] B. S. Luk'yanchuk, R. Paniagua-Domínguez, I. Minin, O. Minin, and Z. Wang, "Refractive index less than two: Photonic nanojets yesterday, today and tomorrow," *Opt. Mater. Express* **7**(6), 1820–1847, 2017.
[90] Z. Pan, Y. F. Yu, V. Valuckas, S. L. K. Yap, G. G. Vienne, and A. I. Kuznetsov, "Plasmonic nanoparticle lithography: Fast resist-free laser technique for large-scale sub-50 nm hole array fabrication," *Appl. Phys. Lett.* **112**(22), 223101, 2018.

[91] V. G. Veselago, "The electrodynamics of substances with simultaneously negative values of epilon and mu," *Phys.-Uspekhi.* **10**, 509 – 514, 1968.
[92] J. B. Pendry, "Negative refraction makes a perfect lens," *Phys Rev Lett.* **85**, 3966, 2000.
[93] J. B. Pendry and D. R. Smith, "The quest for the superlens," *Scientific American* **295** (1), 60, 2006.
[94] M. Paulus, B. Michel, and O. J. F. Martin, "Near-field distribution in light-coupling masks for contact lithography," *J. Vac. Sci. Technol. B* **17**, 3314 – 3317, 1999.
[95] C. Girard and E. Dujardin, "Near-field optical properties of top-down and bottom-up nanostructures," *J. Opt. A: Pure Appl. Opt.* **8**, S73, 2006.
[96] P. Xie and B. W. Smith, "Scanning interference evanescent wave lithography for sub-22-nm generations," *J. Micro/Nanolithogr. MEMS MOEMS* **12**(1), 13011, 2013.
[97] L. Liu, X. Zhang, Z. Zhao, M. Pu, P. Gao, Y. Luo, J. Jin, C. Wang, and X. Luo, "Batch fabrication of metasurface holograms enabled by plasmonic cavity lithography," *Adv. Opt. Mater.* **5**(21), 1700429, 2017.
[98] M. Malinauskas, A. Zukauskas, G. Bickauskaite, R. Gadonas, and S. Juodkazis, "Mechanisms of three-dimensional structuring of photo-polymers by tightly focussed femtosecond laser pulses," *Opt. Express* **18**, 10209 – 10221, 2010.
[99] J. B. Mueller, J. Fischer, F. Mayer, M. Kadic, and M. Wegener, "Polymerization kinetics in three-dimensional direct laser writing," *Adv. Mater.* **26**, 6566 – 6571, 2014.
[100] X. Zhou, Y. Hou, and J. Lin, "A review on the processing accuracy of two-photon polymerization," *AIP Adv.* **5**(3), 30701, 2015.
[101] N. Uppal, *Mathematical Modeling and Sensitivity Analysis of Two Photon Polymerization for 3D Micro/Nano Lithography*. PhD thesis, University of Texas at Arlington, 2008.
[102] H. B. Sun and S. Kawata, "Two-photon laser precision microfabrication and its applications to micro-nano devices and systems," *J. Light. Technol.* **21**, 624 – 633, 2003.
[103] E. Yablonovitch and R. B. Vrijen, "Optical projection lithography at half the Rayleigh resolution limit by two-photon exposure," *Opt. Eng.* **38**(2), 334, 1999.
[104] M. D'Angelo, M. V. Chekhova, and Y. H. Shih, "Two-photon diffraction and quantum lithography," *Phys. Rev. Lett.* **87**, 013602, 2001.
[105] E. Pavel, G. Prodan, V. Marinescu, and R. Trusca, "Recent advances in 3- to 10-nm quantum optical lithography," *J. Micro/Nanolithogr. MEMS MOEMS* **18**(2), 1 – 3, 2019.
[106] S. W. Hell and J. Wichmann, "Breaking the diffraction resolution limit by stimulated emission: stimulated-emission-depletion fluorescence microscopy," *Opt. Lett.* **19**(11), 780 – 782, 1994.
[107] S. W. Hell, "Strategy for far field optical imaging and writing without diffraction limit," *Phys. Lett. A* **326**, 140 – 145, 2004.
[108] T. F. Scott, T. A. Kowalski, A. C. Sullivan, C. N. Bowman, and R. R. McLeod, "Two-color single-photon photoinitiation and photoinhibition for subdiffraction photolithography," *Science* **324**, 913, 2009.
[109] L. Li, R. R. Gattas, E. Gershgoren, H. Hwang, and J. T. Fourkas, "Achieving lambda/20 resolution by one color initiation and deactivation of polymerization," *Science* **324**, 910, 2009.
[110] T. L. Andrew, H. Y. Tsai, and R. Menon, "Confining light to deep subwavelength dimensions to enable opical nanopatterning," *Science* **324**, 917, 2009.
[111] A. Majumder, P. L. Helms, T. L. Andrew, and R. Menon, "A comprehensive simulation model of the performance of photochromic films in absorbance-modulation-optical-lithography," *AIP Adv.* **6**(3), 35210, 2016.
[112] A. Majumder, L. Bourke, T. L. Andrew, and R. Menon, "Superresolution optical nanopatterning at low light intensities using a quantum yield-matched photochrome," *OSA Continuum* **2**(5), 1754 – 1761, 2019.
[113] J. T. Fourkas and J. S. Petersen, "2-colour photolithography," *Phys. Chem. Chem. Phys.*

16, 8731－8750, 2014.
[114] J. T. Fourkas and Z. Tomova, "Multicolor, visible-light nanolithography," *Proc. SPIE* **9426**, 94260C, 2015.
[115] T. Onanuga, C. Kaspar, H. Sailer, and A. Erdmann, "Accurate determination of 3D PSF and resist effects in grayscale laser lithography," *Proc. SPIE* **10775**, 60－66, 2018.
[116] E.-B. Kley, "Continuous profile writing by electron and optical lithography," *Microelectron. Eng.* **34**, 261－298, 1997.
[117] M. T. Gale and K. Knop, "The fabrication of fine lens arrays by laser beam writing," *Proc. SPIE* **0398**, 347－353, 1983.
[118] D. Radtke and U. D. Zeitner, "Laser-lithography on non-planar surfaces," *Opt. Express* **15**(3), 1167－1174, 2007.
[119] Z. Cui, J. Du, and Y. Guo, "Overview of greyscale photolithography for microoptical elements fabrication," *Proc. SPIE* **4984**, 111, 2003.
[120] J. H. Lake, S. D. Cambron, K. M. Walsh, and S. McNamara, "Maskless grayscale lithography using a positive-tone photodefinable polyimide for MEMS applications," *J. Microelectromech. Syst.* **20**(6), 1483－1488, 2011.
[121] J. Loomis, D. Ratnayake, C. McKenna, and K. M. Walsh, "Grayscale lithography — automated mask generation for complex three-dimensional topography," *J. Micro/Nanolithogr. MEMS MOEMS* **15**(1), 13511, 2016.
[122] H.-C. Eckstein, U. D. Zeitner, R. Leitel, M. Stumpf, P. Schleicher, A. Bräuer, and A. Tünnermann, "High dynamic grayscale lithography with an LED-based micro-image stepper," *Proc. SPIE* **9780**, 97800T, 2016.
[123] A. Grushina, "Direct-write grayscale lithography," *Adv. Opt. Technol.* **8**, 163－169, 2019.
[124] W. Daschner, R. D. Stein, P. Long, C. Wu, and S. H. Lee, "One-step lithography for mass production of multilevel diffractive optical elements using high-energy beam sensitive (HEBS) gray-level mask," *Proc. SPIE* **2689**, 153－155, 1996.
[125] J. D. Rogers, A. H. O. Kärkkäinen, T. Tkaczyk, J. T. Rantala, and M. R. Descour, "Realization of refractive microoptics through grayscale lithographic patterning of photosensitive hybrid glass," *Opt. Express* **12**(7), 1294－1303, 2004.
[126] T. Dillon, M. Zablocki, J. Murakowski, and D. Prather, "Processing and modeling optimization for grayscale lithography," *Proc. SPIE* **6923**, 69233B, 2008.
[127] R. Wang, J. Wei, and Y. Fan, "Chalcogenide phase-change thin films used as grayscale photolithography materials," *Opt. Express* **22**, 4973－4984, 2014.
[128] W. Henke, W. Hoppe, H.-J. Quenzer, P. Staudt-Fischbach, and B. Wagner, "Simulation and process design of gray-tone lithography for the fabrication of arbitrarily shaped surfaces," *Jpn. J. Appl. Phys.* **33**, 6809－6815, 1994.
[129] L. Mosher, C. M. Waits, B. Morgan, and R. Ghodssi, "Double-exposure grayscale photolithography," *J. Microelectromech. Syst.* **18**(2), 308－315, 2009.
[130] M. Heller, D. Kaiser, M. Stegemann, G. Holfeld, N. Morgana, J. Schneider, and D. Sarlette, "Grayscale lithography: 3D structuring and thickness control," *Proc. SPIE* **8683**, 868310, 2013.
[131] J. Schneider, D. Kaiser, N. Morgana, M. Heller, and H. Feick, "Revival of grayscale technique in power semiconductor processing under low-cost manufacturing constraints," *Proc. SPIE* **10775**, 107750W, 2018.
[132] T. Weichelt, R. Kinder, and U. D. Zeitner, "Photomask displacement technology for continuous profile generation by mask aligner lithography," *J. Opt.* **18**(12), 125401, 2016.
[133] T. Harzendorf, L. Stuerzebecher, U. Vogler, U. D. Zeitner, and R. Voelkel, "Half-tone proximity lithography," *Proc. SPIE* **7716**, 77160Y, 2010.
[134] R. Fallica, "Beyond grayscale lithography: Inherently three-dimensional patterning by

Talbot effect," *Adv. Opt. Technol.* **8**, 233 - 240, 2019.

[135] F. Lima, I. Khazi, U. Mescheder, A. C. Tungal, and U. Muthiah, "Fabrication of 3D microstructures using grayscale lithography," *Adv. Opt. Technol.* **8**, 181 - 193, 2019.

[136] C. Kaspar, J. Butschke, M. Irmscher, S. Martens, and J. N. Burghartz, "A new approach to determine development model parameters by employing the isotropy of the development process," *Microelectron. Eng.* **176**, 79 - 83, 2017.

[137] D.-Y. Kang and J. H. Moon, "Lithographically defined three-dimensional pore-patterned carbon with nitrogen doping for high-performance ultrathin supercapacitor applications," *Sci. Rep.* **4**, 5392, 2014.

[138] R. C. Rumpf and E. G. Johnson, "Fully three-dimensional modeling of the fabrication and behavior of photonic crystals formed by holographic lithography," *J. Opt. Soc. Am. A* **21**, 1703 - 1713, 2004.

[139] J. H. Jang, C. K. Ullal, M. Maldovan, T. Gorishnyy, S. Kooi, C. Y. Koh, and E. L. Thomas, "3D micro- and nanostructures via interference lithography," *Adv. Funct. Mater.* **17**, 3027 - 3041, 2007.

[140] J. H. Moon, J. Ford, and S. Yang, "Fabricating three-dimensional polymeric photonic structures by multi-beam interference lithography," *Polym. Adv. Technol.* **17**(2), 83 - 93, 2006.

[141] S. M. Kamali, E. Arbabi, H. Kwon, and A. Faraon, "Metasurface-generated complex 3-dimensional optical fields for interference lithography," *Proc. Natl. Acad. Sci.* **116**(43), 21379 - 21384, 2019.

[142] H. Kodama, "Automatic method for fabricating a three-dimensional plastic model with photo-hardening polymer," *Rev. Sci. Instrum.* **52**(11), 1770 - 1773, 1981.

[143] A. Bertsch and P. Renaud, "Microstereolithography," in *Three-Dimensional Microfabrication Using Two-Photon Polymerization*, T. Baldacchini, Ed., Elsevier, 2016.

[144] M. Shusteff, A. E. M. Browar, B. E. Kelly, J. Henriksson, T. H. Weisgraber, R. M. Panas, N. X. Fang, and C. M. Spadaccini, "One-step volumetric additive manufacturing of complex polymer structures," *Science Advances* **3**(12), 2017.

[145] B. Bhushan and M. Caspers, "An overview of additive manufacturing (3D printing) for microfabrication," *Microsyst. Technol.* **23**, 1117 - 1124, 2017.

[146] K. C. Hribar, P. Soman, J. Warner, P. Chung, and S. Chen, "Light-assisted direct-write of 3D functional biomaterials," *Lab Chip* **14**(2), 268 - 275, 2014.

[147] M. P. Lee, G. J. T. Cooper, T. Hinkley, G. M. Gibson, M. J. Padgett, and L. Cronin, "Development of a 3D printer using scanning projection stereolithography," *Sci. Rep.* **5**, 9875, 2015.

[148] X. Chen, W. Liu, B. Dong, J. Lee, H. O. T. Ware, H. F. Zhang, and C. Sun, "High-speed 3D printing of millimeter-size customized aspheric imaging lenses with sub 7 nm surface roughness," *Adv. Mater.* **30**(18), 1705683, 2018.

[149] H.-C. Kim and S.-H. Lee, "Reduction of post-processing for stereo-lithography systems by fabrication-direction optimization," *Comput. Aided Des.* **37**(7), 711 - 725, 2005.

[150] G. D. Berglund and T. S. Tkaczyk, "Fabrication of optical components using a consumer-grade lithographic printer," *Opt. Express* **27**(21), 30405 - 30420, 2019.

[151] Z. Sekkat and S. Kawata, "Laser nanofabrication in photoresists and azopolymers," *Laser & Photonics Reviews* **8**(1), 1 - 26, 2014.

[152] J. K. Hohmann, M. Renner, E. H. Waller, and G. von Freymann, "Three-dimensional printing: An enabling technology," *Adv. Opt. Mater.* **3**(11), 1488 - 1507, 2015.

[153] M. Mao, J. He, X. Li, B. Zhang, Q. Lei, Y. Liu, and D. Li, "The emerging frontiers and applications of high-resolution 3D printing," *Micromachines* **8**(4), 113, 2017.

[154] L. Jonušauskas, D. Gailevičius, S. Rekštyte, T. Baldacchini, S. Juodkazis, and M. Malinauskas, "Mesoscale laser 3D printing," *Opt. Express* **27**(11), 15205 - 15221, 2019.

[155] S. Kawata, H.-B. Sun, T. Tanaka, and K. Takada, "Finer features for functional microdevices," *Nature* **412**, 697-698, 2001.

[156] M. Thiel, Y. Tanguy, N. Lindenmann, A. Tungal, R. Reiner, M. Blaicher, J. Hoffmann, T. Sauter, F. Niesler, T. Gissibl, and A. Radke, "Two-photon grayscale lithography," in the conference on Laser 3D Manufacturing VII, B. Gu and H. Chen, Chairs, SPIE Photonics West LASE Symposium, 2020.

[157] S. Quabis, R. Dorn, M. Eberler, O. Glöckl, and G. Leuchs, "Focusing light to a tighter spot," *Opt. Commun.* **179**, 1, 2000.

[158] K. Takada, H.-B. Sun, and S. Kawata, "Improved spatial resolution and surface roughness in photopolymerization-based laser nanowriting," *Appl. Phys. Lett.* **86**(7), 071122, 2005.

[159] J. Fischer and M. Wegener, "Three-dimensional optical laser lithography beyond the diffraction limit," *Laser Photonics Rev.* **7**, 22-44, 2012.

[160] M. Thiel, J. Fischer, G. von Freymann, and M. Wegener, "Direct laser writing of three-dimensional submicron structures using a continuous-wave laser at 532 nm," *Appl. Phys. Lett.* **97**, 221102, 2010.

[161] J. Fischer, T. Ergin, and M. Wegener, "Three-dimensional polarization-independent visible-frequency carpet invisibility cloak," *Opt. Lett.* **36**(11), 2059-2061, 2011.

[162] J. Fischer, G. von Freymann, and M. Wegener, "The materials challenge in diffraction-unlimited direct-laser-writing optical lithography," *Adv. Mater.* **22**, 3578-3582, 2010.

[163] M. Farsari, M. Vamvakaki, and B. N. Chichkov, "Multiphoton polymerization of hybrid materials," *J. Opt.* **12**(12), 124001, 2010.

[164] M. Feldman, *Nanolithography: The Art of Fabricating Nanoelectronic and Nanophotonic Devices and Systems*, Woodhead Publishing, Cambridge, 2013.

[165] F. Pease and S. Y. Chou, "Lithography and other patterning techniques for future electronics," *Proc. IEEE* **96**, 248, 2008.

[166] T. Michels and I. W. Rangelow, "Review on scanning probe micromachining and its applications within nanoscience," *Microelectron. Eng.* **126**, 191-203, 2014.

[167] E. Platzgummer, C. Klein, and H. Loeschner, "Electron multi-beam technology for mask and wafer writing at 0.1 nm address grid," *Proc. SPIE* **8680**, 15-26, 2013.

第 8 章　光刻投影系统：高级技术内容

在第 2 章中，采用了几个简化的假设来讨论理想投影成像系统中的成像过程。该光学成像过程受到衍射限制，但没有考虑光学像差、随机的散射光/杂散光等的影响；掩模和晶圆分别被放置在物像平面中的固定理想位置；使用带宽无限小的单色光和完美的照明系统。此外，所有偏振效应也都没有考虑进去，系统的电磁场和传递函数均以标量处理。而本章，将讨论不满足上述简化假设的实际投影系统中的物理效应。

首先，第一部分将讨论实际投影系统中的光学波前，波前的泽尼克(Zernike)表达式用于相关现象的定量分析，该部分将研究特定的泽尼克波像差(如球差、像散和彗差)对典型掩模图形的光刻成像的影响。其次，第二部分将简要介绍杂散光或随机散射光。然后，第三部分将介绍大数值孔径投影系统中出现的各种偏振效应，具体将讨论偏振在成像和薄膜干涉效应中的作用。最后，将简要讨论由机械振动和准分子激光器有限带宽引起的图像模糊效应。

8.1　实际投影系统中的波像差

如第 2 章所述，一个理想的衍射受限投影系统将物平面上一点发出的发散球面波转换为朝像平面会聚的球面波的一部分(图 2 - 5)。从投影物镜入射光瞳到出射光瞳的波前变换由光瞳函数 $P(f_x, f_y)$ 决定。超出数值孔径 NA，光瞳函数的振幅为零；在 NA 之内，光瞳函数取决于几个因素。光瞳函数的相位表示通过光瞳不同位置产生的光程差。这种光程差来源于设计、材料均匀性、制造和组装的限制。接下来，将讨论光刻成像过程的数学处理和像差影响，以及阐述光瞳透过率和切趾效应的均匀性对于精确成像变得越来越重要。

8.1.1　波像差的泽尼克多项式表示

Fritz Zernike[1]提出了适合描述投影系统相位的数学表达式。泽尼克多项式提供了一系列正交项，来表示单位圆上的光波前。使用本系列中的第一项，投影系统的波前可以表示为

$$W(\rho,\ \omega) = Z_1 + Z_2\rho\cos\omega + Z_3\rho\sin\omega + Z_4(2\rho^2 - 1) + \cdots \tag{8-1}$$

式中，极坐标 $\rho = \lambda\sqrt{f_x^2 + f_y^2}$ 和 $\omega = \arctan\dfrac{f_y}{f_x}$ 表示光瞳内的位置。系数 Z_i 的值决定了透镜的实际波前。对于一个给定的波前，投影物镜光瞳函数可以写成：

$$P(f_x,\ f_y) = \begin{cases} \exp i2\pi W(\rho,\ \omega), & \rho \leqslant \mathrm{NA} \\ 0, & \text{其他} \end{cases} \tag{8-2}$$

对泽尼克项的定义存在着多种略有不同的约定，这些约定在归一化和项序列方面均有所不同。在下文中，采用来自光学设计软件 CODE V[2] 中的 Fringe Zernike 多项式。所有泽尼克系数都以波长为单位，若泽尼克系数为 1/4，则表示在投影物镜光瞳内产生了 π 的峰谷相移。

表 8-1 给出了前 11 项泽尼克多项式。其中前两列列出了泽尼克项数、相应的像差类型和多项式表达式。此外，还给出了波前形变的 3D 图和具有四分之一波像差时的孤立接触方孔（45 nm×45 nm）的成像结果。光瞳中具体位置的多项式或波前形变的正号表示其比无像差或衍射受限成像时具有更短的光程，实际波前在参考波前（理想成像）的前面；反之，负号表示光程增加或波前在朝像平面传输过程中有延迟。根据光瞳相位的形式和像差的类型，波前形变会导致成像位置的偏移、模糊或对比度的降低，以及所得图像的其他变形等。特定像差对光刻成像的影响将在 8.1.2~8.1.7 节中进行分析。

在分析单个泽尼克像差之前，先介绍一些关于波像差泽尼克表达式的一般性评论来结束本小节。需要注意的是，投影物镜光瞳函数及其相应的泽尼克系数取决于它们在像方视场中的位置，并且可能会随时间而发生变化。波前和相应泽尼克系数的视场相关性是投影物镜（设计）的固有属性，可最大限度地减少整个像方视场的波前误差。先进的光刻机带有先进的波前调制模块[3,4]，以补偿由局部透镜热效应等引起的投影物镜光瞳函数的动态变化。8.3 节将介绍到，泽尼克系数也可能取决于经过光学组件的光的偏振态。

表 8－1　泽尼克多项式(1～11)。第 3～4 列表示的是孤立接触方孔(45 nm×45 nm)分别在各项泽尼克多项式系数 $Z_i=0.25$ 时的波前形变和空间像；其中空间像计算的条件是浸没式光刻($\lambda=193$ nm，NA＝1.35)、二元掩模、环形照明(xy 偏振，$\sigma_{in}=0.3$，$\sigma_{out}=0.7$)

<table>
<tr><th>泽尼克项编号</th><th>类型/多项式</th><th>波前形变</th><th>接触孔空间像</th></tr>
<tr><td>1</td><td>圆台形像差 1</td><td>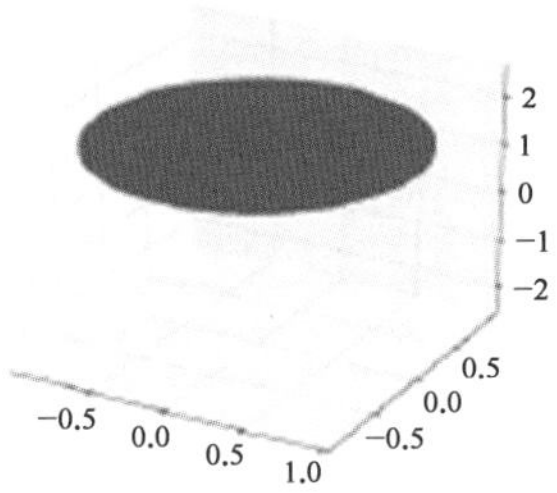
</td><td>
</td></tr>
<tr><td>2</td><td>波前倾斜
(x-axis)$\rho\cos(\omega)$</td><td>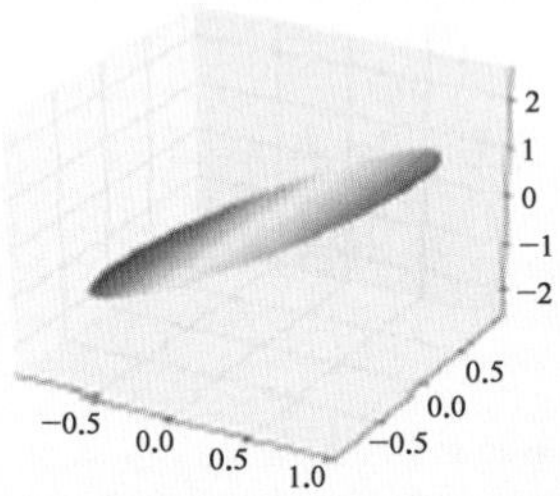
</td><td>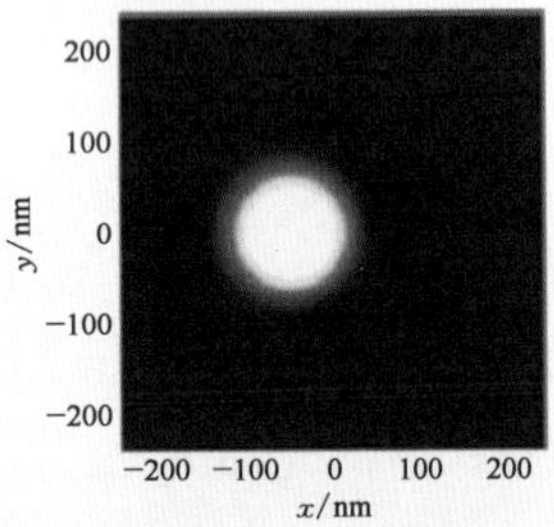
</td></tr>
<tr><td>3</td><td>波前倾斜
(y-axis)$\rho\sin(\omega)$</td><td>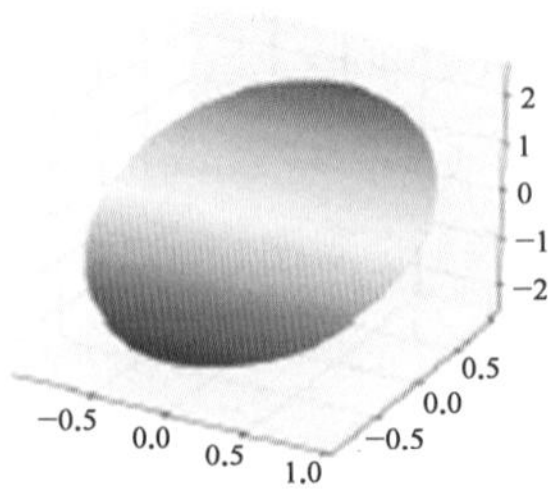
</td><td>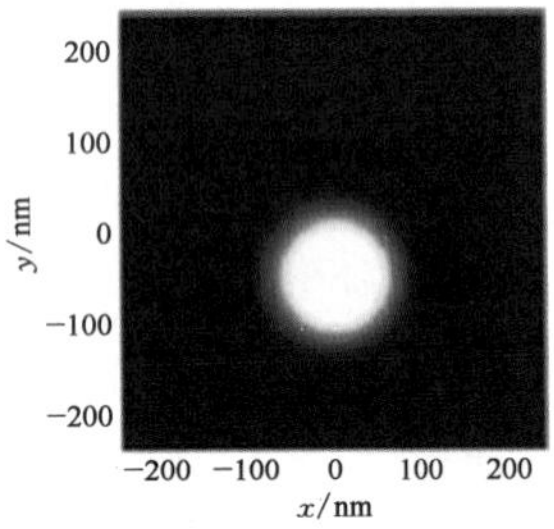
</td></tr>
<tr><td>4</td><td>离焦 $2\rho^2-1$</td><td>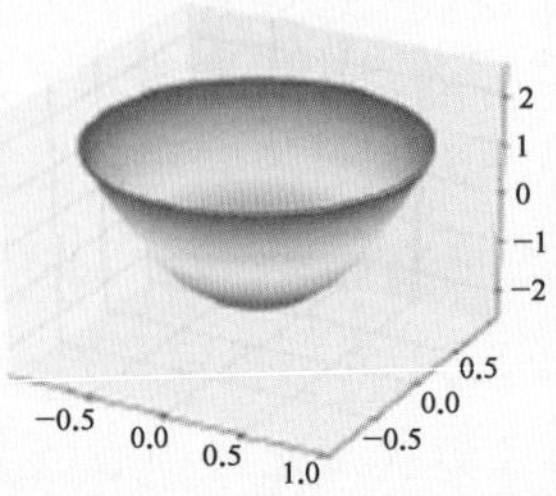
</td><td>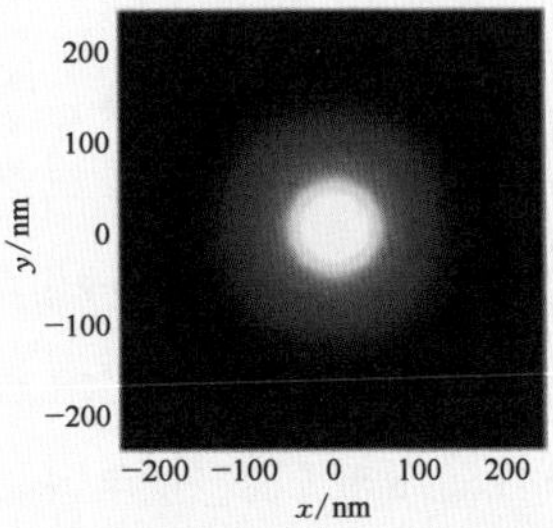
</td></tr>
</table>

续　表

泽尼项编号	类型/多项式	波前形变	接触孔空间像
5	像散 $(0°/90°)\rho^2\cos(2\omega)$	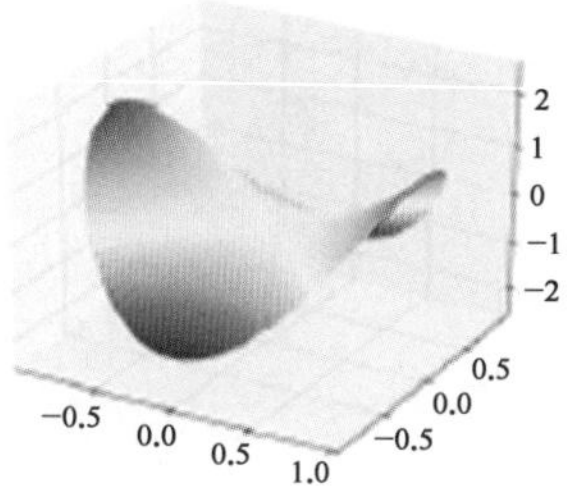	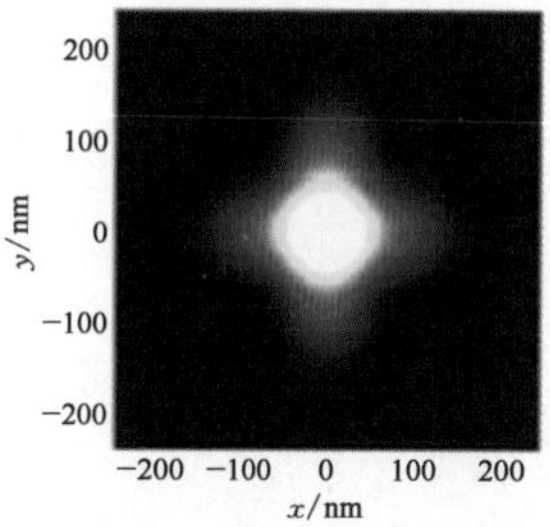
6	像散 $(\pm45°)\rho^2\sin(2\omega)$	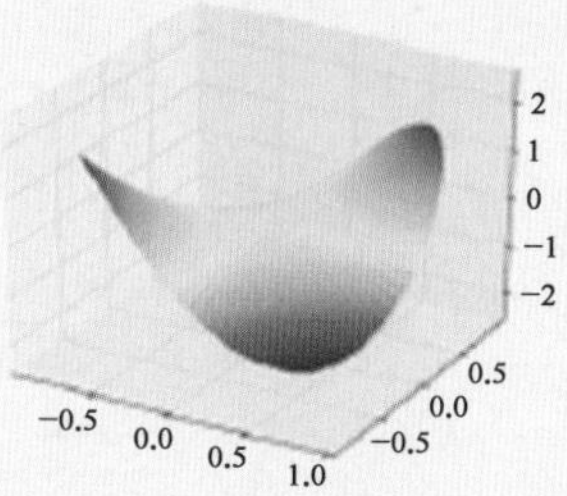	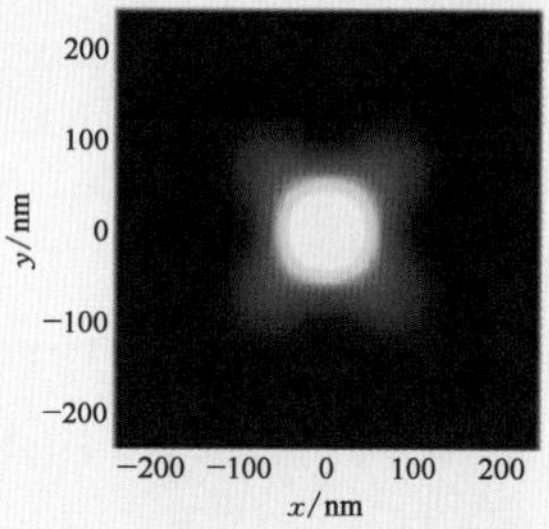
7	彗差 $(x\text{-axis})(3\rho^3-2\rho)\cos(\omega)$	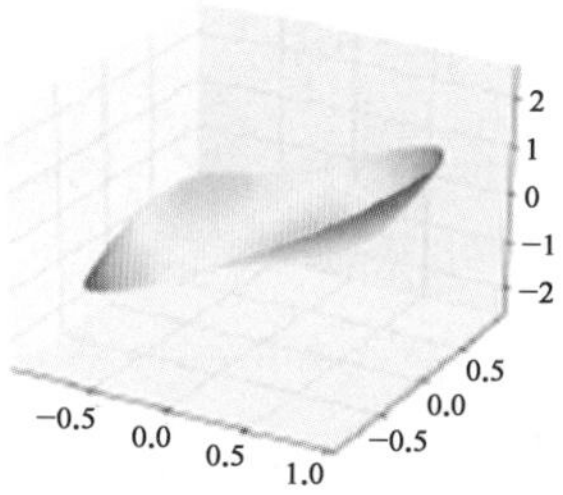	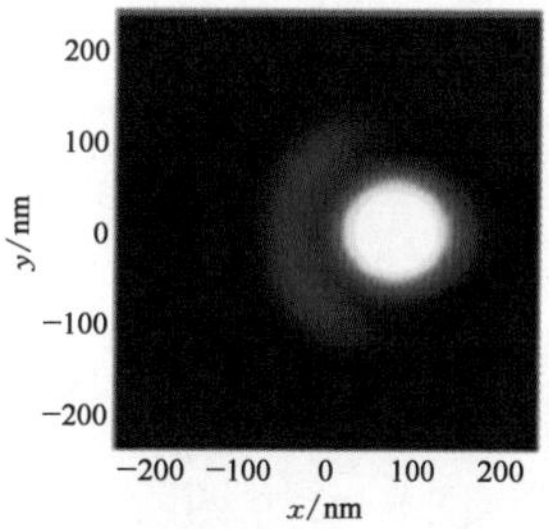
8	彗差 $(y\text{-axis})(3\rho^3-2\rho)\sin(\omega)$	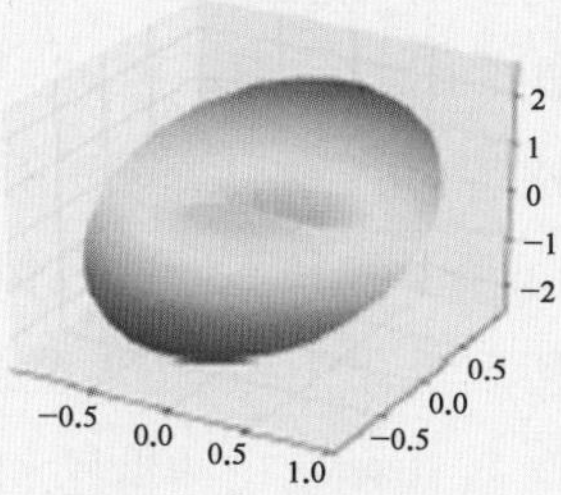	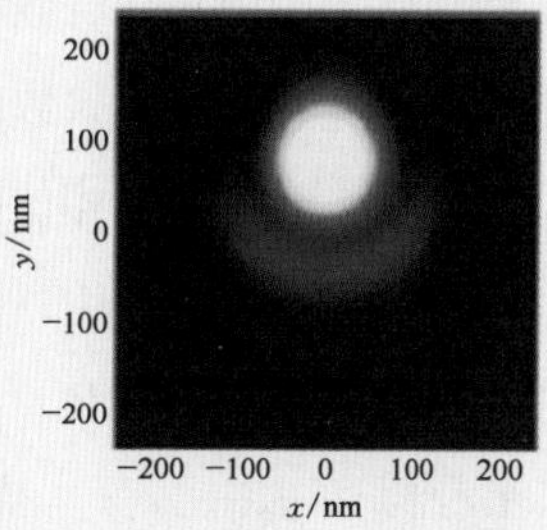

续 表

泽尼项编号	类型/多项式	波前形变	接触孔空间像
9	球差 $(6\rho^4-6\rho^2+1)$	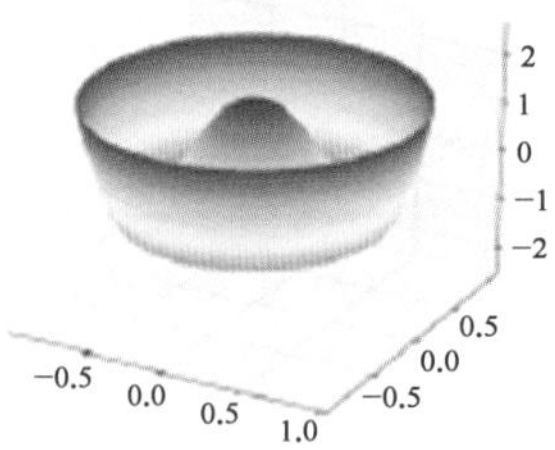	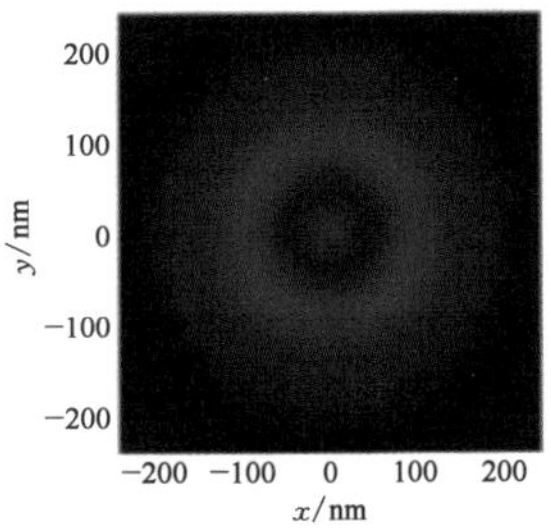
10	三叶像差 $(x\text{-axis})\rho^3\cos(3\omega)$	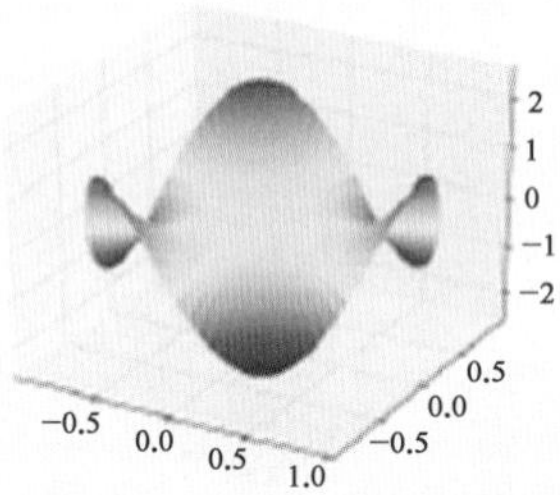	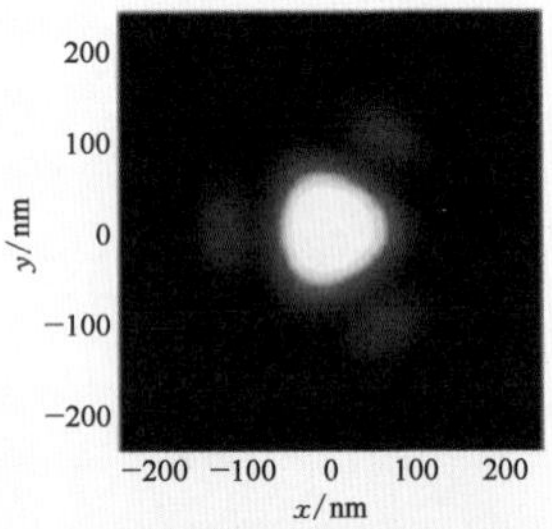
11	三叶像差 $(y\text{-axis})\rho^3\sin(3\omega)$	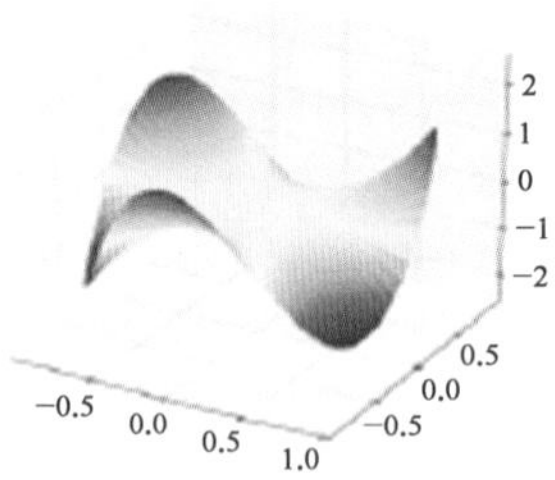	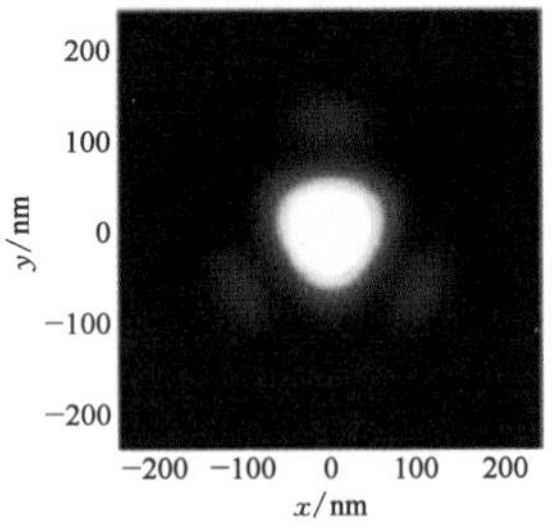

图 8-1 左图所示为一个光刻投影物镜的相位测量图。由于光瞳的中央部分被遮挡，故该区域没有可用的数据。显示的数据用泽尼克多项式进行拟合，图 8-1 右图所示为拟合残差与多项式中包含的泽尼克系数数量的关系。尽管拟合残差随着所用泽尼克项数的增加而减少，但采用 35 项泽尼克多项式拟合也只能表征 75%的波前。光瞳相位图中的高频变化部分无法用合理数量的泽尼克项来表征。

对光瞳函数相位的观察表明了三种不同的成像机制。具有恒定相位（和幅度）的投影物镜光瞳会产生衍射受限图像，衍射受限成像的图像形成和分辨率水平在第 2 章中已有所描述。光瞳函数中的低频和中频相位变化会导致一些成像伪影，例如与焦点相关的放置误差、不对称的离焦表现和增加的旁瓣等。接

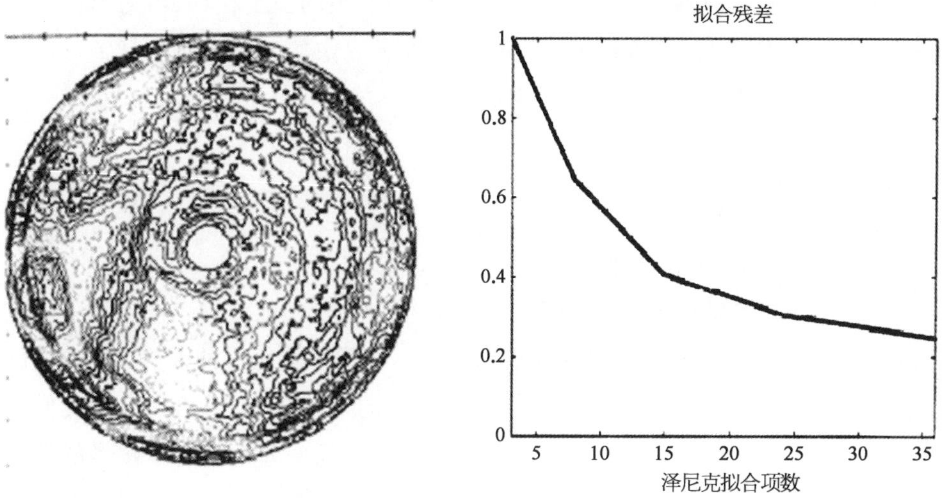

图 8-1　光刻投影物镜的相位测量图（左）和泽尼克拟合残差与拟合项数的关系（右）[5]

下来的小节部分将分析初级像差对光刻成像的影响。高频相位变化无法用有限数量的泽尼克多项式表征，它们会导致长程杂散光效应和或多或少随机分布的图像背景强度。8.2 节将简要介绍基于功率谱密度（PSD）表征的杂散光效应。

接下来，将分析几种典型的像差对光刻投影物镜系统成像性能的影响。为了演示不同像差的影响，将对接触孔阵列图形的全程焦距成像情况进行研究。图 8-2 所示为无像差时的参考仿真结果，可以看到，对焦情况下（即离焦量为 0）接触孔阵列的高对比度图像。接触孔的光强分布与它们在阵列中的位置几乎无关。在 ±100 nm 的离焦位置时，外围接触孔的光强分布与中心接触孔的光强分布有着显著不同。

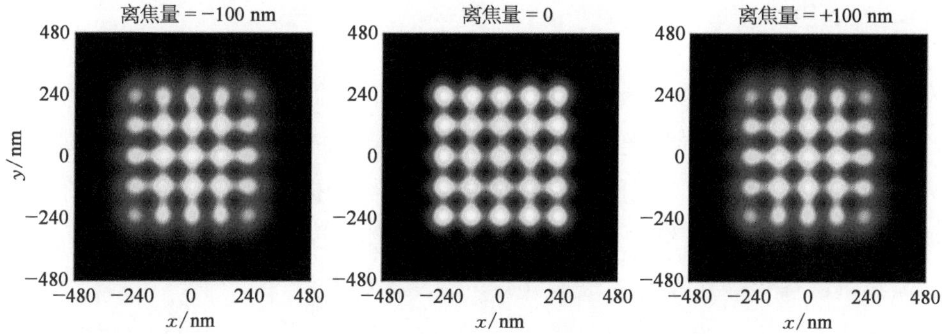

图 8-2　二元掩模上尺寸为 70 nm、周期为 120 nm 的 5×5 方形接触孔阵列分别在离焦量为 −100 nm（左）、0（中）和 +100 nm（右）时的衍射受限空间像；设置：$\lambda = 193$ nm，xy 偏振的 C-Quad 照明（$\sigma_{in/out} = 0.5/0.7$，开角为 30°），NA = 1.35，放大倍率为 0.25

第一个泽尼克多项式(圆台形)表示所有衍射级的恒定相移,与它们在投影物镜光瞳中的位置无关,这种恒定的相移对投影成像的光强分布没有影响。因此,接下来将从泽尼克项 Z_2和 Z_3开始分析。

8.1.2 波前倾斜

全局或恒定的波前倾斜仅改变图像位置,这可以在图 8-3 中看到,图中显示了 $Z_2=0.5$ 时接触孔阵列的图像。正的 Z_2值会使光瞳波前的右侧部分(正 f_x)朝像面弯曲,因此,图像向左朝负 x 方向移动。图像位置的这种移动与离焦量以及阵列中接触孔的位置无关。对于 y 轴方向的波前倾斜(Z_3),可以看到类似的影响,该倾斜只是将图像向下朝负 y 方向移动。图像偏移量与掩模图形的类型和大小无关。波前倾斜对光刻工艺窗口没有任何影响。但是,它会限制系统的套刻精度,特别是当波前倾斜在像方视场上变化时。

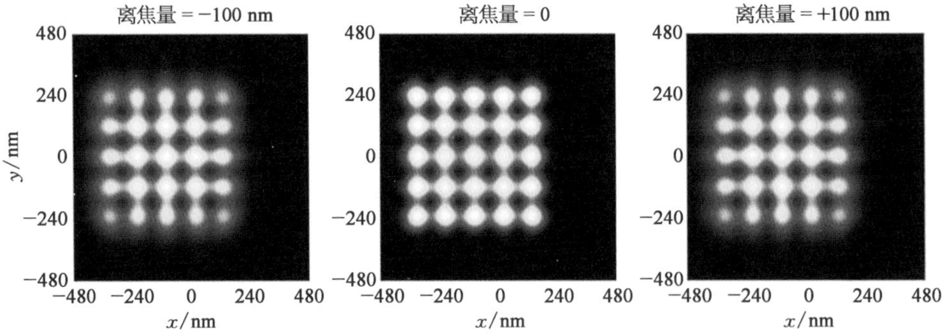

图 8-3 接触孔阵列图形在波前倾斜 $Z_2=0.5$ 时的空间像,参数设置均与图 8-2 一致

8.1.3 离焦像差

下一个泽尼克多项式表现出对光瞳径向位置 ρ 的二次依赖。离焦像差对应离焦效应,正的 Z_4值导致光瞳波前的外围向像面弯曲,最佳聚焦位置朝出瞳方向移动。图 8-4 所示为接触孔阵列的仿真结果。根据前述定义,负离焦量使图像远离出瞳,这与离焦像差 $Z_4=0.5$ 正好相互补偿。因此,接触孔阵列的图像在负离焦量位置变得更清晰,在正离焦量位置变得更模糊。

立体像和工艺窗口证实了离焦像差对全程焦距行为的影响,分别如图 8-5、图 8-6 所示。正离焦像差 Z_4将最佳焦点位置向上朝镜头方向移动,工艺窗口的最佳焦点向左移动,即朝负离焦量方向移动。

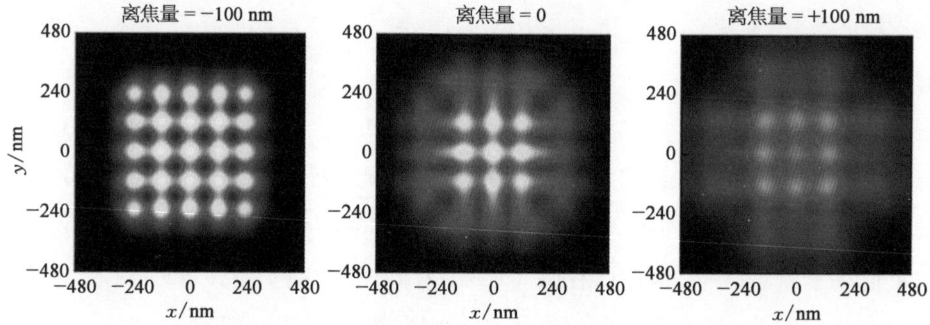

图 8-4　接触孔阵列图形在离焦像差 $Z_4=0.5$ 时的空间像，参数设置均与图 8-2 一致

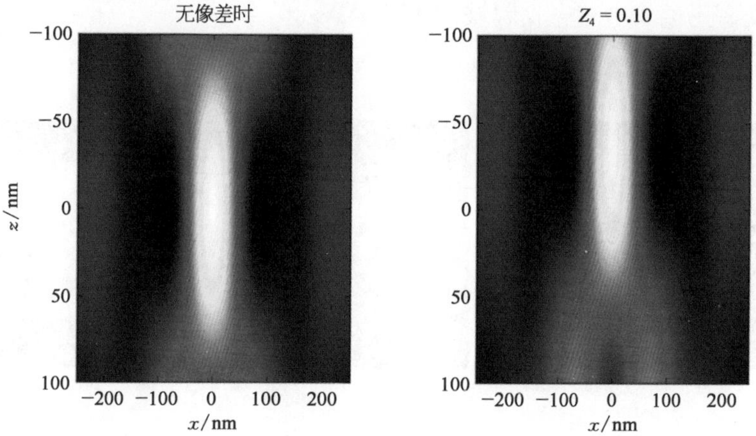

图 8-5　沟槽宽度为 100 nm、周期为 500 nm 线空图形分别在无像差（左）和离焦像差 $Z_4=0.1$（右）时的衍射受限立体像；其他成像条件：6%强相移掩模，$\lambda=193$ nm，二极照明（$\sigma_{in/out}=0.5/0.7$，开角为 40°），NA=1.35

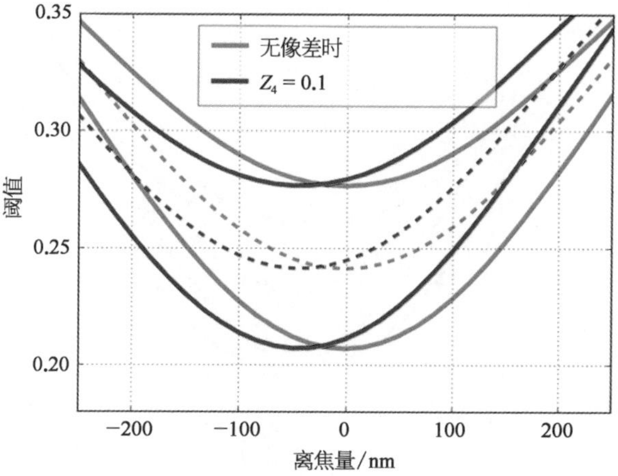

图 8-6　线宽为 45 nm、周期为 130 nm 线空图形分别在无像差和离焦像差 $Z_4=0.1$ 时的衍射受限成像工艺窗口；成像条件：6%强相移掩模，$\lambda=193$ nm，二极照明（$\sigma_{in/out}=0.5/0.7$，开角为 40°），NA=1.35

8.1.4 像散

与离焦像差 Z_4 类似，Z_5 和 Z_6 的泽尼克多项式描述了对光瞳半径 ρ 的平方依赖性(表 8-1)。由于 $\cos(2\omega)$ 和 $\sin(2\omega)$ 因子的影响，Z_5 或 Z_6 产生的聚焦效果取决于特征方向，这可以在图 8-7 中看到，在负离焦量位置时，图像在竖直方向上是模糊的；正离焦量会产生水平方向模糊的图像。如图 8-8 所示，投影物镜的 Z_5 像散沿 x 和 y 方向的平行线的最佳聚焦位置朝相反的离焦方向移动，相互正交图形的重叠工艺窗口被大大减少。

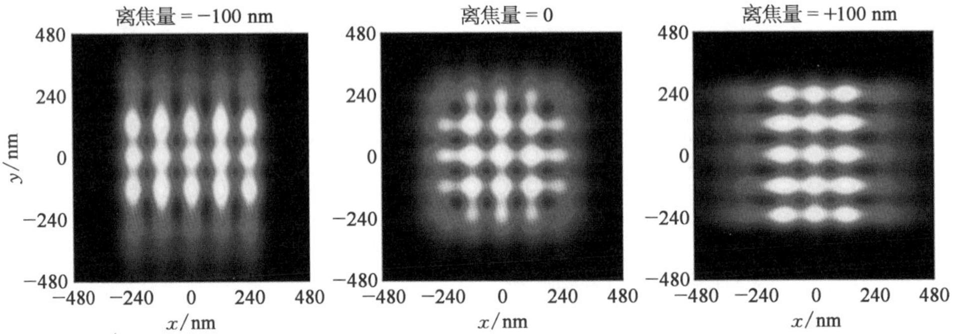

图 8-7　接触孔阵列图形在像散 $Z_5=0.5$ 时的空间像，参数设置均与图 8-2 一致

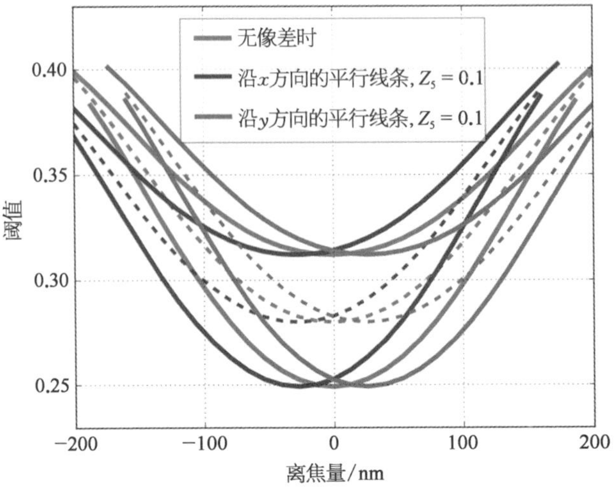

图 8-8　线宽为 60 nm、周期为 180 nm，线空图形(x 和 y 方向)分别在无像差和像散 $Z_5=0.1$ 时的衍射受限成像工艺窗口；成像条件：6%衰减型相移掩模，$\lambda=193$ nm，环形照明($\sigma_{in/out}=0.5/0.7$)，NA=1.35

8.1.5　彗差

初级彗差泽尼克多项式 Z_7 和 Z_8 包含归一化光瞳半径 ρ 的线性项和三次项。该类型的像差可能是由系统中镜片的少量倾斜引起的。与泽尼克项 Z_2 和 Z_3 类似，彗差会产生波前倾斜。然而，波前的局部倾斜在投影物镜光瞳上并非恒定不变的，由此产生的图像偏移量取决于光瞳面中衍射级的位置。具有不同相位偏移的衍射级的叠加会造成额外的成像伪影。图 8－9 所示为彗差 $Z_7=0.5$ 时的接触孔阵列图像。波前倾斜 Z_2 和彗差 Z_7 的泽尼克多项式具有符号相反的线性项（表 8－1），因此，这两个像差引起的图像偏移的主要方向是相反的。彗差中额外的三次项会导致图像的明显变形。

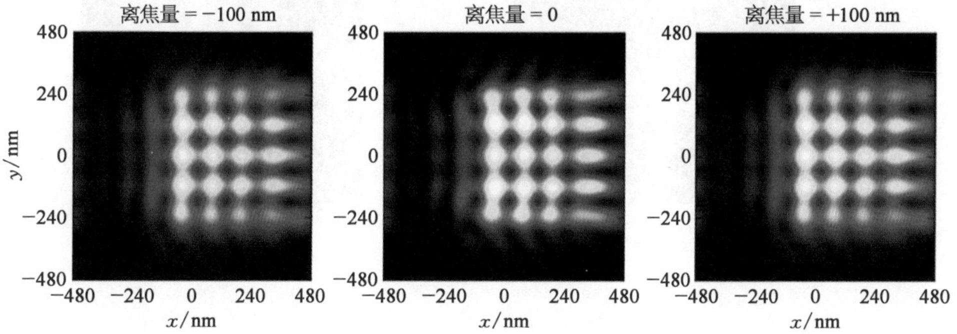

图 8－9　接触孔阵列图形在彗差 $Z_7=0.5$ 时的空间像；参数设置均与图 8－2 一致

图 8－10 所示为彗差对不同物体成像效果的影响。“彗差”一词源于类似接触孔图形这样小而明亮物体图像的类彗星状外观（图 8－10 的左列部分）。图 8－10 右列的 5 线测试图形的图像展示了由彗差引起的典型的图形不对称，测量此图像中左右特征线宽或沟槽宽度的差异即可测量系统的彗差量。其他类型的彗差测量，例如套盒测试，是根据图像偏移对特征尺寸的依赖性来检测彗差[6,7]。图 8－9 和图 8－10 表明彗差可以产生明显的旁瓣。因此，这种类型的像差会对旁瓣成形有关键影响，尤其是对于衰减型相移掩模，对于衍射受限光学系统无法成形的旁瓣，如果系统有少量彗差就容易被成形。

图 8－11 所示宽度为 100 nm 的沟槽图形的计算图像展示了彗差的另一个重要效应。彗差引起的位置误差会随着离焦量的增加而增加，此类图像的典型形状类似于香蕉，该光强分布的重心与离焦量拟合得到的二次项称为“香蕉型形变”。可以看出，相应的“香蕉型”形变效应随着 NA^3/λ^2 的增加而加强。

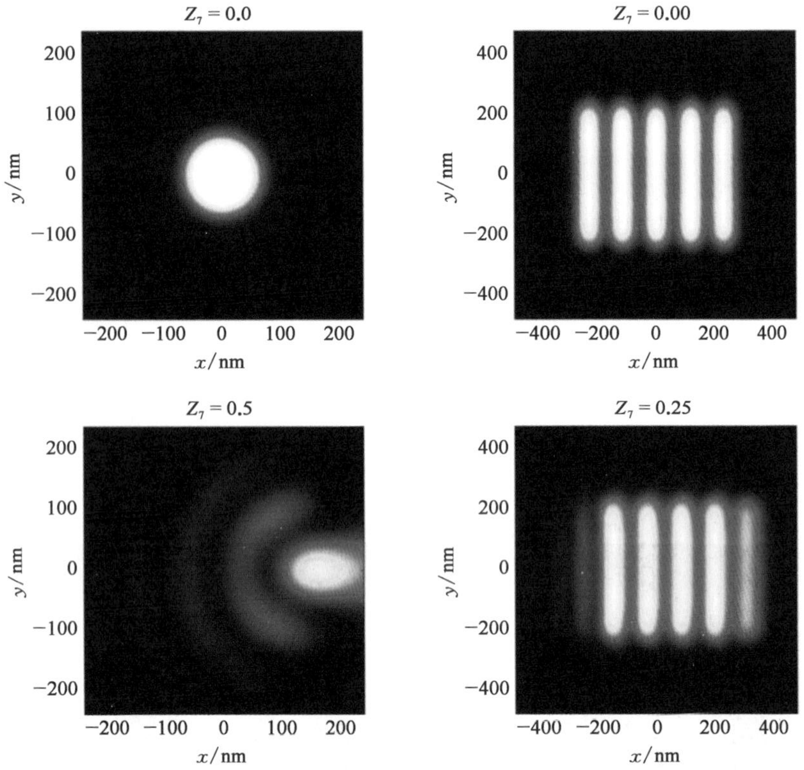

图 8-10 宽度为 45 nm 的方形孔(左列)和沟槽尺寸为 60 nm×500 nm，周期为 120 nm 的五线条测试图形(右列)分别在无像差(上行)和彗差 $Z_7=0.5$(下行)时的空间像；成像条件：$\lambda=193$ nm，xy 型偏振的环形照明($\sigma_{in/out}=0.3/0.7$)，NA=1.35，放大倍率为 0.25，离焦量为 0

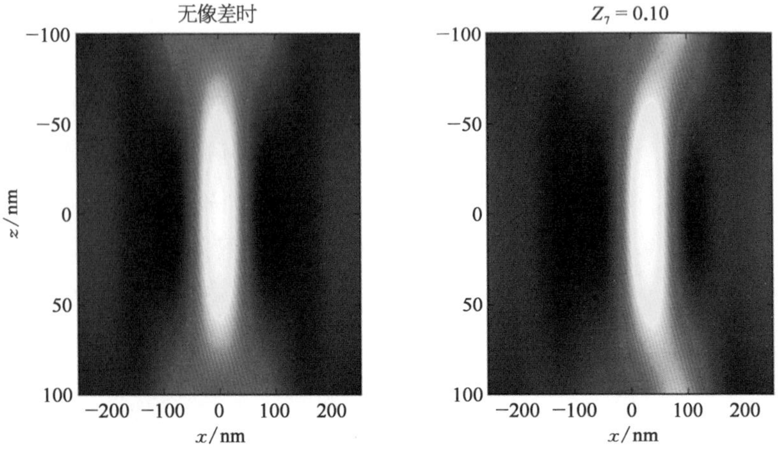

图 8-11 沟槽宽度为 100 nm，周期为 500 nm 线空图形分别在无像差(左)和彗差 $Z_7=0.1$(右)时的立体像；其他成像条件：6%衰减型相移掩模，$\lambda=193$ nm，二极照明($\sigma_{in/out}=0.5/0.7$，开角为 40°)，NA=1.35

彗差对工艺窗口的形状也有一定的影响，如图 8－12 所示。然而，对于具有彗差的成像系统，由彗差引起的图像位置误差和旁瓣对其光刻性能更为关键。

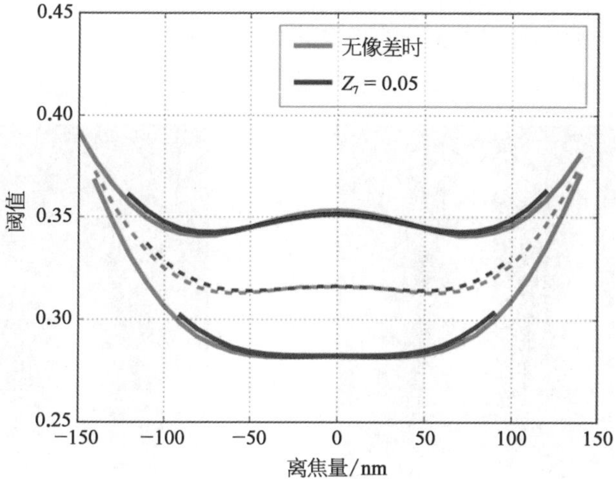

图 8－12　线宽为 45 nm，周期为 180 nm 线空图形分别在无像差和彗差 $Z_7=0.05$ 时的工艺窗口；成像条件：6%衰减型相移掩模，$\lambda=193$ nm，二极照明（$\sigma_{in/out}=0.5/0.7$，开角为 40°），NA＝1.35

8.1.6　球差

泽尼克多项式 Z_9 表示旋转对称像差，其改变了全程焦距成像行为。例如，可以在图 8－13 中的接触孔阵列图形的计算图像中观察到由此产生的非对称离焦成像。乍一看，球差的成像效果似乎与离焦像差 Z_4 类似，然而，更仔细的分析揭示了一个重要的区别。球差对应多项式的四次项，所导致的聚焦效应依赖

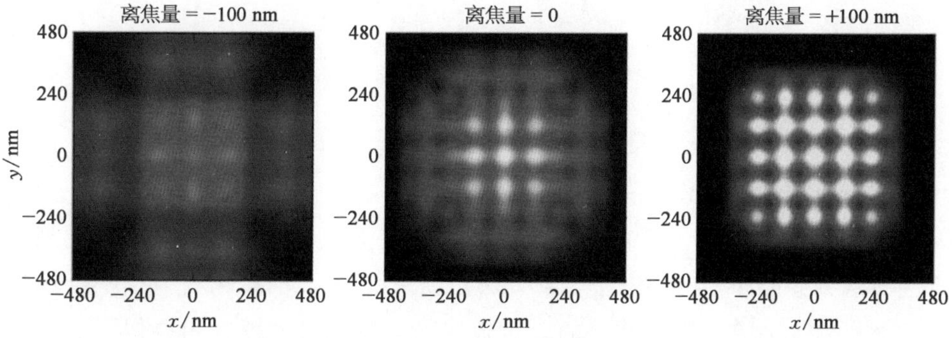

图 8－13　接触孔阵列图形在球差 $Z_9=0.25$ 时的空间像，参数设置均与图 8－2 一致

于投影物镜光瞳内衍射级的位置。具有不同周期和光瞳内不同衍射级位置的物体沿系统光轴被聚焦到不同的位置，如图 8-14 所示。沟槽宽度为 100 nm、间距为 200 nm 图形的最佳焦点位置朝负 z 方向移动了约 75 nm。如果间距增加到 500 nm，则最佳焦点位置偏移量减少到小于 50 nm。

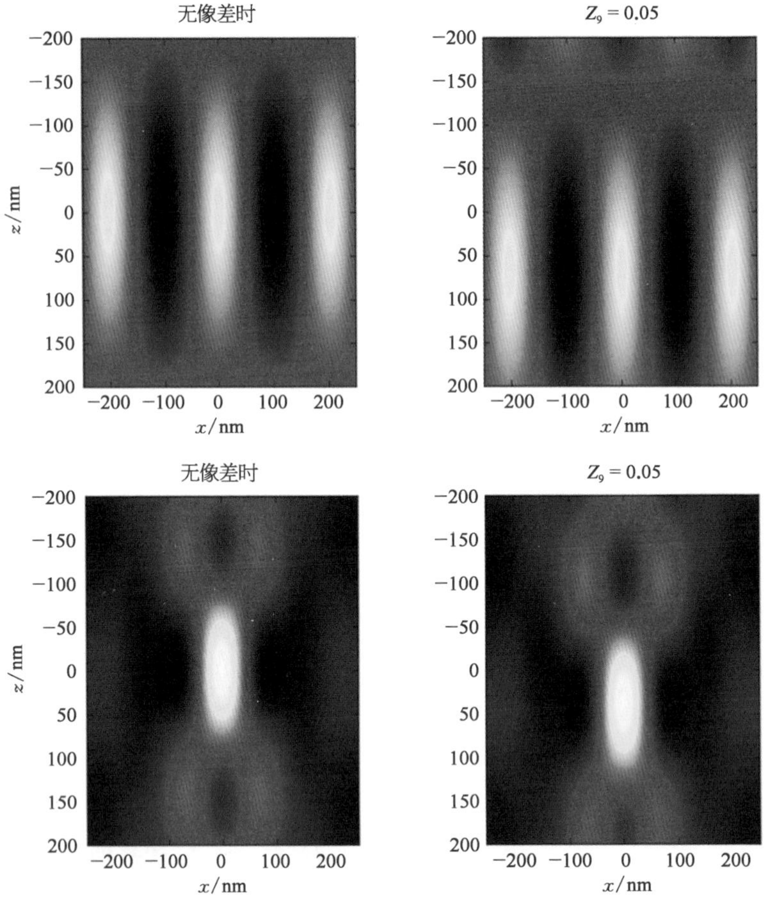

图 8-14 沟槽宽度为 100 nm，周期为 200 nm（上）/500 nm（下）线空图形分别在无像差和球差 $Z_9 = 0.05$ 时的立体像；其他成像条件：6% 衰减型相移掩模，λ = 193 nm，二极照明（$\sigma_{in/out}$ = 0.5/0.7，开角为 40°），NA = 1.35

球差的另一个重要特征是工艺窗口的倾斜，如图 8-15 所示。这种工艺窗口的倾斜通常可以在实验数据中看到。

众所周知，通过介质界面聚焦光会引起球差效应[8]。掩模防护膜和光刻胶都会将这种界面和相应的像差效应引入光刻系统中。此外，来自掩模上细小特征的光衍射也会引入类似球差的成像效应[9]。可能引入球差和类似影响的光学效应的多样性使得该类型像差对先进光刻成像的设计和优化非常重要。

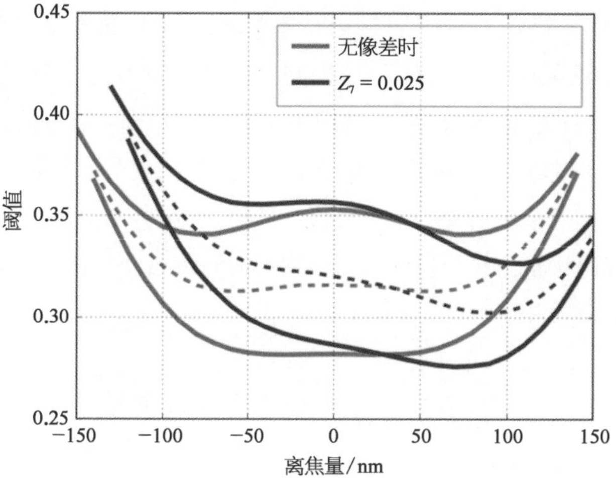

图 8 - 15　线宽为 45 nm，周期为 180 nm，线空图形分别在无像差和球差 $Z_9 = 0.025$ 时的工艺窗口；成像条件：6%衰减型相移掩模，λ = 193 nm，二极照明（$\sigma_{in/out} = 0.5/0.7$，开角为 40°），NA = 1.35

8.1.7　三叶像差

三叶像差是本章基于特定泽尼克多项式所讨论的最后一种泽尼克像差。三叶像差由光瞳半径的奇次多项式表示，与彗差类似，它会引起图像不对称。由于 cos(3ω)和 sin(3ω)项，其引起的图像失真具有三重对称性，这可以从表 8 - 1 中小接触孔图形的图像中观察到。图 8 - 16 给出了 5×5 接触孔阵列的图像。

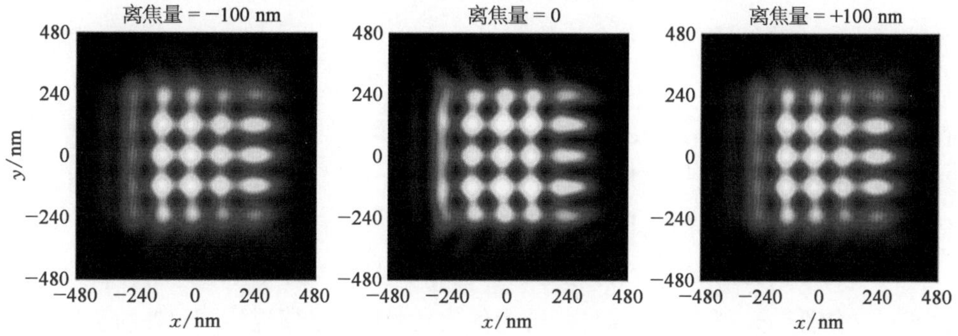

图 8 - 16　接触孔阵列图形在三叶像差 $Z_{10} = 0.5$ 时的空间像，参数设置均与图 8 - 2 一致

8.1.8　泽尼克像差小结

表 8 - 2 总结了主要类型波像差对光刻成像最重要的影响。相关影响的其他

有趣的讨论可以参考 Brunner[6]、Flagello 等人[10]、Smith 和 Schlief 的文章[11]。最后一部分的讨论仅限于泽尼克多项式 2~11 项。典型的用于光刻投影物镜的泽尼克组合包含 36 个泽尼克项,在某些情况下甚至更多。这些附加的泽尼克项包括高阶像散、彗差、球差和高阶对称像差(如四叶像差、五叶像差等),且这些附加泽尼克项的效应与前几节中讨论的效应类似。然而,光瞳半径 ρ 和方向角 ω 的高阶项表明该效应对光瞳中衍射级位置以及特征图形的间距和尺寸具有更为复杂的影响。

表 8-2 主要的波像差及其对光刻成像的影响

像差类型	对光刻成像的影响
像　散	依赖于特征图形方向的焦点位置偏移
球　差	依赖于特征尺寸和周期的焦点位置偏移;半密集型和孤立特征图形的工艺窗口倾斜
波前倾斜	全局的图像位置误差
彗　差	依赖于特征尺寸的图像位置误差;图像不对称

在前面的章节中,选择的泽尼克系数为 0.05~0.5(50~500 mλ)的数量级。对于光刻投影物镜系统,如此大的像差是不可接受的,选择使用这些大像差是为了凸显其关键的光刻效应。光刻投影物镜系统波像差总量的典型规格在千分之几波长的数量级。光刻投影物镜中的小像差也可用于开发线性模型和其他简化模型,或仿真光刻过程中的波像差影响[10-13]。

目前,已有多种技术被开发出来用以测量实际波前和泽尼克系数。扫描投影式光刻机无法使用通过镜头相位测量的干涉测量法,因此,不同的间接像差检测技术被设计出来。所有这些技术都使用某些特定物体的成像特性来表征像差。在彗差的相关讨论中已经提到了特定的像差监控器,如接触孔测试和五线条测试图形。其他技术使用不同周期的光栅、小接触孔图形[14]、圆形相位物体[15]或其他专门设计的相移掩模[16]来测量像差。

对于已知设计的镜头,其泽尼克系数也可以从光学镜头设计软件输出。这种镜头设计软件与光刻仿真的直接耦合为优化光刻投影物镜提供了额外的选择。

8.2 杂散光

光学系统类文献中的术语“杂散光”是指迷失的光或不按照预定方向散射

的光。引起杂散光的原因可能是粗糙表面的散射和内部反射、材料不均匀性和划痕等。从表面散射的光呈高斯分布且以 $1/\lambda^2$ 增加，对于较短波长的光，杂散光变得越来越重要，尤其是对于 193 nm[17]和极紫外光谱范围内的光[18,19]。非预定方向的光散射可以分布在一系列方向上，也可以在特定方向上呈镜面反射。例如，镜面散射光可能是由光学表面上的划痕引起的。这种镜面反射的建模需要有光学系统和引起镜面反射的几何形状的详细信息。一般而言，在光刻仿真的背景下无法获得镜面散射建模所需的信息。以下讨论仅限于随机散射光，而在光刻系统中必须避免镜面散射光。

将讨论限制在由投影物镜中的光散射引起的杂散光上。该类型的杂散光对应光瞳函数中未被泽尼克多项式捕获的高频分量。来自投影物镜的非定规反射的杂散光会降低图像的对比度，并导致图像中亮场区域的扩大。非定规反射的杂散光通常可以划分为几个范围[20]：短程杂散光主要是由镜头加工误差引起的，其影响范围为数个微米，并可能会影响光学邻近效应校正（OPC）；中程杂散光主要是由镜片材料的不均匀性和镀膜缺陷引起的，其影响范围为数十至数百微米，会在像面上引起与图形密度相关的 CD 变化；长程杂散光主要是由镜头内部反射和表面污染引起的，其影响范围为数百微米到几毫米，该杂散光会影响最佳曝光剂量。

光刻系统的其他部分也会贡献杂散光。照明系统中的杂散光会导致掩模照明角度的变化，即光源形状略有不同。该杂散光主要通过使用实测的光源形状来处理。掩模的表面粗糙度，尤其是掩模线条边缘粗糙度，会导致额外的杂散光影响[21]。

接下来，将讨论两种不同的杂散光模型：一种是简单的恒定杂散光模型，另一种是基于功率谱密度（PSD）的杂散光模型。

8.2.1　恒定杂散光模型

杂散光效应以往是通过图像的恒定光强偏移来描述的。一般而言，这样的模型可以写成：

$$I(x,\ y) = I_0(x,\ y)\cdot(1-f_{\mathrm{m}})+f_{\mathrm{m}}\cdot f_{\mathrm{b}} \tag{8-3}$$

式中，$I_0(x,\ y)$ 是没有杂散光影响时的光强分布，没有杂散光的图像强度根据杂散光的固定幅度 f_{m} 降低，f_{m} 作为恒定的背景光强，由参数 f_{b} 加权，f_{b} 主要由掩模上亮场特征图形的平均密度决定。杂散光参数 f_m 和 f_b 均是经验参数，与表面粗糙度、材料不均匀性和掩模版图没有关系。

图 8－17 所示为不同参数条件下恒定杂散光模型对简单线空图形成像的影响。可以看出，增大 f_m 和 f_b 会导致背景光强的增加，从而降低图像对比度。杂散光对成像的影响与特征图形的尺寸和邻近的特征图形无关。

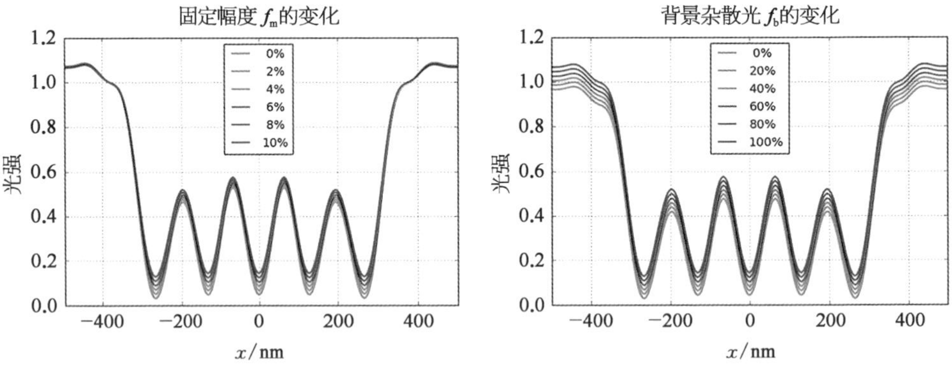

图 8－17 衰减型相移掩模上线宽为 65 nm，周期为 130 nm 的五线条图形在不同杂散光条件下的空间像分布随固定幅度 f_m 的变化（左）和随背景杂散光 f_b 的变化（右）；成像条件：$\lambda = 193$ nm、y 向偏振环形照明（$\sigma_{in/out} = 0.4/0.7$）、NA = 1.35，默认的杂散光参数：$f_m = 10\%$、$f_b = 100\%$

恒定杂散光模型在成像仿真中比较容易实现。然而，它没有涵盖散射光分布的细节以及所有依赖于特征图形距离的效应。因此，该模型不适用于具有大量杂散光的系统，尤其是极紫外光刻系统。

8.2.2 功率谱密度（PSD）杂散光模型

通过将无杂散光图像强度 $I_0(x, y)$ 与光瞳相位（ϕ）误差的功率谱密度 $\mathrm{PSD}_\phi(x, y)$ 进行卷积，可以得到更为真实的杂散光模型。PSD 模型源自统计光学的一般原理，它考虑了系统中表面和材料的特殊散射特性。一般而言，PSD 模型可以写成[22]：

$$I(x, y) = I_0(x, y) \cdot (1 - \sigma_\phi^2 - f_{dc}) + I_0(x, y) \otimes \mathrm{PSD}_\phi(x, y) + f_{dc} \tag{8-4}$$

光瞳相位误差的方差 σ_ϕ^2 表示总散射积分，即对所有可能方向的散射光的积分：

$$\sigma_\phi^2 = \iint_{r_{\min}}^{\infty} \mathrm{PSD}(r, \omega)\,\mathrm{d}r\mathrm{d}\omega \tag{8-5}$$

式中，f_{dc}项用于表示额外的“类直流”杂散光，PSD 的函数形式未描述该杂散光；f_{dc}项通常非常小。

方程(8-6)~(8-8)给出了一些用于光刻投影系统建模的典型 PSD[22]。PSD 相应的线性和对数曲线如图 8-18 所示。对这里展示的几种 PSD 模型的参数进行选择，使其最终的总积分散射(TIS)都是 9.2%。然而，不同的 PSD 在杂散光的径向分布上存在显著差异，双高斯杂散光[方程(8-6)]中最大量的杂散光集中在一个小半径范围的圆内，高斯分布中的指数函数描述了散射光在传播较大距离后急剧下降。双分形模型[方程(8-7)]和 ABC 模型[方程(8-8)]在短距离 r 内的杂散光函数形式上有所不同，双分形和 ABC 模型都包含一个分形部分，用于表示远距离的杂散光。在简单的单分形模型或 ABC 模型上添加此分形部分，已被证明能更好地拟合实验数据。通常，第二个分形分量的 ν_2 非常接近于 1[22]。

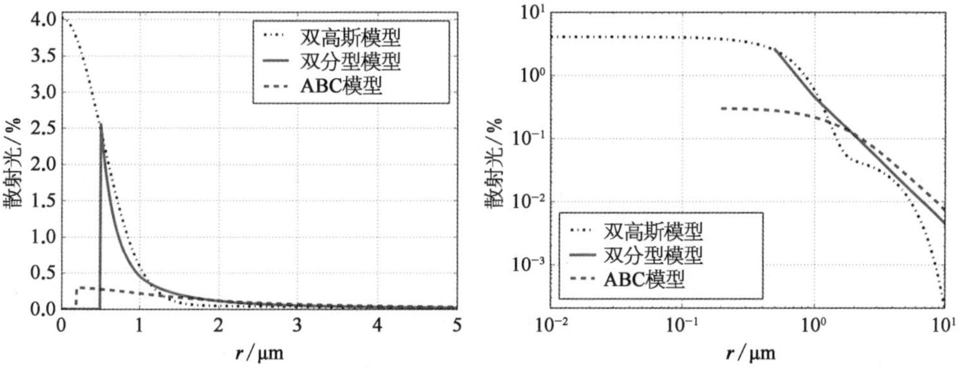

图 8-18　功率谱密度 PSD 的线性(左)和对数(右)曲线

双高斯模型参数：$\sigma_1=0.0622$，$w_1=0.5$，$\sigma_2=0.03$，$w_2=3.0$；双分型模型参数：$r_{min}=0.5$，$\xi_1=0.0045$，$v_1=1.5$，$\xi_2=1.0$，$v_2=1.0$；ABC 模型参数：$r_{min}=0.2$，A=0.003，B=0.4，$v_1=1.0$，$r_2=1.0$，$v_2=1.0$

在大多数情况下，在特定半径 r_{min} 内，杂散光功率谱密度(PSD)为零。若距离 $r<r_{min}$，真实的光瞳函数由泽尼克多项式表示。这里将所示 PSD 的 r_{min} 设置为不同的值仅为了演示。在实际应用中，r_{min} 会被设置为一个接近于 $3\lambda/NA$ 的值。

双高斯模型可表示为

$$\mathrm{PSD}(r)=\frac{1}{2\pi}\left[\frac{\sigma_1}{w_1^2}\exp\left(\frac{-r^2}{2w_1^2}\right)+\frac{\sigma_2}{w_2^2}\exp\left(\frac{-r^2}{2w_2^2}\right)\right] \tag{8-6}$$

式中，参数 $w_{1/2}$、$\sigma_{1/2}$ 分别为两个高斯分量的宽度和幅度。

下一个方程表示双分形杂散光：

$$\mathrm{PSD}(r)=\begin{cases}0, & r<r_{\min}\\ \dfrac{\xi_1}{r^{\nu_1+1}}, & r_{\min}\leqslant r<r_2\\ \dfrac{\xi_2}{r^{\nu_2+1}}, & r>r_2\end{cases}\tag{8-7}$$

为了避免奇点,分形杂散光必须始终从一定距离 $r_{\min}$ 出发。$\xi_{1/2}$、$v_{1/2}$ 分别表示两个分形杂散光分量的大小和幂数,分形幂数通常在 1.0~3.0 之间。第二杂散光分量的大小 ξ_2 是通过考虑杂散光的连续性与半径 r 的关系,从其他参数确定的。半径 r_2 将两个不同分形模型的应用范围分开。

ABC 模型是双分形模型的衍生:

$$\mathrm{PSD}(r)=\begin{cases}0, & r<r_{\min}\\ \dfrac{A}{1+Br^{\nu_1+1}}, & r_{\min}\leqslant r<r_2\\ \dfrac{\xi_2}{r^{\nu_2+1}}, & r>r_2\end{cases}\tag{8-8}$$

式(8-8)提供了一个额外的自由度,可以将杂散光数据拟合到小距离 r。通常,实验数据可以被很好地拟合成双分形或 ABC 模型。在大多数情况下,这些模型均优于双高斯模型。

特别是在极紫外光刻(EUV)中,对杂散光有显著影响的 r 的范围可能从几百微米扩展到几毫米,这需要在杂散光的建模中特别注意。方程(8-4)中的卷积计算需要无杂散光影响时的一定范围的光强分布 $I_0(x, y)$,范围大小与对杂散光有显著影响的 PSD 范围相当。但这不一定需要大范围、精确地成像建模,在大多数情况下,通过近似方法扩展标准空间像仿真区域就足够了。

图 8-19 所示为分别使用不同 PSD 时的杂散光仿真结果。为了演示 PSD 之间的差异,使用具有不同尺寸暗场方块图形的特殊布局。在没有杂散光影响的图像中可以清晰地分辨出暗场方块,而杂散光导致了名义暗场方块中光量的增加。杂散光的空间特征决定杂散光能否延伸到较大方块的中心。为了突出产生的效果,将图 8-19 中带有杂散光的等高线图按比例缩放以突出低光强值。对于较远的距离,双高斯杂散光模型下降得最快,在显示的空间像中,两个最大的暗场方块仍然很暗且清晰可见。

从图 8-18 中还可以看出,在较大暗场方块的尺寸(几微米)范围内,双分形杂散光模型的 PSD 远大于 ABC 模型的 PSD。因此,较大的暗场方块受该类

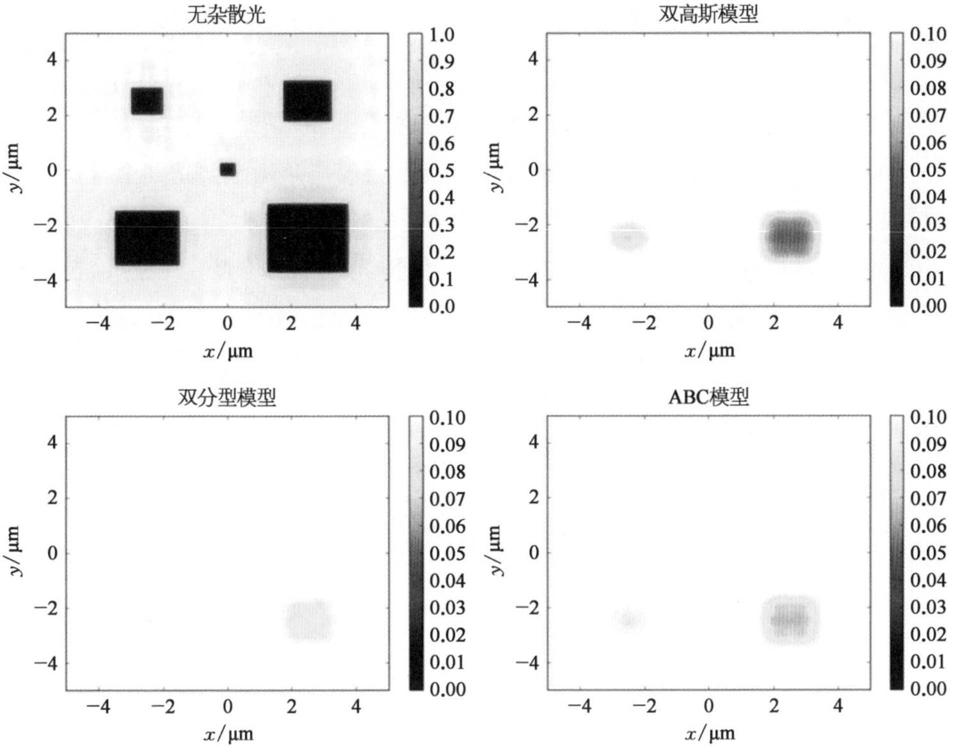

图 8-19　不同的杂散光模型下方块阵列图形的空间像

方块图形尺寸分别为 0.5(中间方块)、1.0(左上)、1.5(右上)、2.0(左下)、2.5(右下);成像条件:λ = 193 nm, NA = 1.35,环形照明($\sigma_{in/out}$ = 0.8/0.98);三个杂散光模型的参数设置与图 8-18 一致

型杂散光的影响更严重。杂散光的消失块测试方法是通过使用具有更宽范围尺寸的方块图形阵列来测量杂散光的径向分布[23,24]。

8.3　高数值孔径投影光刻中的偏振效应

在前面的部分中,使用标量模型描述了成像过程,但其中不包括任何偏振现象,而高数值孔径系统的应用引入了几个重要的偏振效应。本节将概述照明必须考虑的相关偏振效应、掩模的光衍射、高 NA 投影物镜光瞳的描述以及在空气和光刻胶中的图像形成。接下来,先介绍定义偏振状态的一些术语。

光的偏振态是由电场矢量 $\vec{E}$ 的方向决定的。一般而言,光的组成部分包括具有电场矢量方向随机分布的非偏振分量和具有明确方向电场矢量的完全偏振分量 $\vec{E}$。偏振度(DoP)定义为

$$\mathrm{DoP}=\frac{I_{\mathrm{CP}}}{I_{\mathrm{CP}}+I_{\mathrm{UP}}} \tag{8-9}$$

式中，I_{CP}、I_{UP}分别为光的完全偏振分量和非偏振分量的强度

线偏振光的电场矢量方向不会随时间变化，由偏振角确定。光刻中常用的偏振光是 x/y 向偏振光和切向偏振光，x/y 向偏振光的电场矢量方向在 x 或 y 方向，切向偏振光的电场矢量方向取决于光源点在照明光瞳中的位置。对于线空图形，TE 偏振光和 TM 偏振光通常分别表示平行和垂直于图形方向的电场矢量。

8.3.1 掩模偏振效应

当掩模图形特征尺寸达到与波长数量级或以下时，其光衍射是和偏振相关的，这可以在图 8－20 中得到证明，其显示了密集线空图形掩模的衍射效率。其中，衍射效率由衍射光强度与入射光强度的比值定义，它可通过不同的掩模模型计算得到。

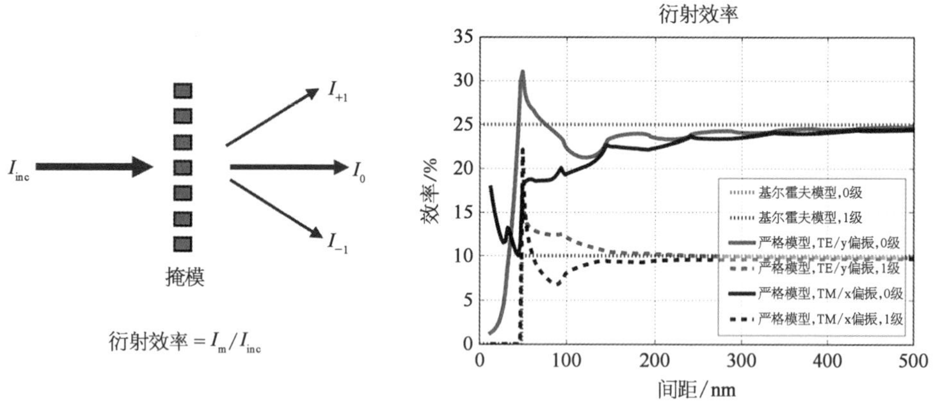

图 8－20 二元掩模密集线空图形的衍射效率

左图：几何尺寸和衍射效率定义，TE 和 TM 偏振分别表示电场矢量方向垂直和平行于当前平面；
右图：在不同掩模模型和偏振条件下计算所得的衍射效率随掩模图形间距（晶圆坐标）的变化曲线

标量基尔霍夫理论（参见 2.2.1 节）展示了相对于掩模特征图形间距的恒定衍射效率，同时也表明了特定衍射级的衍射效率迅速截止于所对应的掩模间距。通过麦克斯韦方程组的数值解法（参见 9.1 节）对掩模衍射过程进行严格建模，提供了一种对该问题的正确物理描述。对于大间距的掩模图形，衍射效率不依赖于偏振态并且接近基尔霍夫理论的预测；但对于周期小于 200 nm（晶圆坐标）的图形，掩模衍射表现出强烈的偏振依赖性。因此，具有小特征图形的光刻掩模会引入标量基尔霍夫理论无法预测的偏振效应[25]。更多关于光刻掩

模光学衍射的严格分析将在 9.2.1 节中讨论。

8.3.2　成像过程中的偏振效应

光刻图像是由从投影物镜出瞳出射的平面波干涉产生的。干涉的结果取决于平面波的偏振态，这可以通过简单的两个平面波的双光束干涉来证明（图 8－21）。这些光波的偏振态是由波的电场矢量方向相对于两个波传播矢量

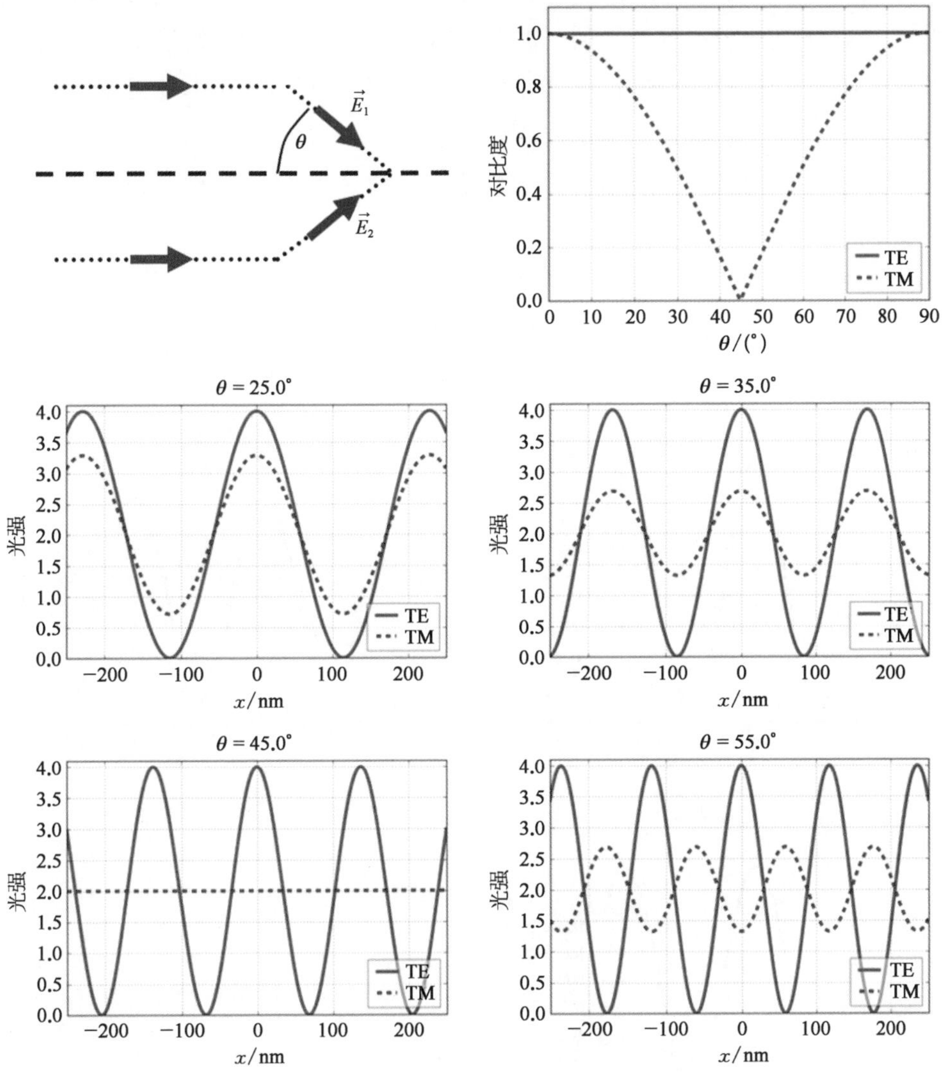

图 8－21　具有相同强度的 TE 和 TM 偏振平面波在不同的半角 θ 条件下的双光束干涉几何定义（左上），不同半角 θ 条件下的干涉图案（中/下行）和干涉图形对比度结果随半角 θ 的变化曲线（右上）

定义的平面来确定的。对于 TE 偏振光，电场矢量方向垂直于该平面，而 TM 偏振光的电场矢量方向则在该平面内。

TE 和 TM 偏振平面波的干涉图案由下式给出[26]：

$$I_{TE} = 2 \times [1 + \cos(2\tilde{k}x\sin\theta)] \tag{8-10}$$

$$I_{TM} = 4\cos^2(\tilde{k}x\sin\theta)\cos^2\theta + 4\sin^2(\tilde{k}x\sin\theta)\sin^2\theta \tag{8-11}$$

式中，θ 为干涉波之间的半角，$\tilde{k}=2\pi n/\lambda$ 是干涉波在折射率为 n 的材料中的传播矢量的大小。图 8-21 显示了该方程在不同角度 θ 下的曲线图。正如预期的那样，较大的角度会导致获得的干涉图案间距较小。对于 TE 偏振光，两个干涉波的电场矢量总是相互平行的。因此，所得干涉图案的对比度与 θ 无关。相反，对于 TM 偏振光，电场矢量的方向和对比度随着 θ 的变化而变化。对于 $\theta=45°$，干涉波的电场矢量是互相垂直的，导致了恒定的光强和零对比度。而较大的 θ 值会引起对比度反转。

图 8-22 和图 8-23 所示为偏振效应对不同掩模和照明条件下得到的密集线空图形空间像的影响。为了比较在不同数值孔径下的结果，通过调整掩模图形间距来获得恒定的阿贝-瑞利因子 k_1。图中的 x 轴也已归一化到 k_1。

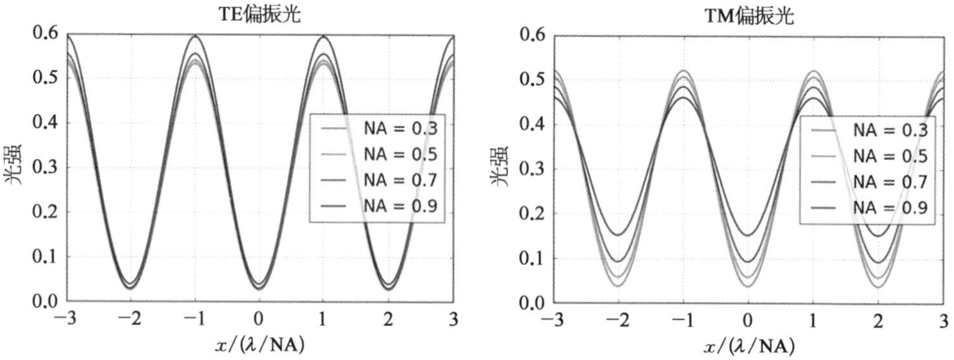

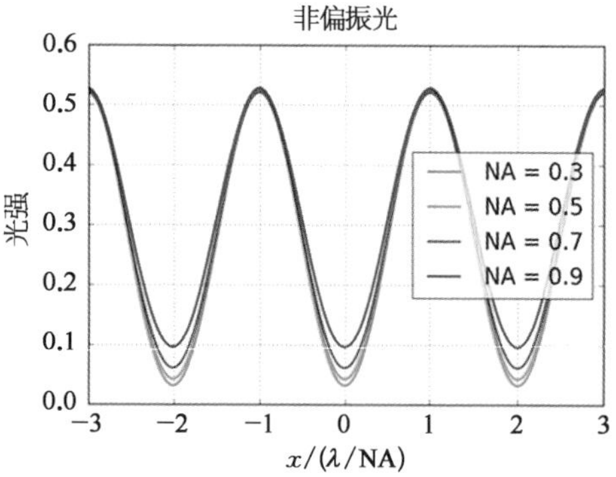

图 8-22　衰减型相移掩模密集线空图形在不同数值孔径、特征尺寸和偏振条件下的空间像光强分布

掩模图形周期根据 NA 进行了缩放使得 k_1 始终是 0.5（NA = 0.3→p = 322 nm，NA = 0.5→p = 193 nm，NA = 0.7→p = 138 nm，NA = 0.9→p = 106 nm）；成像参数：λ = 193 nm，圆形照明（σ = 0.7）

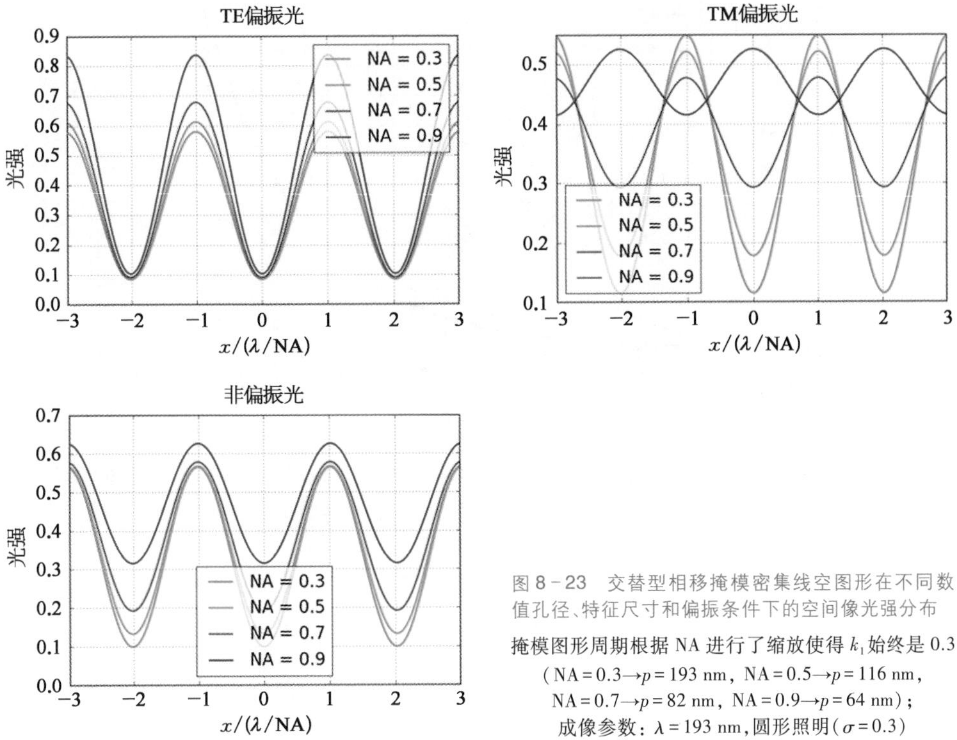

图 8-23　交替型相移掩模密集线空图形在不同数值孔径、特征尺寸和偏振条件下的空间像光强分布

掩模图形周期根据 NA 进行了缩放使得 k_1 始终是 0.3（$NA = 0.3 \to p = 193$ nm，$NA = 0.5 \to p = 116$ nm，$NA = 0.7 \to p = 82$ nm，$NA = 0.9 \to p = 64$ nm）；成像参数：$\lambda = 193$ nm，圆形照明（$\sigma = 0.3$）

在高数值孔径，$k_1 = 0.5$ 的中等条件下，衰减型相移掩模的成像结果显示了 TM 偏振光的显著对比度损失；而对于非偏振光，这种对比度损失则不那么明显。对于交替型相移掩模在 $k_1 = 0.3$ 和 TM 偏振光条件下的成像，在最大数值孔径情况下可以观察到图像反转；而此时非偏振光的偏振效应仍然明显。

8.3.3　光刻胶和晶圆堆栈界面的偏振效应

在光学光刻中，图像是在位于其他膜层（包括基底）堆栈顶部的光刻胶中生成的。在大多数情况下，这种膜层序列可以认为是平面的。光在膜层与膜层界面处的反射和折射引入了两个重要的效应。首先，考虑光刻胶和空气/浸液界面处的效应，光在该界面的折射改变了干涉平面波的方向以及 TM 偏振光成像的对比度。此外，光在光刻胶表面的反射率和透射率取决于入射光的方向和偏振态。图 8-24 所示为计算得到的光在空气/光刻胶界面处的反射率。

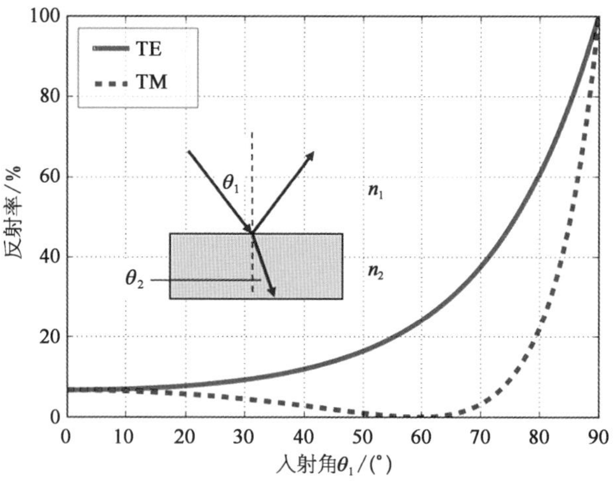

图 8-24 TE 和 TM 偏振光在空气/光刻胶界面(n_1=1.0, n_2=1.7)处的反射率随入射角 θ_1 的变化曲线
嵌在曲线中的图是入射、反射和折射的示意图

当入射角为 θ_1,且上/下层材料的折射率为 $n_{1/2}$,折射光的传播方向由斯涅尔定律给出:

$$\sin\theta_2 = \frac{n_1}{n_2}\sin\theta_1 \tag{8-12}$$

菲涅耳方程:

$$R_{\mathrm{TE}} = \left(\frac{n_1\cos\theta_1 - n_2\cos\theta_2}{n_1\cos\theta_1 + n_2\cos\theta_2}\right)^2$$
$$R_{\mathrm{TM}} = \left(\frac{n_2\cos\theta_1 - n_1\cos\theta_2}{n_2\cos\theta_1 + n_1\cos\theta_2}\right)^2 \tag{8-13}$$

分别确定 TE 和 TM 偏振光在入射角为 θ_1时的反射率。TE 偏振光的反射率是单调增加的,但对于 TM 偏振光,存在一个特殊的入射角,沿着该角度入射,将没有光被反射,这就是所谓布鲁斯特角:

$$\theta_{\mathrm{Brewster}} = \arctan\frac{n_1}{n_2} \tag{8-14}$$

TM 偏振光比 TE 偏振光能更好地耦合到光刻胶,特别是当大角度入射时。然而,TM 偏振光的干涉对比度较低。

光在平面堆栈中多个界面处的折反射可以通过传递矩阵法来表示[27]。该方法将菲涅耳方程(8-13)与其他描述均匀介质内光的传播和吸收的项相结合。这种方法也可以捕捉到不同界面反射光的干涉。传递矩阵法提供了可用于计算多层堆栈中任意位置向下和向上传播的光的解析表达式。它可以应用于任意的层数、折射率 n 和消光系数 k（或吸收系数 $\alpha = 4\pi k/\lambda$）、入射角和偏振态。下面介绍一些具体的例子。

图 8－25 所示为计算得到的立体像，即光刻胶内部的光强分布，图中显示了基于与光刻胶表面法线方向成入射角 θ 的单个平面波的曝光结果。光刻胶位于硅基衬底的顶部，对于 193 nm 波长的光，硅基衬底会反射大量的入射光，入射光与反射光的干涉会导致驻波图形，该图形与因光刻胶的吸收而造成的强度损失叠加。当入射光垂直入射时，反射与偏振态无关，因此左图中只显示了 TE 或 TM 偏振光的其中一种光强分布。

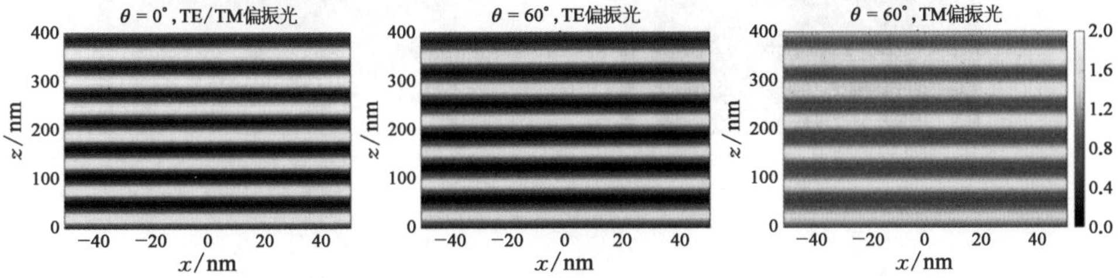

图 8－25　基于与光刻胶表面法线方向成入射角 θ 的单个平面波的曝光结果

在硅基衬底（$n = 0.9096$，$k = -2.797$）顶部 400 nm 厚的光刻胶（$n = 1.71$，$A_{\mathrm{Dill}} = 0.0\ \mu\mathrm{m}^{-1}$，$B_{\mathrm{Dill}} = 1.319\ \mu\mathrm{m}^{-1}$）中，分别在不同入射角 θ 和偏振态条件下基于单个平面波（$\lambda = 193$ nm）曝光的计算光强分布

斜入射会引起所得强度图形的偏振相关性。入射角 $\theta = 60°$ 接近空气/光刻胶界面的布儒斯特角 $\theta_{\mathrm{Brewster}} = 59.5°$，因此 TM 偏振入射光的平均强度高于 TE 偏振入射光。然而，对于 TE 偏振光，入射光和反射光的电场矢量相互平行，故驻波图形的对比度较高；而 TM 偏振光的入射/反射光电场矢量不平行，可以观察到驻波图形中相应的对比度损失。

TE 偏振光的高对比度和 TM 偏振光更好的耦合效率之间的相互作用可由双光束干涉曝光的仿真立体像证明，如图 8－26 所示。该图展示了基于两种不同基底材料和两种偏振态的光强分布。玻璃基底的折射率接近光刻胶的折射率，这使得从衬底回返到光刻胶的反射较弱，因而产生高对比度的线空图形。TM 偏振光能更好地耦合到光刻胶，但会损失一定的对比度。

图 8－26 下行中硅基衬底的强度分布显示了线空图形的叠加，图 8－25 中已经观察到由衬底的高反射率引起的驻波图形。数个类似的图形已被 Flagello 和 Milster 进行了详细的讨论[28]。

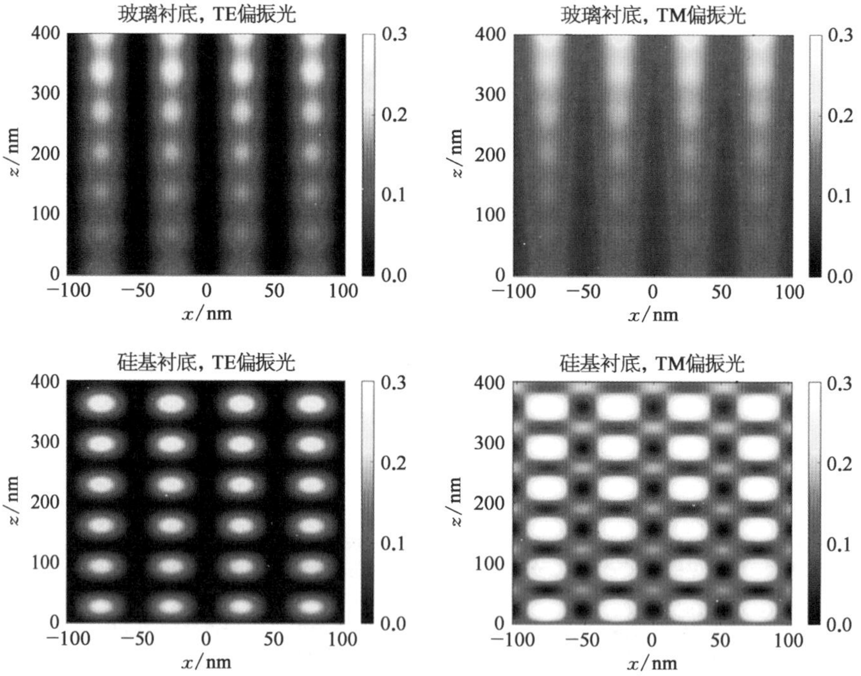

图 8－26　基于两种不同基底材料和两种偏振态的光强分布

分别在玻璃衬底（$n=1.5$，$k=0$，上行）和硅基衬底（$n=0.909\,6$，$k=-2.797$，下行）顶部 400 nm 厚的光刻胶中，基于 TE 偏振光（左）和 TM 偏振光（右）的双光束干涉曝光的计算光强分布；设置：$\lambda=193$ nm，入射角 $\theta=\pm70°$，光刻胶参数 $n=1.71$，$A_{\text{Dill}}=0.0\ \mu\text{m}^{-1}$，$B_{\text{Dill}}=1.319\ \mu\text{m}^{-1}$

8.3.4　投影物镜中的偏振效应和矢量成像模型

为了避免投影物镜内的光向后反射以及朝照明系统传播的逆向传输光，投影物镜中的光学元件均涂有抗反射层。这些抗反射层仅针对一定入射角范围进行了优化。在高数值孔径系统中，不同级次衍射光到达光学系统表面的入射角范围比较大，因而其引入了各种与偏振相关的振幅和相位效应，这些效应随光学系统内衍射光的方向而变化。引入琼斯光瞳 $\widehat{J}(f_x, f_y)$ 可以表述由此产生的投影物镜的偏振相关相位和振幅特性。琼斯光瞳由八个标量光瞳函数组成，其中四个是表示两个正交偏振态相位和切趾的标量光瞳函数，另外四个是描述正交偏振态振幅和相位之间耦合的标量光瞳函数。这些传递函数可以分解为分别对应波前、切趾、衰减和延迟这些基本物理效应的光瞳图[29,30]。其中，波前像差和切趾（光瞳上的透射率变化）的成像效应已在标量成像中研究过，部分内容也在 8.1 节中被讨论过。衰减和延迟引入了额外的效应，这些效应取决于入射偏振态的相对方向和琼斯光瞳的主轴方向（更详细内容请参阅 Ruoff 和 Totzeck 的文章[30]）。

光通过投影物镜的变换过程可由方程(2－9)表示：

$$\vec{E}^{\text{exit}}(f_x, f_y, f_x^{\text{inc}}, f_y^{\text{inc}}) = \widehat{\boldsymbol{T}}^{\text{out}}(f_x, f_y)\,\widehat{\boldsymbol{J}}(f_x, f_y)\,\widehat{\boldsymbol{T}}^{\text{in}}(f_x, f_y)\,\vec{E}^{\text{ff}}(f_x, f_y, f_x^{\text{inc}}, f_y^{\text{inc}}) \tag{8-15}$$

式中，$\vec{E}^{\text{ff}}(f_x, f_y, f_x^{\text{inc}}, f_y^{\text{inc}})$ 表示掩模远场中照明光源($f_x^{\text{inc}}, f_y^{\text{inc}}$)处光源点在投影物镜入瞳(f_x, f_y)位置处的电场分布。该电场分布可以通过对掩模衍射光进行严格仿真或通过标量基尔霍夫公式得到。在第二种情况下，矢量是通过将照明偏振特性正式分配给标量远场来获得的。$\vec{E}^{\text{exit}}(f_x, f_y, f_x^{\text{inc}}, f_y^{\text{inc}})$ 表示投影物镜出瞳处的电场分布，Mansuripur[31] 中给出的矩阵 $\widehat{T}^{\text{in/out}}$ 用于转换进出投影物镜光瞳面的电场分布。

与标量方法类似，成像空间中点(x, y)处的电场分布可以通过傅里叶逆变换获得：

$$\vec{E}^{\text{img}}(f_x, f_y, f_x^{\text{inc}}, f_y^{\text{inc}}) = \mathfrak{F}^{-1} \cdot \vec{E}^{\text{exit}}(f_x, f_y, f_x^{\text{inc}}, f_y^{\text{inc}}) \tag{8-16}$$

最后，叠加所有正交场分量 E_i 获得图像光强分布：

$$I(x, y) = \iint_{\text{source}} S(f_x^{\text{inc}}, f_y^{\text{inc}}) \times \sum_{i=x,y,z} \left[E_i^{\text{img}}(x, y, f_x^{\text{inc}}, f_y^{\text{inc}}) \cdot E_i^{\text{img}}(x, y, f_x^{\text{inc}}, f_y^{\text{inc}})^* \right] \mathrm{d}f_x^{\text{inc}} \mathrm{d}f_y^{\text{inc}} \tag{8-17}$$

图 8－27 强调了矢量效应对正确预测高数值孔径系统成像的重要性。它比较了数值孔径为 0.93 时的接触孔阵列图形的计算成像结果。图 8－27 左图是用标量模型计算的，而右图的正确图像是用上述矢量模型获得的。与标量模型

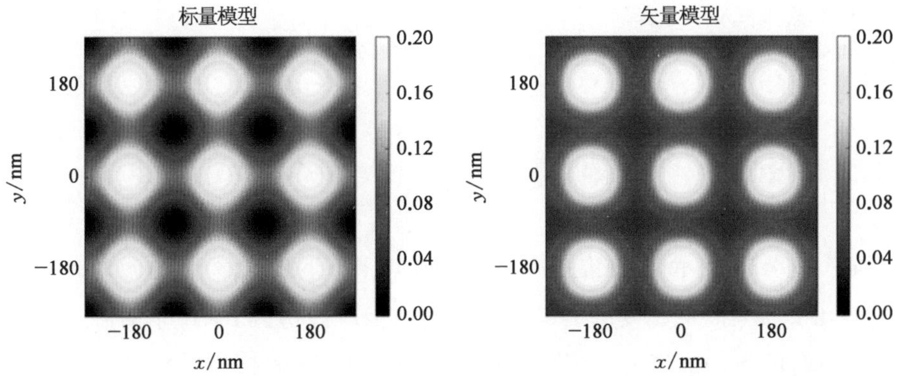

图 8－27　尺寸为 90 nm×90 nm，x/y 方向周期均为 180 nm 的接触孔阵列图形基于标量成像模型(左)和矢量成像模型(右)的计算空间像；成像参数：$\lambda = 193$ nm，NA = 0.93，类星体照明($\sigma_{\text{in/out}} = 0.7/0.9$，开角为 20°)

相比,矢量模型能预测得到该图形成像有显著的对比度损失。

将上述矢量成像模型与传输矩阵算法相结合,用于对平面系统中的光传播过程进行建模,并计算光刻胶内部的图像强度分布。图 8－28 所示为交替型相移掩模在光刻胶内成像的强度分布计算截面。假设使用折射率匹配的衬底材料,由此产生的偏振效应没有图 8－23 中相应的空间像那么明显。这是由光在空气/光刻胶界面的折射引起的,光在光刻胶内较小的传播角减少了 TM 偏振光的对比度损失。

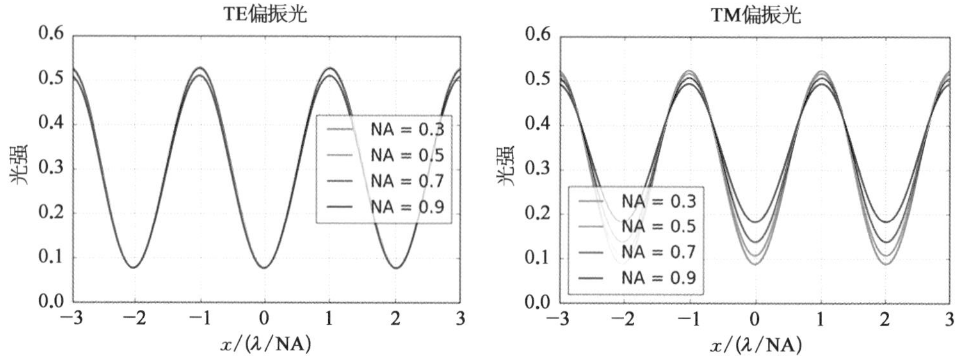

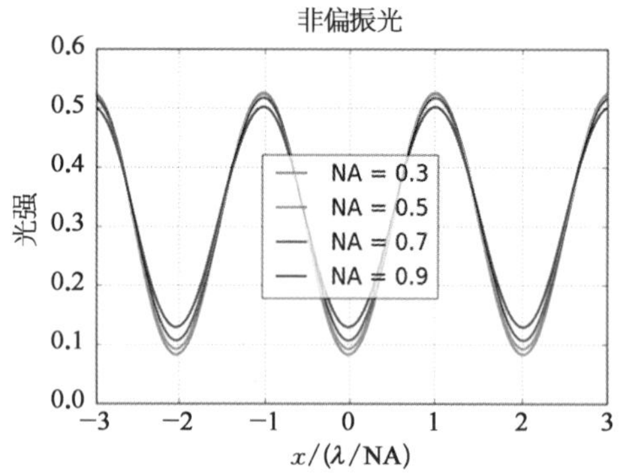

图 8－28　交替型相移掩模上密集线空图形在不同数值孔径条件下的成像分布,以及成像在折射率匹配衬底材料顶部光刻胶内的特征尺寸,所有掩模和光学参数均与图 8－23 一致

8.3.5　偏振照明

如图 8－28 所示,当数值孔径接近 0.7 时,TE 偏振光和非偏振光的强度分布具有几乎相同的对比度。类似情况的进一步成像仿真表明,非偏振光可用于 NA≤0.7 时的光刻成像。大多数数值孔径低于 0.75 的扫描投影光刻机采用非偏振光照明。然而,当数值孔径进一步增大时,非偏振光无法提供最佳的图像对比度和光刻性能。因此,偏振照明被引入到高数值孔径光刻成像中。

根据之前的结果，TE 偏振光能显著改善单一方向线空图形的对比度。一般而言，掩模上包含具有不同方向的线空图形和 2D 特征图形（具有平行于 x/y 两个方向的吸收层边界）。对于这些情况，最佳偏振态是什么，如何产生最佳偏振态？投影物镜光瞳内衍射光的偏振态是难以修改的，相反，照明光学系统内的偏振调制器可以用来显著改善所获得的图像。如图 8－29 所示，接触孔阵列图形在不同照明偏振态条件下的计算空间像。

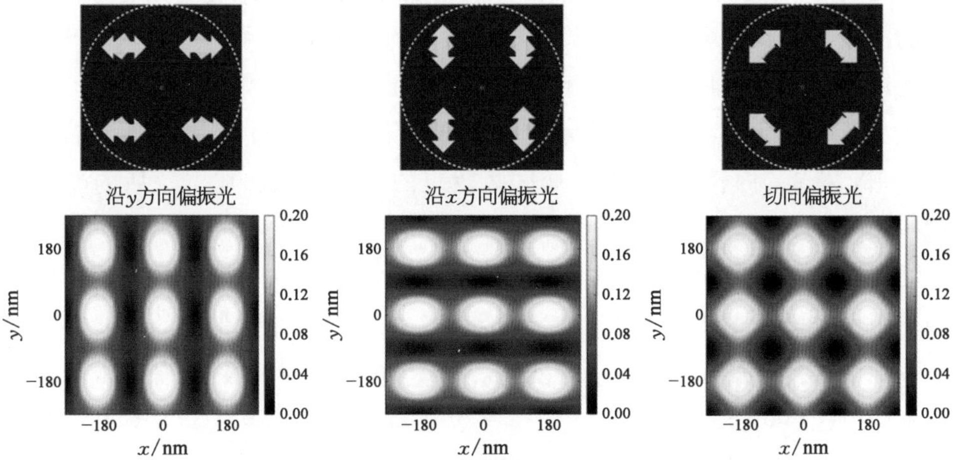

图 8－29　接触孔阵列图形在不同照明偏振态条件下的计算空间像

类星体照明图上的箭头表示偏振方向（上行），对应的空间像显示在下行；所有掩模和成像参数均与图 8－27 一致

对所有光源点均采用恒定线性偏振，则会产生极不对称的图像。图 8－29 左图沿 y 方向的偏振光能在 x 方向产生良好的图像调制，但在 y 方向产生了较差的调制；中图的沿 x 方向偏振光则表现出相反的效果。两个方向的最佳图像对比度是通过图 8－29 右图的切向偏振获得的。

本节中的例子是基于干式光刻的，即在折射率为 1.71 的光刻胶上部是折射率为 1.0 的空气。相比于偏振态对空气中图像对比度的影响，光在空气/光刻胶界面处的折射减小了光在光刻胶内部的传播角，降低了偏振对光刻胶中图像对比度的影响。对于具有水（$n=1.44$）和光刻胶（$n\approx1.7$）界面的浸没式光刻，衍射的这种减轻效果不太明显。换言之，即使具有相似的工艺因子 k_1，浸没式光刻中的偏振效应也比干式光刻中的偏振效应更明显。在 EUV 光谱范围内，所有材料的折射率都接近于 1，偏振效应将完全转移到光刻胶中。

更详细的关于高数值孔径成像计算和相关效应的内容超出了本书的范围。全面的数学处理方法和物理解释可以参考 Yeung 等人[32,33]、Flagello 和 Rosenbluth[34]、

Totzeck 等人[35]的文章,以及 Tony Yen 和 Shinn-Sheng Yu 最近出版的一本书[36]。

8.4 投影光刻机中的其他成像效应

掩模工件台和晶圆工件台的微小振动,以及扫描曝光期间掩模和晶圆运动的不完美同步,会引入纵向和轴向图像模糊效应。这些效应可以通过对未受干扰的图像与适当的概率密度函数或模糊内核的卷积来表示[37]。穿过像场的扫描运动导致来自投影物镜系统不同视场位置的像差被平均化。虽然焦点位置的微小模糊可用于增加焦深,但会降低图像对比度(请参阅 4.6 节中焦点钻孔法或 FLEX 概念的内容)。有效仿真这些效应的多种方法已在本章后的参考文献[38]中被讨论到。

到目前为止,所介绍的内容基于假设的是完全单色光。实际中所使用的准分子激光光源是具有十分之几皮米的带宽。这种有限照明带宽的主要影响是焦平面位置会随波长发生微小的变化。据 2006 年的相关报道,每皮米的波长偏移会引起 200~500 nm 的离焦量[39]。焦点模糊的建模方法涉及具有适当模糊内核的卷积(类似于工件台振动建模的方法;请参阅上一段中的参考文献)。可以通过仿真和实验的方法来探索带宽效应对光刻成像的影响[39-41]。

8.5 小结

对于实际光学系统,设计和制造的限制需要引入了非理想的波前转换。其与理想波前的相位偏差可用泽尼克多项式表示。主要的几种波像差类型包括:波前倾斜会导致与特征尺寸和焦点无关的图形放置误差;像散会引起与特征图形方向相关的焦点偏移;彗差会引起与特征尺寸相关的图形放置误差、旁瓣和其他成像伪影;球差会导致与特征尺寸相关的焦点偏移和非对称的工艺窗口。高空间频率的相位偏差会产生随机的散射光或杂散光。

光的偏振态对于高数值孔径投影系统非常重要。光刻成像系统的所有部分都有可能引起偏振效应,包括光从空气/浸液到光刻胶的偏振相关耦合。通过矢量成像算法和琼斯光瞳对这些效应进行正确建模,以理解和优化成像条件。非最佳的偏振成像会导致图像对比度损失。先进的高数值孔径 DUV 光刻机提供了具有不同偏振态选项的照明模组。

工件台振动、激光带宽和其他模糊效应的正确建模对于光学邻近效应校正模型的预测性也很重要。

参考文献

[1] F. Zernike, "Beugungstheorie des Schneidenverfahrens und seiner verbesserten Form, der Phasenkontrastmethode," *Physica* **1**, 689–704, 1934.

[2] *CODE V Reference Manual*; see: www. cadfamily. com/download/Optical/CodeV-Wav/appendixc. pdf.

[3] P. Liu, M. Snajdr, Z. Zhang, Y. Cao, J. Ye, and Y. Zhang, "A computational method for optimal application specific lens aberration control in microlithography," *Proc. SPIE* **7640**, 76400M, 2010.

[4] H. Aoyama, T. Nakashima, T. Ogata, S. Kudo, N. Kita, J. Ikeda, R. Matsui, H. Yamamoto, A. Sukegawa, K. Makino, M. Murayama, K. Masaki, and T. Matsuyama, "Scanner performance predictor and optimizer in further low k_1 lithography," *Proc. SPIE* **9052**, 90520A, 2014.

[5] C. Progler and A. K.-K. Wong, "Zernike coefficients: Are they really enough?" *Proc. SPIE* **4000**, 40–52, 2000.

[6] T. A. Brunner, "Impact of lens aberrations on optical lithography," *IBM J. Res. Dev.* **41**, 57–67, 1997.

[7] C. Summerer and Z. G. Lu, "Sensitivity of coma monitors to resist processes," *Proc. SPIE* **4000**, 1237, 2000.

[8] S. H. Wiersma, T. D. Visser, and P. Török, "Annular focusing through a dielectric interface: Scanning and confining the intensity," *Pure Appl. Opt.* **7**, 1237–1248, 1998.

[9] A. Erdmann, "Topography effects and wave aberrations in advanced PSM-technology," *Proc. SPIE* **4346**, 345–355, 2001.

[10] D. G. Flagello, J. de Klerk, G. Davies, R. Rogoff, B. Geh, M. Arnz, U. Wegmann, and M. Kraemer, "Towards a comprehensive control of full-field image quality in optical photolithography," *Proc. SPIE* **3051**, 672, 1997.

[11] B. W. Smith and R. Schlief, "Understanding lens aberration and influences to lithographic imaging," *Proc. SPIE* **4000**, 294, 2000.

[12] A. Erdmann, M. Arnz, M. Maenhoudt, J. Baselmans, and J. C. van Osnabruegge, "Lithographic process simulation for scanners," *Proc. SPIE* **3334**, 164, 1998.

[13] A. Y. Burov, L. Li, Z. Yang, F. Wang, and L. Duan, "Aerial image model and application to aberration measurement," *Proc. SPIE* **7640**, 764032, 2010.

[14] P. Dirksen, J. Braat, A. J. E. M. Janssen, and C. Juffermans, "Aberration retrieval using the extended Nijboer-Zernike approach," *J. Micro/Nanolithogr. MEMS MOEMS* **2**(1), 61–68, 2003.

[15] P. Dirksen, C. Juffermans, R. Pellens, M. Maenhoudt, and P. De Bisschop, "Novel aberration monitor for optical lithography," *Proc. SPIE* **3679**, 77, 1999.

[16] G. C. Robins and A. R. Neureuther, "Are pattern and probe aberration monitors ready for prime time?" *Proc. SPIE* **5754**, 1704, 2005.

[17] K. Lai, C. J. Wu, and C. J. Progler, "Scattered light: The increasing problem for 193-nm exposure tools and beyond," *Proc. SPIE* **4346**, 1424–1435, 2001.

[18] C. G. Krautschik, M. Ito, I. Nishiyama, and S. Okazaki, "Impact of EUV light scatter on CD control as a result of mask density changes," *Proc. SPIE* **4688**, 289, 2002.

[19] G. F. Lorusso, F. van Roey, E. Hendrickx, G. Fenger, M. Lam, C. Zuniga, M. Habib, H. Diab, and J. Word, "Flare in extreme ultraviolet lithography: Metrology, out-of-band radiation, fractal point-spread function, and flare map calibration," *J. Micro/Nanolithogr. MEMS MOEMS* **8**(4), 41505, 2009.

[20] M. A. van de Kerkhof, W. de Boeij, H. Kok, M. Silova, J. Baselmans, and M. Hemerik, "Full optical column characterization of DUV lithographic projection tools," *Proc. SPIE* **5377**, 1960, 2004.

[21] P. P. Naulleau and G. Gallatin, "Spatial scaling metrics of mask-induced line-edge roughness," *J. Vac. Sci. Technol. B* **26**(6), 1903, 2008.

[22] Y. C. Kim, P. De Bisschop, and G. Vandenberghe, "Evaluation of stray light and quantitative analysis of its impact on lithography," *J. Micro/Nanolithogr. MEMS MOEMS* **4**(4), 43002, 2005.

[23] D. G. Flagello and A. T. S. Pomerene, "Practical characterization of 0.5 μm optical lithography," *Proc. SPIE* **772**, 6–20, 1987.

[24] J. P. Kirk, "Scattered light in photolithographic lenses," *Proc. SPIE* **2197**, 566–572, 1994.

[25] A. Erdmann and P. Evanschitzky, "Rigorous electromagnetic field mask modeling and related lithographic effects in the low k_1 and ultrahigh NA regime," *J. Micro/Nanolithogr. MEMS MOEMS* **6**(3), 31002, 2007.

[26] B. Smith, J. Zhou, and P. Xie, "Applications of TM polarized illumination," *Proc. SPIE* **6924**, 69240J, 2008.

[27] M. V. Klein and T. E. Furtak, *Optics*, John Wiley and Sons, Inc., New York, 1986.

[28] D. G. Flagello and T. D. Milster, "High-numerical-aperture effects in photoresist," *Appl. Opt.* **36**, 8944, 1997.

[29] B. Geh, J. Ruoff, J. Zimmermann, P. Gräupner, M. Totzeck, M. Mengel, U. Hempelmann, and E. Schmitt-Weaver, "The impact of projection lens polarization properties on lithographic process at hyper-NA," *Proc. SPIE* **6520**, 186–203, 2007.

[30] J. Ruoff and M. Totzeck, "Orientation Zernike polynomials: A useful way to describe the polarization effects of optical imaging systems," *J. Micro/Nanolithogr. MEMS MOEMS* **8**(3), 31404, 2009.

[31] M. Mansuripur, "Certain computational aspects of vector diffraction problems," *J. Opt. Soc. Am. A* **6**(6), 786–805, 1989.

[32] M. Yeung, "Modeling high numerical aperture optical lithography," *Proc. SPIE* **922**, 149–167, 1988.

[33] M. S. Yeung, D. Lee, R. Lee, and A. R. Neureuther, "Extension of the Hopkins theory of partially coherent imaging to include thin-film interference effects," *Proc. SPIE* **1927**, 452, 1993.

[34] D. G. Flagello and A. E. Rosenbluth, "Vector diffraction analysis of phase-mask imaging in photoresist films," *Proc. SPIE* **1927**, 395, 1993.

[35] M. Totzeck, P. Gräupner, T. Heil, A. Göhnermeier, O. Dittmann, D. Krahmer, V. Kamenov, J. Ruoff, and D. Flagello, "How to describe polarization influence on imaging," *Proc. SPIE* **5754**, 23, 2005.

[36] A. Yen and S.-S. Yu, *Optical Physics for Nanolithography*, SPIE Press, Bellingham, Washington, 2018.

[37] J. Bischoff, W. Henke, J. van der Werf, and P. Dirksen, "Simulations on step & scan optical lithography," *Proc. SPIE* **2197**, 953, 1994.

[38] A. Erdmann, M. Arnz, M. Maenhoudt, J. Baselmans, and J. C. van Osnabrugge, "Lithographic process simulation for scanners," *Proc. SPIE* **3334**, 164, 1998.

[39] T. A. Brunner, D. A. Corliss, S. A. Butt, T. J. Wiltshire, C. P. Ausschnitt, and M. D. Smith, "Laser bandwidth and other sources of focus blur in lithography," *J. Micro/Nanolithogr. MEMS MOEMS* **5**(4), 1–7, 2006.

[40] A. Kroyan, I. Lalovic, and N. R. Farrar, "Effects of 95% integral vs. FWHM bandwidth specifications on lithographic imaging," *Proc. SPIE* **4346**, 1244 - 1253, 2001.
[41] P. De Bisschop, I. Lalovic, and F. Trintchouk, "Impact of finite laser bandwidth on the critical dimension of L/S structures," *J. Micro/Nanolithogr. MEMS MOEMS* **7**(3), 33001, 2008.

第 9 章　光刻中的掩模和晶圆形貌效应

第 4、5 和 6 章描述了显影、建模以及将这些技术应用于成形尺寸日益缩小的图形。尽管通过减小曝光波长，光刻技术已经取得了一些进步，但更大数值孔径和各种光学分辨率增强技术（如光学邻近效应校正、离轴照明和相移掩模）的应用也能大大降低光刻成形的特征尺寸与所用曝光波长之间的比率。

图 9－1 的上行给出了不同光刻技术下典型掩模特征尺寸与所用波长的比较。不做光学邻近效应校正（OPC）的标准铬玻璃掩模用于数值孔径小于 0.7 的光刻成像，其工艺因子 k_1 大约为 0.8 或更大。考虑到光刻投影系统的 4 倍缩放因子，掩模上吸收层图形的典型横向尺寸约为几个波长（左上图）。用于较小 k_1 成像的光学邻近效应校正技术引入了新的吸收层图形，例如辅助图形和衬线，其横向尺寸与使用的波长（中上图）相当。更激进的光源掩模协同优化[1]技术引入了像素化掩模，其图形尺寸与波长相比更小（右上图）。

图 9－1 下行图展示了几种类型掩模横截面相对于波长的厚度。标准掩模上铬吸收层的厚度约为 80 nm，对于最先进的 DUV 光刻（左下图），掩模厚度不到 193 nm 波长的一半。交替型相移掩模（AltPSM）上蚀刻沟槽的深度接近波长（中下图）。EUV 掩模吸收层（见第 6 章）的厚度为 60～80 nm，相当于 4～5 个 13.5 nm 的波长（右下图）。

2.2.1 节采用了基尔霍夫（Kirchhoff）边界条件来描述掩模对光的衍射，这种方法假设掩模厚度为无限薄，掩模后面的透射场来自掩模上的横向设计图形，掩模形貌和来自吸收层边缘光的衍射则被忽略。对于图形（横向）尺寸与波长相当或小于波长的较小图形，和（或）掩模厚度为波长量级或更厚的光衍射的精确描述和建模，需要应用严格的电磁场方法对掩模的光衍射进行数值计算。

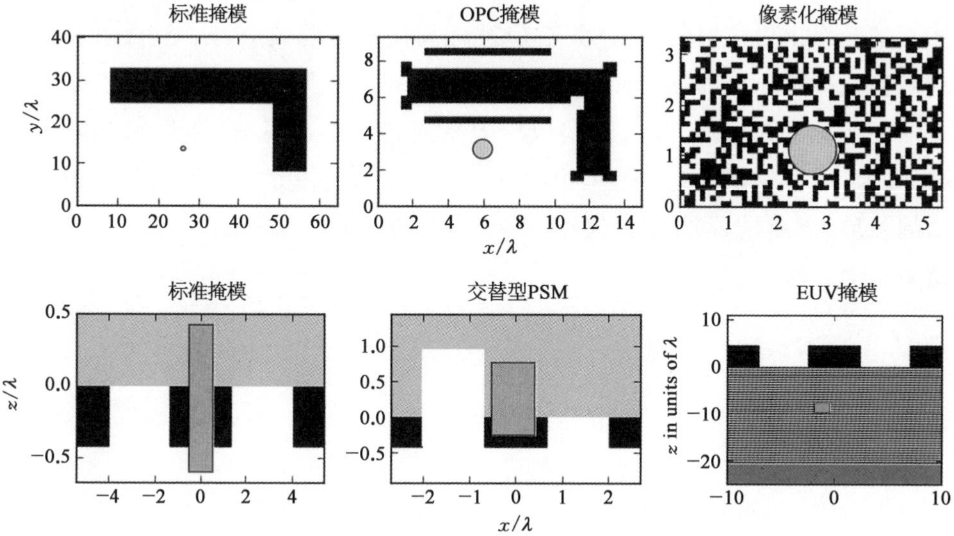

图 9－1　典型掩模的特征尺寸和掩模厚度与所使用波长的比较

上行：无 OPC 的标准掩模、简单 OPC 后的掩模和像素化掩模的横向尺寸；下行：标准掩模（玻璃上的铬）、交替 PSM 和 EUV 掩模的厚度与波长的比较。波长的尺寸分别由上、下行的圆/条图形表示

前几章中使用的另一个重要方法涉及晶圆上的光刻胶膜层。8.3.3 节介绍了采用菲涅耳（Fresnel）方程和传递矩阵的方法来描述平面光刻胶膜层中的光传播。光刻胶及其低层被假定为均匀的平面层，然而，光刻不仅是在平面衬底上进行的，而且大多数光刻步骤是在图案化衬底上执行的。通常，抗反射涂层（BARC）用于抑制来自下面非平面层的反射及其对光刻胶内部光强分布的影响。

先进光刻技术采用多次曝光方案与光刻胶膜层相结合，其中 BARC 的效率不足以抑制光刻胶膜层内部非平面层的影响。并且，在离子注入层上进行的光刻步骤不能使用标准的不可显影的 BARC。此外，BARC 的效率取决于其厚度和光入射角的范围。沉积在非平面晶圆上的 BARC 的厚度各不相同，它们表现出反射光抑制效率的局部差异。高数值孔径（NA）光刻中晶圆上光的入射角范围很大，单个 BARC 仅对特定范围的入射方向有效。尽管有 BARC，但入射方向超出此范围的光仍将被反射。双重成形和双重曝光技术引入了许多具有潜在不均匀光刻胶膜层和有限的 BARC 性能的情况。所有这些光刻工艺的场景都可能需要对来自晶圆上微小形貌特征的光衍射进行严格电磁场（EMF）建模。本章将概述 EMF 仿真方法在光刻和相应的掩模或晶圆形貌引起的衍射效应中的应用。

本章将首先简要概述 EMF 仿真方法及其在光刻中的应用;接下来将研究掩模的几个重要衍射效应,这些效应被称为掩模形貌效应、掩模三维(3D)形貌效应或掩模 3D 效应等术语。本书使用的是掩模形貌效应,相对于无限薄掩模的传统 Kirchhoff 方法,这些效应包括对衍射光的振幅、相位和偏振的修改,以及 EUV 光刻中掩模形貌的特性。最后一部分将介绍与晶圆散射相关的衍射效应,即所谓晶圆形貌效应,对于几种先进的光刻技术,其变得越来越重要。

9.1 严格电磁场仿真的方法

光与掩模或晶圆的形貌特征的相互作用可以用麦克斯韦(Maxwell)方程组来描述。通常,掩模和晶圆上的材料都是非磁性和各向同性的。掩模和晶圆都不包含电流源。因此,麦克斯韦方程组可以写成:

$$\vec{\nabla} \times \vec{E} = -\mu_0 \frac{\partial \vec{H}}{\partial t} \tag{9-1}$$

$$\vec{\nabla} \times \vec{H} = \epsilon_0 \epsilon \frac{\partial \vec{E}}{\partial t} + \sigma \vec{E} \tag{9-2}$$

$$\vec{\nabla}(\epsilon \vec{E}) = 0 \tag{9-3}$$

$$\vec{\nabla} \vec{H} = 0 \tag{9-4}$$

这些方程连接空间 $\vec{r}$ 和时间 t 相关的电 $\vec{E} = (E_x, E_y, E_z)$ 和磁 $\vec{H} = (H_x, H_y, H_z)$ 矢量场。常数 ϵ_0、μ_0 分别为自由空间的介电常数和磁导率。ϵ 和 μ 分别表示仿真域中与材料和位置相关的介电常数和电导率,它们包含所考虑的掩模或晶圆的几何形状信息。

EMF 仿真方法通过适当的数值方法求解给定几何形状、材料参数以及边界和入射场条件的麦克斯韦方程组。入射场是照到掩模或晶圆上的平面波。有限尺寸仿真区域的边界条件通常选择在横向上是周期性的图形,即垂直于掩模和晶圆平面(x 和 y)。垂直方向(z)上的透明边界条件确保没有光反射回入射光侧或从晶圆侧没有反射光。

不同的 EMF 仿真方法已被用来描述光刻中掩模和晶圆的光散射。光刻仿真中最流行的方法是时域有限差分(FDTD)法和波导法(Waveguide),这将在下一节中介绍。此外,有限元方法(FEM)[2-4]、有限积分技术(FIT)[5]和伪光谱时域(PSTD)方法[6]也已用于光刻仿真。这些方法的详细信息可以在本章引用的参考文献中找到。

一般而言,麦克斯韦方程组耦合了电场和磁场的所有六个分量,描述 3D 散射问题需要求解完整的麦克斯韦方程组。二维(2D)散射问题为其一个重要的特例,其六个耦合场分量的完整麦克斯韦方程组可解耦合为三个场分量的两个独立的微分方程组。如果入射波的几何形状和分量在一个横向方向上是常数,那么就是这种情况。假设 y 方向的几何形状和场不变,方程(9-1)和方程(9-2)可以改写为两个解耦的微分方程组。

对于 TE 或 y 偏振光,场分量为 H_x、E_y、H_z:

$$\left.\begin{aligned}\frac{\partial H_x}{\partial t} &= \frac{1}{\mu_0}\left(\frac{\partial E_y}{\partial z}\right)\\ \frac{\partial E_y}{\partial t} &= \frac{1}{\epsilon_0\epsilon}\left(\frac{\partial H_z}{\partial x} - \frac{\partial H_x}{\partial z} + \sigma E_y\right)\\ \frac{\partial H_z}{\partial t} &= \frac{1}{\mu_0}\left(-\frac{\partial E_y}{\partial x}\right)\end{aligned}\right\} \tag{9-5}$$

对于 TM 或 x 偏振光,场分量为 H_x、E_y、H_z:

$$\left.\begin{aligned}\frac{\partial E_x}{\partial t} &= -\frac{1}{\mu_0}\left(\frac{\partial H_y}{\partial z} + \sigma E_x\right)\\ \frac{\partial H_y}{\partial t} &= \frac{1}{\epsilon_0\epsilon}\left(\frac{\partial E_z}{\partial x} - \frac{\partial E_x}{\partial z}\right)\\ \frac{\partial E_z}{\partial t} &= \frac{1}{\mu_0}\left(\frac{\partial H_y}{\partial x} + \sigma E_z\right)\end{aligned}\right\} \tag{9-6}$$

这些方程描述了 TE 和 TM 偏振光沿 y 方向的线空图形的衍射。这种 2D 衍射问题的数值解决方案比完整的 3D 情况所需要的计算资源更少。以下部分中的大多数示例和解释都是针对此类 2D 衍射问题给出的,其对一般 3D 案例的扩展可以在引用的文献中找到。

9.1.1　时域有限差分法

时域有限差分(FDTD)方法的基本思想是将方程(9-1)和方程(9-2)随着

时间进行积分[7]。数值积分是在不同的电场和磁场分量的特殊交错网格进行的。在这种交错网格上，TE 方程(9-5)的有限差分公式可表达为

$$\left.\begin{aligned}
H_x|_{i,j}^{m+1/2} &= H_x|_{i,j}^{m-1/2} + D|_{i,j}(E_y|_{i,j+1}^{m} - E_y|_{i,j}^{m})\\
E_y|_{i,j}^{m+1} &= C_a|_{i,j}E_y|_{i,j}^{m} + \\
&\qquad C_b|_{i,j}(H_x|_{i,j}^{m+1/2} - H_x|_{i-1,j}^{m+1/2} - H_z|_{i,j}^{m+1/2} - H_z|_{i,j-1}^{m+1/2})\\
H_z|_{i,j}^{m+1/2} &= H_z|_{i,j}^{m-1/2} - D|_{i,j}(E_y|_{l+1,j}^{m} - E_y|_{i,j}^{m})
\end{aligned}\right\} \tag{9-7}$$

式中，整数 i、j 为指定等距网格上的位置，整数 m 为指定时间步长；其中的更新系数：

$$\left.\begin{aligned}
C_a|_{i,j} &= \left(1 - \frac{\sigma_{i,j}\Delta t}{2\epsilon_0\epsilon_{i,j}}\right)\left(1 + \frac{\sigma_{i,j}\Delta t}{2\epsilon_0\epsilon_{i,j}}\right)^{-1}\\
C_b|_{i,j} &= \left(\frac{\Delta t}{\epsilon_0\epsilon_{i,j}\Delta x}\right)\left(1 + \frac{\sigma_{i,j}\Delta t}{2\epsilon_0\epsilon_{i,j}}\right)^{-1}\\
D|_{i,j} &= \left(\frac{\Delta t}{\mu_0\Delta x}\right)\left(1 + \frac{\rho_{i,j}\Delta t}{2\mu_0}\right)^{-1}
\end{aligned}\right\} \tag{9-8}$$

取决于麦克斯韦方程的数值解所用的等距时间 Δt 和空间离散化 $\Delta x = \Delta y$，以及离散网格上的材料属性($\epsilon_{i,j}$,$\rho_{i,j}$)。为了保证数值算法足够的稳定性，离散时间步长 Δt 和空间离散化 Δx 之间必须满足以下关系：

$$\Delta t \leqslant \frac{\Delta x}{\sqrt{2\mu_0\epsilon_0}}$$

方程(9-7)和方程(9-8)提供了电场和磁场分量随时间的更新方程。它们描述了基于前一时间 $m-1$ 中的场分量计算时间 m 处的电场和磁场分量。磁场分量指数中的 1/2 表示电场分量和磁场分量之间的时间交错。对于 2D TM 偏振情况和一般 3D 情况，可以推导出类似的表达式[8]。场分量在空间和时间上的交错保证了所获得的解也满足剩下的两个麦克斯韦方程(9-3)和方程(9-4)。

FDTD 在许多实际案例中的应用需要一些额外的技巧，包括用于强吸收材料建模的 Luebbers 方法[9]、引入完美匹配层对透明边界条件的有效建模方法[10]，以及引入仿真域中有效电磁场激发的总/散射场概念。Taflove[8] 在其书中解释了所有这些技巧以及有关 FDTD 在电磁场仿真中实施和应用的许多其他细节。Alfred Wong[11] 开创了 FDTD 法在光刻掩模光衍射的严格仿真中的应用。

图 9-2 为光强度相对于标称 FDTD 积分时间的 FDTD 的仿真结果。掩模结

构的几何形状如图 9－2 左上图所示。光从所示区域的顶部入射，在标称积分时间的 10%处，入射光已到达交替型 PSM 的蚀刻沟槽，部分光从沟槽的底部界面反射并产生驻波图形。在标称仿真时间的 15%时，传播的光已到达玻璃衬底的底面，玻璃/铬界面处的高反射会在掩模衬底的相应区域产生强烈调制的驻波图形，玻璃/空气界面上方的驻波图形不太明显。在标称仿真时间的 15%之后，光开始在掩模下方的空气空间中传播。在标称积分时间内，光强度已达到稳定状态，掩模附近的近场强度分布则不再变化。当达到这种稳定状态时，可以提取掩模的透射近场并用于进一步的成像仿真。

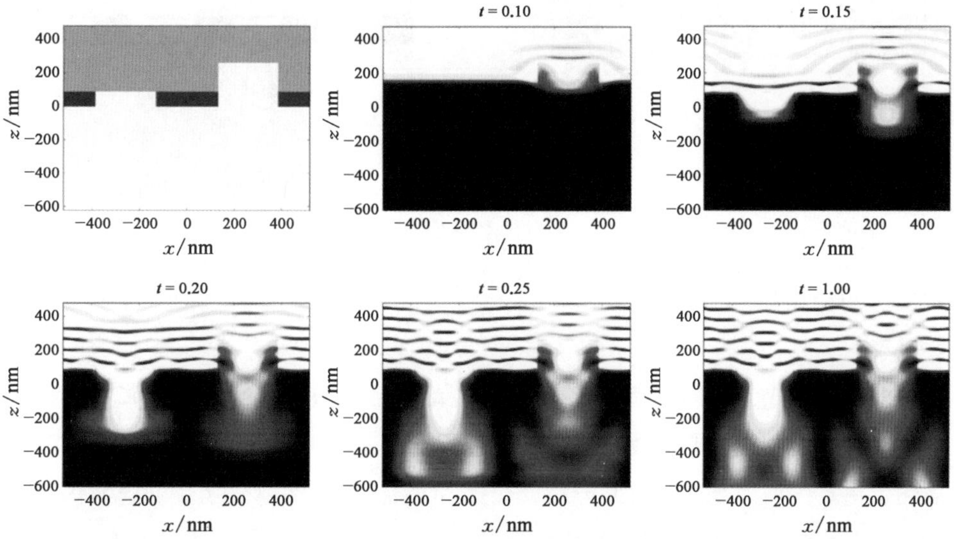

图 9－2　FDTD 仿真所得交替型 PSM 中光的传播，掩模几何图形显示在左上角；该图的其他部分表示不同时间仿真区域内的电场强度；标称 FDTD 积分时间在图上方标出（以任意单位表示）。仿真参数：λ = 193 nm，x 偏振或 TM 偏振垂直入射光，4×65 nm 线，周期为 4×130 nm

FDTD 方法是一种空间域方法，所考虑图案的几何形状必须用等距网格来描述，如图 9－3 左图所示。这种等距网格和用此表示的掩模几何图形限制了所获得结果的精确性。亚像素技术[12]和网格的局部细化[13]被提出用以减少仿真结果的离散化误差。

FDTD 是一种非常灵活的方法，可以应用于几乎任意的几何形状和入射场条件，因为其相对容易被改写以满足不同的应用需求。FDTD 的精度取决于几个数值参数：FDTD 网格的空间离散化 $\Delta x(=\Delta y=\Delta z)$、积分时间以及边界条件和色散关系的数值公式中使用的其他参数。FDTD 的数值计算量与所考虑的仿真区域的大小成线性比例。

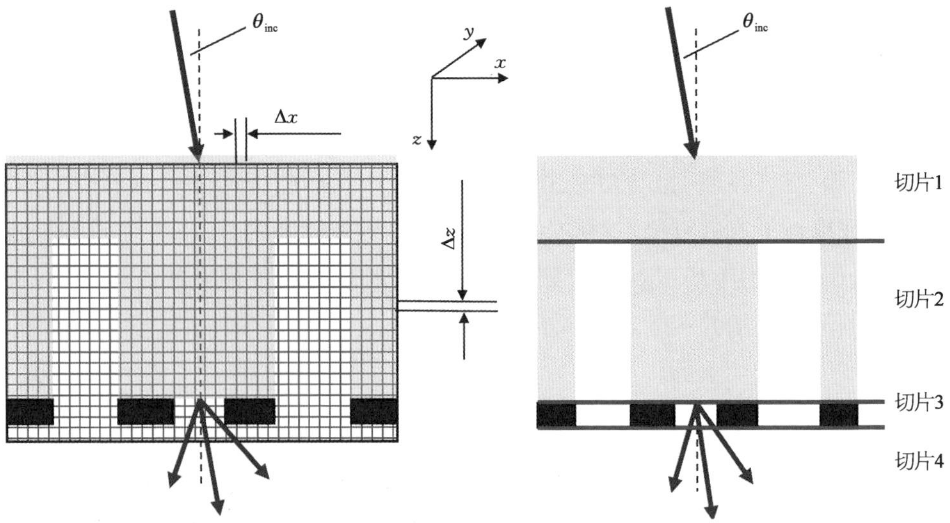

图 9－3　FDTD（左）和波导方法（右）光刻掩模的几何表示

9.1.2　波导法

波导法解决了空间频域固定波长单色光的电磁场衍射问题。电磁场和所考虑的几何形状以傅里叶级数展开，这个过程产生了一个大体系的线性方程组，它描述了仿真区域内场的傅里叶分量的传播和耦合，产生的电磁场是通过解入射场方程组获得的。例如，波导法的详细数学公式可以参见 Lucas 等人的文章[14]。

波导法与严格耦合波分析（RCWA）几乎完全相同，这两种方法都是在 20 世纪 80 年代初期独立提出的（RCWA[15]、波导法[16]），并在不同的领域中发展起来。RCWA 主要用于分析各种应用的衍射光栅，而波导法最初设计用于光刻掩模和晶圆上图形微成像的精确建模。傅里叶模态法（FMM）是一种类似的方法，但它沿第三维度 z 方向使用了额外的傅里叶展开。本章后的参考文献［17］对这类方法进行了全面的回顾。因为本书针对的读者主要是对光刻感兴趣的人，所以接下来的讨论将使用波导法术语。事实上，FMM/RCWA 发展背后的许多想法也被应用于波导法[18,19]。

与在空间域中计算光衍射的 FDTD 不同，波导法是在空间频域中进行的。此外，波导法求解麦克斯韦方程组的时间谐波形态，采用了明确的时间依赖关系：

$$\tilde{A} = A\exp(-i\tilde{\omega}t)$$

并引入复介电常数：

$$\tilde{\epsilon} = \epsilon - i\frac{\sigma}{\tilde{\omega}}$$

和自由空间的空间频率：

$$\tilde{k}_0 = \sqrt{\mu_0\epsilon_0}\frac{2\pi\tilde{\omega}}{\lambda}$$

麦克斯韦方程(9－1)～(9－4)可以应用于波长为 λ 的电磁波的亥姆霍兹(Helmholtz)波动方程：

$$\nabla^2\vec{A} + \tilde{k}_0^2\tilde{\epsilon}\vec{A} = 0 \tag{9-9}$$

该方程对电场和磁场均有效。波导法是在仿真域 z 方向同质的切片中求解亥姆霍兹波动方程，如图 9－3 右图所示。这些类似波导的切片 s 内的电磁场和复介电常数的傅里叶展开：

$$\vec{A}^s = \sum_{l,m}\vec{a}^s_{l,m}\exp[-i(\tilde{k}^x_{l,m}x + \tilde{k}^y_{l,m}y)]$$

$$\tilde{\epsilon}^s = \sum_{l,m}\tilde{\epsilon}^s_{l,m}\exp[-i(\tilde{k}^x_{l,m}x + \tilde{k}^y_{l,m}y)]$$

在切片 s 内针对未知电磁场系数 $\vec{a}^s_{l,m}$ 生成线性方程。该方程组将有限数量的傅里叶展开系数的解用于构造传递矩阵，该矩阵将切片的上下边界处的场分量连接起来。传递矩阵方法的推广得到的矩阵为散射问题提供了波导法的解决方案。一般情况下，波导法的实现包括引入特殊场势[14]和针对所需的傅里叶阶数的提高收敛性的方法[20,21]。

图 9－4 显示了二元铬掩模的仿真透射近场，图中的曲线对应不同数量的波导阶数或电磁场傅里叶扩展系数。波导阶数(wgOrder)指定了正负方向上的扩展系数的数量。例如，波导阶数 wgOrder＝10 涵盖了从－10～＋10 的傅里叶展开。近场的正确表示需要相对于 TE 偏振照明更多的 TM 偏振波导阶数。更详细的研究表明，TM 偏振照明的附加傅里叶展开系数仅用于正确表示更明显的倏逝波(有关倏逝波和潜在应用的讨论，请参见 7.3.1 节)。对于远场计算的 wgOrder 和典型光刻掩模，波导法的收敛分析表明 TE 和 TM 偏振照明之间并无显著差异。

如本例所述，波导法的仿真精度取决于场的傅里叶展开阶数或波导阶数。所需的波导级数取决于所使用的波长 λ、掩模周期 p(掩模尺度)以及最小/最大

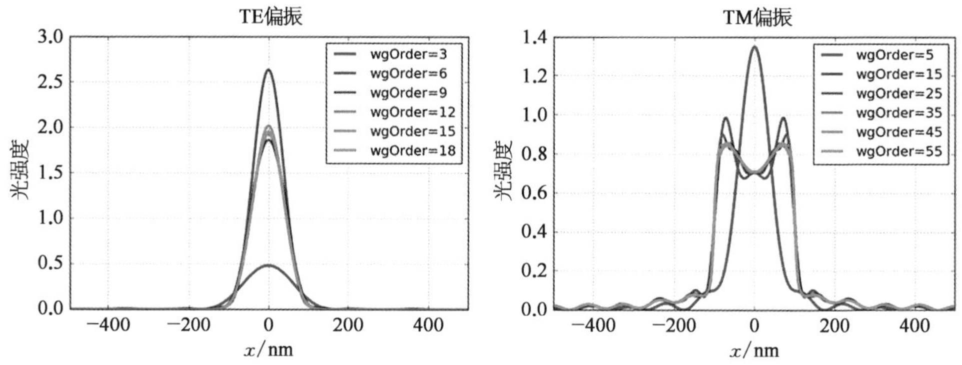

图 9-4 波导法仿真二元铬掩模上周期为 1 000 nm，宽度为 200 nm 狭缝的透射近场，相对于 TE 或 y 向偏振照明傅里叶展开系数(wgOrder)阶数(左)和 TM 或 x 向偏振照明(右)；仿真参数：$\lambda = 193$ nm，垂直入射光，80 nm 厚的吸收层

折射率与相关材料的消光值之间的差异。获得良好精度的经验法则是：

$$\left.\begin{array}{l} \text{wgOrder} = \dfrac{3p}{\lambda}\ \text{适用于可见光/DUV 光谱范围的材料} \\ \text{wgOrder} = \dfrac{p}{2\lambda}\ \text{适用于 EUV 光谱范围的材料} \end{array}\right\} \tag{9-10}$$

波导法的计算时间和内存要求由波导阶数和非同质切片的数量决定。在大多数实际相关案例中，与 FDTD 相比，波导法对单色波时间相关性的正确表示，以及切片内正确几何的描述为光刻问题提供了卓越的仿真性能。两种方法之间的详细比较可参见本章后的参考文献[22]。

波导法标准公式的一个缺点是它所需的计算量缩放与所考虑的仿真域的大小有关，尤其是对于 3D 仿真。通常，FDTD 与所考虑的仿真域在 x 和 y 方向的扩展成线性比例。相比之下，波导法与 $\text{wgOrderX}^3 \times \text{wgOrderY}^3$ 成比例。这里 wgOrderX 和 wgOrderY 分别是 x 和 y 方向所需的波导阶数，并且与相应的掩模大小或周期成正比[见方程(9-10)]。这种不利的计算量缩放关系可以通过 9.2.5 节中描述的分解方法和参考资料实现部分的避免。

9.2 掩模形貌效应

图 9-5 展示了使用 Kirchhoff 方法与严格的电磁场(EMF)仿真进行掩模建模所得结果之间的区别。Kirchhoff 方法假设掩模无限薄，透过掩模的光直接从

掩模版图中获得。掩模无吸收层区域的透射率为 1.0，铬覆盖区域的透射率为 0.0，透射光的相位在整个掩模上是恒定的。

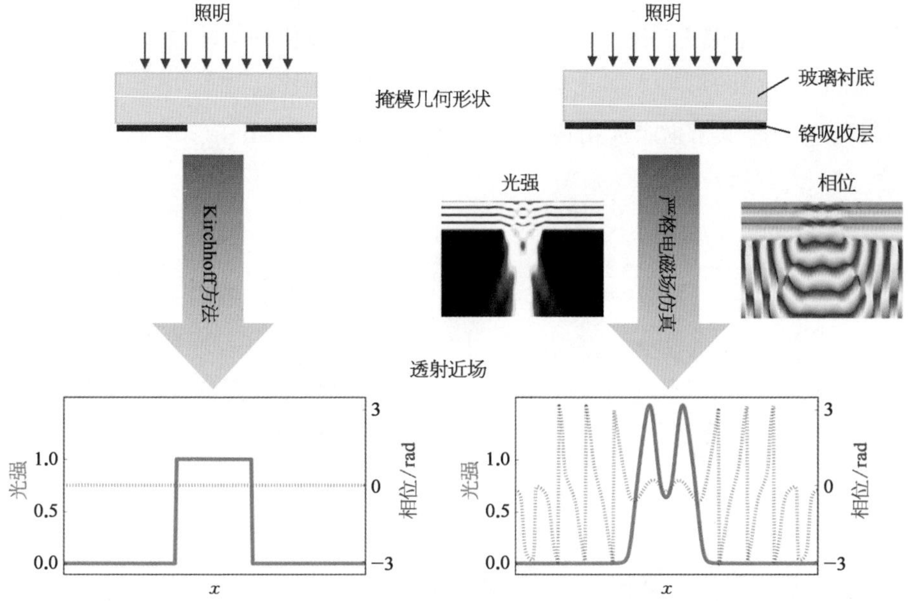

图 9－5　Kirchhoff 方法(左)和严格电磁场仿真二元光学掩模的光传输(右)[23]

严格的 EMF 仿真计算吸收层图形附近区域光的强度和相位。图 9－5 所示光强分布图的左上角和右上角的驻波图形是入射光和来自衬底/吸收层界面的反射光之间的干涉引起的。部分光通过吸收层中的蚀刻开口透射传播到投影物镜，透射光的相位类似于从蚀刻掩模开口处发射的圆柱波，图 9－5 所示透射近场的光强和相位为直接从吸收层下方获得的。与 Kirchhoff 方法的结果相反，透射光的强度和相位沿 x 轴呈现连续变化。

两种掩模建模方法获得的透射光之间的差异非常大。然而，并非该差异的所有细节对于在掩模远场处获得的图像都重要，例如，该差异的一个重要部分是倏逝波引起的，但它传播不到远场。此外，利用投影镜头的有限数值孔径充当带通滤波器，可进一步消除这种差异。接下来的两个小节将研究远场中的衍射光和使用光刻投影系统获得的图像。

9.2.1　掩模衍射分析

首先考虑平面波对掩模上周期性线空图形的衍射。掩模衍射分析研究单个衍射级的强度和相位值与偏振、周期和入射角的关系。此类分析的结果用于确定应用严格 EMF 建模所需要条件。此外,掩模衍射分析提供了对掩模形貌引起的成像伪影更深入的理解。掩模衍射分析除了用于系统性研究掩模材料和几何特性的影响,它还用于设计消除或利用掩模形貌效应的策略。

周期性掩模图形将入射光衍射成几个离散的衍射级,如图 9-6 所示。周期 p 和波长 λ 的离散衍射级或衍射角的方向由光栅方程给出:

$$\sin\theta_m = \sin\theta_{\text{inc}} + m\frac{\lambda}{p} \tag{9-11}$$

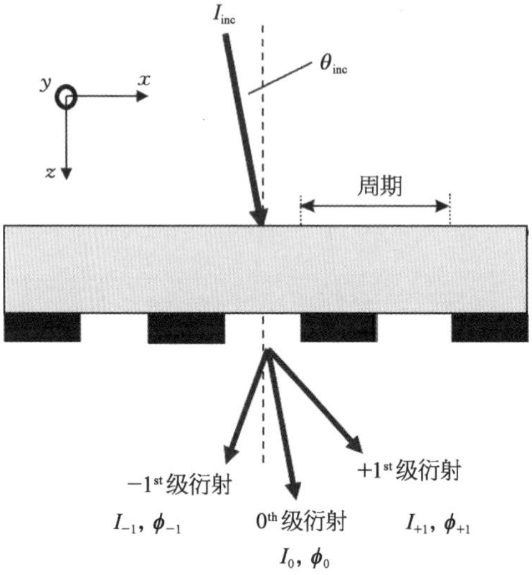

图 9-6 掩模衍射分析示意

TE 或 y 向偏振由入射光沿 y 轴的电场矢量指定,
而 TM 或 x 向偏振光由入射光在 xz 平面中的电场矢量指定

式中,m 为指定的衍射级数。对于给定的周期和波长,只有有限数量的具有实数值衍射角 θ_m 的传播衍射级。对于垂直入射($\theta_{\text{inc}} = 0°$),衍射级数 m 由表达式给出:

$$\left|m\frac{\lambda}{p}\right| \leqslant 1$$

从衍射分析获得的数据根据衍射效率进行评估:

$$\eta_m = \frac{I_m}{I_{\text{inc}}} \tag{9-12}$$

和第 0 级衍射的相位差:

$$\Delta\phi_m = \phi_m - \phi_0 \tag{9-13}$$

掩模偏振性能的度量由偏振极化率给出[24]:

$$\text{fpol}_m = \frac{\eta_m^{\text{TE}} - \eta_m^{\text{TM}}}{\eta_m^{\text{TE}} + \eta_m^{\text{TM}}} \tag{9-14}$$

该值给出有多少非偏振入射光被衍射成 m 级的 TE 或 TM 偏振光。极化率 $\text{fpol}^m = 1.0/-1.0$ 描述了在第 m 个衍射级掩模实际充当了 TE/TM 的偏振器。$\text{fpol}^m = 0.0$ 表示两种偏振具有相同的衍射效率。

图 9-7 为 MoSi 型 AttPSM 的掩模衍射分析结果。结果展示了在垂直入射光($\phi_{\text{inc}} = 0°$)条件下,线宽和掩模周期之间的占空比为 1∶2 密集线的零级和

一级衍射。请注意,周期值是以掩模上的尺寸定义的,4 倍缩放系统的晶圆级周期(和尺寸)值必须除以 4。Kirchhoff 方法预测的零阶衍射效率为恒定值,其值对应于掩模的平均透射率。第一级衍射仅在周期大于 193 nm 波长处传播。除了这个截止之外,第一衍射级具有恒定值。

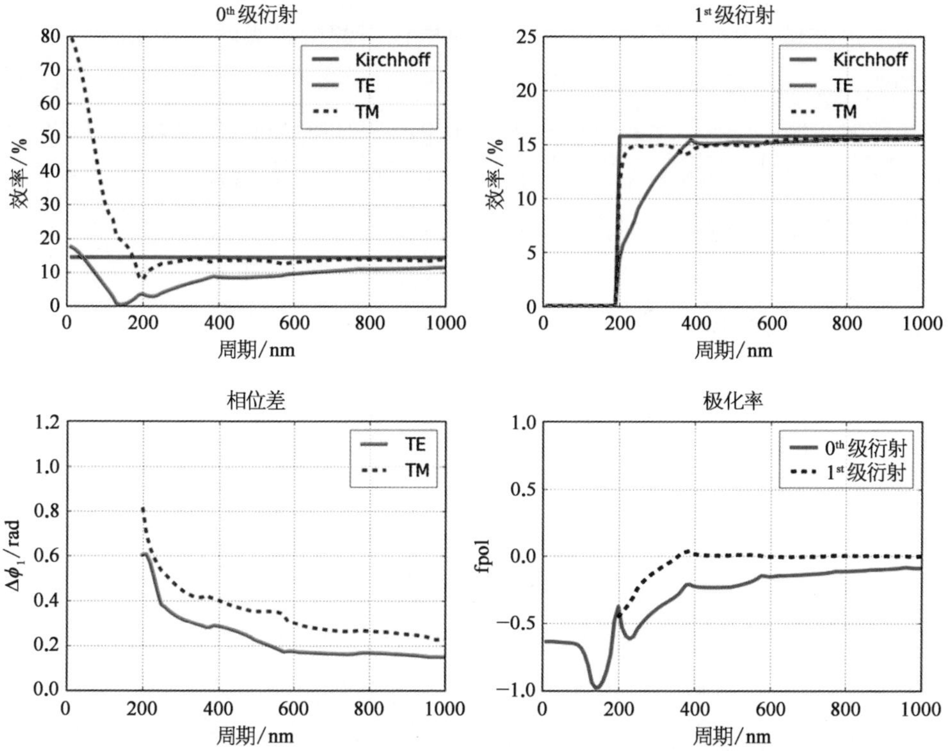

图 9－7　MoSi 型 AttPSM 线空图形与周期相关的衍射分析

零级衍射效率(左上)、一级衍射效率(右上)、一级和零级之间的相位差(左下)和极化率(右下);
仿真参数:$\lambda = 193$ nm, $\phi_{inc} = 0.0°$, 68 nm 厚的 MoSi 层(折射率 $n = 2.343$,消光系数 $k = 0.586$)
在石英衬底($n = 1.563$, $k = 0.0$)上

相比之下,严格的 EMF 仿真预测了与偏振和周期相关的衍射效率。对于较大的周期,严格仿真计算的衍射效率接近 Kirchhoff 模型预测的值。换言之,Kirchhoff 方法为大于 800 nm 的掩模尺寸周期提供了合理的精度,这分别对应于晶圆尺寸上 200 nm 和 100 nm 的周期和线宽。Kirchhoff 方法无法准确描述较小图形的衍射性能。

严格的 EMF 仿真表明,TM 偏振光的衍射效率高于 TE 偏振光的衍射效率,这也可以在图 9－7 右下方的极化率图中看到,具有较小图形的 MoSi 掩模充当 TM 偏振器。这与偏向 TE 偏振光的高 NA 系统的成像要求相冲突(参见 8.3.2

节)，这种 MoSi 型掩模光衍射的不利特性有时被称为“MoSi 危机”。铬和其他掩模吸收材料可以提供更有利的偏振特性[25,26]。

掩模上尺寸较小图形的衍射的另一个重要特征，如图 9－7 左下图所示。特别是在 600 nm 以下的周期范围内，掩模形貌引入了与周期相关的相位效应，这些都是在衍射光的远场中观察到的。它们对成像性能的影响类似于投影镜头的波像差[27]。下一节将讨论几种掩模引起的像差效应及其对光刻成像的影响。

类似的掩模衍射分析也可以用于其他掩模类型和材料[28]。该分析表明，具有波长数量级及更小的特征尺寸的掩模充当了散射体，会对衍射光的振幅和相位产生与偏振态相关的影响。

9.2.2 斜入射效应

光刻掩模上光的衍射不仅取决于掩模的形貌和材料特性，而且还取决于入射光的方向。光在掩模吸收层图形上的典型入射角范围由下式给出：

$$\sin\theta_{\max} = \frac{\sigma_{\max}\mathrm{NA}}{Mn_s} \qquad (9-15)$$

式中，$\theta_{\max}$ 为光源的最大张角，NA 为投影物镜在晶圆方的数值孔径，M 为光刻机的缩放倍率，n_s为掩模衬底的折射率。DUV 光刻机照明的入射角范围相对于 $\theta = 0°$ 的光轴对称。EUV 光刻机的相关入射角范围取决于图形方向。对于垂直图形，它也相对于 $\theta = 0°$对称；对于水平图形，它围绕物面主光线角度(CRAO)变化。

图 9－8 为不同数值孔径的 DUV 和 EUV 光刻的密集线空图形的仿真衍射效率的典型值。特征尺寸被缩放以提供可比较的工艺因子 k_1。为了进行更好地比较，将 EUV 吸收层置于真空中(无多层膜)。同时考虑到光两次通过具有多层膜的实际吸收层的传播(即多层膜反射之前和之后的厚度)，EUV 掩模吸收层厚度采用了 2 倍的因子。

接下来，先讨论 DUV 的仿真结果。对于小于 5°的入射角 $\theta_{\max}$，来自光学掩模的光衍射几乎与掩模上入射光方向的变化保持不变。在这个入射光的方向范围内，非垂直入射的衍射光谱可以通过垂直入射光的衍射光谱的简单移动来获得，只需要一个严格的 EMF 仿真来计算部分相干照明的图像。利用掩模衍射

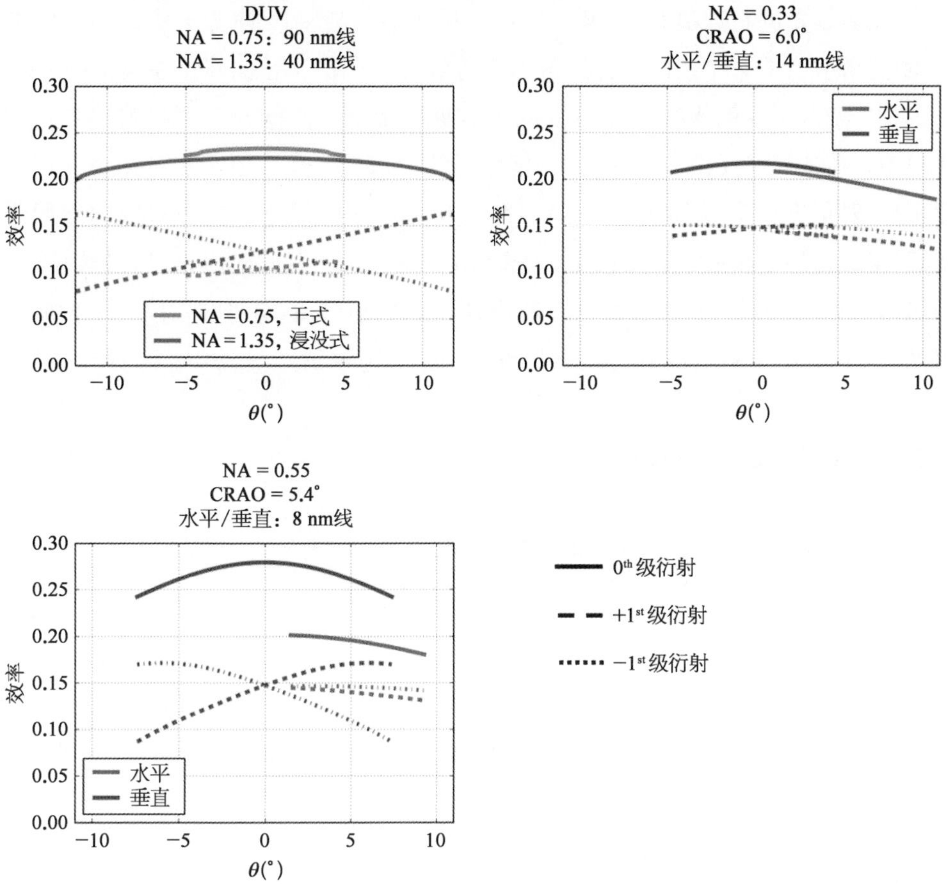

图 9－8　DUV 和 EUV 吸收层密集线空图形在典型入射角范围内仿真所得衍射效率

干式和浸没式 DUV(左上)，EUV 的水平和垂直线，NA＝0.33(右上)，EUV 的水平和垂直线，NA＝0.55(左下)。吸收层参数：73 nm 厚的基于 Cr 的吸收层(DUV)、2×56 nm 厚的基于 TaBN 的吸收层(EUV)

的这种位移不变性进行图像计算通常被称为霍普金斯(Hopkins)方法。方程(9－15)表明 Hopkins 近似可以应用于数值孔径低于 0.8 的系统和具有较小部分相干因子(σ)的更高数值孔径的系统。

Hopkins 方法对于具有明显离轴照明的高数值孔径浸没式 DUV 中较大范围的入射角是无效的，在入射角的相应范围内，其第 0 级和第 1 级衍射都表现出衍射效率的显著变化。较厚的吸收层(与波长相比)和斜入射，使得 NA＝0.33 的 EUV 系统的水平图形对入射光方向的变化非常敏感。高数值孔径 EUV 光刻机(参见 6.7.2 节)对入射光方向变化更加敏感。该系统中这种对入射角的高敏感度表现在垂直图形和水平图形，尽管它们晶圆上相同尺寸相同，但掩模上垂直图形(4×)比水平图形(8×)的尺寸小一半[29]。

大多数先进高数值孔径 DUV 系统采用激进的离轴照明或 σ 值大于 0.5，掩模的光衍射与 Hopkins 假设的位移不变衍射效率存在显著偏差。在典型的 EUV 系统中，来自掩模的光衍射并不是位移不变的，因此，所有 EUV 系统和高数值孔径 DUV 系统都需要没有 Hopkins 假设的严格 EMF 建模。必须针对几个有代表性的入射角进行掩模衍射计算，最终图像是通过那些部分的光源对应的图像进行不相干叠加获得的，可以称为“局部”Hopkins 方法[30]来计算。尽管针对多个入射角的 EMF 建模增加了掩模和图像建模的数值计算量，但它对于 EUV 成像的精确建模和高 NA 状态下的 DUV 成像是必不可少的[31]。

9.2.3 掩模引起的成像效应

第一个证明严格掩模建模重要性的例子涉及交替型相移掩模（AltPSM）的强度不平衡[32]，吸收层中蚀刻开口的较大深度使得 AltPSM 对掩模形貌效应非常敏感。AltPSM 的近场仿真如图 9－2 所示，这里采用波导法结合矢量成像来研究 AltPSM 65 nm 密集线空图形的成像性能。在这个和下面的成像示例中，掩模图形的横向尺寸以晶圆尺寸为准。与通过未蚀刻空间的光相比，产生 180°的相移所选取的蚀刻开口（移位器）的深度为

$$d_{\text{etch}} = \frac{\lambda}{2(n_{\text{quartz}} - 1)} \tag{9-16}$$

式中，n_{quartz}为石英衬底的折射率，λ 为波长。

图 9－9 左图为仿真的空间像横截面。实线为相同宽度的蚀刻和未蚀刻空的图像横截面。与（左图）未蚀刻开口的图像强度相比，来自（右图）蚀刻开口/移位器边缘的光散射降低了图像强度。未蚀刻掩模开口处的较大的光强，导致了由两个光强峰值决定的线向右移动了将近 12 nm。

补偿 AltPSM 的强度不平衡和由此产生的偏置误差的一种策略是增加右侧蚀刻开口的宽度。图 9－9（左）横截面图中的虚线显示了较大移位器宽度 w_{shifter} 的横截面。移位器宽度为 85 nm 时两个强度最大值的高度几乎相同。图 9－9 右图显示了中心线相对于移位器宽度的仿真位置，82.5 nm 的移位器宽度将偏置误差降至零。

上述仿真仅研究了在单个焦点位置时掩模形貌引起的图像不平衡，更全面的仿真和实验研究表明，与简单地偏置刻蚀开口相比，浅刻蚀或预刻蚀等不平

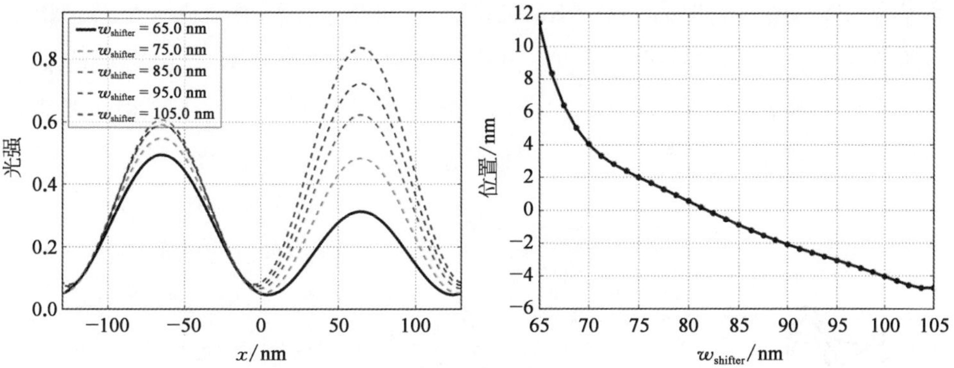

图 9-9　AltPSM 65 nm 密集线的掩模形貌引起的强度不平衡效应的仿真

不同移位器宽度 $w_{shifter}$(左)和线条位置与 $w_{shifter}$(右)的图像横截面;成像条件: $\lambda = 193$ nm, y 向偏振圆形照明 $\sigma = 0.3$, NA = 1.2,4×缩放,离焦量 = 0.0 nm;石英衬底($n_{quartz} = 1.563$, $k = 0.0$)上 80 nm 厚 Cr 吸收层($n = 0.842$, $k = 1.647$),掩模几何形状请参见图 9-2

衡补偿策略可以提供更好的离焦性能[33]。

观察到较小图形的衍射效应也会对衰减型和二元掩模的设计产生影响。图 9-10 中显示了 MoSi 型 AttPSM 上 50 nm 线空图形的光学邻近效应曲线。本示例中未应用任何辅助图形,将阈值模型应用到光刻胶折射率与衬底匹配的光刻胶内部的图像,可以仿真晶圆 CD;掩模线宽和晶圆 CD 都是以晶圆尺寸为准。

图 9-10 左图显示了在没有 OPC 的情况下,给定的掩模线宽(LW)和仿真

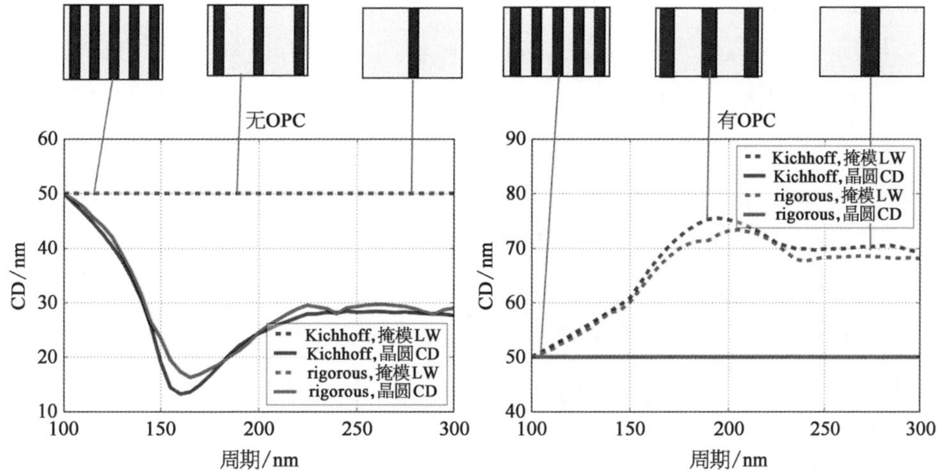

图 9-10　MoSi 型 AttPSM 上 50 nm 线空图形的光学邻近曲线

Kirchhoff 和严格掩模模型分别在无(左)和有(右)光学邻近校正(OPC)时预测成形的晶圆 CD, MoSi 型 AttPSM 上掩模线宽(LW)与线空图形周期的变化关系

成像条件: $\lambda = 193$ nm, xy 偏振正交四极 CQuad 照明 $\sigma = 0.5/0.9$,张角 20°, NA = 1.35,4×缩放,离焦量 = 0.0 nm;石英衬底($n = 1.563$, $k = 0.0$)上 68 nm 厚 MoSi 层($n = 2.343$, $k = 0.586$),50 nm 线宽,无辅助图形,从光刻胶图像中提取 CD

的晶圆 CD 与图形周期的关系。Kirchhoff 方法和严格掩模模型得到的结果相差高达 5 nm。图 9-10 右图也可以看到类似的差异，该图显示了在所有周期下，为获得 50 nm 恒定目标晶圆 CD 而计算得到的掩模线宽。这一结果和许多其他仿真结果证明，OPC 模型中必须考虑掩模形貌效应以进行掩模图形设计。

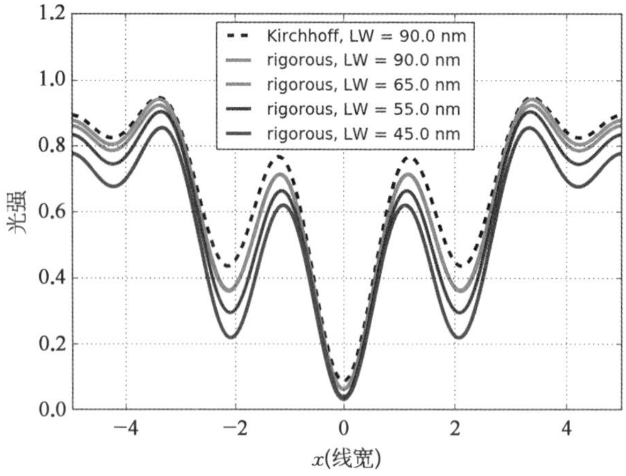

图 9-11 Kirchhoff 模型和严格掩模模型仿真所得 AttPSM 上带有辅助图形的孤立线图形的光强分布

y 向偏振二极照明，NA = 0.3λ/LW，辅助图形宽度 LW/3，辅助图形与孤立线之间距离 2×LW；所有其他参数如图 9-10 所示

图 9-10 的 OPC 仿真是在没有辅助图形的情况下完成的，辅助图形比掩模上的主要图形还要小。9.2.1 节中对掩模形貌效应的特征尺寸依赖性的观察表明，辅助图形的成像性能对掩模形貌效应更加敏感。图 9-11 中的仿真结果证实了这一点，该图显示了 MoSi 型衰减 PSM 上孤立线的仿真结果横截面。为了比较不同代光刻技术的结果，孤立线使用根据第一个阿贝-瑞利方程缩放的数值孔径成像：NA = 0.3λ/LW，其中 LW 表示晶圆特征尺寸或线宽。

与 Kirchhoff 仿真的预测相比，较小的暗辅助图形的严格电磁场仿真得到的光散射表明辅助图形附近的强度最小值更小。定义 OPC 适当的辅助图形宽度时，必须考虑这种影响，这里所观察到的影响取决于所用光的偏振特性和掩模的色调。一般而言，Kirchhoff 方法低估了 TE 偏振照明成形暗辅助图形的风险，高估了成形亮辅助图形的风险；TM 偏振照明则表现出相反的趋势。

如 9.2.1 节所述，掩模形貌效应不仅影响衍射光的振幅，还会影响衍射光的相位。这些相位效应会产生类似像差的成像现象，例如不对称工艺窗口、与图形周期和方向相关的最佳焦点位置偏移等[27,34,35]。图 9-12 展示了其中一些影响，该图显示了不同掩模材料的工艺窗口和不同图形周期的最佳焦点偏移的分析。玻璃衬底上不透明 MoSi(OMOG)掩模[36]和传统 MoSi 掩模的工艺窗口，在最佳焦面相对于标称图像平面不对称。对最佳焦点位置的分析表明，最佳焦点随着图形周期而变化，类似的成像现象已经在有球面像差的投影镜头中被观察到；可参见 8.1.6 节。

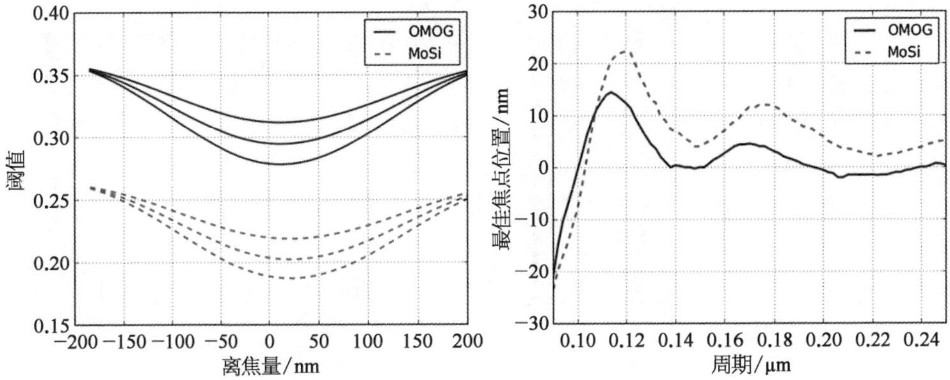

图 9-12　45 nm 宽线图形 MoSi 和 OMOG 掩模引起的最佳焦点的位置偏移：周期为 120 nm 图形的工艺窗口(左)和提取的最佳焦点位置与周期(右)的关系

成像条件：$\lambda = 193$ nm，xy 偏振正交四极 CQuad 照明 $\sigma = 0.66/0.82$，张角 60°，NA = 1.35，4×缩放；MoSi 吸收层：68 nm 厚，$n = 2.343$，$k = 0.586$；OMOG 吸收层：双层系统；底层：43 nm 厚，$n = 1.239$，$k = 2.249$；顶层：4 nm 厚，$n = 2.2235$，$= 0.8672$；石英衬底：$n = 1.563$，$k = 0.0$

此例以及其他更多例子都表明，光学光刻所用的高级掩模的形貌会产生相位效应，对成像性能产生类似于像差的影响。这存在将掩模引起的像差现象归因于投影镜头波像差的风险。特定的像差测量技术的应用必须考虑这些影响，像差测量技术可以从特别设计的掩模图像的离焦分析中检测波像差[37-39]。

投影物镜的波前控制和新型掩模吸收材料的使用可以补偿掩模引起的像差效应[40-42]。投影光刻机和掩模引起的像差之间关系的详细讨论可以在本章后的参考文献[35]中找到，其中介绍了严格仿真的衍射光谱的 Zernike 分析，可以作为量化掩模效应的有效方法。

图 9-13 展示了使用 Kirchoff 法和掩模缺陷成形的严格电磁场仿真结果之间的差异。两条 45 nm 宽的线条之间的中心处有一个边长为 20 nm 的方形暗缺陷，此缺陷可能是掩模制作缺陷，也可能是在掩模使用过程中沉积的颗粒。该图显示了掩模版图上层几个略有不同强度阈值的图像轮廓。Kirchhoff 方法低估了缺陷的影响，尽管它预测到线条之间的空隙变窄。相比之下，严格的掩模建模预测到线条之间空隙区域发生桥连，特别是对于略低于阈值的强度值。

缺陷成形的预测对不同掩模模型的这种高敏感性并不出人意料。缺陷是光刻掩模上最小的图形，因此，它们对掩模形貌效应非常敏感。一般而言，Kirchhoff 方法低估了暗色缺陷的成形性能，而高估了亮缺陷的成形性能。交替型 PSM 上的相位缺陷可以会聚或发散来自缺陷附近的光，因而它们被成形的风险相对于离焦位置会呈现出不对称的变化[43]。

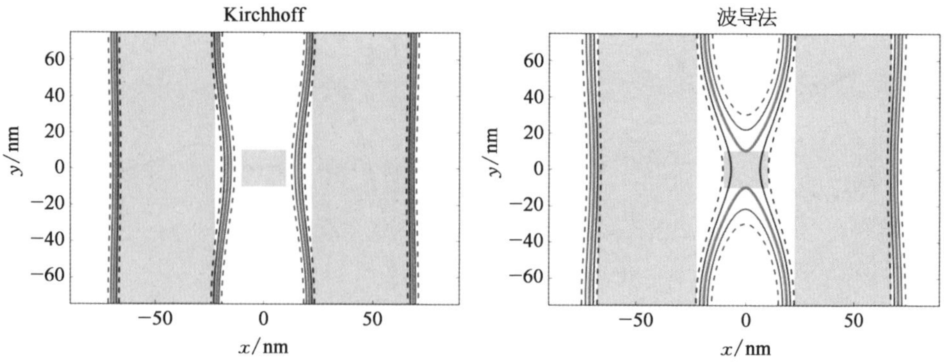

图 9-13 Kirchhoff 法和掩模缺陷成形的严格电磁场仿真

图中的阴影区域为掩模图形：周期 90 nm，线宽为 45 nm 的密集线，两条线之间有边长为 20 nm 的正方形缺陷，MoSi 参数如图 9-12 所示；实线和虚线显示不同强度阈值下的图像轮廓；光学参数：$\lambda = 193$ nm，xy 偏振正交四极 CQuad 照明 $\sigma = 0.7/0.9$，张角 60°，NA = 1.35，4×缩放

9.2.4 EUV 光刻中的掩模形貌效应及缓解策略

上一节中的示例已经证明了严格掩模建模对 DUV 光刻的重要性。通常，所描述的掩模形貌效应的幅度随着（掩模尺度）横向特征尺寸与所用波长之间的比率减小而增加。EUV 光波长的显著减少增加了掩模图形横向特征尺寸与波长之间的比率，这是否意味着 EUV 光刻对掩模形貌效应不太敏感？

然而，事实并非如此。掩模形貌效应重要性的第二个指标是掩模图形的厚度或高度。EUV 掩模吸收层的物理厚度与 DUV 光刻掩模吸收层的厚度相似，EUV 光刻掩模的典型吸收层厚度约为 4~5 个波长。吸收层厚度和波长之间的这种大比例关系使得 EUV 光刻对掩模形貌效应非常敏感。EUV 掩模的特定几何形状及其在成像装置中的集成引入了 EUV 光刻中掩模形貌效应的几个特点。

图 9-14 比较了 EUV 光刻的反射掩模与 DUV 光刻的透射掩模。在 EUV 光刻波长下，光学材料特性（折射率 n 和消光系数 k）与 DUV 光刻的相应数据相比，表现出的变化要小得多。为了获得所需的强度和相位调制，EUV 掩模需要更厚的吸收层。

EUV 光刻吸收层特征的相对厚度（由波长归一化）远大于 DUV 光刻的相应值。EUV 掩模吸收层厚度的重要性因光要通过吸收层两次而被强化：第一次是来自照明系统的光照射掩模；第二次是来自多层膜的背反射光再次照射吸收层时。

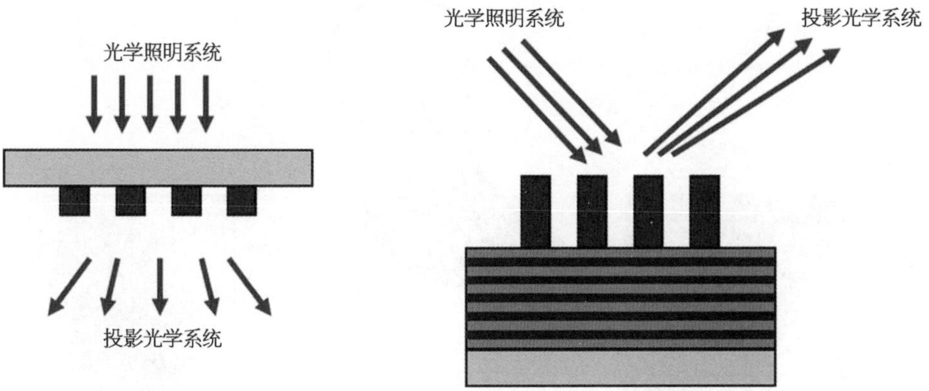

图 9－14　DUV 光刻透射掩模(左)和 EUV 光刻反射掩模(右)示意[44]

EUV 掩模的多层膜仅简要给出,一个真正的 Mo/Si 多层膜毛坯由大约 40 组/对钼和硅双层组成(参见 6.2 节)

EUV 掩模的多层膜引入了额外的特定掩模效应。光不在多层膜的顶部反射,而是从多层膜内部的几个界面反射,这增加了掩模的有效厚度。斜照明、多层膜反射率的角度依赖性以及(厚)吸收层对光的双重衍射增强了斜入射效应对 EUV 光刻的重要性(参见 9.2.2 节)。

光衍射与掩模上入射光方向的显著相关性对成像性能具有重要影响。图 9－15 显示了二极照明下,NA＝0.33 的 EUV 成像系统对 16 nm 密集线的离焦图像,该图显示了单极和完整二极照明的图像。

由于照射方向不同,因此两个单独极子相对于不同离焦的图像差异很大。它们不仅表现出相反的远心行为(图形位置随离焦的变化),而且也具有不同的对比度和平均光强,这些差异归因于衍射效率随照明方向的不同变化。在其他周期和成像条件下,也可以观察到类似的现象[29,45]。通常,来自 EUV 照明光瞳的几个部分的(不同)图像的叠加会导致图像对比度降低或对比度衰减[46,47]。EUV 光刻中掩模形貌效应与照明几何形状的强烈相互作用增加了 EUV 光源掩模协同优化(SMO)的重要性。例如,在本章后的参考文献[48,49]中描述了最重要的挑战和可能的解决方案。

另一种掩模形貌效应如图 9－16 所示,左图展示了 EUV 吸收层引起的波前形变,对应的反射近场的相位形变已经在图 6－9 中进行了介绍和讨论;图 9－16 右图显示(归一化)对比度值相对于仿真空间像的离焦位置曲线,这些数据表明不同周期引起的最佳焦点位置(具有最高对比度)偏移约为 20 nm,DUV 光刻中也观察到类似的效应[50]。由于焦深预算(范围)的减少,因此这类效应在 EUV 光刻比 DUV 光刻更为显著。

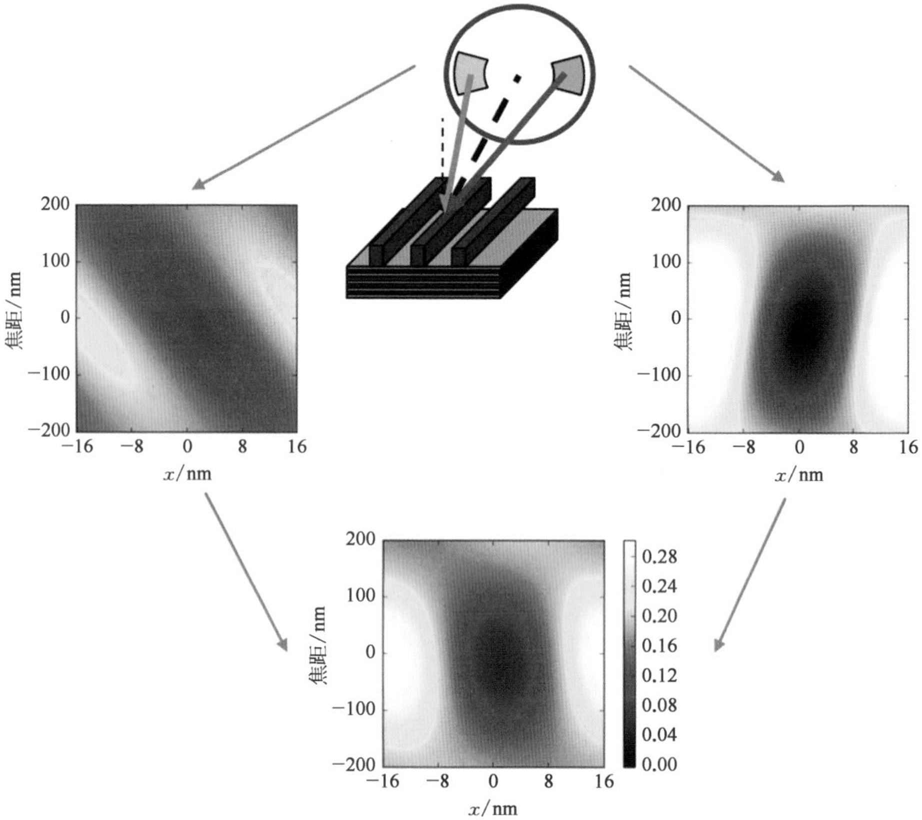

图 9-15 二极照明场景下仿真 16 nm 水平密集线的全程焦距图像[44]

掩模几何形状和照明方向被绘制在图形的上中心，细虚线和粗虚线分别表示掩模表面法向量和主射线角的方向，圆形和分段表示数值孔径为 0.33，照明左右极点的位置，该图给出了计算所得左极、右极和完整二极照明下空间像强度随聚焦位置的变化；成像参数：CRAO=6°，二极照明 $\sigma_{in/out}=0.4/0.8$ 和 30°张角，非偏振光

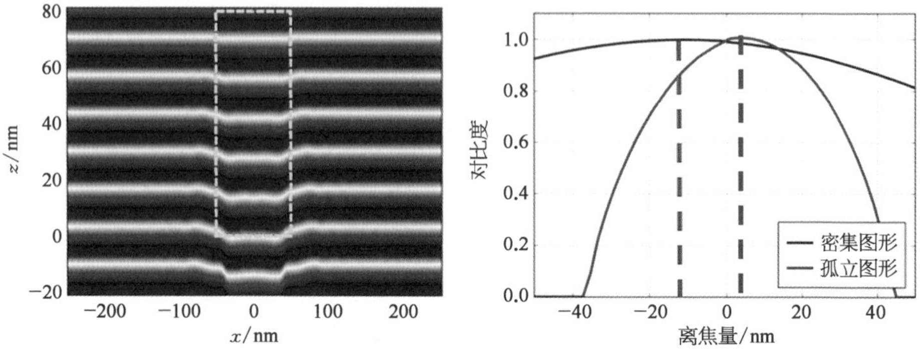

图 9-16 EUV 光刻的最佳焦点位置偏移效应[44]

左图：88 nm（掩模尺度）厚 TaBN 吸收层在真空中（不含反射多层）波前传播的近场仿真，虚线矩形表示吸收层的轮廓；右图：密集和孤立图形相对于离焦量的归一化局部对比度（NILS）。掩模尺寸上的特征尺寸为 88 nm，二极照明 $\sigma_{in/out}=0.4/0.8$ 和 30°张角

为了进一步减小 EUV 光刻中所能实现的特征尺寸和工艺因子 k_1，EUV 光刻中需要缓解这些掩模形貌效应的影响，为此有几种方法已经被开发。下面给出三个例子：前两种方法采用对光源形状和/或掩模设计图的不对称修改，来提高目前使用的 EUV 掩模吸收层的成像性能，这两种方法的实现相对简单，但严重依赖于掩模设计；第三个例子是利用新型吸收层材料，这会对掩模基础结构造成重大影响。然而，这些新型吸收层从根本上解决了掩模形貌效应，并提供了更通用的解决方案。

图 9－17 展示了优化用户定义照明形状的方法，可用于减少两个相邻空隙线图形离焦成像的不对称性[51]。该图左列部分显示了对称二极照明的仿真图像和 CD 值与离焦位置的显著不对称性。通过图 9－17 右列中优化用户定义非对称照明，这些全焦距范围的不对称性可以得到完全补偿。在光源优化的过程中还必须特别注意，要在保持高对比度的同时避免引入异常的像差灵敏度。

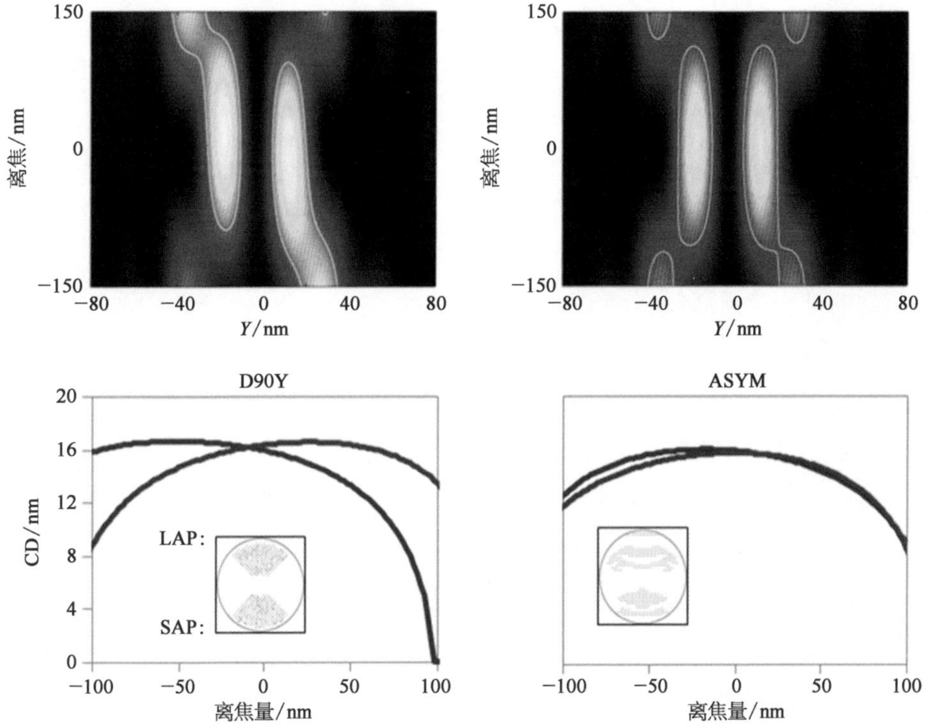

图 9－17　标准二极照明(左列)和非对称照明优化(右列)条件下水平双缝成像仿真结果[51]

上行：空间像强度相对于离焦位置图；下行：提取上狭缝(Y 为正值)和下狭缝(Y 为负值)相对于离焦量的成形特征尺寸或临界尺寸(CD)。红色和黑色的线分别代表 EUV 光刻机左右两条狭缝；照明形态如图插图所示：大角度极子(LAP)和小角度极子(SAP)

另一种减少 EUV 成像对比度衰减的方法是应用非对称辅助图形,图 9-18 展示了 Stephen Hsu 和 Jingjing Liu 对变形高 NA EUV 成像系统的仿真结果[52]。

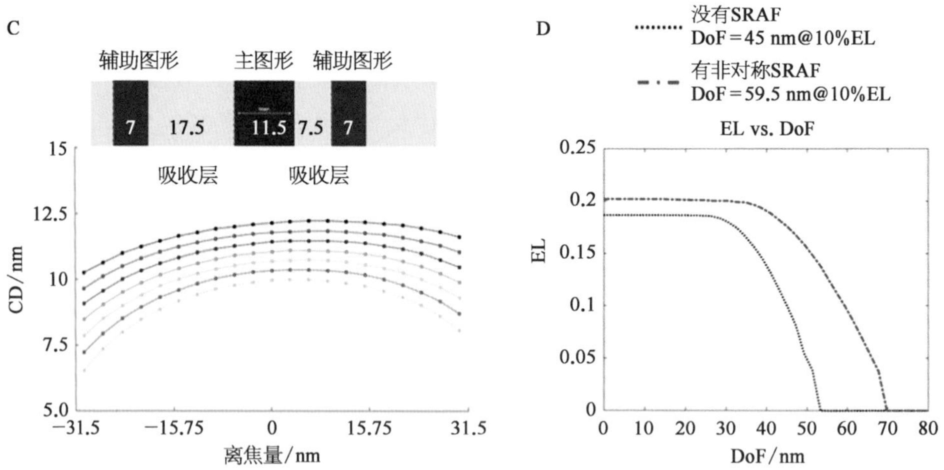

图 9-18 应用不对称辅助图形实现工艺性能改进的仿真[52]

左图:周期为 70 nm、线宽为 11 nm 的线空图形掩模设计,不对称辅助图形和相应的 Bossung 曲线;
右图:无亚分辨率辅助图形(SRAF)和优化的非对称 SRAF 曝光宽容度相对于焦深的变化关系

需要特别注意的是:非对称辅助图形的应用有助于改善不同照明方向衍射级的平衡。因为其可以保证辅助图形良好的离焦性能,并避免在相关离焦点位置范围内辅助图形的成形。关于 EUV 光刻的非对称辅助图形及其对工艺性能的影响的进一步详细信息,请参阅本章后的参考文献[52]。

解决掩模形貌效应的最通用方法是使用优化的掩模材料。高 k 吸收层材料的应用能够减少吸收层厚度。折射率接近 1 的吸收材料引起的光波前变形和相位变化较小,图 9-19 的近场图证明了这一点。

然而,具有较低消光系数和折射率介于 0.88~0.95 的吸收材料可用作 EUV 光刻的衰减型相移掩模[54]。具有小折射率的吸收材料也有利于引导光进入掩模的无吸收层区域,并减少不同照明方向之间的图像偏移[45]。

优化掩模吸收材料和掩模结构的研究仍在进行中[55-57]。确定最佳选择需要考虑不同的成像指标(NILS、尺寸阈值、非远心度等),更重要的是,这些材料对掩模结构的适用性(图案化、寿命、检查、修复等)。EUV 光刻机中,高 k 吸收层材料成像性能的首次实验研究显示出套刻性能的改善[58]。最后,还必须考虑多层膜的特性[59]。

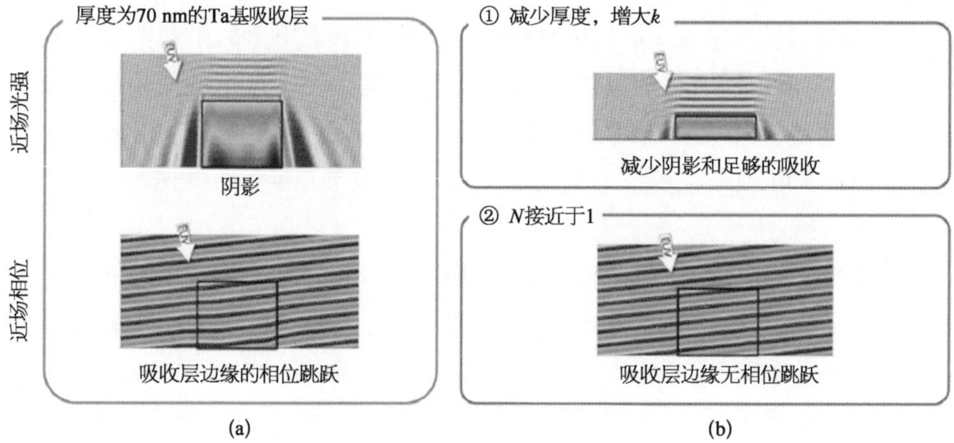

图 9－19　(a) 厚度为 70 nm 的 Ta 基吸收层仿真的近场强度(上)和相位(下)图；(b) 吸收层在减小厚度和增加消光系数时的近场强度(上)和吸收层材料在 70 nm 厚度但折射率为 1(下)的近场相位。箭头表示 EUV 光的方向，黑色框表示每个图像中吸收层的位置[53]

9.2.5　各种三维掩模模型

将严格的掩模建模应用于较大的掩模设计图形区域需要大量的计算资源，这可以通过算法[60,61]和专用硬件[62,63]的并行化来部分解决。然而，用于光刻成像计算的掩模衍射建模是一项特殊的任务，它允许一些方法具有合理的精度损失。例如，掩模衍射光谱的高空间频率对使用具有有限数值孔径的投影系统获得的远场图像没有贡献，因而针对这些高空间频率出现的数值误差是可以忽略的。此外，光刻掩模上的掩模图形大多是层次分明的，并具有优先图形设计方向。上述这些结果可用于建立更有效的模型来捕捉掩模形貌效应。

掩模分解技术用于将大面积、全 3D 问题拆分为更简单的小面积或 2D/1D 问题。Kostas Adam 和 Andrew Neureuther 提出了一种结合 FDTD[64] 的域分解技术(DDT)。DDT 使用 FDTD 计算来自掩模孤立边缘光的衍射。此后，特征衍射图案被应用于掩模设计图形中的所有边缘。如果设计图形离掩模的边缘不是太近，这种方法可以提供非常好的精度。该模型还可以扩展到描述角效应或不同入射角的光[31]。类似的分解技术也被用于波导法[65]，这种方法将完全 3D 问题(例如来自接触孔阵列或更复杂布局的光衍射)分解为几个 2D 问题，类似来自线空图形的光衍射。

其他更近似的模型试图在不求解麦克斯韦方程组的情况下捕捉掩模形貌

效应，这些紧凑模型通过修改 Kirchoff 掩模模型或成像系统来模拟掩模形貌效应。边界层模型是在 Kirchoff 型掩模设计图形中采用薄的半透明层包围图形边缘[66]。该半透明层的宽度、透射率和相位是由完全严格的掩模模型校准确定的。边缘脉冲模型采用了类似的方法，将具有特定高度和相位的脉冲添加到 Kirchoff 型掩模的所有边缘。边缘脉冲模型已被用于光学[34]和 EUV 掩模[67,68]。

由掩模形貌引起的偏振幅度和相位效应也可以通过修改投影物镜的光瞳函数来近似，将复杂的光瞳滤波器引入到投影物镜的琼斯光瞳中[69]。光瞳滤波器的形状是由 Zernike 或 Tschebyscheff 多项式来描述的，并且多项式系数由完全严格的掩模和成像仿真来进行校准。或者，这些多项式可以直接应用于掩模的衍射光谱[70]。另一种更灵活的方法是应用神经网络来仿真掩模形貌引起的衍射光谱修改[71]。神经网络针对特定的测试图形进行训练，能够高精度地再现许多掩模形貌效果。

所有描述的紧凑型掩模模型都必须通过完全严格的 EMF 仿真进行校准，这些模型的精度、性能、灵活性和可扩展性取决于所考虑的掩模类型、成像条件和特定的应用场景。

图 9－20 给出了不同版本掩模模型的分类。它们的范围从薄掩模或 Kirchhoff 模型到没有 Hopkins 假设的完全严格的模型。与 Kirchhoff 模型相比，紧凑模型提高了仿真精度，但需要使用完全严格的模型进行校准。域分解技术能够将严格的仿真技术应用于更大的掩模区域。图 9－20 中，这些模型的精度和计算工作量从左到右增加，选择最合适的模型取决于具体的应用。不同的模型相组合有助于在光学邻近效应校正和光源掩模协同优化中有效地包含掩模形貌效应。

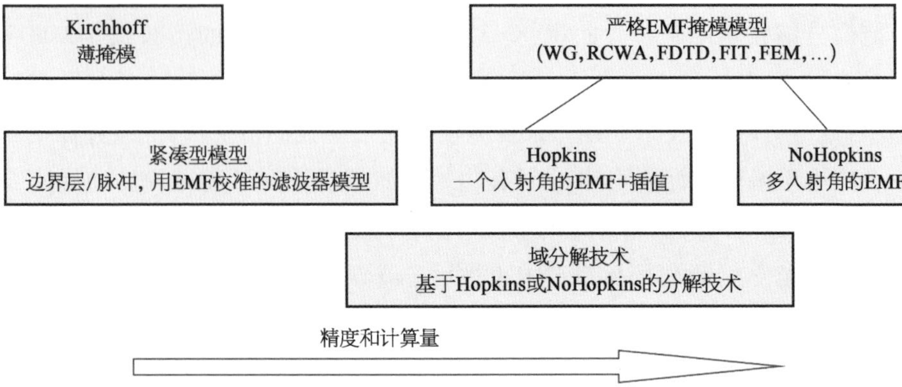

图 9－20　掩模模型分类

9.3　晶圆形貌效应

第一次对非平面衬底上的光刻曝光的详细研究出现在 20 世纪 80 年代后期，Matsuzawa 等人[72]采用有限元方法来描述硅衬底上高台阶的光散射，他们证明了散射光会导致局部曝光剂量和由此产生的光刻胶轮廓的变化。这种反射凹口也通过其他方法进行了研究[11,73]。尽管很早就开始研究晶圆形貌对光刻工艺的影响，但将严格的电磁场建模应用到晶圆散射效应建模的研究并不成熟。

通常，化学机械抛光（CMP）和底部抗反射涂层（BARC）用于调整晶圆的平面度，抑制晶圆图案的反射，并改善离焦和工艺的控制。正如 3.2.2 节所述，此类 BARC 改善了所获光刻胶轮廓的形状，并降低了所得特征尺寸（CD）对光刻胶厚度变化的敏感性。此外，BARC 的应用减少了进入晶圆不均匀区域的光，使得光从晶圆不均匀区域到非预期方向的衍射可以忽略。类似的论点被用来证明描述光刻胶内部强度分布的解析薄膜转移矩阵的应用。然而，FinFET 等新器件架构和包括双重成形技术在内的新工艺技术，增加了晶圆形貌效应的重要性。

晶圆散射效应的严格电磁场建模比掩模形貌效应的严格建模更具挑战性。典型光刻机是 4×缩放，因此与掩模上的特征尺寸相比，晶圆上仿真对象的尺寸更小。然而，光在晶圆上更大的入射角范围和部分相干效应增加了晶圆形貌效应建模的数值计算工作量。对于许多单独点光源，必须计算、存储和叠加其散射场。此外，晶圆散射效应的严格建模对电磁场的高空间频率分量的数值误差更为敏感。投影物镜的有限孔径和相应的带通滤波效果减少了此类误差对掩模形貌仿真的影响。对于晶圆形貌仿真，情况并非如此，电场中的所有傅里叶分量都对光刻胶内部的强度分布有着影响。

本节重点介绍几种情况，其中晶圆散射现象会引入薄膜转移矩阵无法描述的重要光刻效应，这包括比较不同的 BARC 沉积策略，靠近栅极的光刻胶底部残余效应，以及由于晶圆形貌导致的双重成形技术的线宽变化。

9.3.1　底部抗反射涂层的沉积策略

第一个晶圆形貌效应的示例展示了 45 nm 宽密集线的光刻曝光和工艺，这些线穿过晶圆上 10 nm 高和 150 nm 宽的硅台阶，相关的曝光和光刻胶膜层参数如图 9－21 所示。该图的顶行显示了两种不同的晶圆几何形状，分别是通过底部抗反射涂层（BARC）的平面化（左）沉积和保形（右）沉积获得的。图 9－21 的中行显示了沿空中心的光刻胶膜层内部产生的强度分布。图中的虚线表示 BARC 的上表面，计算得到的光刻胶轮廓在图 9－21 的底行中给出。

平面化沉积在 BARC 和光刻胶之间产生一个平坦的界面。BARC 厚度仅在硅台阶的顶部达到其最佳值。在 $x=0$ 处，硅台阶中心上方的光刻胶相应区域中没有驻波。硅台阶左右两侧的光刻胶区域中，BARC 太厚，由此产生的反射光在光刻胶的左右区域会产生明显的驻波图样。BARC 在硅台阶外部区域的性能不

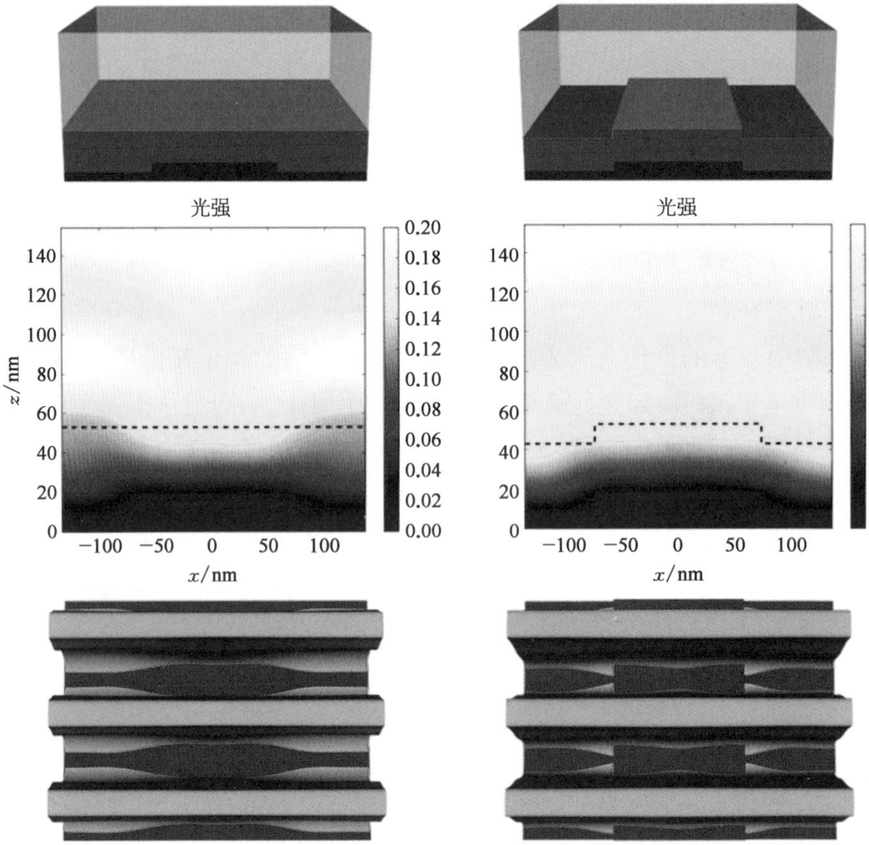

图 9－21　BARC 平面化（左列）和保形（右列）沉积的 45 nm 宽密集线的光刻曝光和光刻胶工艺的严格电磁场建模

上行：光刻胶膜层几何结构的侧视图；中行：光刻胶膜层内部沿图形空中心的光强分布的侧视图；下行：光刻工艺后光刻胶轮廓的俯视图。曝光参数：$\lambda=193$ nm，偏振二极照明，$\sigma=0.76/0.89$，张角 35°，NA=1.25；光刻胶膜层：Si 衬底及中心 10 nm 高和 150 nm 宽 Si 台阶；34 nm 厚的 BARC：$n=1.8$，$k=0.46$；100 nm 厚的化学放大型光刻胶：$n=1.71$，$A_{\text{Dill}}=1.8\ \mu\text{m}^{-1}$，$B_{\text{Dill}}=0.0\ \mu\text{m}^{-1}$，$C_{\text{Dill}}=0.015\ \text{cm}^2/\text{mJ}$

佳也可以在光刻胶的剖面中观察到，它们分别在硅台阶的左右两侧表现出明显的驻波和光刻胶底部残留效应。

BARC 的保形沉积在晶圆上产生均匀的 BARC 厚度，相应的光强分布中几乎看不到驻波。然而，来自硅/BARC 中的较小台阶的光散射会导致在硅台阶左右两侧的光刻胶/BARC 界面附近的光强略有降低。这带来相应区域光刻胶线宽的些许变化和光刻胶的底部残留。

9.3.2　靠近栅极的光刻胶底部残余

在某些情况下，化学机械抛光（CMP）和 BARC 不能被用于降低晶圆形貌的影响。例如，BARC 材料有时与特定工艺步骤中采用的技术不兼容。此外，BARC 和 CMP 会增加额外的工艺时间和成本。图 9－22 为一个典型情况，为了简化对相关效应的讨论，所示仿真中假设衬底具有与光刻胶相同的折射率；70 nm宽和 175 nm 高的多晶硅线嵌入在 500 nm 厚的光刻胶中。该多晶硅线是在前一个光刻和刻蚀步骤中生成的，被用作后续离子注入步骤的掩模。本示例无法使用 BARC，因为它可能会影响注入特性。图 9－22 所示晶圆用 250 nm 线宽、周期为1 000 nm的图形曝光，这些线垂直于多晶硅线条。

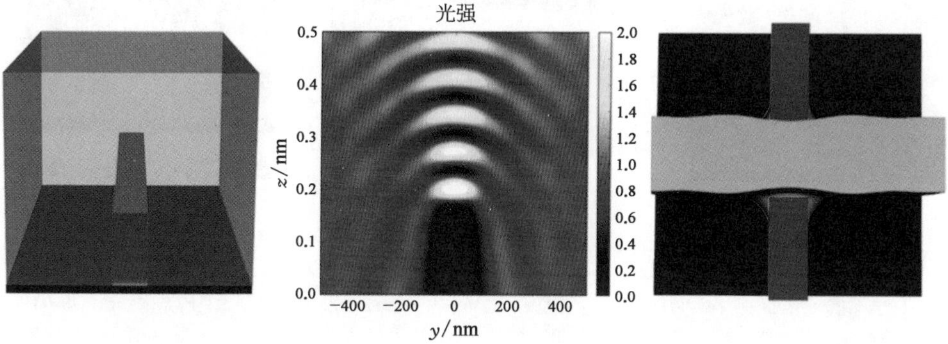

图 9－22　晶圆上较小的多晶硅台阶的光刻曝光和光刻胶工艺的严格电磁场仿真。本示例无法采用 BARC

左图：光刻胶膜层几何结构的侧面图；中图：光刻胶膜层内部沿图形空中心的光强分布的侧面图；右图：光刻工艺后的光刻胶轮廓的俯视图。曝光参数：$\lambda = 248$ nm，非偏振圆形照明，$\sigma = 0.45$，NA = 0.6；二元掩模：周期为 1 000 nm，线宽为 250 nm 的线空图形；光刻胶膜层：折射率与衬底匹配，500 nm 厚化学放大型光刻胶，中心有 175 nm 高和 70 nm 宽的多晶硅台阶

图 9－22 中图显示了光刻胶内部沿掩模图形空的中心计算所得光强分布，多晶硅线对光不透明，并将其散射到光刻胶的其他部分。来自多晶硅线顶部的光散射会在光刻胶的相应区域产生明显的驻波。多晶硅线的垂直边缘将光散

射到其左右两边，导致光刻胶中相应区域的局部曝光剂量显著降低。多晶硅线左右两侧区域中较小的曝光剂量，会在靠近多晶硅线底部附近产生光刻胶残留(参见图 9－22 右图)，来自多晶硅线顶部的散射光则会导致额外的线宽变化。本章后的参考文献[74,75]中发表了针对各种曝光场景中的光刻胶底部残留效应的综合仿真研究，包括与实验数据的比较。结果表明，光刻胶底部残留的多少取决于掩模的照射方向，更激进的离轴照明有助于减少光刻胶底部残留效应。

9.3.3 双重成形技术中的线宽变化

本节的最后一个示例展示了晶圆形貌效应对双重成形技术中某些场景的重要性。图 9－23 显示了在光刻-固化-光刻-刻蚀(LFLE)工艺(参见 5.3.2 节)中第一次曝光和光刻胶工艺步骤之后的晶圆几何形状。此过程的目标是使用正交线空图形的后续曝光和工艺来生成(拉长的)接触孔阵列。固化步骤可以改变第一个光刻步骤中图案化光刻胶的折射率，这里假设固化使图 9－23 左图光刻胶中心部分折射率增加了 0.03。

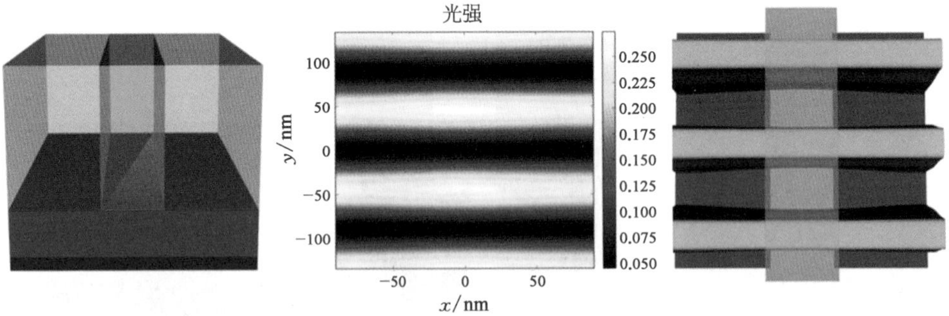

图 9－23 LFLE 工艺中第二次光刻曝光和光刻胶工艺步骤的严格电磁场仿真

左图：光刻胶膜层几何结构侧面图；中图：光刻胶底部光强分布俯视图；右图：光刻工艺后光刻胶剖面俯视图。曝光参数：$\lambda = 193$ nm，偏振二极照明，$\sigma = 0.76/0.89$；张角：35°，NA = 1.25；衰减型 PSM：90 nm 密集线空图形；光刻胶膜层：100 nm 厚化学放大型光刻胶，BARC 和 Si，中心处为 90 nm 宽固化光刻胶线，具有增加的折射率。详细信息请参阅 Feng Shao 等人的文章[19]

增加的折射率会吸引光并在光刻胶底部生成一个较强的光强分布，如图 9－23 中图所示。固化光刻胶附近这一较高的局部曝光剂量导致第二个光刻步骤中的线宽变化(图 9－23 右图)。本章后的参考文献[76]中发表了针对不同周期图形，第二次光刻步骤中观察到的线宽变化与固化引发的光刻胶光学特性改变，以及二者之间相关性的综合定量研究。其展示了如何通过严格的晶圆形貌仿真来识别适当的材料性能和固化过程中可容忍的折射率变化,并优化双重成形技术应用的设计拆分方法。其他研究者也应用了类似的建模技术来研究旋涂第二层光刻胶和由此产生的晶圆形貌对双重成形工艺中第二次光刻步骤的影响[77]。

9.4 小结

更小的掩模和晶圆图形增加了先进光刻技术中电磁散射效应的重要性,这些效应可通过严格的电磁场(EMF)仿真方法来描述。光刻中最流行的严格电磁场仿真方法是波导法[或严格耦合波分析(RCWA)]和时域有限差分(FDTD)法。

掩模形貌效应是薄掩模或基尔霍夫(Kirchhoff)方法无法描述的掩模衍射效应。这些效应包括衍射光的强度(衍射效率)、相位和偏振的改变。真实掩模的光衍射取决于掩模材料的光学特性(折射率和消光系数)、吸收层的厚度/几何形状和照射方向。在掩模的光学邻近效应校正(OPC)中必须考虑掩模形貌效应。此外,来自真实 DUV 和 EUV 掩模的光衍射引入了与投影物镜的波像差类似的相位效应,如与图形周期相关的最佳焦点偏移。

晶圆形貌效应是由晶圆上图形的光散射引起的,它们会在非平面晶圆上导致反射凹口、光刻胶底部残留和 CD 变化。底部抗反射涂层(BARC)的优化必须考虑这些影响。双重成形技术和双重曝光技术对晶圆形貌效应非常敏感。

参考文献

[1] V. Singh, B. Hu, K. Toh, S. Bollepalli, S. Wagner, and Y. Borodovsky, "Making a trillion pixels dance," *Proc. SPIE* **6924**, 69240S, 2008.
[2] H. P. Urbach and D. A. Bernard, "Modeling latent-image formation in photolithography, using the Helmholtz equation," *J. Opt. Soc. Am. A* **6**, 1343 - 1356, 1989.
[3] G. Wojcik, J. Mould, R. Ferguson, R. Martino, and K. K. Low, "Some image modeling issues for i-line, 5x phase shifting masks," *Proc. SPIE* **2197**, 455, 1994.
[4] S. Burger, R. Köhle, L. Zschiedrich, H. Nguyen, F. Schmidt, R. März, and C. Nölscher, "Rigorous simulation of 3D masks," *Proc. SPIE* **6349**, 63494Z, 2006.
[5] Z. Rahimi, A. Erdmann, C. Pflaum, and P. Evanschitzky, "Rigorous EMF simulation of absorber shape variations and their impact on the lithographic process," *Proc. SPIE* **7545**, 75450C, 2010.
[6] M. S. Yeung, "A next-generation EMF simulator for EUV lithography based on the pseudo-spectral time-domain method," *Proc. SPIE* **8322**, 83220D, 2012.
[7] K. S. Yee, "Numerical solution of initial boundary value problems involving Maxwell's equations in isotroptic media," *IEEE Trans. Antennas Propag.* **14**, 302 - 307, 1966.
[8] A. Taflove, *Computational Electrodynamics: The Finite-Difference Time-Domain Method*,

Artech House, Norwood, Massachusetts, 1995.

[9] R. Luebbers, F. Hunsberger, and K. S. Kunz, "A frequency-dependent finite-difference time-domain formulation," *IEEE Trans. Antennas Propag.* **39**, 29, 1991.

[10] J.-P. Berenger, "A perfectly matched layer for the absorption of electromagnetic waves," *J. Comput. Phys.* **114**, 185 – 200, 1994.

[11] A. K.-K. Wong and A. R. Neureuther, "Rigorous three-dimensional time-domain finite-difference electromagnetic simulation for photolithographic applications," *IEEE Trans. Semicond. Manuf.* **8**, 419 – 431, 1995.

[12] J. Liu, M. Brio, and J. V. Moloney, "Subpixel smoothing finite-difference time-domain method for material interface between dielectric and dispersive media," *Opt. Lett.* **37**, 4802 – 4804, 2012.

[13] A. R. Zakharian, M. Brio, C. Dineen, and J. V. Moloney, "Second-order accurate FDTD space and time grid refinement method in three space dimensions," *IEEE Photon. Technol. Lett.* **18**, 1237 – 1239, 2006.

[14] K. Lucas, H. Tanabe, and A. J. Strojwas, "Efficient and rigorous three-dimensional model for optical lithography dimulation," *J. Opt. Soc. Am. A* **13**, 2187 – 2199, 1996.

[15] M. G. Moharam and T. K. Gaylord, "Rigorous coupled-wave analysis of planar-grating diffraction," *J. Opt. Soc. Am.* **71**, 811 – 818, 1981.

[16] D. Nyyssonen, "Theory of optical edge detection and imaging of thick layers," *J. Opt. Soc. Am.* **72**, 1425, 1982.

[17] H. Kim, J. Park, and B. Lee, *Fourier Modal Method and its Applications in Computational Nanophotonics*, CRC Press, Boca Raton, Florida, 2012.

[18] P. Evanschitzky and A. Erdmann, "Fast near field simulation of optical and EUV masks using the waveguide method," *Proc. SPIE* **6533**, 65530Y, 2007.

[19] F. Shao, P. Evanschitzky, T. Fühner, and A. Erdmann, "Efficient simulation and optimization of wafer topographies in double patterning," *J. Micro/Nanolithogr. MEMS MOEMS* **8**(4), 43070, 2009.

[20] P. Lalanne and G. M. Morris, "Highly improved convergence of the coupled-wave method for TM polarization," *J. Opt. Soc. Am. A* **13**, 779 – 784, 1996.

[21] L. Li, "Use of Fourier series in the analysis of discontinuous periodic structures," *J. Opt. Soc. Am. A* **13**, 1870 – 1876, 1996.

[22] A. Erdmann, P. Evanschitzky, G. Citarella, T. Fühner, and P. De Bisschop, "Rigorous mask modeling using waveguide and FDTD methods: An assessment for typical hyper NA imaging problems," *Proc. SPIE* **6283**, 628319, 2006.

[23] A. Erdmann, T. Fühner, P. Evanschitzky, V. Agudelo, C. Freund, P. Michalak, and D. Xu, "Optical and EUV projection lithography: A computational view," *Microelectron. Eng.* **132**, 21 – 34, 2015.

[24] D. Flagello, B. Geh, S. Hansen, and M. Totzeck, "Polarization effects associated with hyper-numerical-aperture lithography," *J. Micro/Nanolithogr. MEMS MOEMS* **4** (3), 31104, 2005.

[25] M. Yoshizawa, V. Philipsen, and L. H. A. Leunissen, "Optimizing absorber thickness of attenuating phase-shifting masks for hyper-NA lithography," *Proc. SPIE* **6154**, 61541E, 2006.

[26] A. Erdmann and P. Evanschitzky, "Rigorous electromagnetic field mask modeling and related lithographic effects in the low k1 and ultrahigh NA regime," *J. Micro/Nanolithogr. MEMS MOEMS* **6**(3), 31002, 2007.

[27] A. Erdmann, "Topography effects and wave aberrations in advanced PSM-technology," *Proc. SPIE* **4346**, 345 – 355, 2001.

[28] A. Erdmann, T. Fühner, S. Seifert, S. Popp, and P. Evanschitzky, "The impact of the mask stack and its optical parameters on the imaging performance," *Proc. SPIE* **6520**, 65201I, 2007.

[29] A. Erdmann, P. Evanschitzky, G. Bottiglieri, E. van Setten, and T. Fliervoet, "3D mask effects in high NA EUV imaging," *Proc. SPIE* **10957**, 219 – 231, 2019.
[30] A. Erdmann, G. Citarella, P. Evanschitzky, H. Schermer, V. Philipsen, and P. De Bisschop, "Validity of the Hopkins approximation in simulations of hyper-NA line-space structures for an attenuated PSM mask," *Proc. SPIE* **6154**, 61540G, 2006.
[31] K. Adam, M. C. Lam, N. Cobb, and O. Toublan, "Application of the hybrid Hopkins-Abbe method in full-chip OPC," *Microelectron. Eng.* **86**, 492 – 496, 2008.
[32] A. K.-K. Wong and A. R. Neureuther, "Mask topography effects in projection printing of phase-shifting masks," *IEEE Trans. on Electron Devices* **41**, 895 – 902, 1994.
[33] C. Friedrich, L. Mader, A. Erdmann, S. List, R. Gordon, C. Kalus, U. Griesinger, R. Pforr, J. Mathuni, G. Ruhl, and W. Maurer, "Optimising edge topography of alternating phase shift masks using rigorous mask modelling," *Proc. SPIE* **4000**, 1323, 2000.
[34] J. Ruoff, J. T. Neumann, E. Smitt-Weaver, E. van Setten, N. le Masson, C. Progler, and B. Geh, "Polarization induced astigmatism caused by topographic masks," *Proc. SPIE* **6730**, 67301T, 2007.
[35] A. Erdmann, F. Shao, P. Evanschitzky, and T. Fühner, "Mask topography induced phase effects and wave aberrations in optical and extreme ultraviolet lithography," *J. Vac. Sci. Technol. B* **28**, C6J1, 2010.
[36] G. McIntyre, M. Hibbs, T. Faure, J. Tirapu-Azpiroz, G. Han, R. Deschner, B. Morgenfeld, S. Ramaswamy, A. Wagner, T. Brunner, S. Halle, and Y. Kikuchi, "Lithographic qualification of new opaque MoSi binary mask blank for the 32-nm node and beyond," *J. Micro/Nanolithogr. MEMS MOEMS* **9**(1), 13010, 2010.
[37] P. Dirksen, J. Braat, A. J. E. M. Janssen, and C. Juffermans, "Aberration retrieval using the extended Nijboer-Zernike approach," *J. Micro/Nanolithogr. MEMS MOEMS* **2**(1), 61 – 68, 2003.
[38] G. C. Robins and A. R. Neureuther, "Are pattern and probe aberration monitors ready for prime time?" *Proc. SPIE* **5754**, 1704, 2005.
[39] L. Duan, X. Wang, G. Yan, and A. Bourov, "Practical application of aerial image by principal component analysis to measure wavefront aberration of lithographic lens," *J. Micro/Nanolithogr. MEMS MOEMS* **11**(2), 23009, 2012.
[40] J. Finders, M. Dusa, P. Nikolsky, Y. van Dommelen, R. Watso, T. Vandeweyer, J. Beckaert, B. Laenens, and L. van Look, "Litho and patterning challenges for memory and logic applications at the 22 nm node," *Proc. SPIE* **7640**, 76400C, 2010.
[41] T. Fühner, P. Evanschitzky, and A. Erdmann, "Mutual source, mask and projector pupil optimization," *Proc. SPIE* **8322**, 83220I, 2012.
[42] M. K. Sears, J. Bekaert, and B. W. Smith, "Lens wavefront compensation for 3D photomask effects in subwavelength optical lithography," *Appl. Opt.* **52**, 314, 2013.
[43] A. Erdmann and C. Friedrich, "Rigorous diffraction analysis for future mask technology," *Proc. SPIE* **4000**, 684, 2000.
[44] A. Erdmann, D. Xu, P. Evanschitzky, V. Philipsen, V. Luong, and E. Hendrickx, "Characterization and mitigation of 3D mask effects in extreme ultraviolet lithography," *Adv. Opt. Technol.* **6**, 187 – 201, 2017.
[45] M. Burkhardt, A. D. Silva, J. Church, L. Meli, C. Robinson, and N. Felix, "Investigation of mask absorber induced image shift in EUV lithography," *Proc. SPIE* **10957**, 1095710, 2019.
[46] C.-T. Shih, S.-S. Yu, Y.-C. Lu, C.-C. Chung, J. J. H. Chen, and A. Yen, "Mitigation of image contrast loss due to mask-side non-telecentricity in an EUV scanner," *Proc. SPIE* **9422**, 94220Y, 2015.
[47] J. Finders, L. de Winter, and T. Last, "Mitigation of mask three-dimensional induced phase effects by absorber optimization in ArFi and extreme ultraviolet lithography," *J. Micro/Nanolithogr. MEMS MOEMS* **15**(2), 21408, 2016.

[48] X. Liu, R. Howell, S. Hsu, K. Yang, K. Gronlund, F. Driessen, H.-Y. Liu, S. Hansen, K. van Ingen Schenau, T. Hollink, P. van Adrichem, K. Troost, J. Zimmermann, O. Schumann, C. Hennerkes, and P. Gräupner, "EUV source-mask optimization for 7 nm node and beyond," *Proc. SPIE* **9048**, 171 – 181, 2014.

[49] A. Armeanu, V. Philipsen, F. Jiang, G. Fenger, N. Lafferty, W. Gillijns, E. Hendrickx, and J. Sturtevant, "Enabling enhanced EUV lithographic performance using advanced SMO, OPC, and RET," *Proc. SPIE* **10809**, 85 – 93, 2019.

[50] A. Erdmann, P. Evanschitzky, J. T. Neumann, and P. Gräupner, "Mask-induced best-focus shifts in deep ultraviolet and extreme ultraviolet lithography," *J. Micro/Nanolithogr. MEMS MOEMS* **15**(2), 21205, 2016.

[51] T. Last, L. de Winter, P. van Adrichem, and J. Finders, "Illumination pupil optimization in 0.33-NA extreme ultraviolet lithography by intensity balancing for semi-isolated dark field two-bar M1 building blocks," *J. Micro/Nanolithogr. MEMS MOEMS* **15**(4), 043508, 2016.

[52] S. D. Hsu and J. Liu, "Challenges of anamorphic high-NA lithography and mask making," *Adv. Opt. Technol.* **6**, 293 – 310, 2017.

[53] V. Philipsen, K. V. Luong, L. Souriau, A. Erdmann, D. Xu, P. Evanschitzky, R. W. E. van de Kruijs, A. Edrisi, F. Scholze, C. Laubis, M. Irmscher, S. Naasz, C. Reuter, and E. Hendrickx, "Reducing extreme ultraviolet mask three-dimensional effects by alternative metal absorbers," *J. Micro/Nanolithogr. MEMS MOEMS* **16**(4), 041002, 2017.

[54] A. Erdmann, P. Evanschitzky, H. Mesilhy, V. Philipsen, E. Hendrickx, and M. Bauer, "Attenuated phase shift mask for extreme ultraviolet: Can they mitigate three-dimensional mask effects?" *J. Micro/Nanolithogr. MEMS MOEMS* **18**(1), 011005, 2018.

[55] V. Philipsen, K. V. Luong, K. Opsomer, C. Detavernier, E. Hendrickx, A. Erdmann, P. Evanschitzky, R. W. E. van de Kruijs, Z. Heidarnia-Fathabad, F. Scholze, and C. Laubis, "Novel EUV mask absorber evaluation in support of next-generation EUV imaging," *Proc. SPIE* **10810**, 108100C, 2018.

[56] F. J. Timmermans, C. van Lare, J. McNamara, E. van Setten, and J. Finders, "Alternative absorber materials for mitigation of mask 3D effects in high NA EUV lithography," *Proc. SPIE* **10775**, 107750U, 2018.

[57] A. Erdmann, H. Mesilhy, P. Evanschitzky, V. Philipsen, F. Timmermans, and M. Bauer, "Perspectives and tradeoffs of novel absorber materials for high NA EUV lithography," *J. Micro/Nanolithogr. MEMS MOEMS* **19**(4), 041001, 2020.

[58] J. Finders, R. de Kruif, F. Timmermans, J. G. Santaclara, B. Connely, M. Bender, F. Schurack, T. Onoue, Y. Ikebe, and D. Farrar, "Experimental investigation of a high-k reticle absorber system for EUV lithography," *Proc. SPIE* **10957**, 268 – 276, 2019.

[59] H. Mesilhy, P. Evanschitzky, G. Bottiglieri, E. van Setten, T. Fliervoet, and A. Erdmann, "Pathfinding the perfect EUV mask: The role of the multilayer," *Proc. SPIE* **11323**, 244 – 259, 2020.

[60] A. K.-K. Wong, R. Guerrieri, and A. R. Neureuther, "Massively parallel electromagnetic simulation for photolithographic applications," *IEEE Trans. Comput.-Aided Des. Integr. Circuits Syst.* **14**, 1231, 1995.

[61] H. Kim, I.-M. Lee, and B. Lee, "Extended scattering-matrix method for efficient full parallel implementation of rigorous coupled-wave analysis," *J. Opt. Soc. Am. A* **24**, 2313 – 2327, 2007.

[62] K.-H. Kim, K. Kim, and Q.-H. Park, "Performance analysis and optimization of three-dimensional FDTD on GPU using roofline model," *Comput. Phys. Commun.* **182**, 1201 – 1207, 2011.

[63] J. Tong and S. Chen, "Computation improvement for the rigorous coupled-wave analysis with GPU," in *Fourth International Conference on Computational and Information Sciences*, 2012.

[64] K. Adam and A. R. Neureuther, "Domain decomposition methods for the rapid electromagnetic simulation of photomask scattering," *J. Micro/Nanolithogr. MEMS MOEMS* **1**, 253-269, 2002.
[65] F. Shao, P. Evanschitzky, D. Reibold, and A. Erdmann, "Fast rigorous simulation of mask diffraction using the waveguide method with parallelized decomposition technique," *Proc. SPIE* **6792**, 679206, 2008.
[66] J. Tirapu-Azpiroz, P. Burchard, and E. Yablonovitch, "Boundary layer model to account for thick mask effects in photolithography," *Proc. SPIE* **5040**, 1611, 2003.
[67] M. C. Lam and A. R. Neureuther, "Simplified model for absorber feature transmissions on EUV masks," *Proc. SPIE* **6349**, 63492H, 2006.
[68] Y. Cao, X. Wang, A. Erdmann, P. Bu, and Y. Bu, "Analytical model for EUV mask diffraction field calculation," *Proc. SPIE* **8171**, 81710N, 2011.
[69] V. Agudelo, P. Evanschitzky, A. Erdmann, T. Fühner, F. Shao, S. Limmer, and D. Fey, "Accuracy and performance of 3D mask models in optical projection lithography," *Proc. SPIE* **7973**, 797300, 2011.
[70] V. Agudelo, P. Evanschitzky, A. Erdmann, and T. Fühner, "Evaluation of various compact mask and imaging models for the efficient simulation of mask topography effects in immersion lithography," *Proc. SPIE* **8326**, 832609, 2012.
[71] V. Agudelo, T. Fühner, A. Erdmann, and P. Evanschitzky, "Application of artificial neural networks to compact mask models in optical lithography simulation," *J. Micro/Nanolithogr. MEMS MOEMS* **13**(1), 11002, 2013.
[72] T. Matsuzawa, A. Moniwa, N. Hasegawa, and H. Sunami, "Two-dimensional simulation of photolithography on reflective stepped substrate," *IEEE Trans. Comput.-Aided Des. Integr. Circuits Syst.* **6**, 446, 1987.
[73] M. S. Yeung and A. R. Neureuther, "Three-dimensional reflective-notching simulation using multipole-accelerated physical optics approximation," *Proc. SPIE* **2440**, 395, 1995.
[74] A. Erdmann, C. K. Kalus, T. Schmöller, Y. Klyonova, T. Sato, A. Endo, T. Shibata, and Y. Kobayashi, "Rigorous simulation of exposure over nonplanar wafers," *Proc. SPIE* **5040**, 101, 2003.
[75] T. Sato, A. Endo, K. Hashimoto, S. Inoue, T. Shibata, and Y. Kobayashi, "Resist footing variation and compensation over nonplanar wafer," *Proc. SPIE* **5040**, 1521, 2003.
[76] A. Erdmann, F. Shao, J. Fuhrmann, A. Fiebach, G. P. Patsis, and P. Trefonas, "Modeling of double patterning interactions in litho-curing-litho-etch (LCLE) processes," *Proc. SPIE* **76740**, 76400B, 2010.
[77] S. A. Robertson, M. T. Reilly, T. Graves, J. J. Biafore, M. D. Smith, D. Perret, V. Ivin, S. Potashov, M. Silakov, and N. Elistratov, "Simulation of optical lithography in the presence of topography and spin-coated films," *Proc. SPIE* **7273**, 727340, 2009.

第 10 章　先进光刻中的随机效应

前面的章节,通过连续变量描述了光和光刻胶的特性。然而,几十纳米及以下范围内的光刻表现出一些无法通过这种连续变量描述来解释的效应和观察结果。因此,必须认识到能量(光)和物质(光刻胶)的离散性质以及相关事件的随机性,以理解这种随机现象。例如,成形图形边缘的粗糙度,名义上是相同图形的大小和位置的局部微小变化,以及罕见的非系统性成形缺陷。本章将介绍先进光刻中的随机效应。

本章首先将概述重要的离散变量和工艺,以及由此产生的光刻现象、建模方法和观察到的相关性。其次,将解释如何理解 Chris Mack[1] 的陈述,即随机效应定义了光刻的最终极限。最后,将讨论几种提议的缓解策略,特别是新型光刻胶材料的开发和应用,以尽可能地突破这一极限。本章为深入研究该题提供了大量参考资料。

10.1　随机变量和过程

用于光刻胶曝光的光是由单个光子组成的,每个光子的能量为

$$E_{\mathrm{photon}} = \mathrm{h}f = \mathrm{hc}/\lambda \tag{10-1}$$

式中,h 是普朗克常数(6.626×10^{-34} J·s),c 是真空中的光速(2.998×10^{8} m/s),f 和 λ 分别为(光子的)频率和波长。对于给定的剂量 D,照射到区域 A 的入射光子 N_{photon} 的平均数量为

$$\overline{N}_{\text{incident}} = \frac{DA}{E_{\text{photon}}} = \frac{DA\lambda}{\text{hc}} \tag{10-2}$$

由于 EUV 光的波长较小(λ =13.5 nm)，对于相同的曝光剂量，其平均光子数比相应的 DUV(λ =193 nm)光子数少约 14 倍。对于吸收系数为 α 和厚度为 d 的典型光刻胶，平均吸收光子数 N 可近似为[2]

$$\overline{N} = \frac{D\alpha Ad\lambda}{\text{hc}} \tag{10-3}$$

图 10-1 左图是计算得到的 EUV 和 DUV 光子的平均吸收数量，这些光子照射到具有给定边缘长度的正方形区域，注意图中的对数刻度。

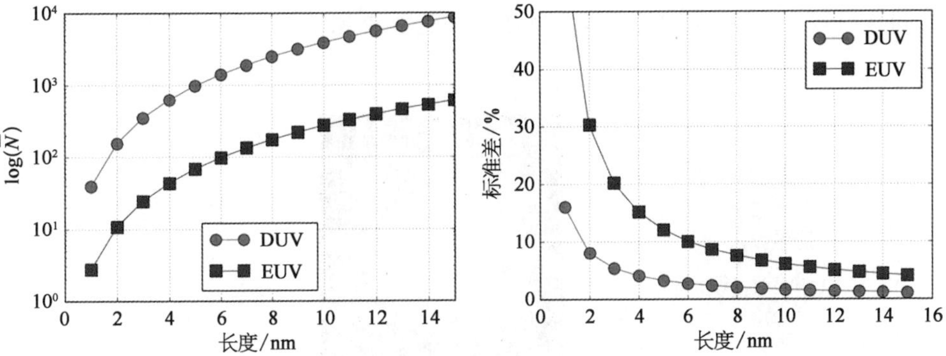

图 10-1　计算所得平均吸收光子数 N(左) 和相应的归一化标准偏差(右)

波长：DUV(λ = 193 nm) 和 EUV(λ = 13.5 nm)，光刻胶厚度：50 nm，
吸收系数 α = 4 μm^{-1}，曝光剂量 D = 20 mJ/cm^2；横轴是方形曝光区域的边缘长度

光子在随机时间和随机位置上从光源发出。因此，在特定区域和给定时间间隔(曝光时间)内，实际吸收光子的数量在式(10-3)中的平均值附近变化。实际吸收的光子数量服从泊松(Poisson)分布并具有一个标准差：

$$\sigma_{\text{photon}} = 1/\sqrt{\overline{N}} = \sqrt{\frac{\text{hc}}{\lambda}}\sqrt{\frac{1}{Ad}}\sqrt{\frac{1}{\alpha D}} \tag{10-4}$$

吸收光子数量的这种变化，即光子散粒噪声，是光刻中产生随机现象的根本原因之一。方程(10-4)和图 10-1 中绘制的数字说明，光子散粒噪声对光刻变得更重要的一些条件。

首先，这取决于所考虑的体积 Ad(或面积 A，如考虑具有固定厚度 d 的光刻胶)。Neureuther 和 Willson[3] 定义了光子散粒噪声的限度，即随机效应变得不可忽略的限度。例如对于 X 射线光刻，该限度是在 CD/4(CD，特征尺寸)体积单元内有 1 000 个光子。根据这个定义,对于 CD 为 20 nm,其对应的四分之一长度尺度为 5 nm。图 10-1 左图显示在此条件下 DUV 光吸收约 1 000 个光子,而 EUV 光吸收的光子数少于 100 个。5 nm 尺度下的标准偏差约为 10%(右图),这凸显了光子噪声对于 EUV 光刻的重要性。

方程(10-4)提出了两种减少随机效应的方法:增加曝光剂量或增加光刻胶的吸收。10.4 节将讨论此类缓解策略的效果。

掩模图形曝光的光子分布也将遵循投影空间像/立体像的强度分布。图 10-2 给出了用 DUV 和 EUV 曝光接触孔时计算所得吸收光子的分布。在这个例子中,假定 EUV 和 DUV 曝光获得名义上相同的空间像,其结果凸显了 EUV 的光子散粒噪声效应。大量的 DUV 光子使得具有许多吸收光子的明亮内部区域和具有较少光子的黑暗外部区域之间的过渡更加平滑。

图 10-2 计算所得接触孔内吸收光子的强度和平均数量:相同空间像(中)的 DUV 光子(左)和 EUV 光子(右)的分布

随机效应的另一个因素是光刻胶,它由离散的分子、单体和具有有限尺寸的聚合物组成。第 3 章中使用的化学浓度概念在体积单元很小时则失去了意义[4]。本章后的参考文献[1,5,6]给出了标准化学放大型光刻胶中化学成分的典型平均值。对于边长为 10 nm 的立方体,光酸产生剂(PAG)分子数在 40~200 之间变化,淬灭剂分子数在 10~30 之间变化,保护基团在 1 000~2 000 之间变化。所考虑体积内的 PAG 分子、淬灭剂分子和保护基团的实际数量也是随机变量。所谓化学噪声就是由光刻胶中化学物质的随机分布定义的。

给定的数值表明淬灭剂分子的分布主导了化学噪声对光刻的影响,仿真结果也证实了这一点。然而,最终起作用的不是相对淬灭剂噪声,而是相对于平均酸数的绝对淬灭剂的噪声[7]。

通常,化学物质的实际分布被假定遵循 Poisson 统计。但是,这种假设具有一定的局限性。例如，PAG 的高加载可能会表现出集群现象[8]。决定光刻胶显影速度的保护基团附着在长聚合物分子上，它们相互之间不是独立的。典型的光刻胶内的聚合物体积为 10 nm^3 量级，该体积的大小也会影响所讨论的随机现象[9]。

所描述的光和光刻胶的随机变量在任意或随机过程中相互作用。例如，一个入射光子可能会撞击 PAG 分子并产生光酸，或者它也可能会在光刻胶中穿行却不产生酸。一个入射的 EUV 光子可能会触发或不触发二次电子的产生。产生的二次电子将经历另一系列随机事件，最终结果是，在原始光子吸收事件附近释放一定数量的光酸。这种过程只能用概率统计来描述，例如采用量子效率，即每个吸收的 EUV 光子释放光酸的平均数量，或采用电子模糊半径的概念，即光酸的释放位置和光子吸收位置之间的平均距离。

类似的随机过程也发生在曝光后烘焙和显影过程中。光酸在原始释放位置周围随机移动，可能会解除(或不解除)保护聚合物的保护基团。光酸也可能遇到淬灭剂分子并产生新的化学物质。此类事件的概率用动力学反应常数和扩散长度来表征。扩散长度也可以看作是释放光酸的平均迁移率的量度。

这里提供的随机建模方法，是通过概述所描述现象来确定光刻尺寸缩放的某些趋势和规则，在此之前，需要首先观察光刻工艺的结果，即所得光刻胶轮廓的特征及其特性。

10.2　现象

上一节中讨论的光子和化学物质的离散性和随机性以及所涉及的随机过程，导致了光刻工艺结果(所得光刻胶轮廓)的某些随机变化。光刻工艺的平均结果，即生成的光刻胶轮廓的平均尺寸(CD)、位置和形状，可以通过本书前几章的连续变量描述进行很好的预测。光刻工艺中产生的(附加)随机性是光和光刻胶的离散性的结果。正如 Andy Neureuther 和 Grant Willson[3]已经指出的那样，光刻工艺的这种随机性包括统计线边缘粗糙度和不经常出现的缺陷。

图 10－3 左图是具有粗糙边缘的线条的示意图。这个线条没有光滑的表面，也没有明确定义的边缘。光刻胶轮廓的形状和边缘位置沿线变化。线条边缘的这种变化和线条的“摆动”也可以在右图的俯视 SEM 图中看到。

如图 10－3 中图所示，线条的边缘粗糙度(LER)可以通过与理想光滑表面

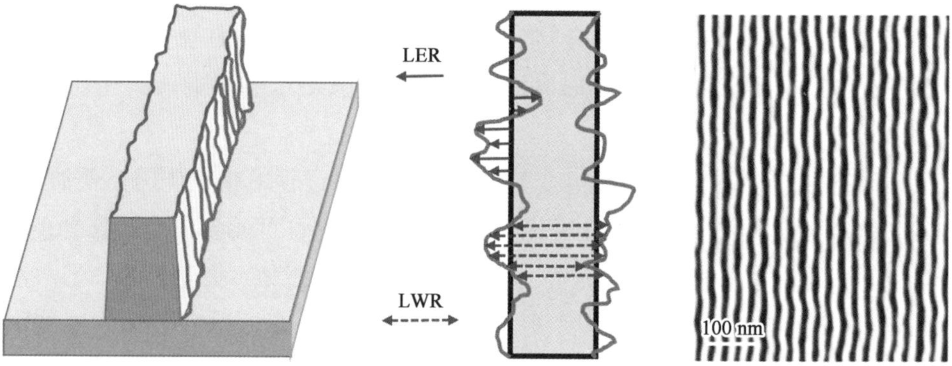

图 10-3 线边缘粗糙度(LER)和线宽粗糙度(LWR)

左图：带有粗糙边缘的线条示意图[10]；中图：LER 测量数据示意图(线上部实线箭头)和 LWR 测量数据示意(线下部虚线箭头)；右图：具有 LER/LWR 的光刻胶线的俯视 SEM 图[11]

或图形边缘的标准差进行定量评估：

$$\sigma_{\text{LER}} = \sqrt{\frac{\sum_{i=1}^{N}(x_i - x_a)^2}{N-1}} \tag{10-5}$$

式中，x_i代表沿线条边缘的 N 个离散采样点，x_a是线条边缘的平均位置。测量数据在平均值 x_a附近呈正态分布，大约 99.73%的测量数据 x_i分布在 $x_a \pm 3\sigma_{\text{LER}}$ 范围内。σ_{LER} 的典型值在几纳米至约 15 nm 之间。对于左右边缘不相关的粗糙度，线宽粗糙度(LWR)的标准偏差为 $\sigma_{\text{LWR}} = \sqrt{2}\sigma_{\text{LER}}$。方程(10-5)对 LER 的评估忽略了 LER 的空间(或空间频率)因子，并且没有预测 σ_{LER}对所测量线条长度的依赖性。

Constantoudis 等人[12,13]利用粗糙光刻胶表面与随机分形的相似性，开发了用于 LER 定量表征的综合方法。大多数被测的光刻胶边缘表现出自仿射特征，可以通过功率谱密度(PSD)来描述，如图 10-4 所示。

PSD 是在空间频域中定义的。低空间频率描述了沿线条大周期的缓慢变化，高空间频率是小周期的快速变化(另请参见 2.2.1 节中关于成像中空间频率概念的讨论)。PSD 由三个参数表征：PSD_0(无限长线的 PSD)、相关长度 ξ 和粗糙度指数 H[12,14]：

$$\text{PSD}(f) = \frac{\text{PSD}_0}{1 + |2\pi f\xi|^{2H+1}} \tag{10-6}$$

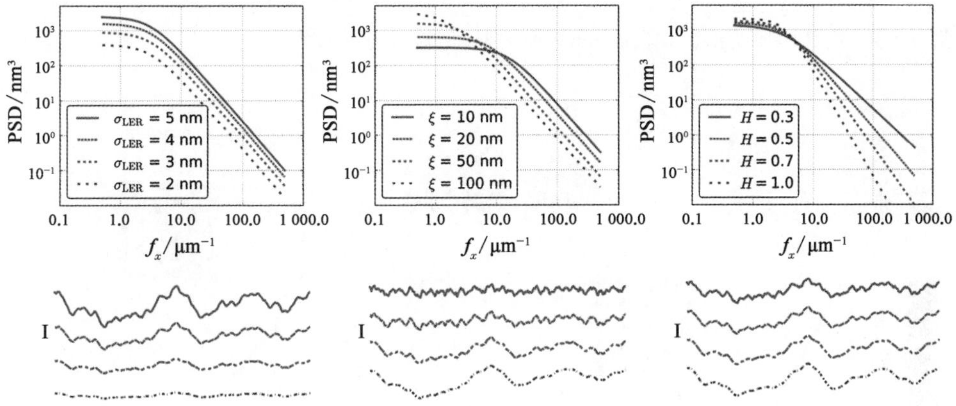

图 10－4　根据方程(10－6)和方程(10－7)计算所得 LER 空间频率特性

粗糙度的典型功率谱密度(上行)和对应的线边缘(下行)分别随标准偏差 σ_{LER}(左)、相关长度 j(中)和粗糙度指数 H(右)的变化。参考参数：σ_{LER} = 4 nm，j = 50 nm，H = 0.5。线边缘左侧的黑色比例尺高度为 5 nm

图 10－4 的下行显示了上行中给定 PSD 的图形线边缘的形状。需要注意的是，测量的标准偏差值 σ_{LER}^2 与测量线条所在边缘的长度 L 有关，只有测量足够长的边缘才能提供一个与长度无关的值 σ_{LER}^2 。对于一个恒定的 LER 值，所需的边缘长度由相关长度 ξ 决定，LER 测量推荐长度的典型值约为 1 μm。

PSD_0与足够长边缘的标准偏差之间的关系为[14]

$$\sigma_{LER}^2 = \frac{PSD_0}{(1.2H + 1.4)\xi} \tag{10-7}$$

沿着具有粗糙边缘的线条测量 CD，可以得到围绕 CD 平均值的 CD 分布，其分布的宽度定义了 CD 的局部均匀性(LCDU)。LCDU 和 LWR 与线条长度的分析表明了这些指标的互补行为[15]。上述有关线型图案的随机分析方法在光刻制造中也已被推广到接触孔和其他 2D 图形上[16]。

利用 SEM 数据对 LER 进行实验分析时，必须考虑 SEM 测量过程中产生的随机效应。一些特殊算法已被开发用于去除测量粗糙度数据中 SEM 产生的噪声，以获得无偏差的粗糙度值[17,18]。Vassilios Constantoudis 等人[17,19]和 Chris Mack[14,20]的多篇论文中讨论了有关 LER 和 LWR 的更多细节，包括重要的计量方法。

光刻图形的粗糙度会影响制造的电子元件的电气性能，尤其是线路电阻和栅极漏电流。然而，随机效应可能会产生更大的影响。图 10－5 中的 SEM 图展示了几种随机成形缺陷，包括桥连、局部断线和孔缺失或孔闭合[21]。一般而言，这种成形缺陷发生的概率非常低。因此,这些缺陷有时被称为“黑天鹅”事件。然而,这类成形缺陷会导致设备故障并限制该工艺的产量。

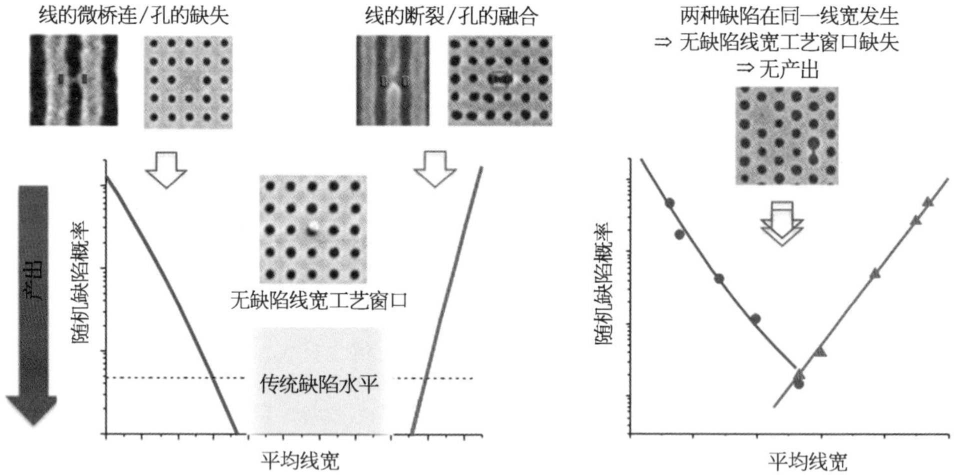

图 10-5　密集线空图形和接触孔阵列中随机成形缺陷的一般 CD 依赖性的概念图示[21],其中两种不同的缺陷类型发生在 CD 轴的相应两侧

Peter De Bisschop 引入了一种新的光刻度量方法来量化这种类型的随机效应:NOK(不正常)[21,22]。图 10-5 中的示意图展示了随机成形缺陷的概率(y 轴为对数尺度)与平均 CD 值的趋势。CD 分布的两侧都可能出现成形缺陷。CD 分布宽度的增加将增加随机成形缺陷的概率并降低良率。如果 CD 分布过宽,则可能不存在具有足够产率的工艺窗口。有关随机成形缺陷的详细分析和讨论,请参阅 Peter De Bisschop[21,22] 的出版物。

10.3　建模方法

光刻工艺中的随机效应,最严格建模方法是在分子水平上对光刻胶进行描述。第一个分子光刻胶模型是由得克萨斯(Texas)大学奥斯汀(Austin)分校的 Grant Willson 团队[23-25] 开发的,并通过在 3D 晶格框架内明确规范其分子成分来描绘光刻胶,如图 10-6 左图所示。分子的动态演变(它们的位置、相互作用和反应的变化)由蒙特卡罗(Monte Carlo)方法进行仿真计算。光刻胶在最终显影步骤中的溶解度由临界电离模型表征,并取决于聚合物链中脱保护位点的数量[23, 26]。其他研究小组对表面粗糙度和 LER 也开发了类似的分子类型描述[27-30]。分子光刻胶模型的最新版本则采用了分子动力学的有限差分公式[31]（参见图 10-6 右图）和粗粒度模型[32]，与应用于定向自组装建模的方法类似（参见 5.4 节）。

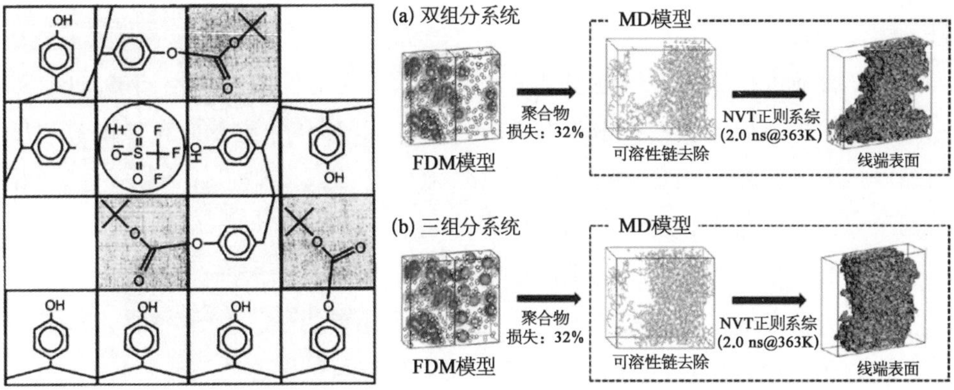

图 10-6　光刻胶随机效应的分子模型

左图：第一分子水平光刻胶仿真中的光刻胶表示[24]；右图：最近的分子动力学仿真示例以及在没有淬火剂底座（上行的双组分系统）和使用淬火剂底座（下行的三组分系统）的情况下产生的线边缘粗糙度[31]

分子光刻胶模型需要大量的计算资源和分子级光刻胶成分的详细信息——这些信息仅在极少数情况下才能得到。其他各种形式的随机光刻模型虽然不太严格，但仍能反映具有表面粗糙度的光刻胶图案形成过程中的基本化学和物理效应。

Mülders 等人[5]和 Philippou 等人[33]建立了描述分子动力学和扩散事件概率的主方程，并使用 Gillespie 算法求解这些方程[34]。图 10-7 给出了这种模型的典型步骤。首先，使用标准连续模型计算给定掩模图形和光学参数的空间像或立体像的强度分布，泊松统计的应用使得仿真光刻胶内吸收光子成离散分布。其次，对光酸生成进行随机建模，并通过主方程耦合动力学和扩散现象生成脱保护位点的分布。最后，脱保护改变了光刻胶的溶解度，并在显影后产生具有粗糙边缘的光刻胶图案。

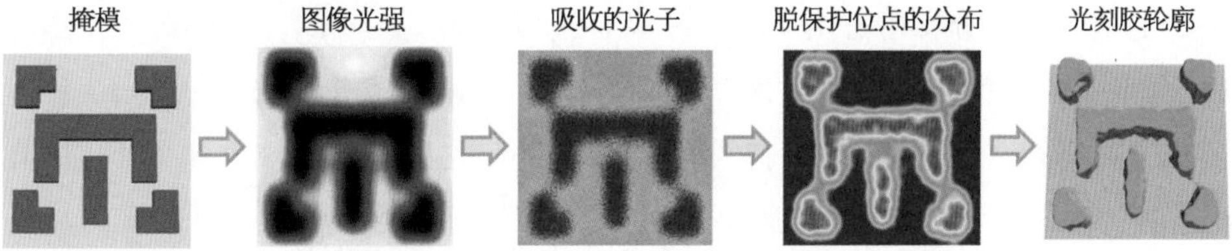

图 10-7　光刻胶随机效应仿真的典型步骤

Sentaurus 光刻仿真示例；由 Hans-Jürgen Stock（Synopsys）提供

类似的机械随机模型通过随机变量和概率密度函数系统来描述光刻胶工艺(参见 John Biafore 等人[2,6]和 Mark Smith[35]的出版物)。这些方法通过 Smoluchowski 的二元扩散限制反应模型,来计算化学放大型光刻胶 PEB 过程中的扩散受限脱保护反应。该模型由一个球体组成,该球体被布朗粒子完全包围,并捕获所有进入球体的粒子[4]。

光刻胶随机现象的半经验模型公式结合了曝光统计数据与不同的方法,被用于对脱保护造成的模糊扩散进行建模[8,36-38],以及对分形表面在显影过程中的缩放行为进行建模[39]。尽管不太严格,但此类公式简要了计数模型[40]和相关因子[21],可以有效地预测 LER、LCDU 和随机成形缺陷与光刻工艺和光刻胶参数之间的关系。下一节将讨论由此产生的缩放关系。

随机建模方法采用不同的方法来描述概率分布(光子、化学物质等),并将其转化为光刻指标分布(CD、NOK 等)。典型的输入变量遵循泊松统计,并且可以由高斯分布很好地描述。然而,这些函数在光刻工艺中的非线性传递导致了不对称分布。图 10-8 中的例子证明了这一点,它改编自 Robert Bristol 和 Marie Krysak[41]的出版物。

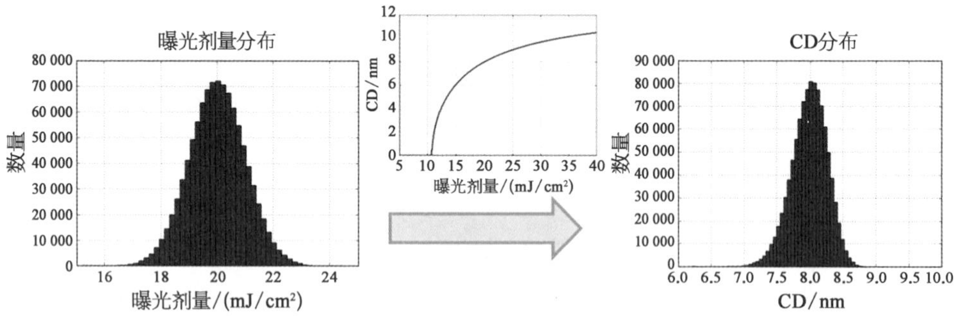

图 10-8 曝光剂量为高斯分布的 EUV 工艺(左)成形的晶圆上 8 nm 宽孤立沟槽[41],仿真的特征(中)转换为非对称的 CD 分布(右);采用高 NA EUV 光刻工艺的仿真参数适用于展示所讨论的效果

这个示例说明了曝光剂量的高斯分布是如何转换为 CD 分布的。图 10-8 左图的曝光剂量分布中心为 20 mJ/cm^2,标准偏差为 1 mJ/cm^2。图 10-8 中图的 CD 与剂量的相关性是通过使用高 NA 光刻对 8 nm 孤立沟槽图形进行 EUV 工艺仿真获得的。CD 分布图左右两侧的尾部不同,这种不对称性增加了小 CD 值的概率[15],即曲线左侧出现“肥尾”。这种 CD 分布的尾部也是一个较好的缺陷指标[42]。虽然图中看不到,但实际中,存在发生致命成形缺陷或宽度低于临界值的沟槽的可能性。

10.4　依存性及其影响

对先进光刻中 LER 和其他随机效应的建模和实验表征，揭示了一些现象及其依赖关系，这不仅为工艺和材料的优化提供了有价值的见解，而且对半导体光刻的未来也产生了重要的影响。

最明显的比例关系是方程(10－4)所描述的光子噪声的直接结果，它表明线边缘粗糙度 σ_{LER} 与 $1/\sqrt{dose}$ 成比例。然而，通过更大的曝光剂量便可以降低 LER 绝非易事。同种光刻胶和工艺的剂量增加将改变获得的 CD。为了获得原始(目标)CD，光刻胶必须被修改，例如通过添加淬灭剂碱。然而，极高的剂量值也是不可行的，因为这样会对光源的功率提出不切实际的要求和/或导致产量的显著降低。最后，对于高剂量值，$1/\sqrt{dose}$ 依赖性不会在零 LER 处达到饱和。光刻胶及其加工工艺中的化学噪声也会影响 LER。

光子噪声的影响也可以通过增加光刻胶的吸收和相应地增加在光刻胶内被吸收的光子数来降低。例如，通过添加金属纳米粒子[43]或金属盐[44]，或使用氟化聚合物[45]，可以实现更多的光子吸收。

LER 的第二个重要的光学相关影响因素是图像质量。许多理论研究预测，LER 随 1/NILS 的降低而降低[36,46－48]。这种依赖性非常直观的，因为大的图像斜率会减少曝光和未曝光光刻胶之间过渡区域的宽度，这个区域正是定义光刻胶边缘的区域。实际上，LER 对 1/NILS 的依赖关系并不总是可见的。Steve Hansen 分析了大量仿真的 LER 数据，并通过 $\sigma_{LER} = a(\mathrm{NILS})^b$ 拟合了某些 CAR 模型预测的 LER，其值为 $b \approx -1.36$ 具有光可漂白淬灭剂的 CAR 的仿真结果和 Peter De Bisschop[22]的实验数据表现出不同的行为。

化学噪声的另一重要贡献是每体积内的分子数量和这些分子的大小。LER 可以通过添加淬灭剂碱[48](和 PAG 加载)来改善，这是 PAG 和淬灭剂分子数量的泊松统计的直接结果。此外，增加淬灭剂加载需要更大的曝光值，减少了光子噪声的影响。LER 还取决于光刻胶聚合物的尺寸。但是，这与扩散类似，没有独特的趋势。较大的聚合物增加了光刻胶材料的晶粒尺寸，是可以改进 LER 的。然而，较大的聚合物倾向于平均电离基团的波动[33]。基于环芳烃衍生物的分子光刻胶提供了多种减小分子尺寸的选择[49]。

Danilo De Simone 等人的综述文章[50]概述了现有光刻胶材料(CAR)和新型光刻胶材料在 EUV 光刻中的改进。有前景的材料包括含金属的光刻胶(MCR),这些材料由小簇金属氧化物/有机颗粒组成,不添加任何其他分子种类。MCR 已显示出与 CAR 相当的出色光刻性能(仿真结果请参见本章后的参考文献[51-53])。其他有前途的新型 EUV 光刻胶包括多触发光刻胶[54]和光敏化学放大型光刻胶(PSCAR)[55]。

产生 LER 的另一个来源是掩模[56]。掩模吸收层边缘的粗糙度由成像系统进行频率滤波,多层膜的重复粗糙度会引入散斑[57,58]。对先进的 EUV 掩模和工艺的实验研究表明,与光刻胶和光子噪声的贡献相比,掩模对 LER 的贡献较小[59]。Greg Gallatin 总结了表达式中最重要的缩放规则:

$$\sigma_{\mathrm{LER}}^2 \cdot \mathrm{dose} \cdot \mathrm{blur}^3 = \mathrm{constant} \tag{10-8}$$

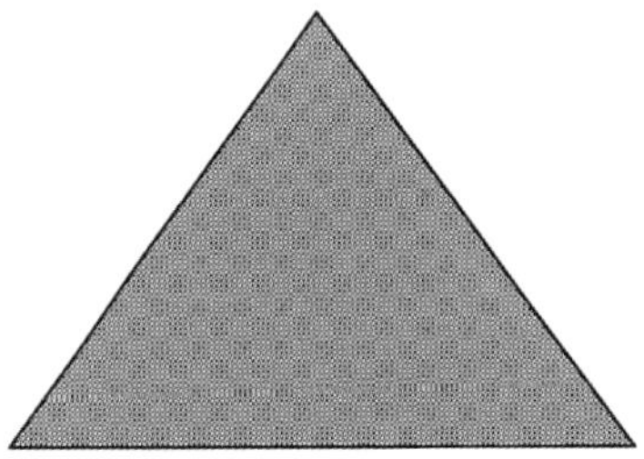

图 10-9 分辨率、线边缘粗糙度和灵敏度之间的权衡关系(RLS 权衡)

该方程表明,光刻胶材料同时具有低 LER、高灵敏度(即低剂量)和高分辨率(即低模糊)是极其困难的。图 10-9 给出了这种分辨率-LER-灵敏度(RLS)的权衡关系。

David Van Steenwinckel 等人[60]提出光刻不确定性原理(LUP)作为光刻胶性能的单一指标:

$$K_{\mathrm{LUP}} = \sqrt{\frac{D_{\mathrm{s}}}{h\nu}} D_1 \sigma_{\mathrm{LER}} \frac{L_{\mathrm{d}}^{3/2}}{p} \tag{10-9}$$

式中,D_{s}、D_1分别是最佳曝光剂量和宽容度之间的关系。该方程中的其他参数是光子能量 $h\nu$、酸扩散长度 L_{d}和图形周期 p。Steenwinkel 等人测量了 DUV 光刻的几种 CAR 的特征 K_{LUP},证明 K_{LUP}几乎与图像对比度和 PAG/淬灭剂加载量无关,它仅取决于光刻胶的吸光度和量子产率。

Bernd Geh[61]提出了一种方法,将所讨论的对 LER 或局部 CD 均匀性(LCDU)的贡献归纳为一个工艺因子 k_4 的缩放方程:

$$\mathrm{LCDU} = k_4 \cdot \frac{1}{\mathrm{NILS}} \cdot \sqrt{\frac{h\nu}{\mathrm{dose}}} \tag{10-10}$$

Jara Santaclara 等人对这工作进行了扩展[62],其中包括在一定周期 p 处光刻胶的模糊效果:

$$\text{LCDU} = k_4 \cdot \exp\left(\frac{\sqrt{2\pi}\sigma_{\text{blur}}}{p}\right)^2 \cdot \sqrt{\frac{h\nu}{D_{\text{thr}}}} \cdot \frac{1}{\text{ILS}} \qquad (10-11)$$

式中,光学贡献由图像对数斜率(ILS)表示。等式的其余部分描述了给定清除剂量 D_{thr} 和高斯模糊宽度 σ_{blur} 的光刻胶因子。

随机现象的分析表明,除了牺牲分辨率或提高曝光剂量,其他改善 LER 或 LCDU 的能力有限。此外,关于改进光刻胶材料的方法,研究人员还提出了几种后续处理技术来减少光刻工艺步骤之后的 LER[22,63]。刻蚀可以去除 LER[28] 的高空间频率成分,正确选择有机低层可能有助于减少 LER 的低空间频率分量[64]。未来的光刻技术需要实现足够低的 LER,这需要对材料和工艺进行广泛的研究。以线边缘粗糙度为存在形式的随机效应已成为对光刻分辨率最基本的限制[1]。

10.5　小结

光子噪声和化学噪声,即小体积内相关化学物质数量的波动,会在半导体光刻中引入随机效应。它们导致获得的光刻胶图形具有一定的粗糙度、成形特征尺寸的局部变化(LCDU)和随机成形缺陷。这些效应对 20 nm 以下特征尺寸的影响变得越来越重要。与 DUV 光刻相比,由于 EUV 光子的高能量,因此 EUV 光刻对随机效应更敏感。各种建模方法和大量高质量的实验数据有助于解释随机效应与光刻工艺参数之间的相关现象,并建立描述其基本相关特性的缩放规则。

半导体光刻分辨率的进一步提高需要更高的曝光剂量、高图像对比度(NILS)、吸收能力更强的新型(较不敏感)光刻胶材料,以及包括后续处理技术和刻蚀工艺在内的综合工艺优化。

参考文献

[1] C. A. Mack, "Line-edge roughness and the ultimate limits of lithography," *Proc. SPIE* **7639**, 763931, 2010.

[2] J. J. Biafore, M. D. Smith, C. A. Mack, J. W. Thackeray, R. Gronheid, S. A. Robertson, T. Graves, and D. Blankenship, "Statistical simulation of photoresists at EUV and ArF," *Proc. SPIE* **7273**, 727343, 2009.

[3] A. R. Neureuther and C. G. Willson, "Reduction in x-ray lithography shot noise exposure limit by dissolution phenomena," *J. Vac. Sci. Technol. B* **6**(1), 167-173, 1988.
[4] J. J. Biafore, M. D. Smith, D. Blankenship, S. A. Robertson, E. van Setten, T. Wallow, Y. Deng, and P. Naulleau, "Resist pattern prediction at EUV," *Proc. SPIE* **7636**, 76360R, 2010.
[5] T. Mülders, W. Henke, K. Elian, C. Nölscher, and M. Sebald, "New stochastic post-exposure bake simulation method," *J. Micro/Nanolithogr. MEMS MOEMS* **4**(4), 43010, 2005.
[6] J. J. Biafore, M. D. Smith, S. A. Robertson, and T. Graves, "Mechanistic simulation of line-edge roughness," *Proc. SPIE* **6519**, 65190Y, 2007.
[7] P. Naulleau and G. Gallatin, "Defining and measuring development rates for a stochastic resist: A simulation study," *J. Micro/Nanolithogr. MEMS MOEMS* **17**(4), 041015, 2018.
[8] C. A. Mack, "A simple model of line edge roughness," *Future Fab International* **34**, 2010.
[9] C. A. Mack, "Defining and measuring development rates for a stochastic resist: A simulation study," *J. Micro/Nanolithogr. MEMS MOEMS* **12**(3), 33006, 2013.
[10] N. G. Orji, T. V. Vorburger, J. Fu, R. G. Dixson, C. V. Nguyen, and J. Raja, "Line edge roughness metrology using atomic force microscopes," *Meas. Sci. Technol.* **16**(11), 2147-2154, 2005.
[11] D. J. Dixit, S. O'Mullane, S. Sunkoju, A. Gottipati, E. R. Hosler, V. K. Kamineni, M. E. Preil, N. Keller, J. Race, G. R. Muthinti, and A. C. Diebold, "Sensitivity analysis and line edge roughness determination of 28-nm pitch silicon fins using Mueller matrix spectroscopic ellipsometry-based optical critical dimension metrology," *J. Micro/Nanolithogr. MEMS MOEMS* **14**(3), 031208, 2015.
[12] V. Constantoudis, G. P. Patsis, A. Tserepi, and E. Gogolides, "Quantification of line-edge roughness of photoresists. II. Scaling and fractal analysis and the best roughness descriptors," *J. Vac. Sci. Technol. B* **21**, 1019, 2003.
[13] V. Constantoudis, G. P. Patsis, L. H. A. Leunissen, and E. Gogolides, "Line edge roughness and critical dimension variation: Fractal characterization and comparison using model functions," *J. Vac. Sci. Technol. B* **22**, 1974, 2004.
[14] C. A. Mack, "Reducing roughness in extreme ultraviolet lithography," *J. Micro/Nanolithogr. MEMS MOEMS* **17**(4), 041006, 2018.
[15] T. A. Brunner, X. Chen, A. Gabor, C. Higgins, L. Sun, and C. A. Mack, "Line-edge roughness performance targets for EUV lithography," *Proc. SPIE* **10143**, 101430E, 2017.
[16] V. Constantoudis, V.-K. M. Kuppuswamy, and E. Gogolides, "Effects of image noise on contact edge roughness and critical dimension uniformity measurement in synthesized scanning electron microscope images," *J. Micro/Nanolithogr. MEMS MOEMS* **12**(1), 13005, 2013.
[17] V. Constantoudis, G. Papavieros, G. Lorusso, V. Rutigliani, F. V. Roey, and E. Gogolides, "Line edge roughness metrology: Recent challenges and advances toward more complete and accurate measurements," *J. Micro/Nanolithogr. MEMS MOEMS* **17**(4), 041014, 2018.
[18] G. F. Lorusso, V. Rutigliani, F. V. Roey, and C. A. Mack, "Unbiased roughness measurements: Subtracting out SEM effects," *Microelectron. Eng.* **190**, 33-37, 2018.
[19] V. Constantoudis, E. Gogolides, and G. P. Patsis, "Sidewall roughness in nanolithography: Origins, metrology and device effects," in *Nanolithography*, M. Feldman, Ed., Woodhead Publishing, Cambridge, 503-537, 2014.
[20] C. A. Mack, "Generating random rough edges, surfaces, and volumes," *Appl. Opt.* **52**(7), 1472-1480, 2013.
[21] P. De Bisschop, "Stochastic printing failures in EUV lithography," *J. Micro/Nanolithogr. MEMS MOEMS* **17**(4), 41011, 2018.
[22] P. De Bisschop, "Stochastic effects in EUV lithography: Random, local CD variability, and

printing failures," *J. Micro/Nanolithogr. MEMS MOEMS* **16**(4), 041013, 2017.

[23] L. W. Flanagin, V. K. Singh, and C. G. Willson, "Molecular model of phenolic polymer dissolution in photolithography," *J. Polym. Sci. B Polym. Phys.* **37**, 2103–2113, 1999.

[24] G. M. Schmid, V. K. Singh, L. W. Flanagin, M. D. Stewart, S. D. Burns, and C. G. Willson, "Recent advances in a molecular level lithography simulation," *Proc. SPIE* **3999**, 675–685, 2000.

[25] G. M. Schmid, M. D. Stewart, S. D. Burns, and C. G. Willson, "Mesoscale Monte Carlo simulation of photoresist processing," *J. Electrochem. Soc.* **151**, G155-G161, 2004.

[26] P. C. Tsiartas, L. W. Flanagin, C. L. Henderson, W. D. Hinsberg, I. C. Sanchez, R. T. Bonnecaze, and C. G. Willson, "The mechanism of phenolic polymer dissolution: A new perspective," *Macromolecules* **30**, 4656–4664, 1997.

[27] G. P. Patsis and E. Gogolides, "Simulation of surface and line-edge roughness formation in resists," *Microelectron. Eng.* **57–58**, 563–569, 2001.

[28] D. Drygianakis, M. D. Nijkerk, G. P. Patsis, G. Kokkoris, I. Raptis, L. H. A. Leunissen, and E. Gogolides, "Simulation of the combined effects of polymer size, acid diffusion length and EUV secondary electron blur on resist line-edge roughness," *Proc. SPIE* **6519**, 65193T, 2007.

[29] R. A. Lawson and C. L. Henderson, "Mesoscale kinetic Monte Carlo simulations of molecular resists: The effect of PAG homogeneity on resolution, LER, and sensitivity," *Proc. SPIE* **7273**, 727341, 2009.

[30] P. J. Rodriguez-Canto, U. Nickel, and R. Abargues, "Understanding acid reaction and diffusion in chemically amplified photoresists: An approach at the molecular level," *J. Phys. Chem. C* **115**, 20367, 2011.

[31] H. Lee, M. Kim, J. Moon, S. Park, B. Lee, C. Jeong, and M. Cho, "Multiscale approach for modeling EUV patterning of chemically amplified resist," *Proc. SPIE* **10960**, 1096008, 2019.

[32] J. Park, S.-G. Lee, Y. Vesters, J. Severi, M. Kim, D. De Simone, H.-K. Oh, and S.-M. Hur, "Molecular modeling of EUV photoresist revealing the effect of chain conformation on line-edge roughness formation," *Polymers* **11**(12), 2019.

[33] A. Philippou, T. Mülders, and E. Schöll, "Impact of photoresist composition and polymer chain length on line edge roughness probed with a stochastic simulator," *J. Micro/Nanolithogr. MEMS MOEMS* **6**(4), 43005, 2007.

[34] D. T. Gillespie, "Exact stochastic simulation of coupled chemical reactions," *J. Phys. Chem.* **81**(25), 2340–2361, 1977.

[35] M. D. Smith, "Mechanistic model of line edge roughness," *Proc. SPIE* **6153**, 61530X, 2006.

[36] G. M. Gallatin, "Resist blur and line edge roughness," *Proc. SPIE* **5754**, 38–52, 2005.

[37] G. M. Gallatin, P. Naulleau, D. Niakoula, R. Brainard, E. Hassanein, R. Matyi, J. Thackeray, K. Spear, and K. Dean, "Resolution, LER, and sensitivity limitations of photoresists," *Proc. SPIE* **6921**, 69211E, 2008.

[38] A. Saeki, T. Kozawa, and S. Tagawa, "Relationship between resolution, line edge roughness, and sensitivity in chemically amplified resist of post-optical lithography revealed by Monte Carlo and dissolution simulations," *Appl. Phys. Express* **2**(7), 75006, 2009.

[39] C. A. Mack, "Stochastic modeling of photoresist development in two and three dimensions," *J. Micro/Nanolithogr. MEMS MOEMS* **9**(4), 41202, 2010.

[40] S. G. Hansen, "Photoresist and stochastic modeling," *J. Micro/Nanolithogr. MEMS MOEMS* **17**(1), 013506, 2018.

[41] R. L. Bristol and M. E. Krysak, "Lithographic stochastics: Beyond 3sigma," *J. Micro/Nanolithogr. MEMS MOEMS* **16**(2), 23505, 2017.

[42] M. J. Maslow, H. Yaegashi, A. Frommhold, G. Schiffelers, F. Wahlisch, G. Rispens, B. Slachter, K. Yoshida, A. Hara, N. Oikawa, A. Pathak, D. Cerbu, E. Hendrickx, and J.

Bekaert, "Impact of local variability on defect-aware process windows," *Proc. SPIE* **10957**, 109570H, 2019.

[43] M. Krysak, M. Trikeriotis, E. Schwartz, N. Lafferty, P. Xie, B. Smith, P. Zimmerman, W. Montgomery, E. Giannelis, and C. K. Ober, "Development of an inorganic nanoparticle photoresist for EUV, ebeam and 193 nm lithography," *Proc. SPIE* **7972**, 79721C, 2011.

[44] Y. Vesters, J. Jiang, H. Yamamoto, D. De Simone, T. Kozawa, S. D. Gendt, and G. Vandenberghe, "Sensitizers in extreme ultraviolet chemically amplified resists: Mechanism of sensitivity improvement," *J. Micro/Nanolithogr. MEMS MOEMS* **17**(4), 043506, 2018.

[45] H. Yamamoto, T. Kozawa, S. Tagawa, H. Yukawa, M. Sato, and J. Onodera, "Enhancement of acid production in chemically amplified resist for extreme ultraviolet lithography," *Appl. Phys. Express* **1**, 47001, 2008.

[46] H. Fukuda, "Analysis of line edge roughness using probability process model for chemically amplified resists," *Jpn. J. Appl. Phys.* **42**(6S), 3748, 2003.

[47] J. L. Cobb, F. A. Houle, and G. M. Gallatin, "Estimated impact of shot noise in extreme-ultraviolet lithography," *Proc. SPIE* **5037**, 397, 2003.

[48] R. L. Brainard, P. Trefonas, C. A. Cutler, J. F. Mackevich, A. Trefonas, S. A. Robertson, and J. H. Lammers, "Shot noise, LER, and quantum efficiency of EUV photoresists," *Proc. SPIE* **5374**, 74, 2004.

[49] H. Oizumi, T. Kumise, and T. Itani, "Development of new negative-tone molecular resists based on calixarene for EUV lithography," *J. Photopolym. Sci. Technol.* **21**, 443, 2008.

[50] D. De Simone, Y. Vesters, and G. Vandenberghe, "Photoresists in extreme ultraviolet lithography (EUVL)," *Adv. Opt. Technol.* **6**, 163 – 172, 2017.

[51] A. V. Pret, M. Kocsis, D. De Simone, G. Vandenberghe, J. Stowers, A. Giglia, P. de Schepper, A. Mani, and J. J. Biafore, "Characterizing and modeling electrical response to light for metal-based EUV photoresists," *Proc. SPIE* **9779**, 977906, 2016.

[52] R. Maas, M.-C. van Lare, G. Rispens, and S. F. Wuister, "Stochastics in extreme ultraviolet lithography: Investigating the role of microscopic resist properties for metal-oxide-based resists," *J. Micro/Nanolithogr. MEMS MOEMS* **17**(4), 041003, 2018.

[53] Z. Belete, A. Erdmann, P. De Bisschop, and U. Welling, "Simulation study for organometallic resists for EUV lithography," in *17th Fraunhofer Lithography Simulation Workshop*, 2019.

[54] G. O'Callaghan, C. Popescu, A. McClelland, D. Kazazis, J. Roth, W. Theis, Y. Ekinci, and A. P. G. Robinson, "Multi-trigger resist: Novel synthesis improvements for high resolution EUV lithography," *Proc. SPIE* **10960**, 109600C, 2019.

[55] S. Nagahara, M. Carcasi, G. Shiraishi, H. Nakagawa, S. Dei, T. Shiozawa, K. Nafus, D. De Simone, G. Vandenberghe, H.-J. Stock, B. Küchler, M. Hori, T. Naruoka, T. Nagai, Y. Minekawa, T. Iseki, Y. Kondo, K. Yoshihara, Y. Kamei, M. Tomono, R. Shimada, S. Biesemans, H. Nakashima, P. Foubert, E. Buitrago, M. Vockenhuber, Y. Ekinci, A. Oshima, and S. Tagawa, "Photosensitized chemically amplified resist (PSCAR) 2.0 for high-throughput and high-resolution EUV lithography: Dual photosensitization of acid generation and quencher decomposition by flood exposure," in *Proc. SPIE* **10146**, 101460G, 2017.

[56] P. P. Naulleau and G. Gallatin, "Spatial scaling metrics of mask-induced line-edge roughness," *J. Vac. Sci. Technol. B* **26**(6), 1903, 2008.

[57] G. M. Gallatin, N. Kita, T. Ujike, and B. Partio, "Residual speckle in a lithographic illumination system," *J. Micro/Nanolithogr. MEMS MOEMS* **8**(4), 430003, 2009.

[58] O. Noordman, A. Tychkov, J. Baselmans, J. Tsacoyeanes, M. Patra, V. Blahnik, and M. Maul, "Speckle in optical lithography and its influence on linewidth roughness," *J. Micro/Nanolithogr. MEMS MOEMS* **8**(4), 43002, 2009.

[59] X. Chen, E. Verduijn, O. Wood, T. A. Brunner, R. Capelli, D. Hellweg, M. Dietzel, and G. Kersteen, "Evaluation of EUV mask impacts on wafer line-width roughness using aerial

and SEM image analyses," *J. Micro/Nanolithogr. MEMS MOEMS* **17**(4), 041012, 2018.

[60] D. V. Steenwinckel, R. Gronheid, F. V. Roey, P. Willems, and J. H. Lammers, "Novel method for characterizing resist performance," *J. Micro/Nanolithogr. MEMS MOEMS* **7** (2), 23002, 2008.

[61] B. Geh, "EUVL: The natural evolution of optical microlithography," *Proc. SPIE* **10957**, 1095705, 2019.

[62] J. G. Santaclara, B. Geh, A. Yen, J. Severi, D. De Simone, G. Rispens, and T. Brunner, "One metric to rule them all: New k_4 definition for photoresist characterization," *Proc. SPIE* **11323**, 113231A, 2020.

[63] M. Chandhok, K. Frasure, E. S. Putna, T. R. Younkin, W. Rachmady, U. Shah, and W. Yueh, "Improvement in linewidth roughness by postprocessing," *J. Vac. Sci. Technol. B* **26** (6), 2265–2270, 2008.

[64] V. Rutigliani, G. F. Lorusso, D. DeSimone, F. Lazzarino, G. Papavieros, E. Gogolides, V. Constantoudis, and C. A. Mack, "Setting up a proper power spectral density and autocorrelation analysis for material and process characterization," *J. Micro/Nanolithogr. MEMS MOEMS* **17**(4), 041016, 2018.

专业词汇中英文对照表

3D interference lithography	3D 干涉光刻
3D lithography	3D 光刻
3D mask effects	3D 掩模效应
3D microprinting	3D 微刻印
5 − bar test	5 线测试

A

Abbe method	阿贝方法
Abbe-Rayleigh criteria	阿贝-瑞利准则
aberration	像差
astigmatism	像散
coma	彗差
aberration measurement	像差检测
power aberration	离焦像差
spherical	球差
trefoil	三叶像差
absorbance modulation optical lithography（AMOL）	吸光度调制光刻（AMOL）
address grid	地址网格
Airy disk	艾里斑
alternating PSM(AltPSM)	交替型相移掩模（AltPSM）
Anamorphic lens	变形物镜
antireflective coating	抗反射涂层
Arrhenius dependency	阿伦尼乌斯依赖
assist features	辅助图形
assist lines	辅助线
attenuated PSM（AttPSM）	衰减型相移掩模(AttPSM)

B	**B**
bananicity	香蕉形状
bandwidth	带宽
bottom antireflective coating (BARC)	底部抗反射涂层(BARC)
best focus shift	最佳焦点偏移
beyond EUV lithography (BEUV)	超 EUV 光刻(BEUV)
black border effect	黑边效应
bleaching	漂白
block copolymer	嵌段共聚物
Bossung curves	Bossung 曲线
bottom-up nanofabrication	自下而上的纳米加工
boundary layer model	边界层模型
box-in-box test	套盒测试
Bragg's law	布拉格定律
Brewster angle	布鲁斯特角
bump defect	凸点缺陷
C	**C**
capping layer	覆盖(保护)层
chemically amplified resist (CAR)	化学放大型光刻胶(CAR)
chemically amplified resist lines (CARL)	化学放大型光刻胶线(CARL)
critical dimension (CD)	特征尺寸 (CD)
CD uniformity (CDU)	尺寸均匀度 (CDU)
local CDU (LCDU)	局部尺寸均匀度
chalcogenide glasses	硫化物玻璃
chemical noise	化学噪声
chemoepitaxy	化学衬底外延
chemical mechanical polishing (CMP)	化学机械抛光
chief ray angle at the object (CRAO)	物面主光线角度(CRAO)
chromeless phase shift lithography (CPL)	无铬相移光刻(CPL)
coarse-grained models	粗粒度模型
coherence	相干性
compact model	紧凑型模型
compact resist model	紧凑型光刻胶模型
conformal deposition	保形沉积
contact hole arrays	接触孔阵列
contact printing	接触印刷
contrast	对比度
chemical contrast	化学对比度
contrast enhancement layer (CEL)	对比度增强层 (CEL)
contrast fading	对比度衰弱
photoresist contrast	光刻胶对比度

corner rounding	角落圆化
critical ionization model	临界电离模型
cross linking	交联
cross section	横截面
cutlines	切割线
cutoff-period	截止周期

D

dark field imaging	暗场成像
debris	碎屑
deep-ultraviolet (DUV) lithography	深紫外(DUV)光刻
defocus	离焦
degree of polarization (DoP)	偏振度(DoP)
demagnification	缩小
deprotection	脱保护
depth of focus (DoF)	焦深(DoF)
diffusion enhanced silylated resist development (DESIRE)	扩散增强抗氧化剂显影(DESIRE)
diazonaphthoquinone (DNQ) photoresist	重氮萘醌(DNQ)光刻胶
diffraction	衍射
diffraction angle	衍射角
diffraction efficiency	衍射效率
diffraction equation	衍射公式
diffraction limitation	衍射极限
diffraction limited imaging	衍射受限成像
diffraction order	衍射级
diffraction spectrum	衍射频谱
diffractive optical element (DOE)	衍射光学元件(DOE)
diffusion	扩散
diffusion coefficient	扩散系数
diffusion length	扩散长度
digital mirror display (DMD)	数字微反射镜(DMD)
Dill model	Dill 模型
directed self-assembly (DSA)	定向自组装(DSA)
discharge-produced plasma (DPP) source	放电等离子体(DPP)光源
dissolution inhibitor	溶解抑制剂
domain-decomposition technique (DDT)	域分解技术(DDT)
dose latitude	曝光量宽容度
dose-to-clear	光刻胶清除剂量
double exposure	双重曝光
double patterning	双重成形
dual-tone development (DTD)	双色调显影(DTD)

dyed photoresist	染色光刻胶
development rate	显影速率

E

e-beam lithography	电子束光刻
electromagnetic field simulation (EMF)	EMF 仿真或电磁场仿真
edge placement error (EPE)	边缘放置误差(EPE)
extreme ultraviolet (EUV) lithography	极紫外光刻或 EUV 光刻
evanescent	倏逝(渐逝)
evanescent order	倏逝(渐逝)级
evanescent wave	倏逝(渐逝)波
excimer laser	准分子激光
excimer laser ArF	氟化氩准分子激光
excimer laser F2	氟气准分子激光
excimer laser KrF	氟化氪准分子激光
exposure	曝光
exposure latitude (EL)	曝光宽容度
exposure slit	曝光狭缝
extinction coefficient	消光系数
extreme-ultraviolet (EUV)	极紫外(EUV)

F

facet mirror	面镜
field facet mirror	场面镜
pupil facet mirror	瞳面镜
fast marching method	快速行进算法
finite-difference time-domain method (FDTD)	时域有限差分法(FDTD)
finite element method (FEM)	有限元法(FEM)
Fickian diffusion	菲克扩散
finite integral technique (FIT)	有限积分技术(FIT)
flare	杂散光
focus latitude enhancement exposure (FLEX)	焦点宽容度增强曝光(FLEX)
flood exposure	泛曝光或全曝光
Flory-Huggins parameter	弗洛里-哈金斯参数
focus drilling	焦点钻孔法
focus latitude	焦点宽容度
footprint	轮廓或轨迹
Fourier modal method (FMM)	傅里叶模式法 (FMM)
Fourier optics	傅里叶光学
fraction of polarization	偏振分量
fragmentation	碎片化
Fraunhofer diffraction	弗劳恩霍夫衍射

Fresnel	菲涅尔
Fresnel diffraction	菲涅尔衍射
Fresnel equations	菲涅尔方程
Fresnel zone	菲涅尔带

G

g-line	G 线(光刻)
Gillespie algorithm	Gillespie 算法
graphoepitaxy	图形结构外延法
grating equation	光栅方程
grayscale lithography	灰度光刻
graytone lithography	灰调光刻
grazing incidence mirrors	掠入射反射镜
guiding pattern	引导图形

H

h-line	H 线(光刻)
hammerhead	锤头
hardmask	硬掩模
heat dissipation	热耗散
helmholtz equation	亥姆霍兹方程
high-energy-beam-sensitive (HEBS) glass	高能束敏感(HEBS)玻璃
holographic lithography	全息光刻
Hopkins	霍普金斯
Hopkins approach	霍普金斯方法
Hopkins imaging equations	霍普金斯成像方程
Hopkins method	霍普金斯方法
Hopkins assumption	霍普金斯假设
horizontal line-space patterns	水平线空图形
hotspot	热点
HSQ or hydrogen silsesquioxane photoresist	氢倍半硅氧烷光刻胶(HSQ)
Huygens-Fresnel principle	惠更斯-菲涅耳原理
hybrid lithography	混合光刻

I

i-line	i 线光刻
innovative double exposure by advanced lithography (IDEAL)	先进光刻的新型双重曝光(IDEAL)
illumination	照明
annular illumination	环形照明
illumination bandwidth	照明带宽
bull's eye illumination	牛眼照明
circular illumination	圆形照明

conventional illumination	传统照明
CQuad illumination	正交四极照明
dipole illumination	双极照明或二极照明
free-form illumination	自由形态照明
off-axis illumination	离轴照明
quadrupole illumination	四极照明
Quasar illumination	(类星体)四极照明
illumination system	照明系统
inverse lithography technology (ILT)	反演光刻技术(ILT)
image	像
image contrast	图像对比度
aerial image	空间像
bulk image	立体像
image field	像场
image formation	图像形成
image imbalancing	图像失衡
immersion lithography	浸没式光刻
inhibitor or dissolution inhibitor	抑制剂或溶解抑制剂
intensity imbalancing	强度不平衡
interference lithography (technology)	干涉光刻(技术)
intermediate focus	中间焦点
intermediate state two-photon (ISTP) materials	中间态双光子(ISTP) 材料
iso-dense bias	疏密图形偏差

J

Jones pupil	琼斯光瞳

K

Kirchhoff	基尔霍夫
Kirchhoff approach	基尔霍夫方法
Kirchhoff boundary condition	基尔霍夫边界条件
Köhler	科勒
Köhler illumination	科勒照明
Köhler integrator	科勒积分仪
Kramers-Kronig relation	Kramers-Kronig 关系

L

Lambert-Beer law	兰伯特-比尔定律
laser ablation	激光消融
laser direct write lithography (LDWL)	激光直写光刻 (LDWL)
laser direct write material processing (LDWP)	激光直写材料工艺(LDWP)

laser-produced plasma (LPP) source	激光等离子体(LPP)光源
liquid crystal display (LCD)	液晶显示(LCD)
litho-etch-litho-etch (LELE)	光刻-蚀刻-光刻-刻蚀(LELE)
lens heating	透镜热效应
lensless EUV lithography	无透镜 EUV 光刻
level-set algorithm	水平集算法
litho-freeze-litho-etch (LFLE)	光刻-固化-光刻-刻蚀(LFLE)
light-emitting diode	发光二极管
light-induced refractive index change	光致折射率改变
line edge roughness (LER)	线边缘粗糙度(LER)
line width roughness (LWR)	线宽粗糙度(LWR)
line-end shortening	线端缩短
line-space pattern	线空图形
litho-cure-litho-etch (LCLE)	光刻-硬化-光刻-刻蚀(LCLE)
litho-litho-etch (LLE)	光刻-光刻-刻蚀(LLE)
Littrow mounting	Littrow 安装
laser-produced plasma source (LPP)	激光等离子光源(LPP)
lumped parameter model	集总参数模型
latent acid image	酸潜影图像

M

Mack development model	Mack 显影模型
mandrel	轴心图形或主图形
mask	掩模或掩模板
mask aligner	掩模对准(曝光系统)
mask defect	掩模缺陷
mask diffraction analysis	掩模衍射分析
mask 3D effects or mask topography effects	掩模 3D 效应或掩模形貌效应
mask diffraction spectrum	掩模衍射光谱
mask error enhancement factor (MEEF)	掩模误差增强因子(MEEF)
mask-induced aberration	掩模引起的像差
mask-induced best focus shift	掩模引起的焦点偏移
mask-induced phase effects	掩模引起的相位效应
maskless lithography	无掩模光刻
Maxwell's equations	麦克斯韦方程组
mercury lamp	汞灯
Mo/Si multilayer or molybdenum/silicon multilayer	Mo/Si 钼/硅多层膜
model-based OPC	基于模型的 OPC
molecular dynamical models	分子动力学模型
molecular photoresist models	光刻胶分子学模型
multi-objective optimization	多目标优化
multicolor lithography	多色光刻

multilayer	多层膜
multilayer coating	多层膜涂层
multilayer defect	多层膜缺陷
multimodal search space	多模态搜索空间
multiple exposure	多重曝光
multiple patterning	多重成形

N

numerical aperture (NA)	数值孔径（NA）
nanosphere lithography	纳米球光刻
near-field lithography	近场光刻
negative index superlens	负折射率超透镜
negative tone photoresist	负型光刻胶
normalized image log slope (NILS)	归一化图像对数斜率（NILS）
not OK metric for stochastic printing failures (NOK)	随机成形缺陷的"不正常"指标（NOK）
non-telecentricity	非远心性

O

obscuration	遮挡
out-of-band radiation (OOB)	带外辐射
optical proximity correction (OPC)	光学邻近效应校正
optical proximity effect (OPE)	光学邻近效应
optical nonlinearity	光学非线性
optical path difference (OPD)	光程差（OPD）
optical proximity effect (OPE) curve	光学邻近效应（OPE）曲线
optical threshold materials	光学阈值材料
optical ray tracing	光学追迹
organically modified ceramic (ORMOCER) microresist	有机改性陶瓷（ORMOCER）微光刻胶
outgassing	除气或释气
overlay	套刻

P

pattern integrated interference lithography	图形集合干涉光刻
pattern multiplication	图形相乘
pattern rectification	图案校正
pattern transfer	图形转移
pellicle	（掩模）防护膜
percolation model	渗流模型
phase conflicts	相位冲突
phase shift mask (PSM)	相移掩模（PSM）
alternating phase shift mask	交替型相移掩模
attenuated phase shift mask	衰减型相移掩模

chromeless phase shift mask	无铬型相移掩模
strong phase shift mask	强相移掩模
photoacid	光酸
photoacid generator (PAG)	光酸产生剂 (PAG)
photoactive component (PAC)	光活性成分 (PAC)
photobase generator	光碱发生器
photodoping	光掺杂
photoisomerization	光异构化
photomask	掩模
photon noise	光子噪声
photoresist	光刻胶
photoresist classification	光刻胶分类
photoresist contrast curve	光刻胶对比度曲线
photoresist development	光刻胶显影
photoresist polarity	光刻胶极性
photoresist shrinkage	光刻胶收缩
photoresist tonality	光刻胶色调
photosensitivity	光敏性
pit defect	凹坑缺陷
pitch	间距或周期
pitch walking	间距行走
pixel flipping	像素翻转
pixelated mask	像素化掩模
placement error	放置误差
polymethylmethacrylate (PMMA)	聚甲基丙烯酸甲酯(PMMA)
photoresist	光刻胶
poisson distribution	泊松分布
polarization	偏振
polarization effects	偏振效应
polarization illumination	偏振照明
degree of polarization (DoP)	偏振度(DoP)
polymerization	聚合
post-apply bake (PAB)	预烘焙
post-exposure bake (PEB)	曝光后烘烤 (PEB)
power spectral density (PSD)	功率谱密度 (PSD)
pre-bake	预烘焙
pre-pulse technology	预脉冲技术
process	工艺
process flow	工艺流程
process linearity	工艺线性度
process variation (PV) band	工艺变化带(PVB)
process window	工艺窗口
programmable mask	可编程掩模

projection	投影
projection imaging	投影成像
projection lens	投影物镜
projection scanner	扫描式投影光刻机
projection stepper	步进式投影光刻机
projection system	投影系统
propagating waves	传播波
proximity effect	邻近效应
proximity gap	邻近间隙
proximity printing	接近式光刻
PS-b-PMMA	苯乙烯-甲基丙烯酸甲酯嵌段共聚高分子(PS-b-PMMA)
pseudo-spectral time-domain (PSTD)	伪谱时域(PSTD)
puddle	水坑
puddle development	旋覆浸没显影或涂片显影
pupil filter	光瞳滤波器
pupil function	光瞳函数

Q

quantum imaging	量子成像
quencher	淬灭剂

R

raster scan	光栅扫描
ray tracing	光线追踪
Rayleigh criteria	瑞利准则
resist footing	光刻胶底部残余
reversible contrast enhancement layer (RCEL)	可逆对比度增强层(RCEL)
rigorous coupled wave analysis (RCWA)	严格的耦合波分析(RCWA)
reduction	缩小
reflective notching	反射槽口
resolution	解析度或分辨率
rigorous EMF modeling	严格的电磁场建模
RLS trade-off	分辨率-粗糙度-灵敏性平衡
roadrunner resist model	Roadrunner 光刻胶模型
rule based OPC	基于规则的 OPC

S

self-aligned double patterning (SADP)	自对准双重成形工艺(SADP)
scanning electron microscopy (SEM)	扫描电子显微镜(SEM)
Schwarzschild optics	施瓦西光学
spacer-defined double patterning (SDDP)	侧墙限定双重成形工艺(SDDP)

serif	衬线
shadowing or shadowing effect	阴影效应
shape-healing	形状修复
shrinkage or photoresist shrinkage	收缩或光刻胶收缩
sidelobe	旁瓣
sidewall angle	侧壁角度
stereolithography apparatus (SLA)	立体光刻仪器(SLA)
source mask optimization (SMO)	光源掩模协同优化(SMO)
Snell's law	斯内尔定律
soft X-ray radiation	软 X 射线辐射
solid immersion lithography	固体浸没式光刻
source maps	光源分布图
spatial coherence	空间相干性
spatial frequency	空间频率
spin coating	旋涂
surface plasmon polaritons (SPP)	表面等离子体激元
spray	喷雾
standing-wave pattern	驻波图形
STED or stimulated emission depletion	受激发射损耗
STED inspired lithography	受激发射损耗光刻
STED microscopy	受激发射损耗显微镜
stereolithography	立体光刻
stereolithography apparatus	立体光刻设备
stochastic printing failures	随机成形缺陷
stray light	杂散光
SU-8 photoresist	SU-8 光刻胶
sub resolution assist features (SRAF)	亚分辨率辅助图形
sum of coherent systems (SOCS)	相干系统总和(SOCS)
surface plasmon polaritons (SPP)	表面等离子体激元(SPP)
swing effects	摆动效应
standing-wave	驻波

T

TaBN	钽-硼-硝酸盐
Talbot displacement lithography	Talbot 位移光刻
Talbot distance	Talbot 距离
Talbot effect	Talbot 效应
Talbot images	Talbot 图像
TARC or top antireflective coating	顶部抗反射涂层(TARC)
TE polarization	TE 偏振
technology factor k_1	工艺因子或工艺系数 k_1
telecentricity error	远心误差

temporal coherence	时域相干性
thin film imaging	薄膜成像
thin mask	薄掩模
threshold	阈值
threshold model	阈值模型
threshold-to-size (THRS)	尺寸阈值 (THRS)
throughput	产量,吞吐量
tip-to-tip	线端到线端
TM polarization	TM 偏振
tonality	(掩模或光刻胶)正负型或色调
tonality or photoresist tonality	色调或光刻胶色调
top-coating	顶部涂层
top-down nanofabrication	自上而下的纳米加工
topology optimization	拓扑优化
top-surface imaging (TSI)	顶面成像(TSI)
total integrated scatter (TIS)	总积分散射(TIS)
two-photon absorption (TPA)	双光子吸收(TPA)
two-photon polymerization (TPP)	双光子聚合(TPP)
track	轨道机(涂胶机)
transfer matrix method	传递矩阵法
transmission cross coefficients (TCC)	传输交叉系数或交叉传输系数(TCC)
trim exposure	修剪曝光
trim mask	修剪掩模

U

undercut	底部内切
underlayer	衬底

V

variable threshold model	可变阈值模型
vector scan	矢量扫描
vertical line-space patterns	垂直线空图形
variable-threshold resist models (VTRMs)	可变阈值光刻胶模型

W

wafer topography effects	晶圆形貌效应
wafer track	晶圆轨道机(涂胶机)
wave aberration	波像差
wave vector	波向量
wavefront tilt	波前倾斜
waveguide method	波导法
waveguide order	波导阶数

Weiss rate model	Weiss 率模型
Wolff rearrangement	沃尔夫重排反应
wavefront splitting	波前分割

X

X-ray proximity lithography	X 射线接近式光刻

Z

Zernike polynomial	泽尼克多项式